应用型人才培养新形态精品教材

高职高等数学

陈申宝　包丽君　主　编
孔豪杰　赵杏娟　副主编

電子工業出版社
Publishing House of Electronics Industry
北京·BEIJING

内 容 简 介

本教材是根据教育部要求和高职高专教育信息化、数字化的时代要求，结合最新的课程改革理念和教学改革成果编写而成的新形态教材．本教材融入课程思政、数学建模案例与数学软件 MATLAB 的使用，可体现高职高等数学课程的思想性、科学性、实用性，从知识、能力、素质等方面全面培养学生的数学综合素养．本教材通俗易懂，具有注重应用、融入课程思政等符合高职高专教育需求的特色．

本教材主要内容包括函数、极限与连续，导数与微分，不定积分与定积分，常微分方程，无穷级数，向量代数与空间解析几何，共 6 章．每章都包含数学文化、基础理论知识、知识拓展、数学实验、知识应用模块．本教材每章都有习题 A、习题 B，章中的小节也配有一定的练习题，可供有不同需求的读者选用．附录 A 为初等数学常用公式和相关预备知识，附录 B 为基本初等函数的图像和性质，附录 C 为参考答案，仅供读者参考．

本教材可作为高职高专院校各专业高等数学或应用数学课程的教材或参考书，也可供成人高校相关专业或参加专升本等自学考试的读者学习参考．

图书在版编目（CIP）数据

高职高等数学 / 陈申宝，包丽君主编．—北京：电子工业出版社，2023.9

ISBN 978-7-121-46260-3

Ⅰ．①高… Ⅱ．①陈… ②包… Ⅲ．①高等数学－高等职业教育－教材 Ⅳ．①O13

中国国家版本馆 CIP 数据核字（2023）第 167682 号

责任编辑：王　花
印　　刷：大厂回族自治县聚鑫印刷有限责任公司
装　　订：大厂回族自治县聚鑫印刷有限责任公司
出版发行：电子工业出版社
　　　　　北京市海淀区万寿路 173 信箱　　　邮编：100036
开　　本：787×1092　1/16　　印张：18.5　　字数：474 千字
版　　次：2023 年 9 月第 1 版
印　　次：2025 年 8 月第 3 次印刷
定　　价：56.00 元

凡所购买电子工业出版社图书有缺损问题，请向购买书店调换．若书店售缺，请与本社发行部联系，联系及邮购电话：（010）88254888，88258888．

质量投诉请发邮件至 zlts@phei.com.cn，盗版侵权举报请发邮件至 dbqq@phei.com.cn．

本书咨询联系方式：（010）88254609 或 hzh@phei.com.cn．

前　言

本教材旨在满足高职高专教育以就业为导向，培养面向生产和管理第一线的、具有一定理论知识和较强动手能力的应用型人才的要求，以及高职高专教育信息化、数字化的时代要求，使学生具备适应社会需求变化和可持续发展的能力，并提高高职高等数学的教学质量.

本教材按照“以应用为目的，以必需、够用为度”原则编写内容，使学生在掌握高中数学的基础上，能够在有限时间内掌握专业所需的高职高等数学基本知识和基本技能，培养学生的计算能力、逻辑思维能力、分析及解决问题的能力、创新能力等. 本教材具有思想性、科学性、实用性和内容方面的弹性，易学、易懂、易教，并具有以下特色.

1. 具备新形态教材形式

为适应当代学生的学习方式，满足高职高专教育信息化、数字化的时代要求，本教材对重要知识点辅以微视频教学，微视频内容简洁、制作良好，便于帮助学生预习和快速掌握知识点，满足其个性化学习需要.

2. 开展模块化教学

本教材每章都包含数学文化、基础理论知识、知识拓展、数学实验和知识应用模块. 基础理论知识模块注重“必需、够用”，对必学内容进行整合，省略定理的严格证明，力求用清晰、直观、形象的方式来讲解定理，便于学生对知识的理解和掌握. 知识应用模块不仅介绍数学在现实生活中的应用，还介绍其在专业中的应用，使学生体会到学习数学的必要性.

3. 引例驱动，以解决问题为导向

本教材每节尽量先以引例或问题作为引入，再抽象出数学概念. 知识的展开以解决问题为导向，使数学从实际中来，又应用到实际中去，可以满足高职高专教育培养应用型人才的要求.

4. 结合专业，注重应用

本教材内容为高职高专各专业学生学习后续课程所需掌握的内容，每章的知识应用模块会介绍数学在专业中的应用，以体现高职高专教育的特点.

5. 融入课程思政，提高学生的数学素养

本教材每章都介绍数学思想或数学史、数学名人，弘扬工匠精神，旨在激发学生的学习兴趣，培养其细致、坚毅等数学品质，提高其数学素养.

6. 融合数学建模思想，强调数学软件 MATLAB 的使用

高职高等数学的课时有限，要在有限课时内让学生掌握必需的数学知识，就要减少其在计算技巧上所花的时间．为此，本教材每章都融入数学软件 MATLAB 的使用，使学生有较多的时间学习基本概念与数学的应用．同时，每章的知识应用模块都会结合数学软件 MATLAB 介绍数学建模案例．

7．因材施教，分层次教学

本教材的知识拓展模块供教师选教和学有余力的学生选学．每章末都有习题 A 和习题 B，习题 A 供所有学生练习，习题 B 仅供对知识掌握程度较高的学生练习，满足分层次教学需要，也满足部分学生专升本和数学建模竞赛等需要，符合高职高专学生数学基础差别较大的实际情况和高职高专教育教学的理念．

本教材的主要内容为高等数学知识，涉及函数、极限与连续，导数与微分，不定积分与定积分，常微分方程，无穷级数，向量代数与空间解析几何，共 6 章．本教材通俗易懂，有利于实现“教、学、做”一体化．

本教材的结构布局和统稿由浙江工商职业技术学院的陈申宝完成。第 1～4 章由陈申宝与宁波开放大学的包丽君编写，第 5 章和第 6 章分别由浙江工商职业技术学院的孔豪杰和赵杏娟编写．

本教材在编写过程中得到了浙江工商职业技术学院的领导和相关兄弟院校的大力支持，电子工业出版社的有关人员也为本教材的编写和出版提供了帮助，编者还参考了一些相关书籍，在此对其作者及以上提供了支持和帮助的人员一并致谢．

由于编者水平有限，因此教材中难免存在不足之处，敬请各位专家、同行及广大读者批评指正．同时欢迎大家将意见反馈给编者．

编　者

2023 年 3 月

扫一扫

微课：宣传片

目　录

绪　论

俗话说“开卷有益”，为使广大读者认识到数学的重要性并提高对数学的学习兴趣，在本教材开篇，编者想谈谈对“为什么学习高等数学”“高等数学有哪些内容”“如何学好高等数学”这 3 个问题的一些认识.

一、为什么学习高等数学

1. 数学是现代科学技术的基础

数学是自然科学、工程技术科学、经济管理科学和社会科学等的基础. 在现代科学中，任何一门学科的发展都离不开数学，可以说“科学技术就是数学技术”.

2. 学习高等数学的重要性

本教材将要介绍的高等数学主要由一元微积分、常微分方程、无穷级数、向量代数与空间解析几何等组成. 微积分是微分和积分的统称，英文为 Calculus，其含义为计算. 微积分的产生是数学史上的一件大事，也是人类自然科学史上的一件大事. 微积分是人类思维的伟大成果，是开启近代文明的钥匙，其思想方法对自然科学的各个领域都产生了巨大的推动作用，已成为人类认识和改造世界的有力工具，这充分显示了数学的发展对人类文明的影响. 微积分作为一个基本的处理连续数学问题的工具，被广泛地应用于自然科学、工程技术科学、经济管理科学等领域. 恩格斯曾评价道：“数学中的转折点是笛卡儿的变数，有了变数，运动进入了数学；有了变数，辩证法进入了数学；有了变数，微分和积分也就立刻成为必要的了，而它们也就立刻产生，并且是由牛顿和莱布尼茨大体上完成的，但不是由他们发明的.”他还曾说：“在一切理论成就中，未必再有什么像 17 世纪下半叶微积分的产生那样被看作人类精神的最高胜利了.”“计算机之父”约翰・冯・诺依曼（John von Neumann，1903—1957）曾评价道：“微积分是近代数学中最伟大的成就，无论对它的重要性做怎样的估计都不会过分.”时至今日，微积分已成为高校中许多专业的必修课程，微积分已经并将继续影响和改变人们的生活. 同样，常微分方程、无穷级数、向量代数与空间解析几何等也被广泛地应用于自然科学、工程技术科学、经济管理科学等领域.

3. 学习高等数学是学习后续专业课程的基础

无论计算机专业、电子技术专业、数控技术专业等工程类专业，还是会计专业、投资理财专业等经济管理类专业，在专业的学习中必然要用到极限、导数、积分等相关高等数学知识. 若没有这些高等数学知识作为基础，则后续专业课程的学习很可能是肤浅、困难的.

4. 学习高等数学可以提高个人能力与素质

日本数学教育家米山国藏说过："学生在学校中学到的数学知识，若毕业后没什么机会去用，一两年后，则很快就忘掉了．然而，不管他们从事什么工作，铭记在心的数学精神及数学的思维方法、研究方法、推理方法、看问题的着眼点等，却能随时随地发生作用，使他们终身受益．"学习高等数学能提高个人的思维能力、分析和解决实际问题的能力及创新能力，使他们具备终身学习的能力与素质．数学家们的奋斗故事，也将鼓励学生在工作、生活中碰到困难时能百折不挠、顽强不屈．同时，对一部分专升本的学生来说，学习高等数学也是一种硬性要求．

二、高等数学有哪些内容

1. 微积分的历史回顾

从 14 世纪开始的欧洲文艺复兴时期起，工业、农业、航海事业与商业的大规模发展开启了一个新的经济时代．生产力在此时得到了很大的发展，生产实践的发展向自然科学提出了新的挑战，迫切需要力学、天文学等基础学科的发展．由于这些学科都是深度依赖于数学的，因此其发展也推动了数学的发展．科学的发展对数学提出的种种要求可汇总成几个核心问题：运动中速度与距离的互求问题，求曲线的切线问题，求长度、面积、体积与重心问题，求最大值和最小值问题等．

为了解决上述几个核心问题，微积分在 17 世纪至少被十几个较知名的数学家和几十个不太知名的数学家探索过．例如，费马（Fermat）、巴罗（Barrow）都对求曲线的切线及由曲线围成的图形的面积问题有过深入的研究，并且取得了一些成果，但是他们都没有意识到微积分的重要性．17 世纪下半叶，牛顿（Newton）和莱布尼茨（Leibniz）在前人的研究基础上，创立了微积分学，使其成为一门独立的学科．微积分是能应用于许多类函数的一种普遍方法．

牛顿发现了微积分的一般计算方法，确立了微分与积分的逆运算关系（微积分基本定理），他在其划时代巨著《自然哲学之数学原理》中首次发表了这些成果，把微积分称为"流数术"．莱布尼茨是与牛顿同时代的杰出数学家和哲学家，他主要从几何角度出发研究了微积分的基本问题，确立了微分与积分之间的互逆关系，其创设的便利符号"d"和"$\int$"一直沿用至今．

17 世纪以来，微积分不断发展并被广泛应用于天文学、物理学中的各种实际问题的求解中．但在 19 世纪下半叶之前，其数学分析的严密性问题一直没有得到解决．在 18 世纪时，包括牛顿和莱布尼茨在内的许多知名数学家都意识到了这个问题并针对这个问题做了一定研究，但都没有成功地解决这个问题．此时微积分的基础是混乱、不清楚的．许多英国数学家可能仍然被古希腊的几何学束缚，所以怀疑微积分的全部内容．这个问题一直到 19 世纪下半叶才由德国数学家柯西（Cauchy）成功解决，柯西极限存在准则为微积分注入了严密性，由此极限理论得以创立．极限理论的创立使微积分从此建立在严密的数学分析基础之上，这也为 20 世纪数学的发展奠定了坚实的基础．

2．本教材的内容解析

本教材主要内容包括函数、极限与连续，导数与微分，不定积分与定积分，常微分方程，无穷级数，向量代数与空间解析几何．各项内容主要研究的问题：函数——变量之间依存关系的数学模型；极限与连续——变量无限变化的数学模型和变量连续变化的数学模型；导数与微分——函数变化率和增量的估值描述；不定积分——微分的逆运算问题；定积分——求总量的问题；常微分方程——含变化率的方程问题；无穷级数——无限个离散量之和的数学模型；向量代数与空间解析几何——空间直线与平面问题．本教材同时结合数学软件MATLAB来使读者认识数学应用．

三、如何学好高等数学

1．要有自信心

数学的抽象性可能会使读者觉得数学很难，但如果一个人对数学有兴趣并且有自信心，那么他就会接受高等数学这门课程，发现数学其实并不难．只要建立自信心，就会发现数学具有其独特的魅力和内在美．

2．尽可能做好预习

预习可以提高听课效率，带着问题去听课，能更快地掌握知识．

3．上课认真听讲

认真听老师讲解提出、分析、思考、解决问题等的过程，可以更好地获取新知识，达到事半功倍的效果．同时，要结合自己的思考，及时向老师请教不懂的地方．

4．做好课后复习并独立完成作业

复习是巩固所学知识的一种好方法，通过复习可以达到抓住要领、提取精华、加深理解、强化记忆的效果．复习包括每节、每章的复习及期末总复习．学习数学必须做题，所以认真、及时、独立完成作业是一个十分重要的学习环节．通过做题可以加深对数学概念、定义、定理的理解，提高计算速度．

5．及时解决疑难问题

由于微积分知识具有连贯性，前面知识的学习效果会影响后面知识的学习效果，因此有疑难问题要及时解决，不要“拖欠”，也可对某些问题提出自己的见解，与同学、老师一起探讨．当然，学有余力的同学还可到图书馆借阅相关书籍，进行更深入的学习．

法国数学家笛卡儿曾说：“没有正确的方法，即使有眼睛的博学者也会像盲人一样盲目摸索．”学习必须讲究方法．希望读者能够尽快掌握正确的学习方法，把高等数学这门课程学好．

第 1 章

函数、极限与连续

数学文化——函数、极限的思想

在现实世界中，事物大都在一定的空间中运动着．17 世纪初，数学首先在对运动（如天文、航海中的运动）的研究中引出了函数这个基本概念．在接下来的数年中，这个概念在很多科学研究工作中占据了中心位置．对于一个未知的量，如果能够找到它与一个已知量的关系，就可利用已知量来研究这个未知量．函数就是通过一个或几个已知量来研究未知量的工具．

函数描述了自然界中量的依存关系，反映了一个事物随着另一个事物变化而变化的关系和规律．函数的思想方法就是提取问题的数学特征，用联系、变化的观点提取数学对象，抽象其数学特征，建立其函数关系，并利用函数的性质研究、解决问题的一种数学思想方法．

函数的思想方法主要包括以下几个方面：运用函数的有关性质解决函数的某些问题；以变化的观点分析和研究具体问题中的数量关系，建立数学对象的函数关系，运用函数的知识使问题得到解决；通过适当的数学变化和构造，将一个非函数形式的问题转化为函数形式，并运用函数的性质来解决这一问题．

在运用函数的思想方法解决问题的过程中，人们注意到，用函数解决问题后会出现一个共同特点，或者说会出现一种共同的指向，那便是用有限的公式去描述一个有着无限数据的事物．在经过归纳总结后，科学家们用一个简洁的公式描述了这个性质："已知+未知+规定思想"．"已知"是指"定量"；"未知"是指"变量"；"规定思想"是人们根据事物的规律构造的一种客观函数关系，是用于解决问题的一种策略（人为的因素造就一个自我的空间——规定思想）．大家在中学阶段学习过的常数函数、幂函数、指数函数、对数函数、三角函数和反三角函数这 6 类函数统称为基本初等函数．以基本初等函数为基础，可构造出许多复杂的函数，人们通过这些函数或通过拟合这些函数的方法来研究现实世界中事物复杂的相互关系．

极限思想可以追溯到古代，我国魏晋时期的数学家刘徽提出了"割圆术"（用圆内接正多边形的周长逼近圆的周长的极限思想来近似计算圆周率 π），就是建立在直观基础上的一种原始的极限思想的应用；古希腊人的穷竭法也蕴含了极限思想．由于在 16 世纪，欧洲的生产力得到了极大的发展，只运用初等数学的方法已无法解决生产和技术中的大量问题，因此要求数学突破只研究常量的传统范围，提供能够用以描述和研究运动、变化过程的新工具，这就促进了极限思想的研究和发展.

所谓极限思想，是指用极限概念分析和解决问题的一种数学思想. 用极限思想分析和解决问题的一般步骤：对于被考察的未知量，先设法构思一个与它有关的变量，并确保该变量通过无限过程的结果就是被考察的未知量；然后用极限计算来求得未知量.

存在一种情况：当需要确定某个量时，首先要确定的不是这个量本身，而是它的近似值，而且所确定的不是一个而是一连串越来越精确的近似值；通过考察这一连串近似值的趋向，把该量的精确值确定下来. 这就是极限思想方法的运用. 极限思想是近代数学中的一种重要思想，也是微积分的基本思想. 极限思想在现代数学乃至物理学等学科中都有着广泛的应用，这是由它本身固有的思维功能决定的. 极限思想揭示了变量与常量、无限与有限的对立与统一关系，是唯物辩证法的对立与统一规律在数学领域中的应用. 借助极限思想，人们可以从有限认识无限，从不变认识变，从直线图形认识曲线图形，从量变认识质变，从近似认识精确.

基础理论知识

1.1　函数

【引例】 某学生一个月的生活费用为 1000 元，假定其吃饭用去 p 元，其他消费（如买书、买衣服等）用去 q 元，则 $p+q=1000$，显然这个学生可根据吃饭费用的多少来考虑其他消费额度，即 $q=1000-p$.

上面的引例反映了在某个特定过程中两个变量（在过程中发生变化的量）之间的依存关系. 变量之间的这种关系就是函数.

函数是现代数学的基本概念之一，是中学阶段，特别是高中阶段数学学习中的重要内容，也是高等数学的主要研究对象. 这里将中学阶段的函数知识进行简要总结，并补充一些必备的知识，为进一步学习打下基础.

1.1.1　函数的概念

1. 区间与邻域

1）区间

开区间：$(a,b)=\{x|a<x<b\}$.

闭区间：$[a,b]=\{x|a\leqslant x\leqslant b\}$.

左开右闭区间：$(a,b]=\{x|a<x\leqslant b\}$.

左闭右开区间：$[a,b)=\{x|a\leqslant x<b\}$.

无穷区间：$(-\infty,+\infty)=\mathbf{R}$，$(a,+\infty)=\{x|x>a\}$，$(-\infty,b]=\{x|x\leqslant b\}$.

2）邻域

定义 1-1 设$a,\delta\in\mathbf{R}$，$\delta>0$，数集$\{x\,|\,|x-a|<\delta\}=(a-\delta,a+\delta)$称为点$a$的$\delta$邻域，记为$U(a,\delta)$，点$a$称为该邻域的中心，$\delta$称为该邻域的半径．集合$\{x\,|\,0<|x-a|<\delta\}=(a-\delta,a)\cup(a,a+\delta)$称为点$a$的去心$\delta$邻域（又称空心邻域），记为$U^{\circ}(a,\delta)$．

2．函数的定义

定义 1-2 设x,y是两个变量，D是一个非空实数集合，如果对于D中的每个数值x，按照某种对应规则f，都有唯一确定的数值y与之对应，y就称为定义在集合D上的x的**函数**，记为$y=f(x)$，$x\in D$．x称为**自变量**，y称为因变量或函数，f是函数符号．集合D称为函数的**定义域**．

当x取定值x_0时，与x_0对应的y的数值称为函数在点x_0处的函数值，记为$y|_{x=x_0}$或$f(x_0)$，当x取遍D中的一切实数时，对应的函数值的集合M称为函数的**值域**．

说明：

（1）函数的定义域和对应规则是确定函数的两个基本要素，与用什么字母表示无关．

（2）在实际问题中，函数的定义域应根据问题的具体意义具体确定，若讨论问题的是纯数学问题，则取使函数表达式有意义的所有实数组成的集合作为函数的定义域．

［**例 1-1**］求函数$y=\dfrac{1}{x}+\sqrt{x+1}-\ln(1-x)$的定义域．

解：要使该函数有意义，应满足$\begin{cases}x\neq0\\x+1\geqslant0\\1-x>0\end{cases}$，即$\begin{cases}x\neq0\\x\geqslant-1\\x<1\end{cases}$，所以该函数的定义域为$[-1,0)\cup(0,1)$．

［**例 1-2**］某圆柱形容器的容积为V，试将它的侧面积表示成底面半径的函数，并确定其定义域．

解：设圆柱的底面半径为r，高为h，侧面积为S．

因为$V=\pi r^2h$，即$h=\dfrac{V}{\pi r^2}$，根据圆柱侧面积计算公式，$S=2\pi rh$，所以$S=\dfrac{2V}{r}$，由实际意义可知，其定义域为$(0,+\infty)$．

3．函数的表示方法

函数的表示方法通常有 3 种：解析法（又称公式法）、列表法（又称表格法）、图像法．

1）解析法

某汽车租赁公司出租某种汽车，收费标准为每天 200 元的基本租金加 15 元/千米的行程费．若租用一辆该种汽车一天，则行程为x（单位为千米）时的租车费$y=(200+15x)$元．这是用解析式来表示函数的方法，称为解析法．

2）列表法

将自变量的值及对应的函数值列成表的方法称为列表法，如平方表、三角函数表等，都是用列表法来表示函数关系的.

3）图像法

在坐标系中用图像来表示函数关系的方法称为图像法．通过某个函数的图像，可以方便地研究其某些性质.

这 3 种表示方法各有特点，解析法便于对函数进行精确的计算和深入的分析；列表法简单明了，便于查得某个函数值；图像法形象直观，能从图像上看出函数的某些性质.

4．分段函数

当用解析法表示函数时，还有一种特殊形式.

[例 1-3] 浙江省宁波市的电费采用阶梯收费方式，对于非峰谷分时用户，月用电量低于 100kW • h（含 100kW • h）的部分，按 0.538 元/（kW • h）收费；月用电量在 100～200kW • h（含 200kW • h）的部分，按 0.568 元/（kW • h）收费；月用电量超过 200kW • h 的部分，按 0.638 元/（kW • h）收费．求电费 y（元）与用电量 x（kW • h）之间的函数关系.

解：由题意得

$$y=\begin{cases}0.538x & 0\leqslant x\leqslant 100\\ 53.8+(x-100)\times 0.568 & 100<x\leqslant 200\\ 110.6+(x-200)\times 0.638 & x>200\end{cases}$$

该函数在其定义域的不同取值范围内，用不同的解析式来表示，这样的函数称为分段函数. 分段函数在整个定义域上是一个函数，而不是几个函数，其定义域为各段自变量取值集合的并集. 在画分段函数的图像时，要画出各区间相应的解析式的图像，特别要注意其在交接点处一般有比较大的变化. 在求分段函数的函数值时，应把自变量的值代入相应取值范围的解析式中进行计算．例如，绝对值函数 $y=|x|=\begin{cases}x & x\geqslant 0\\ -x & x<0\end{cases}$ 也是分段函数，其定义域 $D=(-\infty,+\infty)$，值域 $M=[0,+\infty)$，其图像如图 1-1 所示.

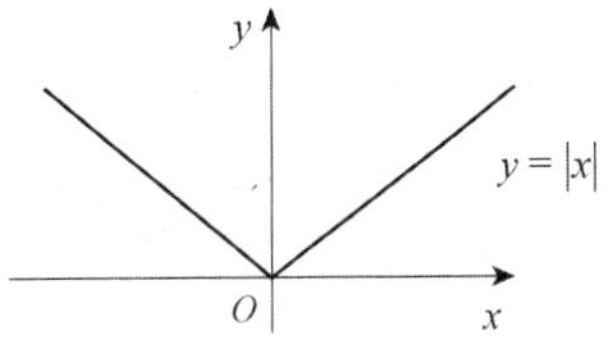

图 1-1

1.1.2　函数的几种常见性质

设函数 $y=f(x)$ 在区间 I 上有定义.

1．有界性

若存在正数 M，使得对任意 $x\in I$，都有 $|f(x)|\leqslant M$，则称函数 $f(x)$ 在 I 上是有界的；若这样的 M 不存在，则称 $f(x)$ 在 I 上是无界的.

例如，$f(x)=\sin x$ 在 **R** 上有界，因为 $|\sin x|\leqslant 1$，$g(x)=\dfrac{1}{x}$（$x>0$）在(0,1) 内无界，但在 (1,2)内有界，如图 1-2

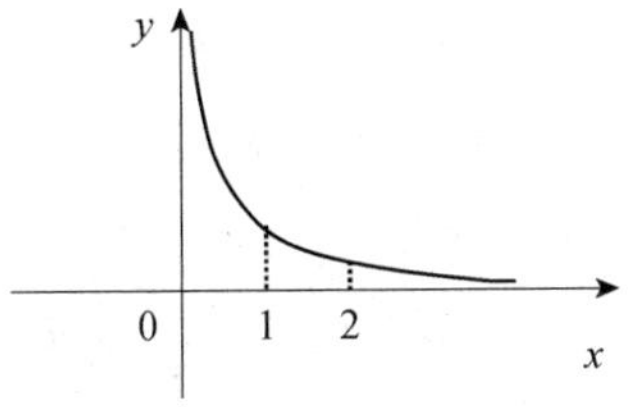

图 1-2

所示．所以函数的有界和无界除了与函数本身有关，还与所讨论的区间有关．

2．单调性

如果函数 $f(x)$ 在区间 I 内随着 x 的增大而增大（或减小），即对于 I 内的任意两点 x_1 及 x_2，当 $x_1<x_2$ 时，有 $f(x_1)<f(x_2)$（或 $f(x_1)>f(x_2)$），则称函数 $f(x)$ 在区间 I 内是单调增大（或单调减小）的，区间 I 叫作函数 $f(x)$ 的单调增大区间（或单调减小区间）．单调增大函数与单调减小函数统称为单调函数，单调增大区间与单调减小区间统称为单调区间．

单调增大函数的图像随 x 的变大而上升；单调减小函数的图像随 x 的变大而下降．

例如，函数 $y=x^2$ 在 $[0,+\infty)$ 内是单调增大的，在 $(-\infty,0]$ 内是单调减小的，在 $(-\infty,+\infty)$ 内则不是单调的．

3．奇偶性

若函数 $f(x)$ 的定义域 D 关于原点对称，且对于任意的 $x\in D$, 都有 $f(-x)=-f(x)$，则称函数 $f(x)$ 为奇函数；若函数 $f(x)$ 的定义域 D 关于原点对称，且对于任意的 $x\in D$, 都有 $f(-x)=f(x)$，则称函数 $f(x)$ 为偶函数．

奇函数的图像关于原点对称，偶函数的图像关于 y 轴对称．

例如，函数 $f(x)=x^2$ 是偶函数，函数 $f(x)=\sin x$ 是奇函数．

4．周期性

对于函数 $f(x)$，若存在一个常数 $T\neq 0$，使得对于定义域 D 内的一切 x，有 $x+T\in D$, 且 $f(x+T)=f(x)$，则称 $f(x)$ 为周期函数，T 为 $f(x)$ 的一个周期．周期函数的周期通常是指它的最小正周期（满足上式的最小正数 T），简称周期，但并非每个周期函数都有最小正周期．

周期函数图像的特点：对于周期为 T 的函数，只要画出它在任意区间 $[a,a+T]$ 上的图像，并将图像一个周期一个周期地左右平移，就可得到整个周期函数的图像．

例如，$f(x)=\sin x$ 和 $f(x)=\cos x$ 都是以 2π 为周期的周期函数，$f(x)=\tan x$ 是以 π 为周期的周期函数．

1.1.3 初等函数及其相关概念

1．反函数

定义 1-3 设函数 $y=f(x)$ 是定义在 D 上的函数，值域为 M，若对于 M 中的每个数值 y，通过关系式 $y=f(x)$ 都有唯一确定的数值 x 与之对应，则称在集合 M 中定义了一个关于 y 的函数，这个函数称为函数 $y=f(x)$ 的**反函数**，记为 $x=f^{-1}(y)$, $y\in M$．按习惯记法（用 x 表示自变量），函数 $y=f(x)$ 的反函数常记为 $y=f^{-1}(x)$, $x\in M$，其定义域为函数 $y=f(x)$ 的值域，值域为函数 $y=f(x)$ 的定义域．函数 $y=f(x)$ 称为直接函数．

函数 $y=f(x)$ 的图像与其反函数 $y=f^{-1}(x)$（$x\in M$）的图像关于直线 $y=x$ 对称．例如，函数 $y=2x$ 的反函数为 $y=\dfrac{x}{2}$，如图 1-3 所示．

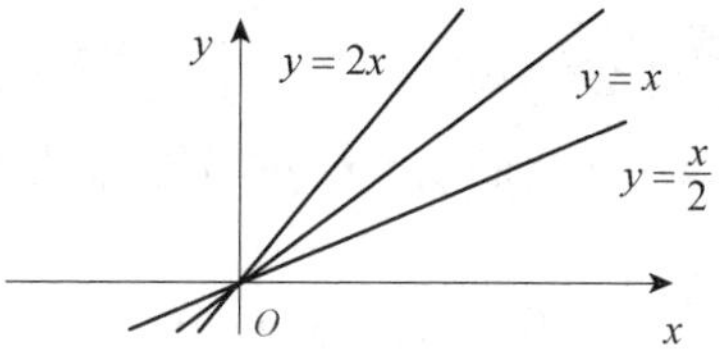

图 1-3

2. 基本初等函数

扫一扫

微课：反三角函数的相关知识

常数函数、幂函数、指数函数、对数函数、三角函数、反三角函数这 6 类函数统称为基本初等函数.

基本初等函数是研究其他更为复杂的函数的基础，基本初等函数的图像和性质见附录 B.

3. 复合函数

函数 $y=\sin x^2$ 是不是基本初等函数？显然不是！但它可看作由两个基本初等函数 $y=\sin u$ 和 $u=x^2$ 构成的函数，这种函数叫作复合函数.

定义 1-4　设 y 是 u 的函数，$y=f(u)$，而 u 又是 x 的函数，$u=\varphi(x)$，且 $u=\varphi(x)$ 的值域或部分值域包含在函数 $y=f(u)$ 的定义域内，那么 y（通过 u 的关系）也是 x 的函数，这个函数叫作 $y=f(u)$ 与 $u=\varphi(x)$ 复合而成的函数，简称**复合函数**，记为 $y=f[\varphi(x)]$，其中 u 称为中间变量.

说明：

（1）不是任意两个函数都可以构成一个复合函数的. 例如，$y=\ln u$ 和 $u=-x^2$ 就不能构成复合函数，因为对任意 x，函数 $u=-x^2\leqslant 0$，而在 $y=\ln u$ 中只有 $u>0$ 时才有意义.

（2）复合函数可以有一个中间变量，也可以有多个中间变量. 例如，由 $y=\mathrm{e}^u$、$u=\sqrt{v}$、$v=x+1$ 复合形成函数 $y=\mathrm{e}^{\sqrt{x+1}}$，$u$ 和 v 都是中间变量.

（3）基本初等函数或由基本初等函数经过四则运算形成的函数称为简单函数. 复合函数不一定是由纯粹的基本初等函数复合而成的，更多的复合函数是由简单函数复合而成的. 例如，函数 $y=\sqrt{x+\sin x}$ 可以看作由函数 $y=\sqrt{u}$ 与 $u=x+\sin x$ 复合而成的函数.

扫一扫

微课：复合函数的相关知识

[例 1-4] 求由函数 $y=\ln u$、$u=\cos v$、$v=x+1$ 构成的复合函数.

解： $y=\ln u=\ln\cos v=\ln\cos(x+1)$，即 $y=\ln\cos(x+1)$.

[例 1-5] 求下列函数的复合过程.

（1）$y=\sin^2 x$　　　　（2）$y=\arcsin(\ln 2x)$

解：（1）函数 $y=\sin^2 x$ 是由 $y=u^2$、$u=\sin x$ 复合而成的.

（2）函数 $y=\arcsin(\ln 2x)$ 是由 $y=\arcsin u$、$u=\ln v$、$v=2x$ 复合而成的.

4. 初等函数

定义 1-5　由基本初等函数经过有限次四则运算和有限次函数复合步骤所构成的用

一个式子表示的函数，称为**初等函数**.

例如，$y=\arcsin\frac{x}{2}$、$y=\ln(x+\sin x)$、$y=\mathrm{e}^{x^2}\tan x$等都是初等函数．

分段函数一般不是初等函数，但绝对值函数 $y=|x|=\begin{cases}x & x\geqslant 0\\-x & x<0\end{cases}$ 是分段函数，也是初等函数，因为 $y=|x|=\sqrt{x^2}$ ，它可看作由函数 $y=\sqrt{u}$和$u=x^2$ 复合而成的函数.

初等函数是今后微积分学习中研究的主要函数.

1.1.4　数学模型的建立

1．数学模型方法简述

数学模型（Mathematical Modeling）方法又称 MM 方法，是针对所考察的问题构造出相应的数学模型，通过对数学模型的研究来解决问题的一种数学方法.

数学模型方法是处理科学理论问题的一种经典方法，也是处理各类实际问题的一般方法．掌握数学模型方法是非常必要的．在此，对数学模型方法进行简述.

1）数学模型的含义

数学模型是针对现实世界的某个特定对象，为了达到某个特定的目的，根据特有的内在规律，进行必要的简化和假设，运用适当的数学工具，采用形式化语言概括或近似地表述出来的一种数学结构．它或者能解释该对象的现实形态，或者能预测该对象的未来状态，或者能提供处理该对象的最优决策．数学模型源于现实而高于现实，不是对象的实际原形，而是关于对象的一种模拟．它在数值上可以作为公式应用，推广应用到与对象原形相近的一类问题中；可以作为对象的数学语言；也可以译成算法语言，用于编写程序并进行计算.

2）数学模型的建立

建立一个实际问题的数学模型，需要一定的洞察力和想象力，抛弃次要因素，突出主要因素，进行适当的抽象和简化．数学模型的建立过程一般分为表述、求解、解释、验证几个阶段，通过这些阶段完成先从现实对象到数学模型，再从数学模型到现实对象的循环．该过程可用流程图表示，如图 1-4 所示.

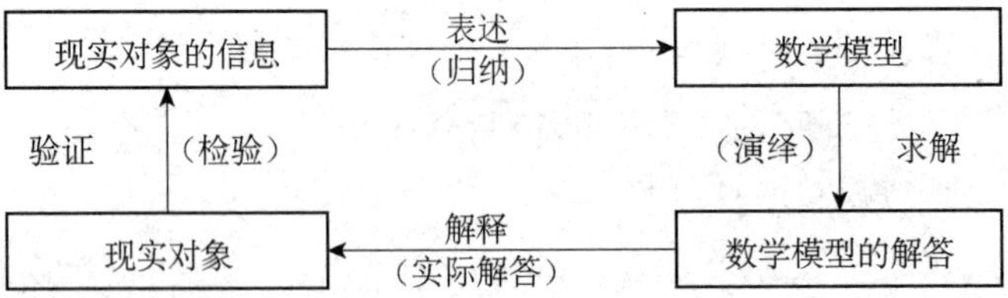

图 1-4

表述：根据建立数学模型的目的和掌握的现实对象的信息，将实际问题翻译成数学问题，用数学语言准确地表述出来.

表述是一个关键的过程，需要对实际问题进行分析，甚至要进行调查研究，查找资料，对问题进行简化、假设、抽象，运用有关的数学概念、数学符号和数学表达式去表述客观对象及其关系．若现有的数学工具不够用，则可根据实际情况大胆创造新的数学概念和方法去表述．

求解：选择适当的方法，求得数学模型的解答．

解释：将数学模型的解答翻译成现实对象，对实际问题进行解答．

验证：检验解答的正确性．

总体来说，数学模型只是近似地表述现实对象的某些属性，而对于所要解决的实际问题而言，它更深刻、正确、全面地反映了现实．从广义上讲，一切数学概念、数学理论体系、数学公式、方程式、函数关系及由一系列公式构成的算法系统等，都可以叫作数学模型．从狭义上讲，只有那些反映特定问题或特定事物系统的数学关系的结构，才叫作数学模型．在现代应用数学中，数学模型都为狭义解释含义．建立数学模型的目的主要是解决具体的实际问题．

2．函数关系的建立

研究数学模型，建立数学模型，进而借鉴数学模型，对提高解决实际问题的能力及数学素养都是非常重要的．函数关系可以说是一种变量依存关系的数学模型．建立函数关系的步骤可总结如下．

（1）分析实际问题中哪些是变量，哪些是常量，并分别用字母表示．

（2）根据所给条件，运用数学、物理或其他知识，确定等量关系（函数关系）．

（3）写出具体解析式，并指明其定义域．

[例 1-6] 将直径为 d 的圆木料切削成截面为矩形的木材，如图 1-5 所示，列出该矩形截面两边长之间的函数关系，并求出如何切削才能使矩形截面面积最大．

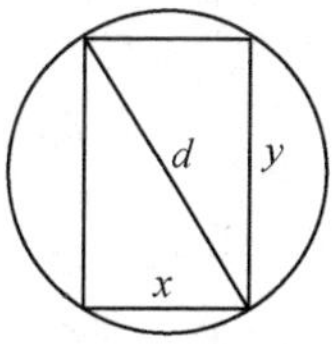

图 1-5

解： 设矩形截面的一条边长为 x（$0<x<d$），另一条边长为 y（$y=\sqrt{d^2-x^2}$），截面面积为 $s(x)$，则 $s(x)=xy=x\sqrt{d^2-x^2}$（$0<x<d$）．根据不等式 $ab\leqslant\frac{a^2+b^2}{2}$（$a>0$，$b>0$）可得

$$s(x)=xy=x\sqrt{d^2-x^2}\leqslant\frac{x^2+(d^2-x^2)}{2}=\frac{d^2}{2}$$

当 $x^2=d^2-x^2$，即 $x=\frac{\sqrt{2}}{2}d$ 时，$s(x)$ 取得最大值，即截面为正方形时其面积最大．

[例 1-7] 在金融业务中有一种利息叫作单利．设 p 是本金，r 是计息期的利率，c 是计息期满应付的利息，n 是计息期数，I 是 n 个计息期（借期或存期）应付的单利，A 是本利和．求本利和 A 与计息期数 n 的函数关系．

解： 计息期的利率=$\frac{\text{计息期满应付的利息}}{\text{本金}}$，即 $r=\frac{c}{p}$，由此得 $c=pr$，单利与计息期数成正比，即 n 个计息期应付的单利为 $I=cn$，因为 $c=pr$，所以 $I=prn$，本利和为 $A=p+I$，可得本利和与计息期数的函数关系，即单利模型为

$$A = p(1 + rn)$$

说明：

（1）对于［例 1-6］中求最大截面面积的问题，在学习了后面的导数知识后，会有更简洁的方法.

（2）建立函数关系的方法是比较灵活的，无定法可循，只有多做一些练习才能逐步掌握其诀窍.

思考题 1.1

1．函数 $y = x$ 与 $y = \sqrt{x^2}$ 是同一个函数吗？

2．两个奇函数之积是偶函数，两个偶函数之积仍是偶函数。那么一个奇函数和一个偶函数之积是奇函数，对吗？

3．是否任意两个函数都可以构成一个复合函数？举例说明.

4．建立函数关系的步骤是什么？

练习题 1.1

1．若已知 $f(x+1) = x^3$，求 $f(x)$.

2．求函数 $y = \ln(1-x^2) + \dfrac{1}{\sqrt{x}}$ 的定义域.

3．已知 $f(x) = \begin{cases} x^2 + 2 & x > 0 \\ 1 & x = 0 \\ 3x & x < 0 \end{cases}$，求 $f(-1)$、$f(0)$、$f(1)$ 的值，并画出函数的图像.

4．判断下列函数的奇偶性.

（1）$y = x^2 \sin x$　　（2）$y = x^2 + 2\cos x$　　（3）$y = \ln(x + \sqrt{x^2 + 1})$

5．分析下列复合函数的结构，并指出其复合过程.

（1）$y = \cos^2(x-1)$　　（2）$y = \lg\sin(x+1)$

6．把一个直径为 50cm 的圆木切削成截面为矩形的方木，若此矩形截面的一条边长为 x（cm），截面面积为 A（cm^2），试将 A 表示成 x 的函数，并指出其定义域.

1.2　极限的概念

【引例】对于数列 $\left\{\dfrac{1}{n}\right\}: 1, \dfrac{1}{2}, \dfrac{1}{3}, \cdots, \dfrac{1}{n}$，当项数 n 无限增大时，通项的变化趋势是什么？

上述问题研究的是当 n 无限增大时，通项的变化趋势，或者说通项有没有越来越接近（趋于）一个确定的数，这就是极限问题.

极限是微积分中的一个基本概念，微分与积分的许多概念都是由极限引入的，并且其相关问题最终是由极限知识解决的．因此，极限在微积分中占有非常重要的地位．微分与积分中有许多有关极限思想的应用问题，在后面的课程中还会进行这方面的阐述．

1.2.1　数列的极限

为理解极限概念，先来研究几个数列．

数列 $a_n=(-1)^{n-1}\dfrac{1}{n}$（$n$ 为正整数）在数轴上的表示如图 1-6 所示．

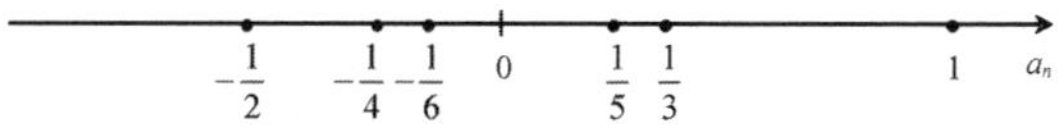

图 1-6

数列 $x_n=n$（n 为正整数）在直角坐标系中的表示如图 1-7 所示．

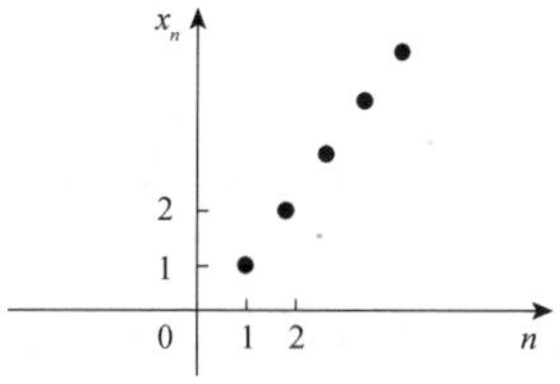

图 1-7

可以看出，随着项数 n 的不断增大，数列 $a_n=(-1)^{n-1}\dfrac{1}{n}$ 趋于常数 0（虽然在 0 的两边来回摆动），而数列 $x_n=n$ 无限增大，不趋于任何一个常数．

由此可见，当项数无限增大时，数列的变化趋势有两种情况，要么趋于某个确定的常数，要么无法趋于某个确定的常数．将此现象进行抽象，便可得到数列极限的描述性定义．

定义 1-6　设有数列 $\{x_n\}$，若当 n 无限增大时，数列相应的项 x_n 趋于一个确定的常数 A，则称常数 A 为当 n 趋于无穷大时数列 $\{x_n\}$ 的**极限**，记为 $\lim\limits_{n\to\infty}x_n=A$，或 $x_n\to A$（$n\to\infty$），并称数列 $\{x_n\}$ 是**收敛的**，且收敛于 A；否则称数列 $\{x_n\}$ 是**发散的**．

由定义 1-6 可知，$\lim\limits_{n\to\infty}(-1)^{n-1}\dfrac{1}{n}=0$，而当 $n\to\infty$ 时，数列 $\{n\}$ 是发散的．

［**例 1-8**］观察下列数列的变化趋势，确定它们的敛散性，若数列是收敛的，则写出其极限．

扫一扫

微课：数列极限的概念的相关知识

（1）$x_n=\dfrac{n+1}{n}$　　　（2）$x_n=4$

（3）$1,-1,1,-1,\cdots,(-1)^{n+1}$

解：（1）$x_n=\dfrac{n+1}{n}$ 的项依次为 $2,\dfrac{3}{2},\dfrac{4}{3},\dfrac{5}{4},\cdots,\dfrac{n+1}{n}$，当 n 无限增大时，x_n 无限趋于 1，所以 $\lim\limits_{n\to\infty}x_n=1$．

（2）$x_n=4$ 为常数数列，无论 n 取怎样的值，x_n 始终为 4，所以 $\lim\limits_{n\to\infty}4=4$．

（3）当 n 无限增大时，数列 $x_n=(-1)^{n+1}$ 在-1 和 1 这两个数之间来回摆动，不会趋于一个确定的常数，所以该数列没有极限，是发散的．

说明：

（1）极限是变量变化的最终趋势，也可以说是变量变化的最终结果．因此，数列极限的值与数列前面有限项的值无关．

例如，某人的目的地是北京，至于他是从武汉出发的，还是从广州出发的，与他的目的地无关，最终到了北京，就算到达目的地了．这种比喻虽然不太严格，但是编者认为它有助于读者对上面说法的理解．

（2）若数列$\{x_n\}$收敛，则$\{x_n\}$有界且其极限值唯一（有界性、唯一性）．

（3）若数列$\{x_n\}$收敛，且$\lim\limits_{n\to\infty}x_n=A$，则当$A>0$（或$A<0$）时，存在正整数$N$，当$n>N$时，有$x_n>0$（或$x_n<0$）（保号性）．

（4）若一个常数数列的极限等于这个常数本身，则有$\lim\limits_{n\to\infty}c=c$（$c$为常数）．

思考：数列可以看作定义在正整数集上的函数，那么一般函数的极限如何呢？

1.2.2 函数的极限

对于一般函数，自变量x的变化趋势略显复杂，主要分为以下 2 种情况．

（1）x的绝对值无限增大，即趋于无穷大，它又分为 3 种情况．

①x趋于正无穷大，即$x>0$且无限增大，记为$x\to+\infty$．

②x趋于负无穷大，即$x<0$且$|x|$无限增大，记为$x\to-\infty$．

③x趋于无穷大，即既可取正值也可取负值且$|x|$无限增大，记为$x\to\infty$．

（2）x趋于有限值x_0，也分为 3 种情况．

①x从x_0的左侧趋于x_0（$x<x_0$），记为$x\to x_0^-$．

②x从x_0的右侧趋于x_0（$x>x_0$），记为$x\to x_0^+$．

③x从x_0的左右两侧趋于x_0，记为$x\to x_0$．

下面分情况进行讨论．

1．当$x\to\infty$时函数$y=f(x)$的极限

当$x\to+\infty$、$x\to-\infty$、$x\to\infty$时，观察函数$f(x)=\dfrac{1}{x}$的图像变化趋势，如图 1-8 所示．

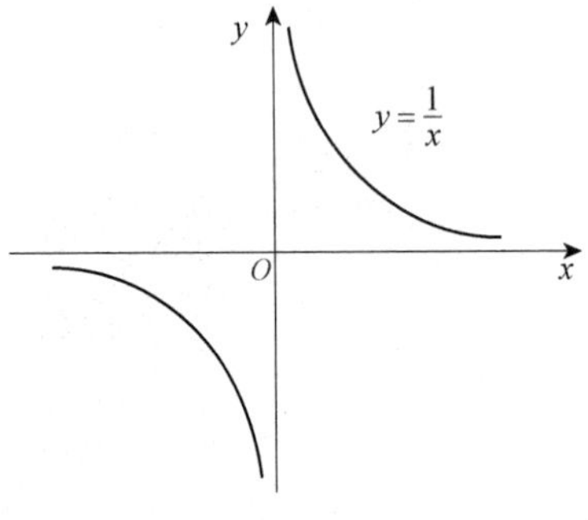

图 1-8

从图 1-8 中可以看出，当$x\to+\infty$时，函数$f(x)$趋于常数 0，此时称常数 0 为当$x\to+\infty$时函数$f(x)=\dfrac{1}{x}$的极限；同样，当$x\to-\infty$或$x\to\infty$时，函数$f(x)$趋于常数 0，称常数 0 为当$x\to-\infty$或$x\to\infty$时函数$f(x)=\dfrac{1}{x}$的极限．

定义 1-7　设函数$y=f(x)$在$|x|>a$时有定义（a为某个正实数），若当自变量$x\to\infty$时，函数$y=f(x)$趋于一个确定的常数A，则称常数A为当$x\to\infty$时函数$y=f(x)$的**极限**，记为

$$\lim_{x\to\infty}f(x)=A \text{ 或 } f(x)\to A\ (x\to\infty)$$

定义 1-8　设函数$y=f(x)$在$(a,+\infty)$内有定义（a为某个实数），若当自变量$x\to+\infty$

时，函数 $y=f(x)$ 趋于一个确定的常数 A，则称常数 A 为当 $x\to+\infty$ 时函数 $y=f(x)$ 的**极限**，记为

$$\lim_{x\to+\infty} f(x)=A \text{ 或 } f(x)\to A \quad (x\to+\infty)$$

定义 1-9　设函数 $y=f(x)$在$(-\infty,a)$ 内有定义（a 为某个实数），若当自变量 $x\to-\infty$ 时，函数 $y=f(x)$ 趋于一个确定的常数 A，则称常数 A 为当 $x\to-\infty$ 时函数 $y=f(x)$ 的极限，记为

$$\lim_{x\to-\infty} f(x)=A \text{ 或 } f(x)\to A \quad (x\to-\infty)$$

由上述定义可知：$\lim\limits_{x\to\infty}\dfrac{1}{x}=0$，$\lim\limits_{x\to+\infty}\dfrac{1}{x}=0$，$\lim\limits_{x\to-\infty}\dfrac{1}{x}=0$.

扫一扫

微课：自变量趋于无穷大时函数的极限的相关知识

［**例 1-9**］观察下列函数的图像，分析当 $x\to+\infty$、$x\to-\infty$、$x\to\infty$ 时函数的极限.

（1）$y=\arctan x$　　　　（2）$y=\mathrm{e}^x$

解：（1）由图 1-9 可知，当 $x\to-\infty$ 时，函数 $y=\arctan x$ 趋于常数 $-\dfrac{\pi}{2}$，所以 $\lim\limits_{x\to-\infty}\arctan x=-\dfrac{\pi}{2}$；当 $x\to+\infty$ 时，函数 $y=\arctan x$ 趋于常数 $\dfrac{\pi}{2}$，所以 $\lim\limits_{x\to+\infty}\arctan x=\dfrac{\pi}{2}$；当 $x\to\infty$ 时，函数 $y=\arctan x$ 没有趋于一个确定的常数，所以 $\lim\limits_{x\to\infty}\arctan x$ 不存在.

（2）由图 1-10 可知，当 $x\to-\infty$ 时，函数 $y=\mathrm{e}^x$ 趋于常数 0，所以 $\lim\limits_{x\to-\infty}\mathrm{e}^x=0$；当 $x\to+\infty$ 时，函数 $y=\mathrm{e}^x$ 无限增大，所以 $\lim\limits_{x\to+\infty}\mathrm{e}^x$ 不存在（为了方便，这种情况也记为 $\lim\limits_{x\to+\infty}\mathrm{e}^x=+\infty$，但并非表示该函数有极限，仅仅是一个记法；当 $x\to\infty$ 时，函数 $y=\mathrm{e}^x$ 没有趋于一个确定的常数，所以 $\lim\limits_{x\to\infty}\mathrm{e}^x$ 不存在.

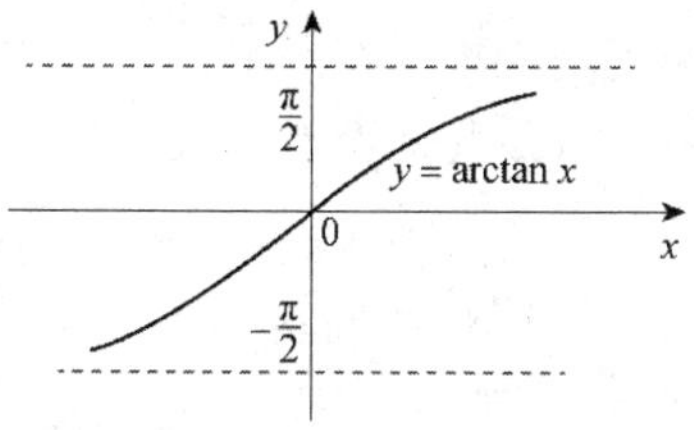

图 1-9

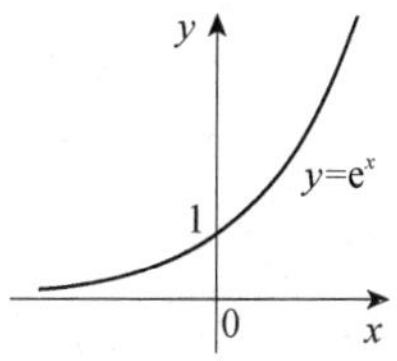

图 1-10

一般地，有以下定理.

定理 1-1　$\lim\limits_{x\to\infty} f(x)=A$ 的充分必要条件是 $\lim\limits_{x\to+\infty} f(x)=\lim\limits_{x\to-\infty} f(x)=A$.

2．当 $x\to x_0$ 时函数 $y=f(x)$ 的极限

当 $x\to1$时，用列表法和图像法观察函数 $f(x)=\dfrac{x^2-1}{x-1}$ 的变化趋势，分别如表 1-1 和图 1-11 所示.

表 1-1

x	$\cdots$	0.7	0.8	0.9	0.95	$\cdots \to 1 \leftarrow \cdots$	1.1	1.3	1.5
$f(x)=\dfrac{x^2-1}{x-1}$	$\cdots$	1.7	1.8	1.9	1.95	$\cdots \to 2 \leftarrow \cdots$	2.1	2.3	2.5

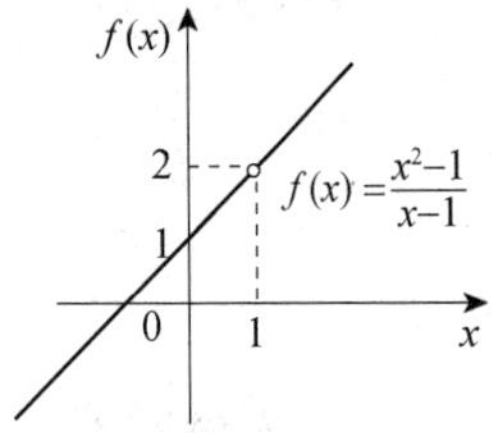

图 1-11

从表 1-1 和图 1-11 中可以看出，函数在 $x=1$ 处没有定义，但是当 x 趋于 1 时（可以从 $x=1$ 处的左右两边分别趋于 1），函数 $f(x)=\dfrac{x^2-1}{x-1}$ 的值趋于 2，称当 x 趋于 1（但不等于 1）时，函数 $f(x)=\dfrac{x^2-1}{x-1}$ 的极限为 2．同样可以分别讨论 $x=1$ 处的左边趋于 1 和从 $x=1$ 处的右边趋于 1 两种情况下函数 $f(x)=\dfrac{x^2-1}{x-1}$ 的值的变化趋势．由此给出函数极限定义．

定义 1-10　设函数 $f(x)$ 在点 x_0 的附近（x_0 的左、右两边）有定义（x_0 点可以除外），若当自变量 x 趋于 x_0（$x \neq x_0$）时，函数 $f(x)$ 的值趋于一个确定的常数 A，则称常数 A 为当 $x \to x_0$ 时函数 $f(x)$ 的极限，记为

$$\lim_{x \to x_0} f(x)=A \text{ 或 } f(x) \to A \quad (x \to x_0)$$

例如，当 $x \to 1$ 时，函数 $f(x)=\dfrac{x^2-1}{x-1}$ 的极限为 2，记为

$$\lim_{x \to 1}\frac{x^2-1}{x-1}=2 \text{ 或 } \frac{x^2-1}{x-1} \to 2 \quad (x \to 1)$$

由该定义容易得到以下两个结论：

$$\lim_{x \to x_0} c=c \quad (c \text{ 为常数}) \text{ 和 } \lim_{x \to x_0} x=x_0$$

说明：

（1）$\lim\limits_{x \to x_0} f(x)=A$ 描述的是当自变量 x 趋于 x_0 时，相应的函数值 $f(x)$ 趋于常数 A 的一种变化趋势，与函数 $f(x)$ 在 x_0 点是否有定义无关．

（2）在 x 趋于 x_0 的过程中，既可以从大于 x_0 的方向趋于 x_0，也可以从小于 x_0 的方向趋于 x_0，整个过程没有任何方向限制．

（3）在定义 1-10 中，x 是以任意方向趋于 x_0 的，但在有些问题中，往往只需要考虑 x 从 x_0 的某一边趋于 x_0 时函数 $f(x)$ 的变化趋势，这就是左、右极限的概念．

扫一扫

微课：自变量趋向于 x_0 时函数的极限的相关知识

定义 1-11　设函数 $y=f(x)$ 在 x_0 左（或右）边有定义（x_0 点可以除外），若当自变量 x 从 x_0 的左（或右）边趋于 x_0，即 $x \to x_0^-$（或 $x \to x_0^+$）时，函数 $y=f(x)$ 的值趋于一个确定的常数 A，则称常数 A 为当 $x \to x_0$ 时的左（或右）极限，记为

$$\lim_{x \to x_0^-} f(x)=A \text{ 或 } f(x_0-0)=A \text{ 或 } f(x) \to A \quad (x \to x_0^-) \text{（左极限）}$$

$$\lim_{x\to x_0^+} f(x)=A \text{ 或 } f(x_0+0)=A \text{ 或 } f(x)\to A \ (x\to x_0^+)\text{（右极限）}$$

类似 $x\to\infty$，有以下定理.

定理 1-2　$\lim\limits_{x\to x_0} f(x)=A$ 的充分必要条件是 $\lim\limits_{x\to x_0^-} f(x)=\lim\limits_{x\to x_0^+} f(x)=A$.

定理 1-2 常被用来判断函数在某一点处的极限是否存在.

扫一扫

微课：左右极限的概念的相关知识

［**例 1-10**］讨论当 $x\to 0$ 时下列函数的极限.

（1）$f(x)=\mathrm{sgn}(x)=\begin{cases}1 & x>0\\ 0 & x=0\\ -1 & x<0\end{cases}$

（2）$f(x)=\begin{cases}1 & x\geqslant 0\\ x+1 & x<0\end{cases}$

解：（1）由图 1-12 可得

$$\lim_{x\to 0^-} f(x)=\lim_{x\to 0^-}(-1)=-1\text{；}\quad \lim_{x\to 0^+} f(x)=\lim_{x\to 0^+}1=1$$

因为 $\lim\limits_{x\to 0^-} f(x)\neq\lim\limits_{x\to 0^+} f(x)$，所以 $\lim\limits_{x\to 0} f(x)$ 不存在.

（2）由图 1-13 可得

$$\lim_{x\to 0^-} f(x)=\lim_{x\to 0^-}(x+1)=1\text{；}\quad \lim_{x\to 0^+} f(x)=\lim_{x\to 0^+}1=1$$

因为 $\lim\limits_{x\to 0^-} f(x)=\lim\limits_{x\to 0^+} f(x)=1$，所以 $\lim\limits_{x\to 0} f(x)=1$.

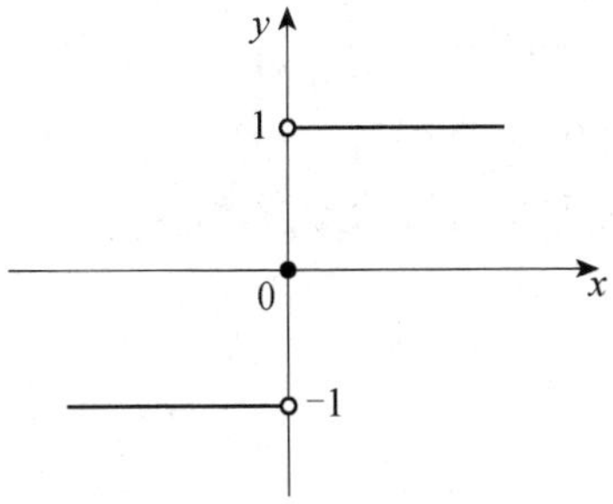

图 1-12

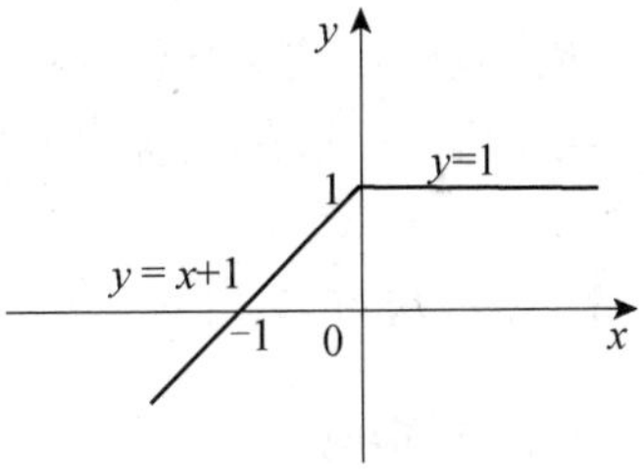

图 1-13

说明：

（1）若函数的极限存在，则其必唯一，即若 $\lim\limits_{x\to x_0} f(x)=A$，$\lim\limits_{x\to x_0} f(x)=B$，则 $A=B$.

（2）分段函数在分段点处的极限与函数值是两个不同的概念.

思考题 1.2

若极限 $\lim\limits_{x\to x_0} f(x)$ 存在，则是否一定有 $\lim\limits_{x\to x_0} f(x)=f(x_0)$？

练习题 1.2

1．观察下列数列的变化趋势，并判断其极限是否存在，若存在，求出其极限．

（1）$x_n=1+n$　　（2）$x_n=2+\frac{1}{n}$

（3）$x_n=\frac{1}{n^2}$　　（4）$x_n=1+(-1)^n$

2．观察当 $x\to\infty$ 时下列函数的变化趋势，并判断其极限是否存在，若存在，求出其极限．

（1）$y=\mathrm{e}^x$　　（2）$y=\left(\frac{1}{2}\right)^x$

3．观察当 $x\to 2$ 时下列函数的变化趋势，并求出当 $x\to 2$ 时的极限．

（1）$y=2x+1$　　（2）$y=\frac{x^2-4}{x-2}$

4．讨论当 $x\to 0$ 时下列函数的极限．

（1）$f(x)=\begin{cases}1-x & x<0\\ 0 & x=0\\ \mathrm{e}^x & x>0\end{cases}$　　（2）$f(x)=\frac{|x|}{x}$

1.3　无穷小与无穷大

【引例】若将一根 1m 长的铁丝每天截去其一半长度，则当天数越来越多时，留下的铁丝长度会越来越短，其最终长度趋于 0，即其极限为 0．

在现实生活中，变量的极限为 0 的情况很多，这就是所谓的无穷小．

1.3.1　无穷小

1．无穷小的概念

定义 1-12　若 $\lim\limits_{x\to x_0}f(x)=0$，则称函数 $f(x)$ 为当 $x\to x_0$ 时的无穷小量，简称为无穷小．

例如，若 $\lim\limits_{x\to 0}x=0$，则函数 $f(x)=x$ 是当 $x\to 0$ 时的无穷小．

说明：

（1）此定义对于自变量的其他任何一种变化趋势（$x\to x_0^-$、$x\to x_0^+$、$x\to\infty$、$x\to-\infty$、$x\to+\infty$）同样成立．

（2）同一个函数在不同的变化趋势下，可能是无穷小，也可能不是无穷小．例如，对于函数 $f(x)=x$，当 $x\to 0$ 时 $f(x)$ 的极限为 0，所以当 $x\to 0$ 时 $f(x)$ 是无穷小；当 $x\to 1$ 时 $f(x)$ 的极限为 1，所以当 $x\to 1$ 时 $f(x)$ 不是无穷小．因此，在称一个函数为无穷小时，一定要明确指出其自变量的变化趋势．

（3）无穷小不是一个常量的概念，不能把它看成一个很小的常量，它是一个变化过程中的变量，最终在自变量的某一变化趋势下，函数以 0 为极限．特别地，0 是可作为无穷小的唯一常量，即除 0 以外任何很小的常量都不是无穷小．

扫一扫

微课：无穷小量的概念的相关知识

[**例 1-11**] 指出自变量 x 在怎样的变化趋势下，下列函数是无穷小．

（1）$y=\dfrac{1}{x+1}$　　（2）$y=x^2-1$　　（3）$y=a^x$（$a>0$，$a\neq1$）

解：（1）因为 $\lim\limits_{x\to\infty}\dfrac{1}{x+1}=0$，所以当 $x\to\infty$ 时，函数 $y=\dfrac{1}{x+1}$ 是无穷小．

（2）因为 $\lim\limits_{x\to1}\left(x^2-1\right)=0$，$\lim\limits_{x\to-1}\left(x^2-1\right)=0$，所以当 $x\to1$ 与 $x\to-1$ 时函数 $y=x^2-1$ 都是无穷小．

（3）对于 $a>1$，因为 $\lim\limits_{x\to-\infty}a^x=0$，所以当 $x\to-\infty$ 时，$y=a^x$（$a>1$）是无穷小；而对于 $0<a<1$，因为 $\lim\limits_{x\to+\infty}a^x=0$，所以当 $x\to+\infty$ 时，$y=a^x$（$0<a<1$）也是无穷小．

2．无穷小的性质

在自变量的同一变化过程中，无穷小有以下性质．

性质 1　有限个无穷小的代数和是无穷小．

性质 2　有限个无穷小的乘积是无穷小．

性质 3　有界函数与无穷小的乘积是无穷小．

推论　常数与无穷小的乘积是无穷小．

说明：

（1）无穷多个无穷小之和不一定是无穷小．

（2）两个无穷小的商不一定是无穷小．

[**例 1-12**] 求 $\lim\limits_{x\to\infty}\dfrac{\sin x}{x}$．

解：因为 $\lim\limits_{x\to\infty}\dfrac{1}{x}=0$，$|\sin x|\leqslant1$，即 $\dfrac{1}{x}$ 为 $x\to\infty$ 时的无穷小，$\sin x$ 是有界函数，所以根据无穷小的性质可知，$\dfrac{1}{x}\sin x$ 仍为 $x\to\infty$ 时的无穷小，即 $\lim\limits_{x\to\infty}\dfrac{\sin x}{x}=0$．

类似地，因为函数 $\cos x$、$\cos\dfrac{1}{x}$、$\sin\dfrac{1}{x}$ 都是有界函数，所以有

$$\lim_{x\to\infty}\frac{1}{x}\cos x=\lim_{x\to\infty}\frac{1}{x}\cos\frac{1}{x}=\lim_{x\to\infty}\frac{1}{x}\sin\frac{1}{x}=0$$

3．极限与无穷小的关系

极限与无穷小都用来描述变量的变化过程，那么它们之间有什么关系呢？可以先来看一个例子．

对于函数$f(x)=\dfrac{x+1}{x}$，由于$f(x)=\dfrac{x+1}{x}=1+\dfrac{1}{x}$，因此$\lim\limits_{x\to\infty}f(x)=\lim\limits_{x\to\infty}\dfrac{x+1}{x}=1$，其中 1 是$x\to\infty$时$f(x)$的极限，而$\dfrac{1}{x}$是$x\to\infty$时的无穷小．一般地，有以下定理．

定理 1-3　$\lim\limits_{x\to x_0}f(x)=A$的充分必要条件是$f(x)=A+\alpha(x)$，其中，当$x\to x_0$时，$\alpha(x)$是无穷小．

此定理对于$x\to x_0^-$、$x\to x_0^+$、$x\to\infty$、$x\to-\infty$、$x\to+\infty$同样成立．

1.3.2　无穷大

1．无穷大的概念

上面讨论了有极限的变量，当然还存在没有极限的变量．在没有极限的变量中，有一类变量与我们关系比较密切，这类变量在变化过程中虽然并不趋于某一常数，但它们的绝对值都是无限增大的．例如，对于$f(x)=\dfrac{1}{x}$，当$x\to 0$时$\left|\dfrac{1}{x}\right|$无限增大．对于这类变量，可以给出无穷大的概念．

定义 1-13　若当$x\to x_0$时，函数$f(x)$的绝对值无限增大，则称函数$f(x)$为$x\to x_0$时的无穷大量，简称为无穷大，记为$\lim\limits_{x\to x_0}f(x)=\infty$．

若在变化过程中函数$f(x)$只取正值（或只取负值），则称$f(x)$是正无穷大（或负无穷大），记为$\lim\limits_{x\to x_0}f(x)=+\infty$（或$\lim\limits_{x\to x_0}f(x)=-\infty$）．

此定义对于自变量的其他任何一种变化趋势（$x\to x_0^-$、$x\to x_0^+$、$x\to\infty$、$x\to-\infty$、$x\to+\infty$）同样成立．

例如，$\lim\limits_{x\to 0}\dfrac{1}{x}=\infty$、$\lim\limits_{x\to 0^+}\dfrac{1}{x}=+\infty$、$\lim\limits_{x\to 0^-}\dfrac{1}{x}=-\infty$、$\lim\limits_{x\to\infty}x=\infty$．

说明：

（1）无穷大是极限不存在的一种情况，也就是函数不可能等于某个确定的值的情况．但为了便于描述函数的这种变化趋势，我们借用极限的记号$\lim\limits_{x\to x_0}f(x)=\infty$表示当$x\to x_0$时$f(x)$是无穷大．

（2）无穷大也不是一个常量的概念，不能把绝对值很大的常量看成无穷大，因为这个常量的极限是它本身，而不是无穷大．只有变量才可能在一定条件下成为无穷大．

（3）无穷大描述的是一个函数在自变量的某一变化趋势下，相应的函数值的变化趋势，即$|f(x)|$无限增大．同一个函数在自变量的不同变化趋势下，相应的函数值有着不同的变化趋势．例如，对于函数$\dfrac{1}{x}$，当$x\to 0$时，它为无穷大；当$x\to 1$时，它以1为极限．因此，在称一个函数为无穷大时，必须明确指出其自变量的变化趋势，否则毫无意义．

2．无穷小与无穷大的关系

无穷小与无穷大之间有何关系？先来看一个例子．因为 $\lim\limits_{x \to 0}\frac{1}{x}=\infty$， $\lim\limits_{x \to 0}x=0$，所以当 $x \to 0$ 时，函数 x 是无穷小，而其倒数 $\frac{1}{x}$ 是无穷大．一般地，有以下定理．

定理 1-4　当自变量在同一变化过程中时，存在以下 2 种情况．

（1）若 $f(x)$ 为无穷大，则 $\frac{1}{f(x)}$ 为无穷小．

（2）若 $f(x)$ 为无穷小，且 $f(x)\neq 0$，则 $\frac{1}{f(x)}$ 为无穷大．

［**例 1-13**］指出当自变量 x 为怎样的变化趋势时，下列函数为无穷大．

（1） $y=\frac{1}{x-2}$　　（2） $y=\log_a x$ （$a>0$，$a\neq 1$）

解：（1）因为 $\lim\limits_{x \to 2}(x-2)=0$，根据无穷小与无穷大之间的关系，有 $\lim\limits_{x \to 2}\frac{1}{x-2}=\infty$，所以当 $x \to 2$ 时，函数 $y=\frac{1}{x-2}$ 为无穷大．

（2）若 $0<a<1$，因为当 $x \to 0^+$ 时 $\log_a x \to +\infty$，当 $x \to +\infty$ 时 $\log_a x \to -\infty$，所以当 $x \to 0^+$ 时函数 $\log_a x$ 为正无穷大，当 $x \to +\infty$ 时函数 $\log_a x$ 为负无穷大．若 $a>1$，因为当 $x \to 0^+$ 时 $\log_a x \to -\infty$，当 $x \to +\infty$ 时 $\log_a x \to +\infty$，所以当 $x \to 0^+$ 时函数 $\log_a x$ 为负无穷大，当 $x \to +\infty$ 时函数 $\log_a x$ 为正无穷大．

思考题 1.3

1．无穷个无穷小的积一定是无穷小吗？

2．两个非无穷大的积可以是无穷大吗？

练习题 1.3

1．求下列函数的极限．

（1） $\lim\limits_{x \to 1}\frac{x^2+1}{x-1}$　　（2） $\lim\limits_{x \to 0}x\sin\frac{1}{x}$　　（3） $\lim\limits_{x \to \infty}\frac{x^3+1}{x+1}$

2．指出下列函数哪些是无穷小，哪些是无穷大．

（1） $y=\frac{x-1}{x^2-4}$ （$x \to 2$）

（2） $y=\ln x$ （$x \to 0^+$）

（3） $y=\frac{2x-1}{x^2}$ （$x \to \infty$）

（4） $y=3^x$ （$x \to -\infty$）

1.4 极限的运算

【引例】求极限 $\lim\limits_{x\to 1}\dfrac{x^2+1}{x+1}$.

若用极限的定义去求此极限，则很麻烦也很困难，为方便求它的极限，可以根据极限的定义，得到极限运算法则.

1.4.1 极限运算法则

定理 1-5 若 $\lim\limits_{x\to x_0}f(x)=A$，$\lim\limits_{x\to x_0}g(x)=B$，则存在以下 3 种情况.

（1）$\lim\limits_{x\to x_0}(f(x)\pm g(x))=\lim\limits_{x\to x_0}f(x)\pm\lim\limits_{x\to x_0}g(x)=A\pm B$.

（2）$\lim\limits_{x\to x_0}(f(x)\cdot g(x))=\lim\limits_{x\to x_0}f(x)\cdot\lim\limits_{x\to x_0}g(x)=A\cdot B$.

（3）$\lim\limits_{x\to x_0}\dfrac{f(x)}{g(x)}=\dfrac{\lim\limits_{x\to x_0}f(x)}{\lim\limits_{x\to x_0}g(x)}=\dfrac{A}{B}$ （$B\neq 0$）.

说明：

（1）以上定理只以 $x\to x_0$ 方式给出，对于任何其他方式，如 $x\to x_0^+$、$x\to x_0^-$、$x\to\infty$、$x\to+\infty$、$x\to-\infty$，该定理都成立.

（2）定理 1-5 成立的前提是函数 $f(x)$ 与 $g(x)$ 的极限都必须存在，参与运算的项数必须有限，分母极限必须不为 0 等，否则该定理不成立. 例如，$\lim\limits_{x\to 0}x\sin\dfrac{1}{x}=\lim\limits_{x\to 0}x\cdot\lim\limits_{x\to 0}\sin\dfrac{1}{x}=0$，这种算法是错误的，因为当 $x\to 0$ 时，函数 $\sin\dfrac{1}{x}$ 没有极限.

推论 1 若 $\lim\limits_{x\to x_0}f(x)=A$，$c$ 为常数，则 $\lim\limits_{x\to x_0}cf(x)=c\lim\limits_{x\to x_0}f(x)$.

推论 2 若 $\lim\limits_{x\to x_0}f(x)=A$，$n\in\mathbf{N}$，则 $\lim\limits_{x\to x_0}(f(x))^n=(\lim\limits_{x\to x_0}f(x))^n=A^n$.

例如，若 $\lim\limits_{x\to x_0}x=x_0$，则 $\lim\limits_{x\to x_0}x^n={x_0}^n$.

定理 1-6 设函数 $y=f(\varphi(x))$ 是由函数 $y=f(u)$ 和 $u=\varphi(x)$ 复合而成的，若 $\lim\limits_{x\to x_0}\varphi(x)=u_0$，且在 x_0 的附近（除 x_0 外）有 $\varphi(x)\neq u_0$，又有 $\lim\limits_{u\to u_0}f(u)=A$，则 $\lim\limits_{x\to x_0}f(\varphi(x))=A$.

例如，若 $\lim\limits_{x\to x_0}\sin x=\sin x_0$，$\lim\limits_{x\to x_0}x^n={x_0}^n$，则 $\lim\limits_{x\to x_0}\sin x^n=\sin {x_0}^n$.

［例 1-14］求 $\lim\limits_{x\to 1}(x^2+2x-3)$.

解： $\lim\limits_{x\to 1}(x^2+2x-3)=\lim\limits_{x\to 1}x^2+\lim\limits_{x\to 1}2x-\lim\limits_{x\to 1}3=\lim\limits_{x\to 1}x^2+2\lim\limits_{x\to 1}x-\lim\limits_{x\to 1}3$

$=1+2\times 1-3=0$

［例 1-15］求 $\lim\limits_{x\to 2}\dfrac{2x^2-3x+2}{x-1}$.

扫一扫

微课：极限的四则运算的相关知识

解：

$$\lim_{x\to2}\frac{2x^2-3x+2}{x-1}=\frac{\lim\limits_{x\to2}(2x^2-3x+2)}{\lim\limits_{x\to2}(x-1)}=\frac{2\lim\limits_{x\to2}x^2-3\lim\limits_{x\to2}x+\lim\limits_{x\to2}2}{\lim\limits_{x\to2}x-\lim\limits_{x\to2}1}$$

$$=\frac{2\times4-3\times2+2}{2-1}=4$$

［例 1-16］求 $\lim\limits_{x\to2}\dfrac{x^2-4}{x-2}$.

解：因为当 $x\to2$ 时，分母的极限为 0，所以不能直接应用定理 1-5（3）. 但因为在 $x\to2$ 的过程中，$x-2\neq0$，所以有

$$\lim_{x\to2}\frac{x^2-4}{x-2}=\lim_{x\to2}\frac{(x+2)(x-2)}{x-2}=\lim_{x\to2}(x+2)=4$$

［例 1-17］求极限 $\lim\limits_{x\to0}\dfrac{\sqrt{1-x}-1}{x}$.

解：因为当 $x\to0$ 时，分子、分母的极限均为 0，所以不能直接应用定理 1-5（3），应先将分子有理化再求极限.

$$\lim_{x\to0}\frac{\sqrt{1-x}-1}{x}=\lim_{x\to0}\frac{(\sqrt{1-x}-1)(\sqrt{1-x}+1)}{x(\sqrt{1-x}+1)}=\lim_{x\to0}\frac{-1}{\sqrt{1-x}+1}=-\frac{1}{2}$$

［例 1-18］求 $\lim\limits_{x\to1}\left(\dfrac{1}{1-x}-\dfrac{3}{1-x^3}\right)$.

解：因为当 $x\to1$ 时，$\dfrac{1}{1-x}$ 与 $\dfrac{3}{1-x^3}$ 的极限都不存在，所以不能直接应用定理 1-5（1），应先通分，并进行适当的变形，再用定理 1-5（3）来计算.

$$\lim_{x\to1}\left(\frac{1}{1-x}-\frac{3}{1-x^3}\right)=\lim_{x\to1}\frac{1+x+x^2-3}{1-x^3}=\lim_{x\to1}\frac{x^2+x-2}{1-x^3}=\lim_{x\to1}\frac{(x-1)(x+2)}{(1-x)(1+x+x^2)}$$

$$=\lim_{x\to1}\frac{-(x+2)}{1+x+x^2}=-\frac{\lim\limits_{x\to1}(x+2)}{\lim\limits_{x\to1}(1+x+x^2)}=-1$$

［例 1-19］求下列函数的极限.

（1）$\lim\limits_{x\to\infty}\dfrac{3x^2-4x-5}{4x^2+x+2}$　　（2）$\lim\limits_{x\to\infty}\dfrac{2x^2+x-3}{3x^3-2x^2-1}$

解：（1）当 $x\to\infty$ 时，分子、分母的极限都不存在，不能直接应用定理 1-5（3），应先用 x^2 同除分子、分母，再求极限.

$$\lim_{x\to\infty}\frac{3x^2-4x-5}{4x^2+x+2}=\lim_{x\to\infty}\frac{3-\frac{4}{x}-\frac{5}{x^2}}{4+\frac{1}{x}+\frac{2}{x^2}}=\frac{\lim\limits_{x\to\infty}\left(3-\frac{4}{x}-\frac{5}{x^2}\right)}{\lim\limits_{x\to\infty}\left(4+\frac{1}{x}+\frac{2}{x^2}\right)}=\frac{3-0-0}{4+0+0}=\frac{3}{4}$$

（2）不能直接应用定理 1-5（3），应先用 x^3 同除分子、分母，再求极限.

$$\lim_{x\to\infty}\frac{2x^2+x-3}{3x^3-2x^2-1}=\lim_{x\to\infty}\frac{\frac{2}{x}+\frac{1}{x^2}-\frac{3}{x^3}}{3-\frac{2}{x}-\frac{1}{x^3}}=\frac{\lim\limits_{x\to\infty}\left(\frac{2}{x}+\frac{1}{x^2}-\frac{3}{x^3}\right)}{\lim\limits_{x\to\infty}\left(3-\frac{2}{x}-\frac{1}{x^3}\right)}=\frac{0+0-0}{3-0-0}=0$$

说明：

通过以上例题，可大致归纳应用极限运算法则求函数极限的注意点与方法.

（1）在求函数极限时，经常出现不能直接应用极限运算法则的情况，必须先对原式进行恒等变换、化简，再求极限. 常用的方法有因式分解、通分、根式有理化等.

（2）一般地，当 $a_0\neq 0$、$b_0\neq 0$、m和n为正整数时，有

$$\lim_{x\to\infty}\frac{a_0x^n+a_1x^{n-1}+\cdots+a_{n-1}x+a_n}{b_0x^m+b_1x^{m-1}+\cdots+b_{m-1}x+b_m}=\begin{cases}\frac{a_0}{b_0} & n=m\\ 0 & n<m\\ \infty & n>m\end{cases}$$

（3）一定要多做求函数极限的练习，只有这样才能很好地掌握其方法和技巧. 一些求函数极限的方法和技巧将在后面的课程中介绍. 另外，还可以用数学软件 MATLAB 方便地求函数极限.

1.4.2 两个重要极限

在理论推导与极限计算中还经常用到两个重要极限，即 $\lim\limits_{x\to 0}\frac{\sin x}{x}=1$ 与 $\lim\limits_{x\to\infty}\left(1+\frac{1}{x}\right)^x=\mathrm{e}$，可用列表的方法观察这两个重要极限的正确性.

1. 重要极限一：$\lim\limits_{x\to 0}\frac{\sin x}{x}=1$

说明：

（1）该极限在形式上为 $\frac{0}{0}$ 型极限，并且要注意 $x\to 0$.

（2）该极限的一般形式为 $\lim\limits_{u(x)\to 0}\frac{\sin u(x)}{u(x)}=1$，其中 $u(x)$ 代表 x 的任意函数，还要注意理解它的各种变形形式.

扫一扫

微课：重要极限一的相关知识

[例 1-20] 求 $\lim\limits_{x\to 0}\frac{\sin 3x}{x}$.

解： 令 $u=3x$，则 $x=\frac{u}{3}$，当 $x\to 0$ 时，$u\to 0$，则有

$$\lim_{x\to 0}\frac{\sin 3x}{x}=\lim_{u\to 0}\frac{\sin u}{\frac{u}{3}}=3\lim_{u\to 0}\frac{\sin u}{u}=3$$

注意：当函数$\dfrac{\sin 3x}{x}$通过变量替换为$\dfrac{\sin u}{\dfrac{u}{3}}$时，极限中的$x \to 0$要同时变为$u \to 0$.

有时可以直接计算函数极限，如$\lim\limits_{x\to 0}\dfrac{\sin 3x}{x}=\lim\limits_{x\to 0}3\dfrac{\sin 3x}{3x}=3\lim\limits_{3x\to 0}\dfrac{\sin 3x}{3x}=3$.

［例 1-21］求$\lim\limits_{x\to\infty}x\sin\dfrac{1}{x}$.

解：令$\dfrac{1}{x}=t$，则当$x\to\infty$时，$t\to 0$，所以有

$$\lim_{x\to\infty}x\sin\frac{1}{x}=\lim_{t\to 0}\frac{1}{t}\cdot\sin t=\lim_{t\to 0}\frac{\sin t}{t}=1$$

［例 1-22］求$\lim\limits_{x\to\pi}\dfrac{\sin x}{\pi - x}$.

解：虽然这是$\dfrac{0}{0}$型极限，但$x\to 0$不成立，故不能直接运用重要极限一.

令$t=\pi - x$，则$x=\pi - t$，当$x\to\pi$时，$t\to 0$，所以有

$$\lim_{x\to\pi}\frac{\sin x}{\pi - x}=\lim_{t\to 0}\frac{\sin(\pi - t)}{t}=\lim_{t\to 0}\frac{\sin t}{t}=1$$

［例 1-23］求$\lim\limits_{x\to 0}\dfrac{1-\cos x}{x^2}$.

解：

$$\lim_{x\to 0}\frac{1-\cos x}{x^2}=\lim_{x\to 0}\frac{2\sin^2\left(\frac{x}{2}\right)}{x^2}=\lim_{x\to 0}\frac{1}{2}\cdot\left(\frac{\sin\frac{x}{2}}{\frac{x}{2}}\right)^2=\frac{1}{2}$$

［例 1-24］求$\lim\limits_{x\to 0}\dfrac{\tan kx}{x}$（$k$为非零常数）.

解：

$$\lim_{x\to 0}\frac{\tan kx}{x}=\lim_{x\to 0}\frac{\sin kx}{x\cdot\cos kx}=\lim_{x\to 0}\left(\frac{\sin kx}{kx}\cdot\frac{k}{\cos kx}\right)=k$$

2．重要极限二：$\lim\limits_{x\to\infty}\left(1+\dfrac{1}{x}\right)^x=\mathrm{e}$

$\mathrm{e}=2.718\,281\,828\cdots$，是一个无理数．1748 年，欧拉（Euler）首先用字母 e 表示了该无理数.

说明：

（1）该极限在形式上的特点是底数为 1 加无穷小$\dfrac{1}{x}$，底数中的$\dfrac{1}{x}$与指数x呈倒数关系，并且要注意$x\to\infty$.

（2）在$\lim\limits_{x\to\infty}\left(1+\dfrac{1}{x}\right)^x=\mathrm{e}$中，令$t=\dfrac{1}{x}$，则当$x\to\infty$时，$t\to 0$，可得到重要极限二的另一

种形式：$\lim\limits_{t\to 0}(1+t)^{\frac{1}{t}}=\mathrm{e}$．其一般形式为 $\lim\limits_{u(x)\to\infty}\left(1+\dfrac{1}{u(x)}\right)^{u(x)}=\mathrm{e}$ 或 $\lim\limits_{u(x)\to 0}(1+u(x))^{\frac{1}{u(x)}}=\mathrm{e}$，其中 $u(x)$ 代表 x 的任意函数，要注意理解它的各种变形形式．

扫一扫

微课：重要极限二的相关知识

［例 1-25］求 $\lim\limits_{x\to\infty}\left(1+\dfrac{2}{x}\right)^{x}$．

解：

$$\lim_{x\to\infty}\left(1+\frac{2}{x}\right)^{x}=\lim_{x\to\infty}\left[\left(1+\frac{1}{\frac{x}{2}}\right)^{\frac{x}{2}}\right]^{2}=\left[\lim_{x\to\infty}\left(1+\frac{1}{\frac{x}{2}}\right)^{\frac{x}{2}}\right]^{2}=\mathrm{e}^{2}$$

［例 1-26］求 $\lim\limits_{x\to\infty}\left(1-\dfrac{1}{x}\right)^{x}$．

解 1：令 $t=-\dfrac{1}{x}$， 则 $x=-\dfrac{1}{t}$；当 $x\to\infty$ 时，$t\to 0$，所以有

$$\lim_{x\to\infty}\left(1-\frac{1}{x}\right)^{x}=\lim_{t\to 0}(1+t)^{\frac{-1}{t}}=\lim_{t\to 0}\left[(1+t)^{\frac{1}{t}}\right]^{-1}=\mathrm{e}^{-1}$$

解 2：

$$\lim_{x\to\infty}\left(1-\frac{1}{x}\right)^{x}=\lim_{x\to\infty}\left[1+\left(\frac{-1}{x}\right)\right]^{-x\cdot(-1)}=\mathrm{e}^{-1}$$

这个结论也可以作为公式来使用．

［例 1-27］求 $\lim\limits_{x\to\infty}\left(1+\dfrac{1}{x}\right)^{3x+2}$．

解：

$$\lim_{x\to\infty}\left(1+\frac{1}{x}\right)^{3x+2}=\lim_{x\to\infty}\left(1+\frac{1}{x}\right)^{3x}\cdot\left(1+\frac{1}{x}\right)^{2}=\lim_{x\to\infty}\left[\left(1+\frac{1}{x}\right)^{x}\right]^{3}\cdot\lim_{x\to\infty}\left(1+\frac{1}{x}\right)^{2}=\mathrm{e}^{3}$$

［例 1-28］求 $\lim\limits_{x\to\infty}\left(\dfrac{x+1}{x-1}\right)^{x}$．

解：

$$\lim_{x\to\infty}\left(\frac{x+1}{x-1}\right)^{x}=\lim_{x\to\infty}\left(\frac{1+\frac{1}{x}}{1-\frac{1}{x}}\right)^{x}=\frac{\lim\limits_{x\to\infty}\left(1+\frac{1}{x}\right)^{x}}{\lim\limits_{x\to\infty}\left(1-\frac{1}{x}\right)^{x}}=\frac{\mathrm{e}}{\mathrm{e}^{-1}}=\mathrm{e}^{2}$$

［例 1-29］求 $\lim\limits_{x\to 0}(1-2x)^{\frac{1}{x}+2}$．

解：

$$\lim_{x\to 0}(1-2x)^{\frac{1}{x}+2}=\lim_{x\to 0}(1-2x)^{\frac{1}{x}}\cdot\lim_{x\to 0}(1-2x)^{2}=\lim_{x\to 0}\left[(1-2x)^{\frac{1}{-2x}}\right]^{-2}=\mathrm{e}^{-2}$$

1.4.3　两个重要准则

1．夹逼准则

定理 1-7　若函数 $f(x)$、$g(x)$、$h(x)$ 在点 a 的某去心邻域内满足下列条件：

（1）$f(x) \leqslant g(x) \leqslant h(x)$．

（2）$\lim\limits_{x \to \infty(x_0)} f(x) = \lim\limits_{x \to \infty(x_0)} h(x)$．

则 $\lim\limits_{x \to \infty(x_0)} g(x) = A$.

此结论对数列同样成立.

［例 1-30］求 $\lim\limits_{n \to \infty}\left(\dfrac{1}{\sqrt{n^2+1}}+\dfrac{1}{\sqrt{n^2+2}}+\cdots+\dfrac{1}{\sqrt{n^2+n}}\right)$.

解：利用缩放法，得

$$\frac{n}{\sqrt{n^2+n}} \leqslant \frac{1}{\sqrt{n^2+1}}+\frac{1}{\sqrt{n^2+2}}+\cdots+\frac{1}{\sqrt{n^2+n}} \leqslant \frac{n}{\sqrt{n^2+1}}$$

因为

$$\lim_{n \to \infty}\frac{n}{\sqrt{n^2+n}} = \lim_{n \to \infty}\frac{n}{\sqrt{n^2+1}} = 1$$

所以由夹逼准则得

$$\lim_{n \to \infty}\left(\frac{1}{\sqrt{n^2+1}}+\frac{1}{\sqrt{n^2+2}}+\cdots+\frac{1}{\sqrt{n^2+n}}\right) = 1$$

2．单调有界准则

定义 1-14　如果数列 $\{x_n\}$ 满足条件 $x_1 \leqslant x_2 \leqslant \cdots \leqslant x_n \leqslant x_{n+1}$，则称数列 $\{x_n\}$ 是单调增大的；如果数列 $\{x_n\}$ 满足条件 $x_1 \geqslant x_2 \geqslant \cdots \geqslant x_n \geqslant x_{n+1}$，则称数列 $\{x_n\}$ 是单调减小的．单调增大数列和单调减小数列统称为单调数列．

定理 1-8　单调有界数列必有极限．

思考题 1.4

$\lim\limits_{t \to \infty}(1+t)^{\frac{1}{t}} = \mathrm{e}$ 对吗？

练习题 1.4

1．求下列函数的极限．

（1）$\lim\limits_{x \to 1}\dfrac{2x^2-3}{x+1}$　　（2）$\lim\limits_{x \to 3}\dfrac{x^2-9}{x^2-5x+6}$

（3）$\lim\limits_{x\to 1}\left(\dfrac{2}{1-x^2}-\dfrac{1}{1-x}\right)$　　（4）$\lim\limits_{x\to +\infty}\dfrac{\sqrt{5x}-1}{\sqrt{x+2}}$

2．求下列函数的极限．

（1）$\lim\limits_{x\to 0}\dfrac{\sin 3x}{4x}$　　（2）$\lim\limits_{x\to 0}\dfrac{\sin 3x}{\sin 5x}$　　（3）$\lim\limits_{x\to 1}\dfrac{\sin(x-1)}{x^2-1}$

（4）$\lim\limits_{x\to \infty}\left(\dfrac{x+1}{x}\right)^{3x}$　　（5）$\lim\limits_{x\to 0}(1-2x)^{\frac{1}{x}}$　　（6）$\lim\limits_{x\to \infty}\left(\dfrac{2x-1}{2x+1}\right)^{x+\frac{3}{2}}$

3．计算$\lim\limits_{n\to +\infty}\left(\dfrac{1}{\sqrt{n^2+2}}+\dfrac{1}{\sqrt{n^2+4}}+\cdots+\dfrac{1}{\sqrt{n^2+2n}}\right)$．

1.5　函数的连续性

【引例】在自然界中，有许多量都是在连续不断地发生变化的，如气温随着时间的变化而连续变化；金属轴的长度随气温的变化有极微小的连续变化等．但也有一些量，如个人所得税税率，是发生跳跃变化的．这种生活中的连续变化与跳跃变化反映到函数上是一种什么样的情况呢？简单地说，函数的连续性反映在几何上就是一条不间断的曲线．下面我们来进行深入研究．

1.5.1　函数连续的概念

在介绍函数连续的概念前，先介绍一下函数的增量．

1．函数的增量

定义 1-15　设函数$y=f(x)$在x_0的邻域内有定义，若自变量由x_0变到x，则称$x-x_0$为自变量在x_0处的增量或改变量，记为Δx，即$\Delta x=x-x_0$．相应地，若函数值由$f(x_0)$变到$f(x)$，则称$f(x)-f(x_0)$为函数$f(x)$在x_0处的增量或改变量，记为Δy，即$\Delta y=f(x)-f(x_0)$或$\Delta y=f(x_0+\Delta x)-f(x_0)$．

说明：

Δx和Δy名为增量，其实是可正、可负的，也可以为 0．增量的几何意义如图 1-14 和图 1-15 所示．

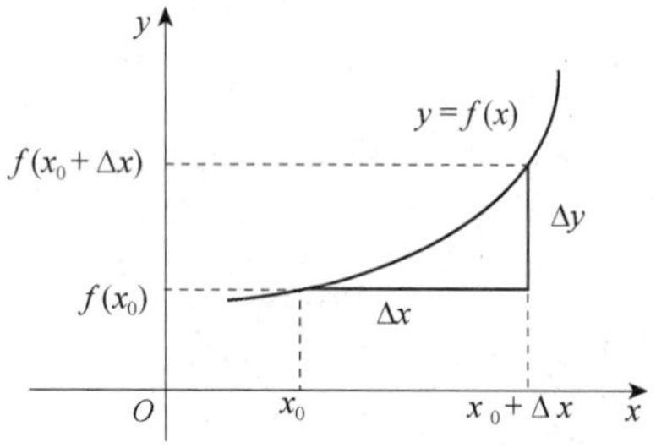

图 1-14

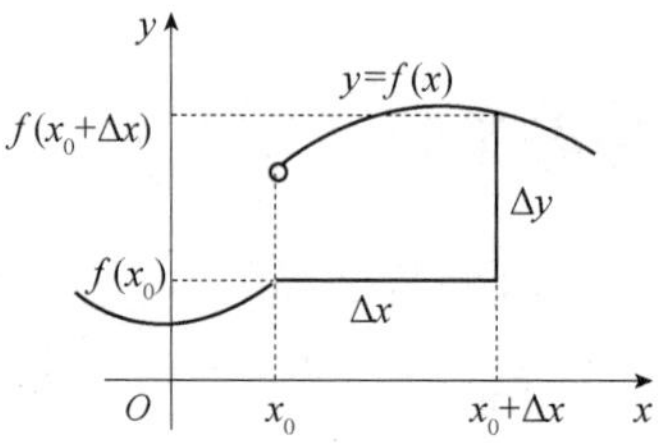

图 1-15

[**例 1-31**] 已知函数 $y=f\left(x\right)=x^2+3$，当自变量 x 有下列变化时，求相应的 Δy.

（1）x 从 -1 变到 1.

（2）x 从 1 变到 0.

（3）x 从 1 变到 $1+\Delta x$.

解：（1）$\Delta y=f\left(1\right)-f\left(-1\right)=\left(1^2+3\right)-\left[\left(-1\right)^2+3\right]=0$.

（2）$\Delta y=f\left(0\right)-f\left(1\right)=\left(0^2+3\right)-\left(1^2+3\right)=-1$.

（3）$\Delta y=f\left(1+\Delta x\right)-f\left(1\right)=\left[\left(1+\Delta x\right)^2+3\right]-\left(1^2+3\right)=2\Delta x+(\Delta x)^2$.

2．函数连续的定义

由图 1-14 可以看出，函数 $y=f(x)$ 在 x_0 处是连续的，当 $\Delta x\to 0$ 时，$\Delta y\to 0$．由图 1-15 可以看出，函数 $y=f(x)$ 在 x_0 处是不连续的，当 $\Delta x\to 0$ 时，Δy 不趋于 0.

根据以上分析，给出函数连续的定义.

定义 1-16　设函数 $y=f\left(x\right)$ 在 x_0 的邻域内有定义，若当自变量 x 在 x_0 处的增量 Δx 趋近于 0 时，相应的函数增量 Δy 也趋于 0，即 $\lim\limits_{\Delta x\to 0}\Delta y=0$，则称函数 $y=f\left(x\right)$ 在 x_0 处连续，x_0 为函数 $y=f\left(x\right)$ 的连续点；否则，称函数 $y=f\left(x\right)$ 在 x_0 处间断，x_0 为函数 $y=f\left(x\right)$ 的间断点.

[**例 1-32**] 试用定义 1-16 证明函数 $y=x^2+3$ 在 $x_0=1$ 处连续.

证明：显然函数 $y=x^2+3$ 在 $x_0=1$ 的邻域内有定义．现设自变量 x 在 $x_0=1$ 处有增量 Δx，则由例 1-31（3）可知，当 $\Delta x\to 0$ 时，相应的函数增量 Δy 的极限为

$$\lim_{\Delta x\to 0}\Delta y=\lim_{\Delta x\to 0}\left[2\Delta x+\left(\Delta x\right)^2\right]=0$$

因此，根据定义 1-16，函数 $y=x^2+3$ 在 $x_0=1$ 处连续.

扫一扫

微课：函数连续的概念的相关知识

在定义 1-16 中，若令 $x=x_0+\Delta x$，则 $\Delta x\to 0$ 就是 $x\to x_0$，$\Delta y=f\left(x_0+\Delta x\right)-f\left(x_0\right)=f\left(x\right)-f\left(x_0\right)$，$\Delta y\to 0$ 就是 $f\left(x\right)\to f\left(x_0\right)$，即 $\lim\limits_{\Delta x\to 0}\Delta y=0$ 就是 $\lim\limits_{x\to x_0}f\left(x\right)=f\left(x_0\right)$.

因此，函数连续的定义也可叙述如下.

定义 1-17　设函数 $y=f\left(x\right)$ 在 x_0 的邻域内有定义，若当 $x\to x_0$ 时，函数 $f\left(x\right)$ 的极限存在，而且极限值等于 $f\left(x\right)$ 在 x_0 处的函数值 $f\left(x_0\right)$，即 $\lim\limits_{x\to x_0}f\left(x\right)=f\left(x_0\right)$，则称函数 $y=f\left(x\right)$ 在 x_0 处连续，x_0 为函数 $y=f\left(x\right)$ 的连续点；否则，称函数 $y=f\left(x\right)$ 在 x_0 处间断，x_0 为函数 $y=f\left(x\right)$ 的间断点.

[**例 1-33**] 试用定义 1-17 证明函数 $f\left(x\right)=\begin{cases}x\sin\dfrac{1}{x} & x\neq 0\\ 0 & x=0\end{cases}$ 在 $x=0$ 处连续.

证明：显然 $f\left(x\right)$ 在 $x=0$ 的邻域内有定义，由无穷小的性质可知

$$\lim_{x \to 0} f(x) = \lim_{x \to 0} x \cdot \sin \frac{1}{x} = 0$$

且 $f(0) = 0$，故有

$$\lim_{x \to 0} f(x) = f(0)$$

根据定义 1-17 可知，函数 $f(x)$ 在 $x = 0$ 处连续.

在定义 1-17 中，若 $\lim_{x \to x_0^-} f(x) = f(x_0)$，则称函数 $y = f(x)$ 在 x_0 处左连续；若 $\lim_{x \to x_0^+} f(x) = f(x_0)$，则称函数 $y = f(x)$ 在 x_0 处右连续.

由于 $\lim_{x \to x_0} f(x) = f(x_0) \Leftrightarrow \lim_{x \to x_0^+} f(x) = \lim_{x \to x_0^-} f(x) = f(x_0)$，因此函数 $f(x)$ 在 x_0 处连续的充分必要条件是函数 $f(x)$ 在 x_0 处左连续且右连续.

若函数 $f(x)$ 在开区间 (a,b) 内每一点处都连续，则称函数 $f(x)$ 在开区间 (a,b) 内连续. 若函数 $f(x)$ 在开区间 (a,b) 内连续，且在左端点 a 处右连续，在右端点 b 处左连续，则称函数 $f(x)$ 在闭区间 $[a,b]$ 内连续.

若函数 $f(x)$ 在它的定义域内每一点处都连续，则称 $f(x)$ 为连续函数.

综上所述，函数 $f(x)$ 在 x_0 处连续，必须同时满足以下 3 个条件.

（1）函数 $y = f(x)$ 在 x_0 处有定义.

（2）当 $x \to x_0$ 时，$f(x)$ 的极限 $\lim_{x \to x_0} f(x)$ 存在.

（3）极限 $\lim_{x \to x_0} f(x)$ 等于 $f(x)$ 在 x_0 处的函数值，即 $\lim_{x \to x_0} f(x) = f(x_0)$.

若不满足上述条件中的任何一个，则函数 $y = f(x)$ 在 x_0 处间断.

［**例 1-34**］已知函数 $f(x) = \begin{cases} x+2 & x<0 \\ e^x - b & x \geqslant 0 \end{cases}$ 在 $x = 0$ 处连续，求 b 值.

解：

$$\lim_{x \to 0^-} f(x) = \lim_{x \to 0^-} (x+2) = 2$$

$$\lim_{x \to 0^+} f(x) = \lim_{x \to 0^+} (e^x - b) = 1 - b$$

因为 $f(x)$ 在 $x = 0$ 处连续，所以 $\lim_{x \to 0^-} f(x) = \lim_{x \to 0^+} f(x)$，$b = -1$.

［**例 1-35**］讨论函数 $f(x) = \begin{cases} x^2 & x \geqslant 1 \\ \dfrac{\sin x}{x} & 0 < x < 1 \end{cases}$ 在 $x = 1$ 处的连续性.

解：

$$\lim_{x \to 1^+} f(x) = \lim_{x \to 1^+} x^2 = 1$$

$$\lim_{x \to 1^-} f(x) = \lim_{x \to 1^-} \frac{\sin x}{x} = \sin 1$$

因为 $\lim_{x \to 1} f(x)$ 不存在，所以函数 $f(x)$ 在 $x = 1$ 处不连续.

1.5.2　初等函数的连续性

在此不加证明地给出以下重要事实：初等函数在其定义区间内都是连续的．一切初等函数在其定义区间内都是连续的．

说明：

（1）所谓定义区间，是指包含在定义域内的区间．

（2）求初等函数的连续区间就是求初等函数的定义区间．关于分段函数的连续性，除了按上述结论考虑每一分段区间内的连续性，还必须讨论分界点的连续性．

（3）若 $f(x)$ 在 x_0 处连续，则 $\lim\limits_{x \to x_0} f(x) = f(x_0)$，即求连续函数的极限可归结为计算函数值．

（4）设有复合函数 $y = f[\varphi(x)]$，若 $\lim\limits_{x \to x_0} \varphi(x) = u_0$，而函数 $f(u)$ 在 $u = u_0$ 处连续，则 $\lim\limits_{x \to x_0} f[\varphi(x)] = f(u_0) = f[\lim\limits_{x \to x_0} \varphi(x)]$．这是一种求函数极限的方法．

［例 1-36］求函数 $f(x) = \dfrac{1}{\sqrt{x+1}}$ 的连续区间．

解：由于 $f(x) = \dfrac{1}{\sqrt{x+1}}$ 为初等函数，其定义域满足 $x+1>0$，即$x>-1$，因此函数的定义区间为$(-1,+\infty)$，所以$(-1,+\infty)$为函数 $f(x) = \dfrac{1}{\sqrt{x+1}}$ 的连续区间．

［例 1-37］求下列函数的极限．

（1）$\lim\limits_{x \to 1} \sqrt{x^2+x-1}$　　　　（2）$\lim\limits_{x \to 0} \dfrac{\ln(1+x)}{x}$

解：（1）因为函数 $y = \sqrt{x^2+x-1}$ 在 $x=1$ 处连续，所以有

$$\lim_{x \to 1} \sqrt{x^2+x-1} = \sqrt{1^2+1-1} = 1$$

（2）

$$\lim_{x \to 0} \frac{\ln(1+x)}{x} = \lim_{x \to 0} \ln(1+x)^{\frac{1}{x}} = \ln\left[\lim_{x \to 0}(1+x)^{\frac{1}{x}}\right] = \ln \mathrm{e}$$

思考题 1.5

1．若函数 $y = f(x)$ 在 $x = x_0$ 处连续，则一定要求其在 x_0 处有定义吗？

2．若函数 $y = f(x)$ 在 $x = x_0$ 处连续，则函数 $y = f(x)$ 在 $x = x_0$ 处的极限一定存在，反之则不一定成立．这句话对吗？

练习题 1.5

1．讨论下列函数在 $x=0$ 处的连续性．

（1）$f(x) = \begin{cases} x+1 & x \geqslant 0 \\ x-1 & x<0 \end{cases}$　　　　（2）$f(x) = \begin{cases} x\cos\dfrac{1}{x}+1 & x \neq 0 \\ 1 & x=0 \end{cases}$

2．求函数 $f(x)=\dfrac{1}{\sqrt{1-x^2}}$ 的连续区间.

3．求下列函数的极限.

（1）$\lim\limits_{x\to\frac{\pi}{2}}[\ln(\sin x)]$　　（2）$\lim\limits_{x\to 0}\ln\dfrac{\sin x}{x}$　　（3）$\lim\limits_{x\to 0}(1+\cos x)^{\sin x}$

知识拓展

1.6　无穷小的比较、函数的间断点类型、闭区间上连续函数的性质、函数曲线的渐近线

【引例】如何判断方程 $x^5-3x-1=0$ 在 $(1,2)$ 内是否有解（根）？

前面讲述了无穷小、函数的连续性等知识，本节对这些知识进行一些拓展.

1.6.1　无穷小的比较

两个无穷小的和、差、积都是无穷小，但两个无穷小的商不一定是无穷小，会出现不同情况．例如，当 $x\to 0$ 时，x、x^2、$\sin x$、$2x$、x^3 都是无穷小，而有

$$\lim_{x\to 0}\frac{x^2}{x}=0,\quad \lim_{x\to 0}\frac{2x}{x}=2,\quad \lim_{x\to 0}\frac{\sin x}{x}=1,\quad \lim_{x\to 0}\frac{x^2}{x^3}=\infty$$

可以看出，同为无穷小，但它们趋于 0 的速度有快有慢．为了比较两个不同的无穷小趋于 0 的速度，根据两个无穷小的比值的极限来判定这两个无穷小趋于 0 的速度快慢，为此引入无穷小阶的概念.

定义 1-18　设 α 与 β 是自变量在同一变化过程中的两个无穷小，且 $\alpha\neq 0$，$\lim\dfrac{\beta}{\alpha}$ 是自变量在同一变化过程中的极限.

（1）若 $\lim\dfrac{\beta}{\alpha}=0$，则称 β 是比 α 高阶的无穷小，记为 $\beta=o(\alpha)$.

（2）若 $\lim\dfrac{\beta}{\alpha}=\infty$，则称 β 是比 α 低阶的无穷小.

（3）若 $\lim\dfrac{\beta}{\alpha}=C\neq 0$，则称 β 是与 α 同阶的无穷小.

特别地，若 $C=1$，则称 β 与 α 是等价的无穷小，记为 $\alpha\sim\beta$.

[例 1-38] 下列函数是当 $x\to 1$ 时的无穷小，试与 $x-1$ 相比较，哪个是高阶的无穷小？哪个是同阶的无穷小？哪个是等价的无穷小？

（1）$2(\sqrt{x}-1)$　　（2）x^3-1　　（3）x^3-3x+2

解：

$$\lim_{x\to1}\frac{2(\sqrt{x}-1)}{x-1}=\lim_{x\to1}\frac{2}{\sqrt{x}+1}=1$$

$$\lim_{x\to1}\frac{x^3-1}{x-1}=\lim_{x\to1}(x^2+x+1)=3$$

$$\lim_{x\to1}\frac{x^3-3x+2}{x-1}=\lim_{x\to1}(x^2+x-2)=0$$

当 $x\to1$ 时，$2(\sqrt{x}-1)$ 是与 $x-1$ 等价的无穷小，x^3-1 是与 $x-1$ 同阶的无穷小，x^3-3x+2 是比 $x-1$ 高阶的无穷小.

当 $x\to0$ 时，常用的等价无穷小有 $\sin x\sim x$、$\tan x\sim x$、$\arcsin x\sim x$、$\ln(1+x)\sim x$、$\mathrm{e}^x-1\sim x$、$1-\cos x\sim\frac{1}{2}x^2$、$\sqrt[n]{1+x}-1\sim\frac{x}{n}$.

等价无穷小在求两个无穷小之比的极限问题中有着重要的作用. 在数学中，有以下无穷小的替换定理.

定理 1-9　若 α、β、α'、β' 均为自变量同一变化过程中的无穷小，且 $\alpha\sim\alpha'$、$\beta\sim\beta'$，则有以下两种情况.

（1）若 $\lim\frac{\beta'}{\alpha'}$ 存在，则 $\lim\frac{\beta}{\alpha}=\lim\frac{\beta'}{\alpha'}$.

（2）若 $\lim\frac{\beta'}{\alpha'}=\infty$，则 $\lim\frac{\beta}{\alpha}=\infty$.

定理 1-9 表明，在求两个无穷小之比的极限时，在乘积的因子中，分子及分母均可用等价无穷小替换，以简化极限计算.

扫一扫

微课：无穷小比较与等价替换的相关知识

[例 1-39] 求 $\lim\limits_{x\to0}\frac{\tan x-\sin x}{x^3}$.

解：

$$\lim_{x\to0}\frac{\tan x-\sin x}{x^3}=\lim_{x\to0}\frac{\sin x\left(\frac{1}{\cos x}-1\right)}{x^3}$$

$$=\lim_{x\to0}\frac{\sin x(1-\cos x)}{x^3\cos x}=\lim_{x\to0}\frac{x\cdot\frac{x^2}{2}}{x^3}=\frac{1}{2}$$

在计算极限的过程中，可以把乘积因子中极限不为 0 的部分用其极限值替代，如例 1-39 中的乘积因子 $\cos x$ 用其极限值 1 替换，以简化极限计算.

注意，下列做法是错误的.

当 $x\to0$ 时，$\sin x\sim x$、$\tan x\sim x$，则 $\lim\limits_{x\to0}\frac{\tan x-\sin x}{x^3}=\lim\limits_{x\to0}\frac{x-x}{x^3}=0$.

因为 $\tan x$ 与 $\sin x$ 不是乘积因子，所以当 $x\to0$ 时，$\tan x-\sin x$ 与 $x-x$ 不是等价无穷小. 等价替换是对分子或分母的整体（因式）进行替换，而对分子或分母中“+”号或“−”号连接的各部分不能分别进行替换.

［例 1-40］求 $\lim\limits_{x\to 0}\dfrac{\sin 2x\cdot(e^x-1)\cdot x^2}{\ln(1+x)\cdot\tan 3x\cdot(1-\cos x)}$.

解: 因为当 $x\to 0$ 时，有 $\sin 2x \sim 2x$ 、$\tan 3x\sim 3x$ 、$\ln(1+x)\sim x$ 、$e^x-1\sim x$ 、$1-\cos x\sim \dfrac{1}{2}x^2$ ，所以有

$$\lim_{x\to 0}\frac{\sin 2x\cdot(e^x-1)\cdot x^2}{\ln(1+x)\cdot\tan 3x\cdot(1-\cos x)}=\lim_{x\to 0}\frac{2x\cdot x\cdot x^2}{x\cdot 3x\cdot\frac{1}{2}x^2}=\frac{4}{3}$$

1.6.2 函数的间断点类型

在 1.5 节中定义了函数连续与间断，且若函数 $f(x)$ 在 x_0 处连续，则其必须同时满足以下 3 个条件.

（1）函数 $y=f(x)$ 在 x_0 处有定义.

（2）当 $x\to x_0$ 时，$f(x)$ 的极限 $\lim\limits_{x\to x_0}f(x)$ 存在.

（3）极限 $\lim\limits_{x\to x_0}f(x)$ 等于 $f(x)$ 在 x_0 处的函数值，即 $\lim\limits_{x\to x_0}f(x)=f(x_0)$.

上述条件中只要有一个不满足，函数 $y=f(x)$ 在 x_0 处就不连续，即间断，x_0 为 $f(x)$ 的间断点. 间断点有下列 3 种情况.

（1）$f(x)$ 在 $x=x_0$ 处没有定义.

（2）$\lim\limits_{x\to x_0}f(x)$ 不存在.

（3）虽然 $\lim\limits_{x\to x_0}f(x)$ 存在，且 $f(x)$ 在 $x=x_0$ 处有定义，但 $\lim\limits_{x\to 0}f(x)\neq f(x_0)$.

一般情况下，可以将函数 $f(x)$ 的间断点 x_0 分为以下 2 类.

（1）若 $f(x)$ 在 x_0 处的左、右极限都存在，则称 x_0 为 $f(x)$ 的第一类间断点.

（2）若 $f(x)$ 在 x_0 处的左、右极限至少有一个不存在，则称 x_0 为 $f(x)$ 的第二类间断点.

对于第一类间断点，还可进行以下分类.

（1）若 $f(x)$ 在 x_0 的左、右极限都存在且相等，而 $f(x)$ 在点 x_0 处无定义或有定义而 $f(x_0)\neq\lim\limits_{x\to x_0}f(x)$ ，则称 x_0 为 $f(x)$ 的可去间断点.

（2）若 $f(x)$ 在 x_0 的左、右极限都存在但不相等，即 $\lim\limits_{x\to x_0^-}f(x)\neq\lim\limits_{x\to x_0^+}f(x)$ ，则称点 x_0 为 $f(x)$ 的跳跃间断点.

对于第二类间断点，若 $\lim\limits_{x\to x_0^+}f(x)$和 $\lim\limits_{x\to x_0^-}f(x)$ 中至少有一个为 ∞ ，则称点 x_0 为 $f(x)$ 的无穷间断点，若 $\lim\limits_{x\to x_0}f(x)$ 振荡不存在，则称 x_0 为 $f(x)$ 的振荡间断点.

下面举例说明.

［例 1-41］设函数 $f(x)=\begin{cases}x & x>1\\ 0 & x=1\\ x^2 & x<1\end{cases}$ ，讨论函数在 $x=1$ 处的间断点类型.

解：如图 1-16 所示，函数 $f(x)$ 在 $x=1$ 处有定义，$f(1)=0$，$\lim\limits_{x\to1^-}f(x)=\lim\limits_{x\to1^-}x^2=1$，$\lim\limits_{x\to1^+}f(x)=\lim\limits_{x\to1^+}x=1$，故 $\lim\limits_{x\to1}f(x)=1$，但 $\lim\limits_{x\to1}f(x)\neq f(1)$，所以 $x=1$ 是函数 $f(x)$ 的第一类间断点中的可去间断点．

[**例 1-42**] 设函数 $f(x)=\begin{cases}x+1 & x\geqslant0\\ x-1 & x<0\end{cases}$，讨论函数在 $x=0$ 处的间断点类型．

解：如图1-17所示，虽然 $f(0)=1$，但 $\lim\limits_{x\to0^-}f(x)=\lim\limits_{x\to0^-}(x-1)=-1$，$\lim\limits_{x\to0^+}f(x)=\lim\limits_{x\to0^+}(x+1)=1$，即 $f(x)$ 在 $x=0$ 处的左、右极限都存在，但不相等，故 $\lim\limits_{x\to0}f(x)$ 不存在，所以 $x=0$ 是函数 $f(x)$ 的第一类间断点中的跳跃间断点．

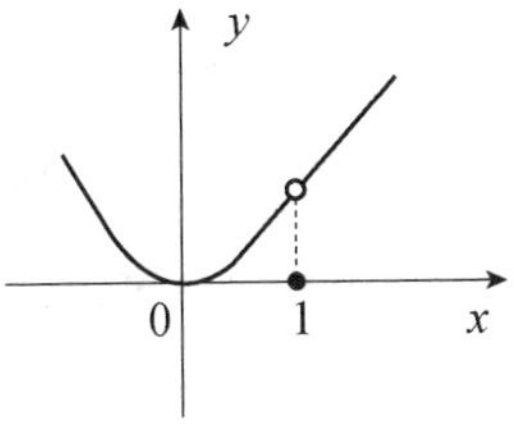

图 1-16

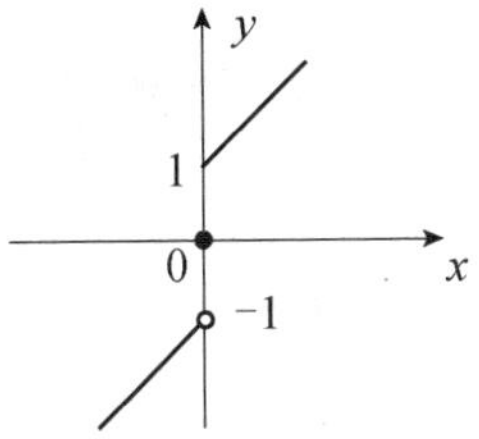

图 1-17

[**例 1-43**] 设函数 $f(x)=\dfrac{1}{x^2}$，讨论函数在 $x=0$ 处的间断点类型．

解：因为函数 $f(x)$ 在 $x=0$ 处无定义，所以 $x=0$ 是函数 $f(x)$ 的间断点，又因为 $\lim\limits_{x\to0}\dfrac{1}{x^2}=\infty$，所以 $x=0$ 是函数 $f(x)$ 的第二类间断点中的无穷间断点．

[**例 1-44**] 设函数 $f(x)=\sin\dfrac{1}{x}$，讨论 $f(x)$ 在 $x=0$ 处的间断点类型．

解：函数 $f(x)$ 在 $x=0$ 处无定义，$x=0$ 是函数 $f(x)$ 的间断点．因为当 $x\to0$ 时，$f(x)$ 的函数值在−1 与 1 之间振荡，$\lim\limits_{x\to0}\sin\dfrac{1}{x}$ 不存在，所以 $x=0$ 是函数 $f(x)$ 的第二类间断点中的振荡间断点．

1.6.3　闭区间上连续函数的性质

闭区间上的连续函数有一些非常重要的性质，由于性质证明涉及严密的实数理论，因此这里只给出结论而不予证明，通过图形可以很容易地理解其性质．

定理 1-10　（**最值定理**）若函数 $f(x)$ 在 $[a,b]$ 内连续，则函数 $f(x)$ 在 $[a,b]$ 内必然存在最大值与最小值．

如图 1-18 所示，若连续函数 $f(x)$ 的图像在 $[a,b]$ 内是不间断的曲线，则必有最高点和最低点，这里 $f(x)$ 在 x_1 处取得最大值 M，在 x_2 处取得最小值 m．

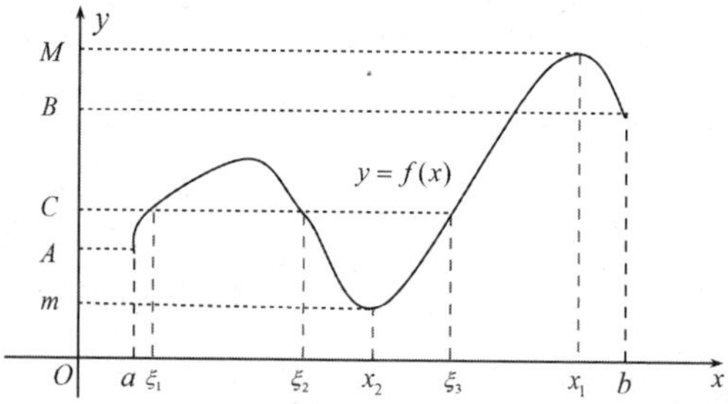

图 1-18

说明：显然函数 $f(x)$ 在闭区间 $[a,b]$ 内有界．这个定理中重要的两个条件是“闭区间 $[a,b]$”与“连续”，缺一不可．若区间是开区间或区间内有间断点，则该定理不一定成立．例如，函数 $y=\dfrac{1}{x}$ 在区间 $(0,1)$ 内连续，但不能取得最大值与最小值；又如，函数 $y=\begin{cases}1-x & 0\leqslant x<1\\ 1 & x=1\\ 3-x & 1<x\leqslant 2\end{cases}$，如图 1-19 所示，该函数在闭区间 $[0,2]$ 内有间断点 $x=1$，它在闭区间 $[0,2]$ 内既无最大值，也无最小值．

定理 1-11　（**介值定理**）若函数 $y=f(x)$ 在闭区间 $[a,b]$ 内连续，$f(a)=A$，$f(b)=B$，且 $A\neq B$，则对于 A 与 B 之间的任意值 C，在开区间 (a,b) 内至少存在一点 ξ，使得

$$f(\xi)=C(a<\xi<b)$$

如图 1-18 所示，对于 $A<C<B$，直线 $y=C$ 与连续曲线 $y=f(x)$ 有 3 个交点，使得 $f(\xi_1)=f(\xi_2)=f(\xi_3)=C$．

由定理 1-10 与定理 1-11 可知，对于在闭区间 $[a,b]$ 内的连续函数 $f(x)$，可取得介于其在闭区间 $[a,b]$ 内的最大值与最小值之间的任意一个数．

若在 x_0 处的函数值 $f(x_0)=0$，则称 x_0 为函数 $f(x)$ 的零点．

推论　（**零点定理或根的存在定理**）若 $f(x)$ 为闭区间 $[a,b]$ 内的连续函数，且 $f(a)$与$f(b)$ 异号（$f(a)\cdot f(b)<0$），则至少存在一点 $\xi\in(a,b)$，使得 $f(\xi)=0$．

如图 1-20 所示，推论表明，当 $f(a)\cdot f(b)<0$ 时，$[a,b]$ 内的连续曲线 $y=f(x)$ 与 x 轴至少有一个交点，即方程 $f(x)=0$ 在区间 (a,b) 内至少有一个根．

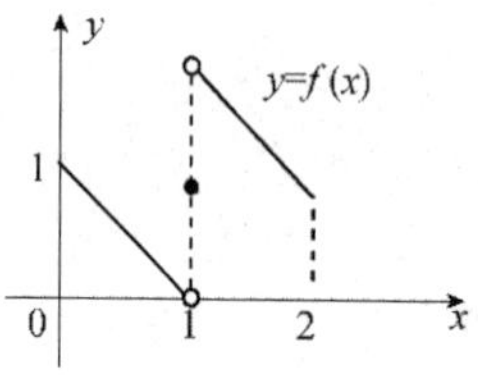

图 1-19

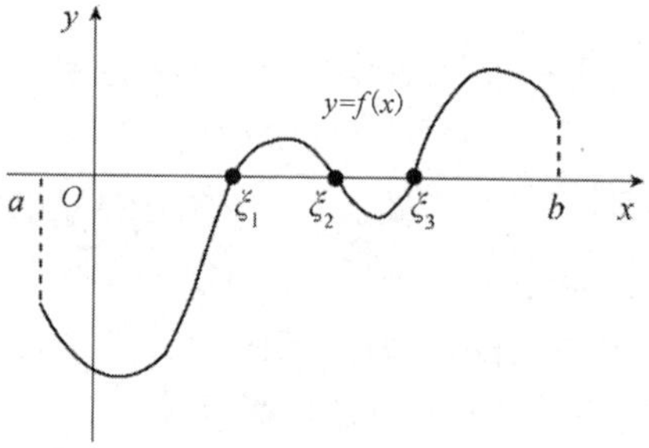

图 1-20

［例 1-45］证明方程$x^3-4x^2+1=0$在区间$(0,1)$内至少有一个根.

证明：令$f(x)=x^3-4x^2+1$，则$f(x)$在$[0,1]$内连续，又因为$f(0)=1>0$，$f(1)=-2<0$，由根的存在定理可知，至少存在一个点$\xi\in(0,1)$，使得$f(\xi)=0$，即$\xi^3-4\xi^2+1=0$，所以方程$x^3-4x^2+1=0$在$(0,1)$内至少有一个根ξ.

1.6.4　函数曲线的渐近线

定义 1-19　当函数曲线上的一个动点沿着曲线无限地远离原点时，若该点与某一固定直线的距离趋于 0，则称此直线为该函数曲线的**渐近线**.

若函数$f(x)$的定义域为无限区间，且有$\lim\limits_{x\to-\infty}f(x)=b$或$\lim\limits_{x\to+\infty}f(x)=b$，则函数曲线$y=f(x)$有**水平渐近线**$y=b$.

若函数$f(x)$的定义开区间的端点为有限点a，或者函数$f(x)$的间断点为点a，且有$\lim\limits_{x\to a^-}f(x)=\infty$或$\lim\limits_{x\to a^+}f(x)=\infty$，则函数曲线$y=f(x)$有**垂直渐近线**$x=a$.

若$\lim\limits_{x\to+\infty}[f(x)-(kx+b)]=0$或$\lim\limits_{x\to-\infty}[f(x)-(kx+b)]=0$（$k$、$b$为常数，$k\neq0$），则称$y=kx+b$为$y=f(x)$的一条斜渐近线. 其中，$k=\lim\limits_{x\to\infty}\dfrac{f(x)}{x}$, $b=\lim\limits_{x\to\infty}(f(x)-kx)$.

［例 1-46］求函数曲线$y=\dfrac{2x+1}{x-1}$的水平渐近线与垂直渐近线.

解：由于$\lim\limits_{x\to\infty}\dfrac{2x+1}{x-1}=2$，因此函数曲线有水平渐近线$y=2$.

由于$\lim\limits_{x\to1}\dfrac{2x+1}{x-1}=\infty$，因此函数曲线有垂直渐近线$x=1$.

由于$\lim\limits_{x\to\infty}\dfrac{\frac{2x+1}{x-1}}{x}=0$，因此函数曲线无斜渐近线.

思考题 1.6

若$f(x)$在区间I内能取得最大值、最小值，则$f(x)$一定在I内连续，且I一定为闭区间. 这句话对吗？

练习题 1.6

1. 比较下列无穷小的阶.

（1）$x\to0$时的x^3+x^2与x　　（2）$x\to\infty$时的$\dfrac{1}{x}$与$\dfrac{1}{x^2}$

2. 求下列极限.

（1）$\lim\limits_{x\to0}\dfrac{\tan3x}{\sin2x}$　　（2）$\lim\limits_{x\to0}\dfrac{\ln(1+x^2)}{e^{3x}-1}$

3．求下列函数的间断点，并指出间断点的类型．

（1）$f(x)=\dfrac{x^3+3x^2-x-3}{x^2+x-6}$　　（2）$f(x)=\begin{cases}\dfrac{1}{x} & x<0\\ x^2 & 0\leqslant x\leqslant 1\\ 2x-1 & x>1\end{cases}$

4．证明方程$x^3+x-1=0$在区间$(0,1)$内至少存在一个根．

5．求函数曲线$y=\ln\dfrac{x^2}{2}$的水平渐近线和垂直渐近线．

6．求函数曲线$y=\dfrac{x^3}{(x-1)^2}$的渐近线．

数学实验

1.7 实验——用 MATLAB 进行绘图和极限计算

你是不是觉得绘制函数$y=\dfrac{\sin x}{x}$的图像很麻烦？能用计算机进行绘图和极限运算吗？在信息时代，我们可借助数学软件很方便地来进行绘图和极限计算等．下面介绍非常有用的数学软件——MATLAB．

1.7.1 MATLAB 简介

MATLAB 是 Matrix Laboratory（矩阵实验室）的简称，是美国 MathWorks 公司出品的商业数学软件，是现今非常流行的一款科学与工程计算软件．它的功能十分强大，能解决一般科学计算及自动控制、信号处理、神经网络、图像处理等多种工程问题，将用户从繁重的计算工作中解脱出来，把精力集中于研究、设计及基本理论的理解．因为在高等数学中遇到的很多问题都可使用该软件进行求解，所以 MATLAB 已成为在校大学生等热衷的基本数学软件．由于 MATLAB 使用的命令格式与数学中的符号和公式非常相似，因此其使用方便．在此，把 MATLAB 作为学习数学的工具介绍给读者，希望能有利于读者今后的学习．

1．MATLAB 的工作环境与基本操作

在启动 MATLAB 后，可以看到图 1-21 所示的界面．MATLAB 的常见窗口有命令窗口、当前工作空间窗口、命令历史窗口和当前工作目录等．

1）命令窗口

在命令窗口（Command Window）中输入命令，可以实现计算或绘图功能．符号“>>”为命令提示符，表示等待用户输入命令．在该窗口中利用功能键，可使操作简便快捷．例如，上下箭头“↑”“↓”分别表示调出上面和下面一行输入的命令；“→”表示光标右移一个字符；“Esc”表示清除一行命令．也可以输入控制指令，如“clc”表示清除命令窗口

中的显示内容；“clear”表示清除当前工作空间窗口中保留的变量.

2）帮助功能

学会使用 Help（帮助）功能是学习 MATLAB 的有效方法. 在工具栏中单击？按钮，或在菜单栏中单击 Help 按钮并选择 Help 选项（或按 F1 键），或先在命令窗口中输入 Help 命令，再按回车键，就会出现在线帮助总览. 如果想知道 MATLAB 中的基本数学函数有哪些，可以在在线帮助总览的第 5 行中查到，再进一步输入 help elfun，屏幕上将出现“基本数学函数”表（注意：help elfun 之间有空格，以后不再每次提醒）. 如果想了解正弦函数怎样使用，可进一步输入 help sin.

在菜单栏中单击 Help 按钮并选择 Demos 选项，即可进入演示窗口，或先在命令窗口中输入 Demos 命令，再按回车键，就会出现演示窗口. 读者可由此开始学习.

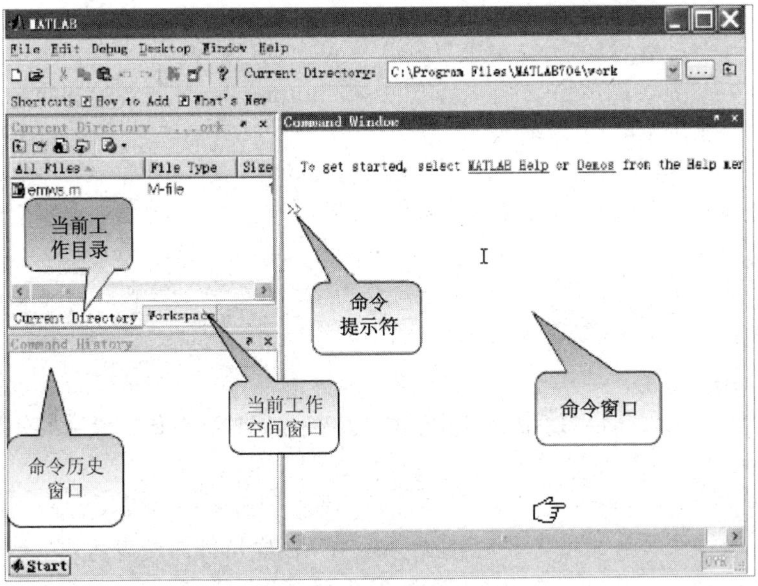

图 1-21

2. MATLAB 基础知识

1）基本运算符及表达式（见表 1-2）

表 1-2

数学表达式	MATLAB 运算符	MATLAB 表达式
加	+	$a+b$
减	−	$a-b$
乘	*	$a*b$
除	/或\	a/b 或 $b\backslash a$
幂	^	a^b

说明：

（1）MATLAB 用“/”（左斜杠）或“\”（右斜杠）分别表示“左除”或“右除”运算. 在

对数值进行操作时，它们作用相同，如 1/2 与 2\1，其结果都是 0.5；但在对矩阵进行操作时，它们却代表两种完全不同的操作．

（2）表达式将按与常规运算相同的优先级自左至右执行运算．优先级的规定：指数运算级别最高，乘、除运算次之，加、减运算级别最低．括号可以改变运算的次序．

［**例 1-47**］用 MATLAB 计算 $\frac{2+3^2-4\times(1.5+2.5)}{4.5+5.5}$ 的值．

解： 输入

```
(2+3^2-4*(1.5+2.5))/(4.5+5.5)↙（表示按回车键，下面不再用↙表示）
```

输出结果为

```
ans =
-0.5000
```

在默认情况下，MATLAB 显示小数点后 4 位小数，可以利用 format 命令改变显示格式，如 format long 表示显示小数点后 15 位小数，format shorte 表示以科学记数法显示小数点后 4 位小数．在例 1-47 中，输入

```
format shorte
(2+3^2-4*(1.5+2.5))/(4.5+5.5)
```

输出结果为

```
ans =
-5.0000e-001
```

2）MATLAB 变量

（1）变量赋值形式．MATLAB 语句由表达式和变量组成，变量赋值通常有以下两种形式．

```
变量=表达式
表达式
```

表达式由运算符、函数和变量名组成．MATLAB 先执行右边表达式的运算，再将运算结果存入左边变量，同时显示在命令后面．若省略变量名和“=”，即不指定返回变量，则名为 ans 的变量将自动建立．例如，输入

```
A=[1  2  3.3  sin(4.)]
```

系统将生成 4 维行向量 A，输出结果为

```
A =
    1.0000  2.0000   3.3000  -0.7568
```

输入

```
1966/310
```

系统将生成变量 ans，输出结果为

```
ans =
      6.3419
```

（2）变量名的命令规则．

- 变量名必须以英文字母开头，最多可包含 31 个字符（英文字母、数字和下画线）．
- 变量名区分英文字母大小写，如 A1 和 a1 是两个不同的变量．

• 变量名中不得包含空格、标点.

另外，系统还预定义了几个特殊变量（见表 1-3），用户不能再用它们作为自定义的变量.

表 1-3

变　量　名	取　　值
pi	圆周率 π
eps	计算机最小正数
flops	浮点运算次数
i 或 j	虚数单位 $\sqrt{-1}$
Inf	无穷大
NaN	不定值

（3）数值变量. 输入

```
x=1966/310
```

输出结果为

```
x =
    6.3419
```

表示将表达式 1966/310 的值赋值给变量 x.

（4）数组（向量）的建立. 常用数组的建立方式有两种：一种是在方括号中依次输入元素，元素之间用空格或逗号分隔；另一种是利用符号“:”建立等差数组.

例如，输入

```
a=[1 2 3 pi]
```

输出结果为

```
a =
    1.0000    2.0000    3.0000    3.1416
```

若要使用其中某个元素，则可在括号中输入列号，如取第 2 个元素，输入

```
a(2)
```

输出结果为

```
ans =
      2
```

用符号“:”建立等差数组的格式为

```
a =初值:步长:终值
```

例如，输入

```
a=1:2:5
```

输出结果为

```
a =
    1    3    5
```

数组元素的乘、除与幂运算必须在运算符前加点，称为“点运算”，即

```
.*(“点”乘)、./(“点”除)、.^(“点”幂)
```

[例 1-48] 设 $f(x)=x\sin x-\dfrac{2}{x}+x^2$，求$f(3)$、$f(5)$、$f(7)$.

解：输入

```
x=3:2:7;
          f=x.*sin(x)-2./x+x.^2
```

输出结果为

```
f =
   8.7567   19.8054   53.3132
```

输入的第一行后面加分号“;”，不显示 x 的数值，sin(x)表示正弦函数.

（5）符号变量. 可以利用 syms 命令定义一个或多个符号变量，进而建立所需的符号表达式（符号变量）. 在建立多个符号变量时，可依次输入，中间用空格分隔. 例如，建立符号表达式 $y=ax^2+bx+c$，可输入以下命令.

```
clear              %清除当前工作空间窗口中保留的变量
syms x a b c;      %定义符号变量 x、a、b、c
y=a*x^2+b*x+c
```

输出结果为

```
y =
   a*x^2+b*x+c
```

（6）字符变量. 用单引号引起来的一串字符称为字符串，将字符串赋给变量，就构成字符变量. 例如，输入

```
'good bye'
```

输出结果为

```
ans =
     good bye
```

3）常用函数

MATLAB 具有大量的内部函数，用户只要输入相应函数名就能对其直接进行调用. 常用函数如表 1-4 所示. 在输入函数时要注意函数名后有括号.

表 1-4

函 数 名	解 释	MATLAB 命令	函 数 名	解 释	MATLAB 命令
三角函数	$\sin x$	sin(x)	反三角函数	$\arcsin x$	asin(x)
	$\cos x$	cos(x)		$\arccos x$	acos(x)
	$\tan x$	tan(x)		$\arctan x$	atan(x)
	$\cot x$	cot(x)		$\mathrm{arccot}\, x$	acot(x)
	$\sec x$	sec(x)		$\mathrm{arcsec}\, x$	asec(x)
	$\csc x$	csc(x)		$\mathrm{arccsc}\, x$	acsc(x)
幂函数	x^a	x^a	对数函数	$\ln x$	log(x)
	$\sqrt{x}$	sqrt(x)		$\log_2 x$	log2(x)
指数函数	a^x	a^x	对数函数	$\log_{10} x$	log10(x)
	e^x	exp(x)	绝对值函数	$\|x\|$	abs(x)

[例 1-49] 计算 $\sqrt{x}+|x|+\sin x+\mathrm{e}^{x}-\ln y$，其中$x=0$，$y=1$.

解：输入

```
x=0;y=1;
sqrt(x)+abs(x)+sin(x)+exp(x)- log(y)
```

输出结果为

```
ans =
     1
```

4）MATLAB 命令行中的标点符号

在 MATLAB 中，命令行中的标点符号有其特殊功能. 例如，逗号“,”常用作输入量与输入量之间的分隔符或数组元素分隔符；分号“;”常用作不显示计算结果命令的结尾标志或数组的行间分隔符；注释号“%”表示它之后的所有命令行被看作非执行的注释符；方括号“[ ]”用于输入数组等.

值得注意的是，以上符号一定要在英文状态下输入.

1.7.2　用 MATLAB 绘制二维图像

在用 MATLAB 绘制二维图像的过程中，最重要、最基本的命令是 plot，其调用格式如表 1-5 所示.

表 1-5

命　令	功　能
plot(x,y,LineSpec)	x,y 是长度相同的数值数组，绘制以 x,y 元素为横、纵坐标的曲线，LineSpec 是一个字符串参数，格式为 Color-Linestyle-Marker，分别指定颜色、线型和标记符号，缺失即为默认值，常用参数如表 1-6 所示
plot(x1,y1,x2,y2)	在同一个坐标系中同时绘制函数 y1 和 y2 的图像，其中 x1,y1 确定第一条曲线，x1,x2 为相应的自变量数组，同理可绘制多条曲线

表 1-6

线型符号	线型（Linestyle）	标记符号	标记（Marker）	颜色字符	颜色（Color）
-	实线	.	点	y	黄色
:	点线	o	小圆圈	m	洋红色
-.	点画线	x	叉号	c	青色
--	虚线	+	加号	r	红色
		*	星号	g	绿色
		s	方格	b	蓝色
		d	菱形	w	白色
		∧	朝上角	k	黑色
		∨	朝下角		
		>	朝右角		
		<	朝左角		
		p	五角形		
		h	六角形		

实现二维图像绘制的命令还有 ezplot，读者可自行查看有关书籍或通过 Help 功能学习.

在二维图像中，若要加上 x 轴、y 轴的标注和标题，可以使用 xlabel、ylabel、title 等图形标识命令，如表 1-7 所示.

表 1-7

命　令	功　能
title	图形标题
xlabel	x 轴标注
ylabel	y 轴标注
text	标注数据点
grid	给图形加上网格
hold	保持图形窗口的图形

[例 1-50] 绘制 $y=\dfrac{\sin x}{x}$ 在 $[-3\pi, 3\pi]$ 内的图像.

解： 输入

```
x=-3*pi:0.1:3*pi;                %步长取 0.1，末尾“;”表示不显示 x 值
x=x+eps;                         %为避免在 x=0 时出现 0/0，在分母上加最小浮点数 eps
y=sin(x)./x;               %在计算函数数组 y 时，凡涉及数组与数组运算，都要用点运算
plot(x,y,'r:x')                  %参数 r:x 分别表示红色、点线、叉号
grid                             %给图形加上网格
title('y=sinx/x 的图像')          %图形标题为“y=sinx/x 的图像”
```

输出图像如图 1-22 所示.

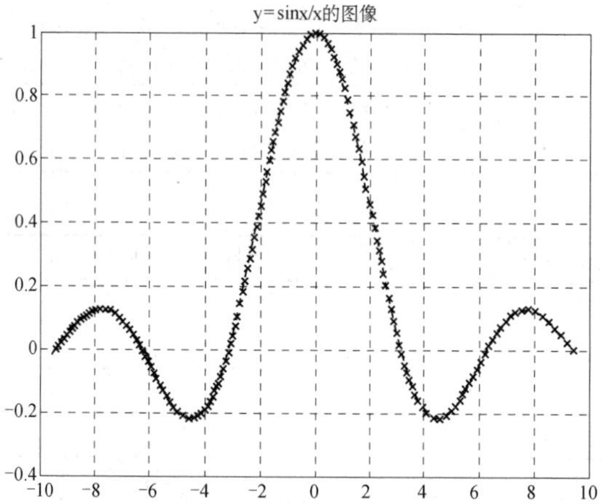

图 1-22

[例 1-51] 在同一个坐标系中绘制下列表达式的图像.

$$y=\mathrm{e}^x\ (-1\leqslant x\leqslant 1),\ y=x\ (-1\leqslant x\leqslant \mathrm{e}),\ y=\ln x\ (\mathrm{e}^{-1}\leqslant x\leqslant \mathrm{e})$$

解： 输入（注意 x_1 要输入为 x1）

```
x1=-1:0.1:1;
x2=-1:0.1:exp(1);
```

```
x3=exp(-1):0.1:exp(1);
y1=exp(x1);
y2=x2;
y3=log(x3);
plot(x1,y1,x2,y2,x3,y3)
```

输出图像如图 1-23 所示.

[例 1-52] 绘制 $4x^2+9y^2=36$ 的图像.

解：输入（注意命令中不需要用点运算）

```
syms x y
ezplot(4*x^2+9*y^2-36,[-4,4,-3,3])
或ezplot('4*x^2+9*y^2=36',[-4,4,-3,3])
或ezplot('4*x^2+9*y^2-36',[-4,4,-3,3])
```

输出图像如图 1-24 所示.

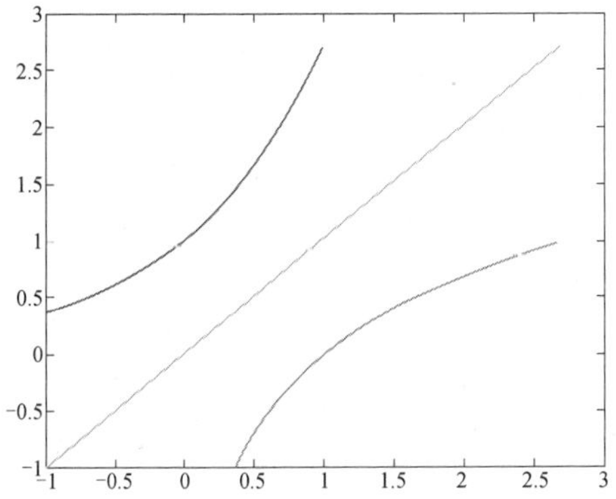

图 1-23

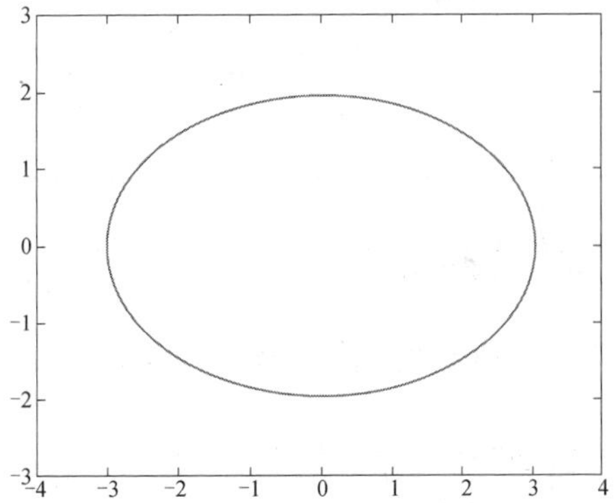

图 1-24

MATLAB 还提供了可绘制函数的三维图像的命令，其使用方法类似于绘制函数的二维图像，主要为 plot3(x,y,z)，有兴趣的读者可参考 MATLAB 的帮助文档进行学习.

1.7.3 用 MATLAB 进行极限计算

在 MATLAB 中用 limit 命令进行极限计算，其用法如表 1-8 所示.

表 1-8

数学表达式	命　令	备　注
$\lim\limits_{x\to a} f(x)$	limit(f,x,a)	系统默认自变量为 x，命令可简写为 limit(f,a)，若 $a=0$，则命令简写为 limit(f)
$\lim\limits_{x\to a^+} f(x)$	limit(f,x,a,'right')	x 从右边趋于 a，即求右极限
$\lim\limits_{x\to a^-} f(x)$	limit(f,x,a,'left')	x 从左边趋于 a，即求左极限
$\lim\limits_{x\to\infty} f(x)$	limit(f,x,inf)	求 $\lim\limits_{x\to+\infty} f(x)$ 也用此命令
$\lim\limits_{x\to-\infty} f(x)$	limit(f,x,−inf)	inf 是一个特殊变量，表示无穷大

[例 1-53] 用 MATLAB 求下列极限.

(1) $\lim\limits_{x\to 1}\ln x$　　(2) $\lim\limits_{x\to\infty}\left(1+\dfrac{k}{x}\right)^x$

(3) $\lim\limits_{x\to 0^+}\dfrac{1}{x}$　　(4) $\lim\limits_{x\to 0}\dfrac{1}{\sin x}$

解：为方便理解，给出输入命令和输出结果，如表 1-9 所示.

表 1-9

序　号	MATLAB 输入命令	输出结果	备　注
(1)	syms x limit(log(x),1)	ans = 0	若命令改为 syms x;limit(log(x),x,1)，则结果相同
(2)	syms x k limit((1+k/x)^x,x,inf)	ans = exp(k)	结果为 e^k
(3)	syms x limit(1/x,x,0,'right')	ans = Inf	结果为 $+\infty$
(4)	syms x limit(1/sin(x))	ans = NaN	表示极限不存在

思考题 1.7

能用 MATLAB 求代数方程的解吗？

练习题 1.7

1．用 MATLAB 计算以下内容.

(1) $\sin\dfrac{3\pi}{5}+\log_3 21-0.23^4+\sqrt[3]{452}-\sqrt{43}$

(2) $4\cos\dfrac{4\pi}{7}+\dfrac{3\times 2.1^8}{\sqrt{645}}-\ln 2$

(3) 设向量 $\boldsymbol{x}=(1,2,3,4,5)$，求 $\boldsymbol{y}=\sin\boldsymbol{x}+2\boldsymbol{x}$.

2．用 MATLAB 绘制以下内容.

(1) 绘制 $y=x\sin\dfrac{1}{x}$，$x\in(-1,1)$ 的图像.

(2) 在同一坐标系中绘制函数 $y=x^2$ 与 $y=x^3$，$x\in[-3,3]$的图像，并用不同颜色表示.

3．用 MATLAB 计算下列极限.

(1) $\lim\limits_{x\to 0}\dfrac{e^{2x}-1}{x}$　　(2) $\lim\limits_{x\to\infty}\left(\dfrac{2x+3}{2x-1}\right)^{x+1}$

(3) $\lim\limits_{x\to 0^+}\left(\dfrac{1}{x}\right)^{\tan x}$　　(4) $\lim\limits_{x\to 0}\dfrac{\sin mx}{\tan nx}$

知识应用

1.8　函数、极限与连续的应用

【引例】无限长的曲线可以围住一块有限的面积吗？有趣的科赫曲线（Koch Curve）就可以！在学习极限知识后就可以理解科赫曲线了，其具体内容将在例 1-57 中介绍．

函数、极限与连续有许多应用，本节将对其进行深入讨论．

[例 1-54] **古墓年代估算**．放射性物质的含量是时间 t（年）的函数 $N(t)=N_0\mathrm{e}^{-\lambda t}$，其中 N_0 为放射性物质的初始含量，λ 为衰变系数．通过测量放射性物质的衰变，可对古墓等文物的年代进行估算．在某地的古墓发掘中，测得墓中木制品内的 C^{14}（碳 14，是碳元素的一种放射性同位素）含量是初始值的 78%，已知 C^{14} 的半衰期（物质衰变到只有原来的一半量时所经过的时间）是 5568 年，试求 C^{14} 的衰变系数并估算该古墓的年代．

解：由已知条件可知

$$N(5568)=N_0\mathrm{e}^{-5568\lambda}=\frac{N_0}{2}$$

故 $-5568\lambda=\ln\frac{1}{2}$，衰变系数为

$$\lambda=\frac{1}{5568}\ln 2\approx 0.000\,124\,488$$

当 $N(t)=0.78N_0$ 时，有 $N_0\mathrm{e}^{-\lambda t}=0.78N_0$，故 $-\lambda t=\ln 0.78$，所以有

$$t=-\frac{1}{\lambda}\ln 0.78=-\frac{5568}{\ln 2}\ln 0.78\approx 1996\ (年)$$

该古墓的年代约距今 1996 年．

[例 1-55] **理财模型**．老人张三最近以 100 万元的价格卖掉了自己的房子，搬进了敬老院．有人向他建议用 100 万元去投资，并将投资回报用于支付各种保险．经过再三考虑，他决定用其中的一部分去购买公司债券，另一部分存入银行．公司债券的年回报率是 5.5%，银行存款的年利率是 3%．

（1）假设张三购买了 x 万元的公司债券，试建立他的年收入模型．

（2）如果张三希望获得 4.5 万元的年收入，那么他至少要购买多少万元的公司债券？

解：

1．模型假设与变量说明

（1）不考虑投资公司债券的风险．

（2）公司债券的红利与银行存款的利息都按年支付，且利率是固定的．

（3）张三将 100 万元全部用于购买公司债券和存入银行，没有闲置．

（4）设张三的年收入为 I 万元，购买公司债券的金额为 x 万元，则存入银行的金额为

$(100-x)$万元，公司债券的年回报率为r_1，银行存款的年利率为r_2．

2．模型的分析、建立与求解

（1）张三的年收入为购买公司债券的红利xr_1与银行存款的利息$(100-x)r_2$之和，因此年收入模型为

$$I=xr_1+(100-x)r_2 \quad (0 \leqslant x \leqslant 100)$$

即

$$I=(r_1-r_2)x+100r_2$$

将问题中的已知数据代入年收入模型，得

$$I=(5.5\%-3\%)x+100\times 3\%=2.5\%x+3 \quad (0 \leqslant x \leqslant 100)$$

（2）由（1）中建立的年收入模型可以看出，张三的年收入I与购买公司债券的金额x有关．已知年收入I=4.5万元，将年收入4.5万元代入模型，得$4.5=2.5\%x+3$．解得$x=60$．所以如果张三希望获得4.5万元的年收入，那么他至少要购买60万元的公司债券．

如今，理财产品已逐步走进千家万户，在种类繁多的理财产品中，有的风险大，投资时间长，收益高；有的风险小，投资时间短，收益低．如果不考虑投资时间、风险等因素，且预期收益明确，就可以利用初等数学的方法建立数学模型，通过计算和比较，在这些理财产品中做出明确选择，以确保预期收益．

[例 1-56] 常用经济函数．设p是某种商品的价格，它的市场需求量Q可以看作价格p的一元函数——**需求函数**，记为$Q=Q(p)$．需求函数的反函数就是**价格函数**，记为$p=p(Q)$．供给量S也可看成价格p的函数——**供给函数**，记为$S=S(p)$．使某种商品的市场需求量与供给量相等的价格p_0称为**均衡价格**．成本、收入、利润这些经济变量都是产品的产量或销售量q的函数，分别称为**总成本函数**$C(q)$，$C(q)=C_1+C_2$，其中C_1为固定成本，C_2为可变成本；**收入函数**$R(q)$，$R(q)=pq$；**利润函数**$L(q)$，$L(q)=R(q)-C(q)$．

现已知某产品的成本函数$C(q)=2q^2-4q+81$，需求函数$q=32-p$（p为价格），求该产品的利润函数，并说明该产品的盈亏情况．

解：由题意得，收入函数为

$$R(q)=pq=(32-q)q=32q-q^2$$

所以利润函数为

$$L(q)=R(q)-C(q)=-3q^2+36q-81=-3(q^2-12q+27)$$

又由$L(q)=0$可得，盈亏平衡点为$q=3$和$q=9$．容易看出，当$q>9$或$q<3$时，$L(q)<0$，该产品亏损；当$3<q<9$时，$L(q)>0$，该产品盈利．

[例 1-57] 科赫曲线．科赫曲线可由一个正三角形生成，即将正三角形的每条边三等分后将中间一段向外凸起生成一个以该段长度为边长的正三角形（去掉底边），对每条边重复上述过程，这样无休止地重复下去即得科赫曲线（又称雪花曲线，因大自然中的雪花大多

为六角形而得名)，如图 1-25 所示.

图 1-25

试用极限知识说明科赫曲线的周长无限而它所围成的平面图形面积有限.

解：如图 1-26 所示，设正三角形的边长为 a，则其周长为 $P_0=3a$，面积为 $A_0=\frac{\sqrt{3}}{4}a^2$. 按上述过程第一次生成的六角形如图 1-27 所示，每条边生成 4 条新边，新边长为原来的 $\frac{1}{3}$，同时生成 3 个新正三角形，每个新正三角形与原正三角形相似，且相似比为 $\frac{1}{3}$，故每个新正三角形面积为原正三角形面积的 $\frac{1}{9}$，所以六角形周长为 $P_1=\frac{4}{3}P_0$，面积为 $A_1=A_0+3\times\frac{1}{9}\times A_0$. 为求通项 P_n 和 A_n 的表达式，先来看一条边的变化情况，如图 1-28 所示.

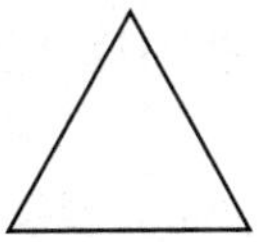
图 1-26

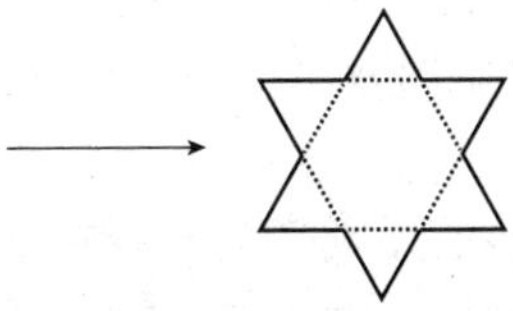
图 1-27

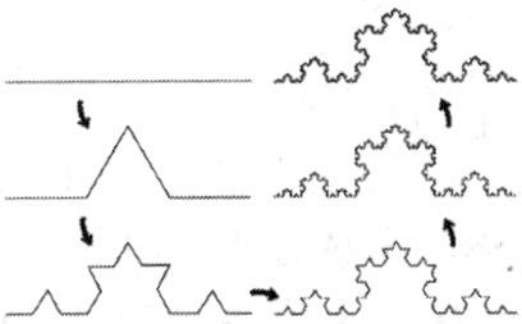
图 1-28

由图 1-28 可知：

(1) 每条边生成 4 条新边，且边长缩短为原来的 $\frac{1}{3}$.

(2) 4 条新边共生成 4 个小的新正三角形，且面积缩小为原来的 $\frac{1}{9}$，得到 $P_2=\frac{4}{3}P_1$，$A_2=A_1+4\times\frac{1}{9}\times\left(3\times\frac{1}{9}\times A_0\right)=A_1+\frac{4}{9}\times\frac{A_0}{3}$，以此类推，可得

$$P_n=\frac{4}{3}P_{n-1}=\cdots=\left(\frac{4}{3}\right)^n P_0$$

$$A_n=A_{n-1}+\left(\frac{4}{9}\right)^{n-1}\times\frac{A_0}{3}=A_0+\left[1+\frac{4}{9}+\left(\frac{4}{9}\right)^2+\cdots+\left(\frac{4}{9}\right)^{n-1}\right]\times\frac{A_0}{3}=\left[1+\frac{3}{5}\left(1-\left(\frac{4}{9}\right)^n\right)\right]A_0,\quad n\in\mathbf{N}^+$$

所以有

$$\lim_{n\to\infty}P_n=\lim_{n\to\infty}\left(\frac{4}{3}\right)^n P_0=+\infty$$

$$\lim_{n\to\infty}A_n=\lim_{n\to\infty}\left[1+\frac{3}{5}\left(1-\left(\frac{4}{9}\right)^n\right)\right]A_0=\frac{8}{5}A_0=\frac{2\sqrt{3}}{5}a^2$$

由该结论可知，对于一个国家的国境线，在测量时，边缘划分得越细，测出的国境线

就越长，如果边缘划分得无限细，那么测出的国境线长度为无穷大，但该国家的国土面积是一个定值.

科赫曲线是由瑞典数学家 Helge von Koch 于 1904 年最先提出来的. 科赫曲线问题属于数学中的分形几何问题，该曲线是最早提出的分形图形之一. 仔细观察这条特别的曲线，会发现它有一个很强的特点：可以把它划分成若干个部分，每个部分都和原来一样（只是大小不同）. 这样的图形叫作自相似（Self-Similar）图形，自相似是分形（Fractal）图形最主要的特征. 自相似往往和递归、无穷之类的东西联系在一起. 例如，自相似图形往往是用递归法构造出来的，可以无限地分解下去. 一条科赫曲线中包含无数条大小不同的科赫曲线. 可以对这条曲线的尖端部分不断放大，但图形始终和最开始的图形一样（只是大小不同）. 它的复杂性不随尺寸的减小而消失. 另外值得一提的是，这条曲线是一条连续但处处不光滑的曲线，曲线上的任何一个点都是尖点.

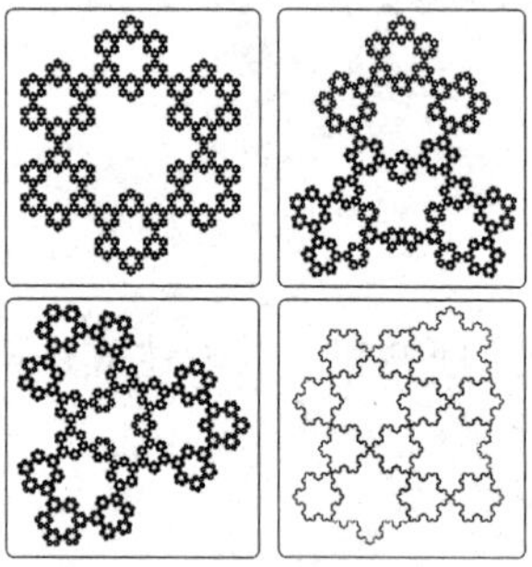

图 1-29

分形图形是一门艺术. 把不同大小的科赫曲线拼接起来可以得到很多美丽的图形. 图 1-29 中的这些图片①或许会让人眼前一亮.

[**例 1-58**] **连续复利**. 设银行某种定期储蓄的年利率为 r，本金为 A_0，若按每年计息一次，则 t 年后的本金与利息合计值（简称本利和）$A_t(1)$ 应为多少？若改为每半年计息一次，则 t 年后的本利和为多少？若改为每月计息一次，则 t 年后的本利和为多少？若每时每刻都计息（连续复利，也称瞬时复利），则 t 年后的本利和为多少？

解：若按每年计息一次，则 $A_1=A_0+rA_0=(1+r)A_0$，$A_2=A_1+rA_1=(1+r)A_1=(1+r)^2A_0$，以此类推，$t$ 年后本利和 $A_t(1)$ 为

$$A_t(1)=A_0(1+r)^t$$

若每半年计息一次，每次的利率是 $\frac{r}{2}$，共计息 $2t$ 次，则 t 年后的本利和为

$$A_t(2)=A_0\left(1+\frac{r}{2}\right)^{2t}$$

若每月计息一次，每次的利率是 $\frac{r}{12}$，共计息 $12t$ 次，则 t 年后的本利和为

$$A_t(12)=A_0\left(1+\frac{r}{12}\right)^{12t}$$

若每年计息 n 次，则每次的利率是 $\frac{r}{n}$，共计息 nt 次，则 t 年后的本利和为

① 图片来源于 Matrix67 博客.

$$A_t(n)=A_0\left(1+\frac{r}{n}\right)^{nt}$$

当 $n\to\infty$，即连续复利时，t 年后的本利和为

$$A_t=\lim_{n\to\infty}A_t(n)=\lim_{n\to\infty}A_0\left(1+\frac{r}{n}\right)^{nt}=A_0\lim_{n\to\infty}\left[\left(1+\frac{r}{n}\right)^{\frac{n}{r}}\right]^{rt}=A_0\mathrm{e}^{rt}$$

若 $r=1$，$t=1$，则有

$$A_1(1)=A_0(1+1)^1=2A_0$$

$$A_1(2)=A_0\left(1+\frac{1}{2}\right)^2=2.25A_0$$

$$A_1(12)=A_0\left(1+\frac{1}{12}\right)^{12}\approx 2.61304A_0$$

$$A_1=A_0\mathrm{e}\approx 2.718\,28A_0$$

这表明连续复利的储蓄方式并未使储户的本利和大幅增加．数学知识告诉人们，如果向银行按此种方式存入 10 万元，一年后也不可能成为“百万富翁”．连续复利仅仅是银行的吸储策略而已，但它在计算货币的时间价值上有着重要的应用．

思考题 1.8

你能举出函数、极限与连续在现实生活中应用的一些例子吗？

练习题 1.8

1．使用“割圆术”求圆周率 π．刘徽在《九章算术注》中创造了使用“割圆术”来计算圆周率 π 的方法，即令圆的内接正多边形无限逼近圆的方法．根据几何学知识，对于半径为 R 的圆，其内接正多边形的边长 $\alpha(n)$ 和周长 $l(n)$ 分别为

$$\alpha(n)=2R\sin\left(\frac{\pi}{n}\right)$$

$$l(n)=n\alpha(n)=2nR\sin\left(\frac{\pi}{n}\right)$$

刘徽认为，当 n 越来越大时，$l(n)$ 渐渐稳定在一个值附近，这个值就是圆周长 $2\pi R$．请用学过的极限知识说明这一点，即说明 $\lim\limits_{n\to\infty}l(n)=2\pi R$．也就是说，当 $n\to\infty$ 时，正 n 边形的周长 $l(n)$ 与圆的周长相等．要计算圆周率 π 的近似值，只要适当选取 n 的值即可．例如，取 $n=10$，正 10 边形的周长与圆半径可通过测量得到，则可近似求出圆周率 π 的值．

刘徽还用此方法求圆的面积，同样可以用学过的极限知识进行说明．

2．斐波那契（Fibonacci）数列与黄金分割．意大利数学家斐波那契（Fibonacci L.）在其 1202 年所著的《算法之书》中讲过一个生兔子的问题，与之相关的数列为

$$1,1,2,3,5,8,13,21,34,55,89,144,233$$

该数列是一个有限项数列，按上述规律写出的无限项数列就叫作斐波那契数列．若设 $F_0=1,F_1=1,F_2=2,F_3=3,F_4=5,F_5=8,\cdots$，则此数列存在以下递推关系（可用数学归纳法证明）：

$$F_{n+2}=F_{n+1}+F_n,\ n\in\mathbf{N}^+$$

法国数学家比内（Binet）列出了其通项 $F_n=\dfrac{1}{\sqrt{5}}\left[\left(\dfrac{1+\sqrt{5}}{2}\right)^{n+1}-\left(\dfrac{1-\sqrt{5}}{2}\right)^{n+1}\right]$．

请用 MATLAB 验证 $\lim\limits_{n\to\infty}\dfrac{F_n}{F_{n+1}}=\dfrac{\sqrt{5}-1}{2}\approx0.618$ 或 $\lim\limits_{n\to\infty}\dfrac{F_{n+1}}{F_n}=\dfrac{\sqrt{5}+1}{2}\approx1.618$．

斐波那契数列已引起人们的广泛研究，自然、社会及生活中许多现象的解释往往与该数列有关．这是因为黄金分割点的位置比例恰好是当 $n\to\infty$ 时数列 $\left\{\dfrac{F_n}{F_{n+1}}\right\}$ 的极限 $\dfrac{\sqrt{5}-1}{2}\approx0.618$，而许多事物按黄金分割比例分配后会呈现出更好的状态，如将其应用于建筑能使建筑物更加美观，将其应用于音乐能使音调更加和谐悦耳等．

3．细菌繁殖问题．由实验可知，某种细菌的繁殖速度在满足培养基数量充足等条件时，与当时已有的细菌数量 A_0 成正比，即 $v=kA_0$（$k>0$，为比例常数），经过时间 t 以后细菌的数量是多少？（提示：由于细菌的繁殖可看作连续变化的过程，为计算出 t 时刻的细菌数量，可将时间间隔 $[0,t]$ 分成 n 等份，在很短的一段时间内细菌数量的变化很小，繁殖速度近似不变．可得 t 时刻的细菌数量近似为 $A_0\left(1+k\dfrac{t}{n}\right)^n$，令 $n\to\infty$，则近似值的极限就是细菌数量的精确值．）

4．方桌问题．请用学过的连续函数的性质相关知识说明：在一块不平的地面上，一定能找到一个适当的位置使一张方桌的 4 个脚同时着地（假设方桌的 4 个脚构成平面上严格的正方形且地面高度不会出现间断，即不会出现台阶式地面）．

习题 A

1．求函数 $y=\ln\sin^2 x$ 的复合过程．

2．设圆锥底面直径和母线都为 $2R$，该圆锥内有一个内接圆柱，如图 1-30 所示，试将圆柱体积 V 表示成圆锥底面半径 R 的函数．

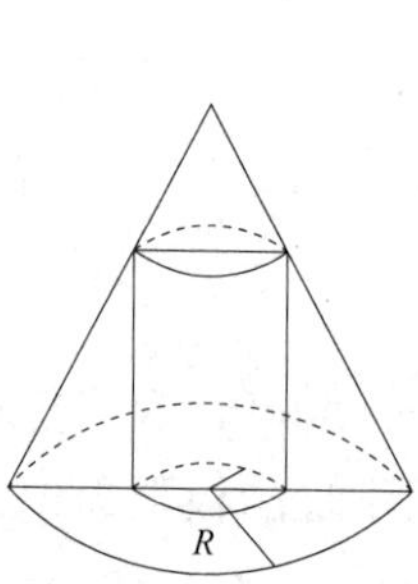

图 1-30

3．求下列极限．

（1）$\lim\limits_{x\to1}\dfrac{x^2-2x+1}{x^2-1}$　　（2）$\lim\limits_{x\to\infty}\dfrac{x^2+x-2}{x^2+5x+6}$

（3）$\lim\limits_{x\to 0}\dfrac{\sin 2x}{\sin 3x}$　　　（4）$\lim\limits_{x\to 0}(1+x)^{\frac{2}{x}}$

（5）$\lim\limits_{x\to 0^+}\sqrt[x]{1+2x}$　　　（6）$\lim\limits_{x\to 0}\sqrt{|x|}\cdot\cos^2 x$

（7）$\lim\limits_{x\to 0}\dfrac{1-\cos 2x}{x\sin x}$　　　（8）$\lim\limits_{x\to 0}\sqrt{2-\dfrac{\sin x}{x}}$

4．设 $f(x)=x^2$，求 $\lim\limits_{h\to 0}\dfrac{f(x+h)-f(x)}{h}$．

5．已知 $f(x)=\begin{cases}1 & x<-1\\ x & -1\leqslant x\leqslant 1\\ 1 & x>1\end{cases}$，讨论 $f(x)$ 在 $x=1$ 和在 $x=-1$ 处的连续性．

6．用 MATLAB 求 $\lim\limits_{x\to 0}\ln(1+2x)$．

7．当 $x\to 0$ 时，比较 $2x\sin x$ 与 $2\sin^2 x$ 的阶．

8．小王用分期付款的方式从银行贷款 50 万元用于购买商品房，设贷款期限为 10 年，年利率为 4%，按连续复利计息，10 年后他还款的本利和为多少？

9．试证方程 $e^x-2=x$ 在区间(0,2)内至少有一个根．

10．求函数 $f(x)=\dfrac{x+1}{x-1}$ 的水平渐近线和垂直渐近线．

习题 B

1．求下列极限．

（1）$\lim\limits_{x\to 0}\dfrac{\sqrt{1+x}-\sqrt{1-x}}{x}$　　　（2）$\lim\limits_{x\to +\infty}x[\ln(x+1)-\ln x]$

（3）$\lim\limits_{x\to \infty}\left(\dfrac{2x+3}{2x+1}\right)^{2x}$　　　（4）$\lim\limits_{x\to \frac{\pi}{2}}(1+\cos x)^{\sec x}$

（5）$\lim\limits_{n\to \infty}\dfrac{1+3+5+\cdots+(2n-1)}{2+4+6+\cdots+2n}$　　　（6）$\lim\limits_{x\to a}\dfrac{\cos x-\cos a}{x-a}$

（7）$\lim\limits_{x\to +\infty}\left(\sqrt{x^2+x+1}-\sqrt{x^2-x+1}\right)$　　　（8）$\lim\limits_{x\to 1}\left(\dfrac{3}{1-x^3}-\dfrac{1}{1-x}\right)$

2．已知 $\lim\limits_{x\to 0}\dfrac{\sqrt{ax+b}-2}{x}=1$，求常数 a、b 的值．

3．设函数 $f(x)=\begin{cases}\dfrac{\tan x}{x} & x<0\\ a-1 & x=0\\ x\sin\dfrac{1}{x}+b & x>0\end{cases}$，则

（1）当常数 a、b 为何值时，极限 $\lim\limits_{x\to 0}f(x)$ 存在？

（2）当常数 a、b 为何值时，函数 $f(x)$ 在 $x=0$ 处连续？

4．求函数 $f\left(x\right)=\dfrac{x^2+3x+2}{x^2-1}$ 的连续区间和间断点，并指出间断点的类型.

5. 用 MATLAB 绘制函数曲线 $y=\mathrm{e}^{\frac{1}{x}}+1$ 的图像并用 MATLAB 求它在 $x\to\infty$ 时的极限.

6．小明为看日出，早上 8 时从山下宾馆出发沿一条路径上山，下午 5 时到达山顶并留宿于山顶宾馆，次日看日出后于早上 8 时沿同一路径下山，下午 5 时回到山下宾馆，则小明在两天中同一时刻会经过途中的同一地点吗，为什么？

7．求函数曲线 $f(x)=\dfrac{x^2}{2x+1}$ 的渐近线.

第 2 章

导数与微分

数学文化——导数的起源与牛顿简介

导数（Derivative）是微积分中的重要基础概念．它是当自变量的增量趋于零时，因变量的增量与自变量的增量之商的极限．若一个函数存在导数，则称这个函数可导或可微分．可导的函数一定连续，不连续的函数一定不可导．求导数的过程实质上就是一个求极限的过程，导数的四则运算法则来源于极限的四则运算法则．

1）早期——导数概念的特殊形式

1629 年左右，法国数学家费马研究了做曲线的切线和求函数极值的方法．1637 年左右，他写了一篇手稿《求最大值与最小值的方法》．在做切线时，他构造了差分 $f(A+E)-f(A)$，其中的因子 E 就是现在所说的导数 $f'(A)$．

2）17 世纪——广泛使用的“流数术”

17 世纪后，力的发展推动了自然科学和技术的发展，在前人创造性研究的基础上，牛顿、莱布尼茨等大数学家开始从不同的角度系统地研究微积分．牛顿的微积分理论被称为“流数术”，他称变量为流量，称变量的变化率为流数，相当于现在所说的导数．牛顿的有关“流数术”的主要著作是《求曲边形面积》、《运用无穷多项方程的计算法》与《流数术和无穷级数》．牛顿对于流数理论的实质概括如下：该理论的重点在于一个变量的函数而不在于多个变量的方程；在于自变量的变化与函数的变化量的比值的构成；在于决定此比值变化趋于 0 时的极限．

3）19 世纪——逐渐成熟的导数理论

1750 年，达朗贝尔在由法国科学院出版的《百科全书》第 4 版的“微分”条目中提出了关于导数的一种观点，可以用现代符号简单表示为 $\dfrac{\mathrm{d}y}{\mathrm{d}x}=\lim\limits_{\Delta x\to 0}\dfrac{\Delta y}{\Delta x}$．1823 年，柯西在他的《无穷小分析概论》中定义导数：如果函数 $y=f(x)$ 在变量 x 的两个给定的界限之间保持连续，并且为这样的变量指定一个包含在这两个不同界限之间的值，就会使变量得到一个无穷小增量．19 世纪 60 年代以后，魏尔斯特拉斯创造了 ε - δ 语言，对微积分中出现的各种类型的极限重新加以表达，导数的定义也就成了现在常见的形式．

牛顿（Newton，1643 年 1 月 4 日—1727 年 3 月 31 日），于 1643 年 1 月 4 日诞生在英格兰的一个自耕农家族．他是历史上最伟大、最有影响力的科学家之一，也是物理学家、数学家和哲学家，晚年醉心于炼金术与神学．牛顿是近代科学的开创者，他的三大成就为光学分析、万有引力定律和微积分，这三大成就为现代科学的发展奠定了基础．他在 1687 年 7 月 5 日发表的不朽著作《自然哲学的数学原理》里用数学方法证明了宇宙中最基本的法则——万有引力定律和三大运动定律．这四条定律构成了一个统一的体系，被认为是“人类智慧史上最伟大的一项成就”，由此奠定了之后三个世纪中物理世界的科学观点，该体系成为现代工程学的基础．牛顿为人类建立了“理性主义”的旗帜，开启了工业革命的大门．他通过论证开普勒定律与万有引力定律间的一致性，展示了地面物体与天体的运动都遵循着相同的自然定律，从而消除了人们对“日心说”的最后一丝疑虑，并推动了科学革命．在数学上，牛顿与莱布尼茨分享了创立微积分学的荣誉，为近代科学的发展提供了有力的工具，开辟了数学史上的一个新纪元．牛顿还证明了广义二项式定理，提出了“牛顿法”以趋近函数的零点，并为幂级数的研究做出了贡献．

牛顿有一句名言：如果说我看得比别人更远些，那是因为我站在了巨人的肩膀上．

基础理论知识

2.1 导数的基本概念

本节先通过两个经典实例（变速直线运动的瞬时速度和平面曲线的切线斜率）引出导数的概念，再结合具体例子介绍用定义求导数的方法并介绍几个具体的变化率模型，进而给出导数的几何意义，最后研究可导与连续的关系．

【引例 1】变速直线运动的瞬时速度．

对于匀速运动来说，存在速度公式：

$$速度=\frac{距离}{时间}$$

由于在实际问题中，运动往往是非匀速的，因此上述公式只能表示物体走完某一段路程的平均速度，而不能反映在任意时刻物体运动的快慢．要想精确地刻画出物体运动中的这种变化，就需要进一步讨论物体在运动过程中任意时刻的速度，即瞬时速度．

设一物体做变速直线运动，以它的运动轨迹为数轴，则在物体运动的过程中，对于每一时刻 t，物体的相应位置可以用数轴上的一个坐标 s 表示，即 s 与 t 之间存在函数关系 $s=s(t)$，这个函数习惯上叫作位置函数．接下来考察该物体在 t_0 时的瞬时速度．

设物体在 t_0 时的位置为 $s(t_0)$．当自变量 t 获得增量 Δt 时，物体的位置函数 s 相应地有一定增量，如图 2-1 所示，可表示为

$$\Delta s=s\left(t_0+\Delta t\right)-s\left(t_0\right)$$

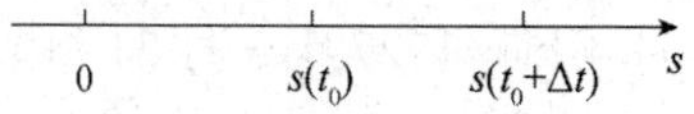

图 2-1

于是 2 个增量的比值为

$$\frac{\Delta s}{\Delta t}=\frac{s(t_0+\Delta t)-s(t_0)}{\Delta t}$$

这就是物体在 t_0 到 $t_0+\Delta t$ 这段时间内的平均速度，记为 $\bar{v}$，即

$$\bar{v}=\frac{\Delta s}{\Delta t}=\frac{s(t_0+\Delta t)-s(t_0)}{\Delta t}$$

由于变速运动的速度通常是连续变化的，因此从整体来看，运动是变速的，但从局部来看，在一段很短的时间 Δt 内，速度变化不大，可以近似地将运动看作匀速运动．也就是说，当 $|\Delta t|$ 很小时，$\bar{v}$ 可作为物体在 t_0 时的瞬时速度近似值．

很明显，$|\Delta t|$ 越小，$\bar{v}$ 就越接近物体在 t_0 时的瞬时速度．当 $|\Delta t|$ 无限小时，$\bar{v}$ 就无限接近物体在 t_0 时的瞬时速度，即

$$v(t_0)=\lim_{\Delta t\to 0}\bar{v}=\lim_{\Delta t\to 0}\frac{\Delta s}{\Delta t}=\lim_{\Delta t\to 0}\frac{s(t_0+\Delta t)-s(t_0)}{\Delta t}$$

这就是说，物体运动的瞬时速度是当时间增量趋于 0 时位置函数的增量和时间的增量之比的极限．

【引例 2】平面曲线的切线斜率．

在平面几何里，圆的切线被定义为“与圆只相交于一点的直线”．而对于一般曲线来说，不能把与曲线只相交于一点的直线定义为曲线的切线．例如，在曲线 $y=x^2$ 上的任何一点处，都可有无数条交线，如图 2-2 所示，但切线只有一条．若因为图 2-3 中的直线跟曲线相交于两点，所以认为它不是曲线的切线，则显然是不合理的．因此，需要对曲线在一点处的切线进行普遍适用的定义．

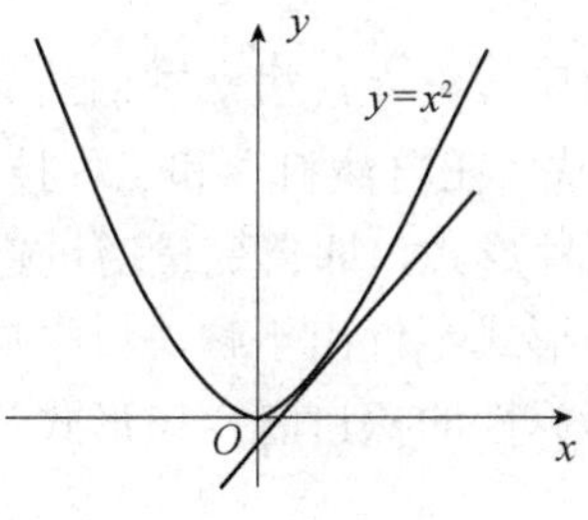

图 2-2

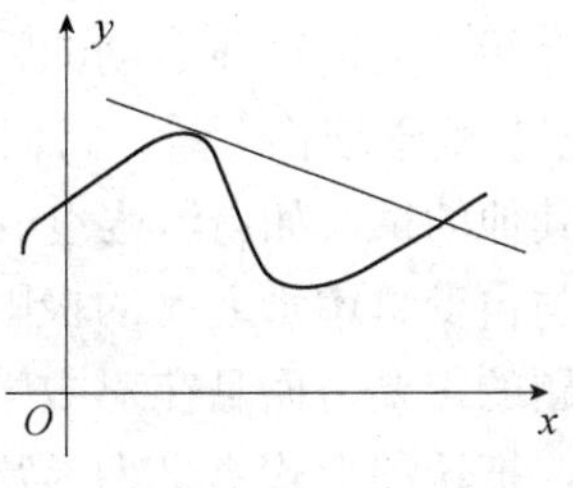

图 2-3

下面给出一般曲线的切线定义：在曲线 L 上的点 M 附近，再取一点 M_1，做割线 MM_1，当点 M_1 沿曲线 L 移动而趋于点 M 时，割线 MM_1 的极限位置 MT 就定义为曲线 L 在点 M 处的切线．

设函数 $y=f(x)$ 的图像为曲线 L，如图 2-4 所示，$M(x,f(x))$ 和 $M_1(x_1,f(x_1))$ 为曲线 L 上的两点，它们到 x 轴的垂足分别为 A 和 B，做 MN 垂直 BM_1 于 N，则有

$$MN=\Delta x=x_1-x$$

$$NM_1 = \Delta y = f(x_1) - f(x)$$

纵坐标 y 的增量 Δy 与横坐标 x 的增量 Δx 的比值为

$$\frac{\Delta y}{\Delta x} = \frac{f(x_1) - f(x)}{x_1 - x} = \frac{f(\Delta x + x) - f(x)}{\Delta x}$$

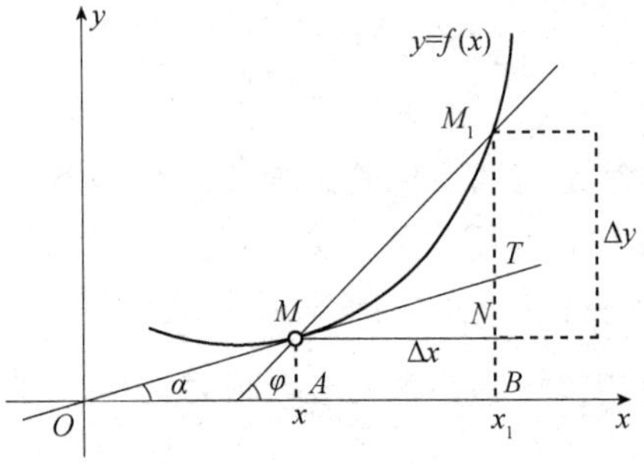

图 2-4

该比例就是割线 MM_1 的斜率 $\tan\varphi$，可见，Δx 越小，割线斜率越接近切线斜率，当 Δx 无限小时，割线斜率就无限接近切线斜率．因此，当 $\Delta x \to 0$ 时（M_1 沿曲线 L 趋于 M）就得到切线的斜率，即

$$\tan\alpha = \lim_{\Delta x \to 0} \tan\varphi = \lim_{\Delta x \to 0} \frac{\Delta y}{\Delta x} = \lim_{\Delta x \to 0} \frac{f(\Delta x + x) - f(x)}{\Delta x}$$

由此可见，曲线在点 M 处的切线斜率即当 $\Delta x \to 0$ 时曲线 $y = f(x)$ 在点 M 处的纵坐标 y 的增量 Δy 与横坐标 x 的增量 Δx 之比的极限．

2.1.1　导数的概念

上面介绍了变速直线运动的瞬时速度和平面曲线的切线斜率，虽然它们的具体意义并不相同，但从数学结构上看，它们却具有完全相同的形式．在自然科学和工程技术领域中，还有许多其他的量，如电流强度、线密度等，都具有这种形式，即自变量增量趋于 0 时函数的增量与自变量增量之比的极限．事实上，研究这种形式不仅出于解决科学技术中的各种实际问题的需要，而且在对数学中的很多问题进行理论性的探讨时，该形式是不可缺少的．为此，把这种形式定义为函数的导数．

1．导数的定义

定义 2-1　设函数 $y = f(x)$ 在 x_0 的某一邻域内有定义，当自变量 x 在 x_0 处有增量 Δx（$\Delta x \neq 0$，$x_0 + \Delta x$ 仍在该邻域内）时，相应地函数有增量 $\Delta y = f(x_0 + \Delta x) - f(x_0)$，若 Δy 与 Δx 之比为 $\frac{\Delta y}{\Delta x}$，当 $\Delta x \to 0$ 时，极限存在，为

$$\lim_{\Delta x \to 0} \frac{\Delta y}{\Delta x} = \lim_{\Delta x \to 0} \frac{f(x_0 + \Delta x) - f(x_0)}{\Delta x}$$

则称函数 $y=f(x)$ 在 x_0 处可导，并称这个极限值为函数 $y=f(x)$ 在 x_0 处的**导数**，记为 $f'(x_0)$，也可记为 $y'\big|_{x=x_0}$、$\left.\dfrac{\mathrm{d}f(x)}{\mathrm{d}x}\right|_{x=x_0}$ 或 $\left.\dfrac{\mathrm{d}y}{\mathrm{d}x}\right|_{x=x_0}$，即

$$f'(x_0)=\lim_{\Delta x\to 0}\frac{\Delta y}{\Delta x}=\lim_{\Delta x\to 0}\frac{f(x_0+\Delta x)-f(x_0)}{\Delta x}$$

若极限不存在，则称函数 $y=f(x)$ 在 x_0 处**不可导**.

若固定 x_0，令 $x_0+\Delta x=x$，则当 $\Delta x\to 0$ 时，有 $x\to x_0$，函数在 x_0 处的导数 $f'(x_0)$ 也可表示为

$$f'(x_0)=\lim_{x\to x_0}\frac{f(x)-f(x_0)}{x-x_0}$$

有了导数这个概念，前面的两个引例可以进行重述.

扫一扫

微课：导数的定义的相关知识

引例 1：变速直线运动在 t_0 时的瞬时速度 $v(t_0)$ 就是位置函数 $s=s(t)$ 在 t_0 处对时间 t 的导数，即

$$v(t_0)=s'(t_0)=\left.\frac{\mathrm{d}s}{\mathrm{d}t}\right|_{t=t_0}$$

引例 2：平面曲线上的点 (x_0,y_0) 处的切线斜率 k 是曲线纵坐标 y 在该点处对横坐标 x 的导数，即

$$k=f'(x_0)=\left.\frac{\mathrm{d}y}{\mathrm{d}x}\right|_{x=x_0}$$

因为导数是 $\Delta x\to 0$ 时 $\dfrac{\Delta y}{\Delta x}$ 的极限，所以下面两个极限

$$\lim_{\Delta x\to 0^-}\frac{\Delta y}{\Delta x}=\lim_{\Delta x\to 0^-}\frac{f(x_0+\Delta x)-f(x_0)}{\Delta x}=\lim_{x\to x_0^-}\frac{f(x)-f(x_0)}{x-x_0}$$

$$\lim_{\Delta x\to 0^+}\frac{\Delta y}{\Delta x}=\lim_{\Delta x\to 0^+}\frac{f(x_0+\Delta x)-f(x_0)}{\Delta x}=\lim_{x\to x_0^+}\frac{f(x)-f(x_0)}{x-x_0}$$

分别叫作函数 $f(x)$ 在 x_0 处的**左导数和右导数**，分别记为 $f'_-(x_0)$ 和 $f'_+(x_0)$.

根据左、右极限的性质，有以下定理.

定理 2-1　函数 $y=f(x)$ 在 x_0 处的左、右导数存在且相等是 $f(x)$ 在 x_0 处可导的充分必要条件.

[**例 2-1**] 求 $f(x)=\begin{cases}\ln(1+x) & x\geqslant 0\\ x & x<0\end{cases}$ 在 $x=0$ 处的导数.

解：因为 $f'(0)=\lim\limits_{x\to 0}\dfrac{f(x)-f(0)}{x-0}=\lim\limits_{x\to 0}\dfrac{f(x)}{x}$，所以 $f'_-(0)=\lim\limits_{x\to 0^-}\dfrac{x}{x}=1$，$f'_+(0)=\lim\limits_{x\to 0^+}\dfrac{\ln(1+x)}{x}=\lim\limits_{x\to 0^+}\dfrac{x}{x}=1$，则 $f'(0)=1$.

注意：在求分段函数在分界点处的导数时，应求左、右导数并用定理 2-1 判断.

若函数 $y=f(x)$ 在区间 (a,b) 内每一点处都可导，则称 $y=f(x)$ 在区间 (a,b) 内可导.

若 $f(x)$ 在 (a,b) 内可导，那么对于 (a,b) 内每一个确定的 x 值，都对应着一个确定的导数值 $f'(x)$，这样就确定了一个新的函数，此函数称为函数 $y=f(x)$ 的**导函数**，记为 $f'(x)$、y'、$\dfrac{dy}{dx}$ 或 $\dfrac{df(x)}{dx}$，显然有

$$f'(x)=\lim_{\Delta x\to 0}\frac{\Delta y}{\Delta x}=\lim_{\Delta x\to 0}\frac{f(x+\Delta x)-f(x)}{\Delta x}$$

在不会发生混淆的情况下，导函数也可简称为导数.

显然，函数 $y=f(x)$ 在 x_0 处的导数 $f'(x_0)$ 就是导函数 $f'(x)$ 在 $x=x_0$ 处的函数值，即

$$f'(x_0)=f'(x)\big|_{x=x_0}$$

由导数的定义可知，求函数的导数可分为以下三个步骤.

（1）求函数的增量：$\Delta y=f(x+\Delta x)-f(x)$.

（2）求 2 个增量的比值：$\dfrac{\Delta y}{\Delta x}=\dfrac{f(x+\Delta x)-f(x)}{\Delta x}$.

（3）求极限：$y'=\lim\limits_{\Delta x\to 0}\dfrac{\Delta y}{\Delta x}=\lim\limits_{\Delta x\to 0}\dfrac{f(x+\Delta x)-f(x)}{\Delta x}$.

2．用定义求导数的举例

［**例 2-2**］求函数 $y=x^2$ 在任意 x 处的导数.

解：在 x 处给自变量一个增量 Δx，相应地函数增量为

$$\Delta y=f(x+\Delta x)-f(x)=(x+\Delta x)^2-x^2=2x\Delta x+(\Delta x)^2$$

于是有

$$\frac{\Delta y}{\Delta x}=2x+\Delta x$$

则

$$\lim_{\Delta x\to 0}\frac{\Delta y}{\Delta x}=\lim_{\Delta x\to 0}(2x+\Delta x)=2x$$

即

$$(x^2)'=2x$$

［**例 2-3**］求函数 $f(x)=C$（C 为常数）的导数.

解：

$$f'(x)=\lim_{\Delta x\to 0}\frac{f(x+\Delta x)-f(x)}{\Delta x}=\lim_{\Delta x\to 0}\frac{C-C}{\Delta x}=0$$

即

$$(C)'=0$$

［例 2-4］求 $f(x)=\dfrac{1}{x}$ 的导数．

解：

$$f'(x)=\lim_{\Delta x\to 0}\frac{f(x+\Delta x)-f(x)}{\Delta x}=\lim_{\Delta x\to 0}\frac{\dfrac{1}{x+\Delta x}-\dfrac{1}{x}}{\Delta x}$$
$$=\lim_{\Delta x\to 0}\frac{-\Delta x}{\Delta x(x+\Delta x)x}=-\lim_{\Delta x\to 0}\frac{1}{(x+\Delta x)x}=-\frac{1}{x^2}$$

［例 2-5］求 $f(x)=\sqrt{x}$ 的导数．

解：

$$f'(x)=\lim_{\Delta x\to 0}\frac{f(x+\Delta x)-f(x)}{\Delta x}=\lim_{\Delta x\to 0}\frac{\sqrt{x+\Delta x}-\sqrt{x}}{\Delta x}$$
$$=\lim_{\Delta x\to 0}\frac{\Delta x}{\Delta x(\sqrt{x+\Delta x}+\sqrt{x})}=\lim_{\Delta x\to 0}\frac{1}{\sqrt{x+\Delta x}+\sqrt{x}}=\frac{1}{2\sqrt{x}}$$

［例 2-6］求函数 $f(x)=x^n$（n 为正整数）在 $x=a$ 处的导数．

解：

$$f'(a)=\lim_{x\to a}\frac{f(x)-f(a)}{x-a}=\lim_{x\to a}\frac{x^n-a^n}{x-a}=\lim_{x\to a}(x^{n-1}+ax^{n-2}+\cdots+a^{n-1})=na^{n-1}$$

把以上结果中的 a 换成 x，得 $f'(x)=nx^{n-1}$，即 $(x^n)'=nx^{n-1}$．更一般地，对于幂函数 $y=x^u$ 的导数，有公式 $(x^u)'=ux^{u-1}$，其中 u 为任意常数．

［例 2-7］求函数 $f(x)=\sin x$ 的导数．

解：

$$f'(x)=\lim_{\Delta x\to 0}\frac{f(x+\Delta x)-f(x)}{\Delta x}=\lim_{\Delta x\to 0}\frac{\sin(x+\Delta x)-\sin x}{\Delta x}$$
$$=\lim_{\Delta x\to 0}\frac{1}{\Delta x}\cdot 2\cos\left(x+\frac{\Delta x}{2}\right)\sin\frac{\Delta x}{2}$$
$$=\lim_{\Delta x\to 0}\cos\left(x+\frac{\Delta x}{2}\right)\cdot\frac{\sin\dfrac{\Delta x}{2}}{\dfrac{\Delta x}{2}}=\cos x$$

即 $(\sin x)'=\cos x$．用类似的方法，可求得 $(\cos x)'=-\sin x$．

［例 2-8］求函数 $f(x)=a^x$（$a>0,\ a\neq 1$）的导数．

解：

$$f'(x)=\lim_{\Delta x\to 0}\frac{f(x+\Delta x)-f(x)}{\Delta x}=\lim_{\Delta x\to 0}\frac{a^{x+\Delta x}-a^x}{\Delta x}$$

$$= a^x \lim_{\Delta x \to 0} \frac{a^{\Delta x} - 1}{\Delta x} \xlongequal{令 a^{\Delta x} - 1 = t} a^x \lim_{t \to 0} \frac{t}{\log_a(1+t)}$$

$$= a^x \frac{1}{\log_a \mathrm{e}} = a^x \ln a$$

特别地，有 $(\mathrm{e}^x)' = \mathrm{e}^x$.

[例 2-9] 求函数 $f(x) = \log_a x$ （$a > 0,\ a \neq 1$）的导数.

解：

$$f'(x) = \lim_{\Delta x \to 0} \frac{f(x+\Delta x) - f(x)}{\Delta x} = \lim_{\Delta x \to 0} \frac{\log_a(x+\Delta x) - \log_a x}{\Delta x}$$

$$= \lim_{\Delta x \to 0} \frac{1}{\Delta x} \log_a\left(\frac{x+\Delta x}{x}\right) = \frac{1}{x} \lim_{\Delta x \to 0} \frac{x}{\Delta x} \log_a\left(1 + \frac{\Delta x}{x}\right) = \frac{1}{x} \lim_{\Delta x \to 0} \log_a\left(1 + \frac{\Delta x}{x}\right)^{\frac{x}{\Delta x}}$$

$$= \frac{1}{x} \log_a \mathrm{e} = \frac{1}{x \ln a}$$

即 $(\log_a x)' = \dfrac{1}{x \ln a}$. 特别地，有 $(\ln x)' = \dfrac{1}{x}$.

[例 2-10] 求 $y = x\sqrt{x}$ 在 $x = 0$ 处的导数.

解：

$$f'(0) = \lim_{\Delta x \to 0} \frac{f(0+\Delta x) - f(0)}{\Delta x} = \lim_{\Delta x \to 0} \frac{\Delta x\sqrt{\Delta x} - 0}{\Delta x} = \lim_{\Delta x \to 0} \sqrt{\Delta x} = 0$$

2.1.2 导数的几何意义

由前面的讨论可知，函数 $y = f(x)$ 在 x_0 处的导数等于函数所表示的曲线 L 在相应点 (x_0, y_0) 处的切线斜率，这就是导数的几何意义.

有了曲线在点 (x_0, y_0) 处的切线斜率，就很容易写出曲线在该点处的切线方程，事实上，若 $f'(x_0)$ 存在且不为 0，则曲线 L 上点 (x_0, y_0) 处的切线方程与法线方程分别为

$$y - y_0 = f'(x_0)(x - x_0)$$

$$y - y_0 = -\frac{1}{f'(x_0)}(x - x_0)$$

若 $f'(x_0) = \infty$，则切线垂直于 x 轴，切线方程为 $x = x_0$；法线平行于 x 轴，法线方程为 $y = y_0$.

若 $f'(x_0) = 0$，则切线平行于 x 轴，切线方程为 $y = y_0$；法线垂直于 x 轴，法线方程为 $x = x_0$.

扫一扫

微课：导数的几何意义的相关知识

[例 2-11] 求抛物线 $y = x^2$ 在点(1,1)处的切线方程和法线方程.

解： 因为 $y' = (x^2)' = 2x$，由导数的几何意义可知，曲线 $y = x^2$ 在点

$(1,1)$处的切线斜率为 $y'\big|_{x=1}=2x\big|_{x=1}=2$，所以，所求的切线方程为

$$y-1=2(x-1)$$

即

$$2x-y-1=0$$

法线方程为

$$y-1=-\frac{1}{2}(x-1)$$

即

$$x+2y-3=0$$

[**例 2-12**] 求抛物线 $y=x^2$ 上哪一点的切线平行于直线 $y=2x+1$.

解: 设切点坐标为 (x_0,x_0^2)，因为 $y'=\left(x^2\right)'=2x$，直线 $y=2x+1$ 的斜率为 2，所以 $2x_0=2$，解得 $x_0=1$，即切点坐标为 $(1,1)$，抛物线 $y=x^2$ 上点 $(1,1)$ 处的切线平行于直线 $y=2x+1$.

2.1.3　可导与连续的关系

定理 2-2　若函数 $y=f(x)$ 在 x 处可导，则 $y=f(x)$ 在 x 处一定连续. 但反过来不一定成立，即在 x 处连续的函数未必在 x 处可导.

[**例 2-13**] 讨论函数 $f(x)=|x|$ 在 $x=0$ 处的可导性.

解: $f(x)=|x|=\begin{cases}x & x\geqslant 0\\ -x & x<0\end{cases}$ 如图 2-5 所示. $f(x)=|x|$ 在 $x=0$ 处不可导. 但对于函数 $f(x)$，有

$$\lim_{x\to 0^-}\frac{f(x)-f(0)}{x-0}=\lim_{x\to 0^-}\frac{-x-0}{x}=-1$$

$$\lim_{x\to 0^+}\frac{f(x)-f(0)}{x-0}=\lim_{x\to 0^+}\frac{x-0}{x}=1$$

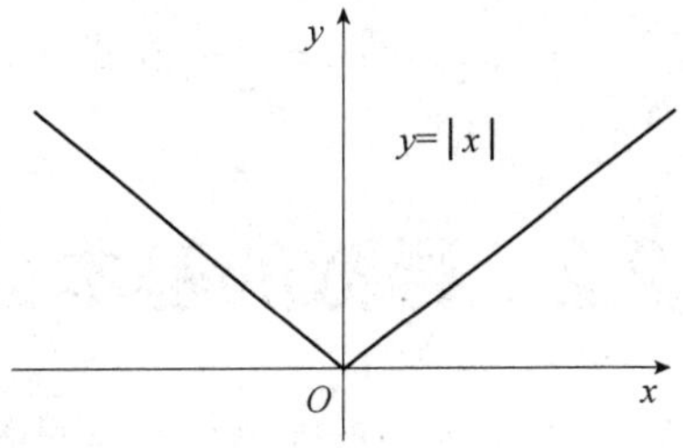

图 2-5

函数 $f(x)=|x|$ 的左、右导数存在但不相等，故其在 $x=0$ 处不可导. 但函数 $f(x)$ 显然在 $x=0$ 处连续.

[**例 2-14**] 讨论函数 $f(x)=\begin{cases}\ln(1+x) & x<0\\ x & x\geqslant 0\end{cases}$ 在 $x=0$ 处的连续性与可导性.

解: 因为 $f(0)=0$，$\lim\limits_{x\to 0^-}f(x)=\lim\limits_{x\to 0^-}\ln(1+x)=0$，$\lim\limits_{x\to 0^+}f(x)=\lim\limits_{x\to 0^+}x=0$，所以 $\lim\limits_{x\to 0^-}f(x)=\lim\limits_{x\to 0^+}f(x)=f(0)$，因此 $f(x)$ 在点 $x=0$ 处连续.

又因为有

$$f'_-(0)=\lim_{x\to 0^-}\frac{f(x)-f(0)}{x-0}=\lim_{x\to 0^-}\frac{\ln(1+x)-0}{x-0}=\lim_{x\to 0^-}\frac{\ln(1+x)}{x}=\lim_{x\to 0^-}\frac{x}{x}=1$$

$$f'_+(0)=\lim_{x\to 0^+}\frac{f(x)-f(0)}{x-0}=\lim_{x\to 0^+}\frac{x-0}{x-0}=1$$

所以 $f'_-(0)=f'_+(0)=1$，即 $f(x)$ 在点 $x=0$ 处可导.

思考题 2.1

函数 $y=\sqrt[3]{x}$ 在 $x=0$ 处连续，但在 $x=0$ 处可导吗？

练习题 2.1

1．函数 $f(x)=\begin{cases}\dfrac{2}{3}x^3 & x\leqslant 1\\ x^2 & x>1\end{cases}$ 在 $x=1$ 处（　　）.

A．左、右导数均存在　　B．左导数存在，右导数不存在

C．左导数不存在，右导数存在　　D．左、右导数均不存在

2．已知 $f(x)=\begin{cases}x^2 & x\geqslant 0\\ -x & x<0\end{cases}$，求 $f'_+(0)$及$f'_-(0)$ 并判断 $f'(0)$是否存在.

3．设 $f(x)=\sqrt[3]{x}$，求 $f'(8)$.

4．如果 $y=ax$（$a>0$）是 $y=x^2+1$ 的切线，则 a 为多少？

5．设 $f(x)$ 在 $x=a$ 处可导，求极限 $\lim\limits_{x\to 0}\dfrac{f(a+x)-f(a-x)}{x}$.

6．求曲线 $y=\dfrac{1}{x}+1$ 在点(1,2)处的切线方程与法线方程.

2.2　导数的基本公式与四则运算法则

在按照导数定义计算导数时，通常无法计算比较复杂的导数. 本节主要介绍导数的基本公式与四则运算法则以对导数方便求导，证明从略，有兴趣的读者可参考相关书籍.

2.2.1　基本初等函数的导数公式

基本初等函数的导数在初等函数的求导中起着十分重要的作用，为了便于查阅，将其进行归纳总结，如表 2-1 所示.

表 2-1

$(C)'=0$（C为常数）	$(x^{\mu})'=\mu x^{\mu-1}$（μ 为实数）
$(a^x)'=a^x\ln a$	$(\mathrm{e}^x)'=\mathrm{e}^x$
$(\log_a x)'=\dfrac{1}{x\ln a}$	$(\ln x)'=\dfrac{1}{x}$

续表

$(\sin x)' = \cos x$	$(\cos x)' = -\sin x$
$(\tan x)' = \sec^2 x$	$(\cot x)' = -\csc^2 x$
$(\sec x)' = \sec x \tan x$	$(\csc x)' = -\csc x \cot x$
$(\arcsin x)' = \dfrac{1}{\sqrt{1-x^2}}$	$(\arccos x)' = -\dfrac{1}{\sqrt{1-x^2}}$
$(\arctan x)' = \dfrac{1}{1+x^2}$	$(\text{arccot}\, x)' = -\dfrac{1}{1+x^2}$

[**例 2-15**] 设 $f(x) = x^3\sqrt{x}$，求 $f'(x)$.

解：

$$f'(x) = \left(x^3\sqrt{x}\right)' = \left(x^3 x^{\frac{1}{2}}\right)' = \left(x^{3+\frac{1}{2}}\right)' = \left(x^{\frac{7}{2}}\right)' = \frac{7}{2}x^{\frac{5}{2}}$$

[**例 2-16**] 设 $f(x) = 3^x \mathrm{e}^x$，求 $f'(x)$.

解：

$$f'(x) = (3^x \mathrm{e}^x)' = [(3\mathrm{e})^x]' = (3\mathrm{e})^x \ln(3\mathrm{e}) = (3\mathrm{e})^x(\ln 3 + \ln \mathrm{e}) = (3\mathrm{e})^x(\ln 3 + 1)$$

2.2.2 函数的和、差、积、商的求导法则

由导数的定义可得导数的四则运算法则，利用导数的基本公式和四则运算法则可简化求导运算.

定理 2-3 若 $u(x)$、$v(x)$ 在 x 处可导，则 $u(x) \pm v(x)$、$u(x)v(x)$、$\dfrac{u(x)}{v(x)}$ 都在 x 处可导，并且有

（1）$[u(x) \pm v(x)]' = u'(x) \pm v'(x)$.

（2）$[u(x)v(x)]' = u'(x)v(x) + u(x)v'(x)$. 特别地，$[c \cdot u(x)]' = c \cdot u'(x)$（$c$ 为常数）.

（3）$\left[\dfrac{u(x)}{v(x)}\right]' = \dfrac{u'(x)v(x) - u(x)v'(x)}{v^2(x)}$，其中 $v(x) \neq 0$. 特别地，$\left[\dfrac{1}{v(x)}\right]' = -\dfrac{v'(x)}{v^2(x)}$，其中 $v(x) \neq 0$.

说明：

（1）设 $u = u(x)$，$v = v(x)$，定理 2-3 中的（1）、（2）、（3）分别可简单地表示为 $(u \pm v)' = u' \pm v'$，$(uv)' = u'v + uv'$，$\left(\dfrac{u}{v}\right)' = \dfrac{u'v - uv'}{v^2}$.

（2）定理 2-3 中的（1）、（2）可推广到任意有限个可导函数的情形. 例如，设 $u = u(x)$，$v = v(x)$，$w = w(x)$ 均可导，则有

$$(u + v - w)' = u' + v' - w'$$

$$(uvw)' = u'vw + uv'w + uvw'$$

[例 2-17] 设 $f(x)=2x^3+x^2+1$，求 $f'(x)$.

解:

$$f'(x)=(2x^3)'+(x^2)'+(1)'=2(x^3)'+(x^2)'+0=6x^2+2x$$

[例 2-18] 求 $f(x)=\mathrm{e}^x-2x$ 的导数.

解:

$$f'(x)=(\mathrm{e}^x)'-(2x)'=\mathrm{e}^x-2$$

扫一扫

微课：导数的四则运算法则的相关知识

[例 2-19] 已知 $f(x)=x^3+4\cos x-\sin\frac{\pi}{2}$，求 $f'(x)$ 及 $f'\left(\frac{\pi}{2}\right)$.

解:

$$f'(x)=(x^3)'+(4\cos x)'-\left(\sin\frac{\pi}{2}\right)'=3x^2-4\sin x$$

$$f'\left(\frac{\pi}{2}\right)=\frac{3}{4}\pi^2-4$$

[例 2-20] 已知 $y=\mathrm{e}^x(\sin x+\cos x)$，求 y'.

解:

$$\begin{aligned}y'&=(\mathrm{e}^x)'(\sin x+\cos x)+\mathrm{e}^x(\sin x+\cos x)'\\&=\mathrm{e}^x(\sin x+\cos x)+\mathrm{e}^x(\cos x-\sin x)\\&=2\mathrm{e}^x\cos x\end{aligned}$$

[例 2-21] 设 $f(x)=x\sin x\ln x$，求 $f'(x)$.

解:

$$\begin{aligned}f'(x)&=(x)'\sin x\ln x+x(\sin x)'\ln x+x\sin x(\ln x)'\\&=\sin x\ln x+x\cos x\ln x+x\sin x\frac{1}{x}\\&=\sin x\ln x+x\cos x\ln x+\sin x\end{aligned}$$

[例 2-22] 求函数 $f(x)=\dfrac{x^2-x+2}{x+3}$ 的导数.

解:

$$\begin{aligned}f'(x)&=\frac{(x^2-x+2)'(x+3)-(x^2-x+2)(x+3)'}{(x+3)^2}\\&=\frac{(2x-1)(x+3)-(x^2-x+2)}{(x+3)^2}\\&=\frac{x^2+6x-5}{(x+3)^2}\end{aligned}$$

[例 2-23] 设 $f(x)=\dfrac{x-\sqrt{x}-\sqrt[3]{x}+1}{\sqrt[3]{x}}$，求 $f'(x)$.

解：

$$f(x)=\frac{x-\sqrt{x}-\sqrt[3]{x}+1}{\sqrt[3]{x}}=x^{\frac{2}{3}}-x^{\frac{1}{6}}-1+x^{-\frac{1}{3}}$$

$$f'(x)=\frac{2}{3}x^{-\frac{1}{3}}-\frac{1}{6}x^{-\frac{5}{6}}-\frac{1}{3}x^{-\frac{4}{3}}$$

说明：在求导比较复杂的函数时，若能对其进行简化，则一般先简化，再求导.

思考题 2.2

能用导数定义证明 $(u\pm v)'=u'\pm v'$ 吗？

练习题 2.2

1．求下列函数的导数.

（1）$y=\sin x-2^x+7\mathrm{e}^x$　　（2）$y=\ln x\cdot\tan x$

（3）$y=(x+2)\left(\dfrac{1}{\sqrt{x}}-3\right)$　　（4）$y=\dfrac{x^2-x+1}{\sqrt{x}}$

（5）$y=\dfrac{\cos x}{x^2}$　　（6）$y=\dfrac{1-\ln x}{1+\ln x}$

2．设函数 $f(x)=\ln x+3\sin x-5x+\mathrm{e}^{\pi}$，求 $f'\left(\dfrac{\pi}{2}\right)$ 和 $f'(\pi)$.

2.3　复合函数和隐函数的导数

上一节中给出了一些基本初等函数的导数公式和导数的四则运算法则．虽然应用该方法可求出较复杂的初等函数的导数，但是，构成初等函数的方法除了四则运算，还有函数的复合运算，复合函数的求导法则也是在求初等函数的导数时不可缺少的工具.

2.3.1　复合函数的求导法则

关于复合函数的求导，有以下定理.

定理 2-4　若函数 $u=g(x)$ 在 x 处可导，而函数 $y=f(u)$ 在对应的 u 处可导，则复合函数 $y=f[g(x)]$ 在 x 处可导，且有

$$\frac{\mathrm{d}y}{\mathrm{d}x}=\frac{\mathrm{d}y}{\mathrm{d}u}\cdot\frac{\mathrm{d}u}{\mathrm{d}x} \text{ 或 } y'=f'(u)\cdot g'(x) \text{ 或 } y'_x=y'_u\cdot u'_x$$

上述定理说明：复合函数对自变量的导数等于复合函数对中间变量的导数乘以中间变量对自变量的导数．同时，这个结论可以推广到多个中间变量的情况．这种求导法则也称为链式法则.

[**例 2-24**] 设 $y=\ln(x+\sqrt{x})$，求 y'.

解：设 $y=\ln u$，$u=x+\sqrt{x}$，利用复合函数的求导法则，得

$$y'_x=y'_u\cdot u'_x=\frac{1}{u}\cdot(x+\sqrt{x})'=\frac{1}{u}\cdot\left(1+\frac{1}{2\sqrt{x}}\right)$$

$$=\frac{1}{x+\sqrt{x}}\cdot\frac{2\sqrt{x}+1}{2\sqrt{x}}=\frac{2\sqrt{x}+1}{2x(\sqrt{x}+1)}$$

扫一扫

微课：复合函数的导数的相关知识

注意：对于复合函数，在较熟练地掌握其求导法则后，可以不必写出中间变量，根据复合结构，逐层求导，直到内层求完．简单地说就是"由外向内，逐层求导"，也可以形象地比喻为"脱衣服"．把括号层次分析清楚，对掌握复合函数的求导是很有帮助的．

[**例 2-25**] 求下列函数的导数．

（1） $y=\ln\sin x$　　（2） $y=(3x+8)^{100}$

（3） $y=\arctan 2x$　　（4） $y=\sin^2(3x-1)$

（5） $y=\ln\sqrt{\frac{x-1}{x+1}}$

解：（1）

$$y'=\frac{1}{\sin x}(\sin x)'=\frac{\cos x}{\sin x}=\cot x$$

（2）

$$y'=100\times(3x+8)^{99}\times(3x+8)'=300\times(3x+8)^{99}$$

（3）

$$y'=(\arctan 2x)'=\frac{1}{1+4x^2}(2x)'=\frac{2}{1+4x^2}$$

（4）

$$\begin{aligned}y'&=2\sin(3x-1)\left[\sin(3x-1)\right]'\\&=2\sin(3x-1)\cos(3x-1)(3x-1)'\\&=6\sin(3x-1)\cos(3x-1)\\&=3\sin(6x-2)\end{aligned}$$

（5）因为 $y=\frac{1}{2}\ln(x-1)-\frac{1}{2}\ln(x+1)$，所以有

$$y'=\frac{1}{2}\frac{1}{x-1}-\frac{1}{2}\frac{1}{x+1}=\frac{1}{x^2-1}$$

2.3.2 隐函数的导数

对于两个变量之间的对应关系，可以用不同的方式表达．一种表达方式为 $y=f(x)$，即因变量 y 可由自变量 x 的数学解析式表示出来的函数，称为显函数．另外一种表达方式为因变量 y 与自变量 x 之间的对应关系由方程 $F(x,y)=0$ 来确定，即当 x 在某个区间内取任意值时，总有相应的满足方程的 y 值存在，此时称 $F(x,y)=0$ 在该区间（集合）内确定了一个 y 关于 x 的隐函数．把隐函数转化成显函数的过程称为隐函数显化．但有些隐函数是很难显化的，隐函数不一定能转化成显函数的形式．

对于隐函数而言，若不对其进行显化，则如何求它的导数呢？可把方程 $F(x,y)=0$ 中的

y 看成有关 x 的函数，并按照复合函数的求导法则，方程两边同时对 x 求导，即可求出隐函数的导数.

[例 2-26] 求 $x^2+y^2=a$ 的导数 y'（a 为常数）.

解：在方程两边同时对 x 求导，得

$$2x+2yy'=0$$

故有

$$y'=-\frac{x}{y}\quad (y\neq 0)$$

[例 2-27] 求由方程 $y^5+2y-x-3x^7=0$ 所确定的隐函数 $y=f(x)$ 在 $x=0$ 处的导数 $y'|_{x=0}$.

解：在方程两边同时对 x 求导，得

$$5y^4y'+2y'-1-21x^6=0$$

故有

$$y'=\frac{1+21x^6}{5y^4+2}$$

因为当 $x=0$ 时，原方程 $y=0$ ，所以有

$$y'\Big|_{x=0}=\frac{1+21x^6}{5y^4+2}\Big|_{x=0}=\frac{1}{2}$$

[例 2-28] 求曲线 $xy+\ln y=1$ 在 $(1,1)$ 处的切线方程.

解：在方程两边同时对 x 求导，得

$$(xy)'+(\ln y)'=0$$

故有

$$y+xy'+\frac{1}{y}y'=0$$

解得

$$y'=-\frac{y^2}{xy+1}$$

在点 $(1,1)$ 处的切线的斜率为

$$k=y'|_{(1,1)}=-\frac{y^2}{xy+1}\Big|_{(1,1)}=-\frac{1}{2}$$

所求切线方程为

$$y-1=-\frac{1}{2}(x-1)$$

在(1,1)处的切线方程为 $x+2y-3=0$.

[例 2-29] 已知 $\arctan\frac{x}{y}=\ln\sqrt{x^2+y^2}$，求 y'.

解：在方程两边同时对 x 求导，得

$$\frac{1}{1+\left(\frac{x}{y}\right)^2}\cdot\left(\frac{x}{y}\right)'=\frac{1}{\sqrt{x^2+y^2}}\left(\sqrt{x^2+y^2}\right)'$$

$$\frac{y^2}{x^2+y^2}\cdot\frac{y-xy'}{y^2}=\frac{1}{\sqrt{x^2+y^2}}\cdot\frac{2x+2y\cdot y'}{2\sqrt{x^2+y^2}}$$

整理得 $(y+x)y'=y-x$，故 $y'=\frac{y-x}{y+x}$.

注意：在对隐函数求导数时，可将 y 写在 y' 中，因为 y 不一定能求出来.

2.3.3 对数求导法

形如 $y=u(x)^{v(x)}$ 的函数称为幂指函数. 直接使用前面所学的求导法则不能求出幂指函数的导数. 对于这类函数，可以先在方程两边同时取对数，然后在方程两边同时对 x 求导，即应用隐函数求导法求出其导数. 这种方法称为对数求导法.

[例 2-30] 求 $y=x^{\sin x}(x>0)$ 的导数.

解：这个函数是幂指函数，为了求它的导数，可以先在方程两边同时取对数，得

$$\ln y=\sin x\cdot\ln x$$

然后在上式两边同时对 x 求导，注意 $y=y(x)$，得

$$\frac{1}{y}\cdot y'=\cos x\cdot\ln x+\sin x\cdot\frac{1}{x}$$

于是有

$$y'=y\left(\cos x\cdot\ln x+\frac{\sin x}{x}\right)=x^{\sin x}\left(\cos x\cdot\ln x+\frac{\sin x}{x}\right)$$

注意：对于一般形式的幂指函数 $y=u(x)^{v(x)}$，若 $u=u(x)$、$v=v(x)$ 都可导，则可以像例 2-30 那样利用对数求导法求出幂指函数的导数，也可以把幂指函数 $y=u^v$ 表示为

$$y=\mathrm{e}^{v\ln u}$$

这样便直接求得

$$y'=\mathrm{e}^{v\ln u}\left(v'\cdot\ln u+v\frac{u'}{u}\right)=u^v\left(v'\cdot\ln u+\frac{vu'}{u}\right)$$

[例 2-31] 求 $y=\sqrt{\frac{(x-1)(x-2)}{(x-3)(x-4)}}$ 的导数.

解：先在方程两边同时取对数（假定 $x>4$），得

$$\ln y=\frac{1}{2}[\ln(x-1)+\ln(x-2)-\ln(x-3)-\ln(x-4)]$$

然后在上式两边同时对 x 求导，注意 $y=y(x)$，得

$$\frac{1}{y}y'=\frac{1}{2}\left(\frac{1}{x-1}+\frac{1}{x-2}-\frac{1}{x-3}-\frac{1}{x-4}\right)$$

于是有

$$\begin{aligned}y'&=\frac{y}{2}\left(\frac{1}{x-1}+\frac{1}{x-2}-\frac{1}{x-3}-\frac{1}{x-4}\right)\\&=\frac{1}{2}\sqrt{\frac{(x-1)(x-2)}{(x-3)(x-4)}}\left(\frac{1}{x-1}+\frac{1}{x-2}-\frac{1}{x-3}-\frac{1}{x-4}\right)\end{aligned}$$

注意：对于通过将一般形式的函数进行乘、除、开方等构成的比较复杂的函数求导，可以像例 2-31 那样利用对数求导法求出相应导数.

思考题 2.3

如何求分段函数的导数 y'？

（**提示**：分段函数的求导需要进行分段，分段点处的求导利用导数存在的充分必要条件.）

练习题 2.3

1．求下列函数的导数.

（1） $y=(3x+1)^{10}$　　（2） $y=\mathrm{e}^{x^2}$

（3） $y=x\sqrt{x}-\cos 2^x$　　（4） $y=\cos(2x+5)$

（5） $y=\mathrm{e}^{\sin\frac{1}{x}}$　　（6） $y=\ln(x^2+1)$

2．设函数 $y=y(x)$ 是由方程 $x-y+\dfrac{1}{2}\sin y=0$ 确定的，求 $\dfrac{\mathrm{d}y}{\mathrm{d}x}$.

3．设函数 $y=y(x)$ 是由方程 $xy+2\ln x=y^4$ 确定的，则曲线 $y=y(x)$ 在点 $(1,1)$ 处的切线方程是__________.

4．设 $y=\dfrac{\sqrt{x+2}(3-x)^4}{(x+1)^5}$，则 $y'=$__________.

5．设 $y=(2x+1)^{\sin x}$，则 $y'=$__________.

2.4　高阶导数

一般地，函数 $y=f(x)$ 的导数 $y'=f'(x)$ 仍然是 x 的函数，如果该函数仍然是可导函数，那么将一阶导数 $f'(x)$ 的导数 $(f'(x))'$ 称为函数 $y=f(x)$ 的二阶导数，记为 $f''(x)$ 或 y'' 或

$\dfrac{d^2y}{dx^2}$，即 $y''=(y')'$ 或 $\dfrac{d^2y}{dx^2}=\dfrac{d}{dx}\left(\dfrac{dy}{dx}\right)$.

相应地，把 $y=f(x)$ 的导数 $f'(x)$ 叫作函数 $y=f(x)$ 的一阶导数.

类似地，二阶导数的导数叫作三阶导数，三阶导数的导数叫作四阶导数，以此类推，$(n-1)$ 阶导数的导数称为 n 阶导数 $(n=3,4,\cdots,n-1,n)$，分别记为

$$f'''(x),f^{(4)}(x),\cdots,f^{(n-1)}(x),f^{(n)}(x)$$

或

$$y''',y^{(4)},\cdots,y^{(n-1)},y^{n}$$

或

$$\frac{d^3y}{dx^3},\frac{d^4y}{dx^4},\cdots,\frac{d^{n-1}y}{dx^{n-1}},\frac{d^ny}{dx^n}$$

二阶及二阶以上的导数统称为高阶导数.

扫一扫

微课：高阶导数的相关知识

由此可见，求高阶导数就是多次接连地对函数进行求导，所以仍可应用前面学过的求导方法来求高阶导数.

[**例 2-32**] 设函数 $y=e^x+x^2$，求 y'' 和 $y''(0)$.

解： $y'=e^x+2x$，$y''=e^x+2$，$y''(0)=e^0+2=3$.

[**例 2-33**] 求 $y=x^n$ 的 n 阶导数（n 为正整数）.

解： $y'=nx^{n-1}$，$y''=(nx^{n-1})'=n(n-1)x^{n-2}$，以此类推，一般地，有 $y^{(n)}=n!$，即 $(x^n)^{(n)}=n!$.

[**例 2-34**] 求指数函数 $y=e^x$ 的 n 阶导数.

解： $y'=e^x$，$y''=(y')'=(e^x)'=e^x$，$y'''=(y'')'=(e^x)'=e^x$，以此类推，一般地，有 $y^{(n)}=e^x$，即 $(e^x)^{(n)}=e^x$.

类似地，可以得到常见函数的 n 阶导数公式.

$(e^x)^{(n)}=e^x$　　　　$(\cos x)^{(n)}=\cos\left(x+n\dfrac{\pi}{2}\right)$

$(a^x)^{(n)}=a^x\ln^n a$　　　　$\left(\dfrac{1}{x+a}\right)^{(n)}=\dfrac{(-1)^n n!}{(x+a)^{n+1}}$

$(x^n)^{(n)}=n!$　　　　$[\ln(x+a)]^{(n)}=\dfrac{(-1)^{n-1}(n-1)!}{(x+a)^n}$

$(\sin x)^{(n)}=\sin\left(x+n\dfrac{\pi}{2}\right)$　　　　$[f(ax+b)]^{(n)}=a^n f^{(n)}(ax+b)$

[**例 2-35**] 求由方程 $x-y+\dfrac{1}{2}\sin y=0$ 确定的隐函数的二阶导数 y''.

解： 在方程两边同时对 x 求导，得

$$1-y'+\frac{1}{2}\cos y\cdot y'=0$$

解得

$$y' = \frac{2}{2-\cos y}$$

在上式两边同时对 x 求导，得

$$y'' = \left(\frac{2}{2-\cos y}\right)' = \frac{-2\sin y \cdot y'}{(2-\cos y)^2} = \frac{-4\sin y}{(2-\cos y)^3}$$

思考题 2.4

如何求函数 $y = u(x)\cdot v(x)$ 的高阶导数 $y^{(n)}$？

练习题 2.4

1．若 $f(x) = a_n x^n + a_{n-1}x^{n-1} + \cdots + a_1 x + a_0$，则 $f^{(n)}(x) =$ ____________.
2．设 $y = xe^x$，则 $y''(0) =$ ____________.
3．设 $y = (x+2)(2x+3)^2(3x+4)^3$，求 $y^{(6)}$.
4．已知 $f(x) = 2x^2 + \cos 2x$，求 $f''(\pi)$.
5．设函数 $y = e^{3x}$，则 $y^{(n)} =$ ____________.

2.5　函数的微分

【引例】 正方形面积测量的误差问题．设正方形的实际边长为 x_0，如图 2-6 所示，由于测量不可能绝对准确，因此设边长测量的最大误差为 Δx，试问由于边长测量不准确而造成的面积误差 ΔA 大概为多少？

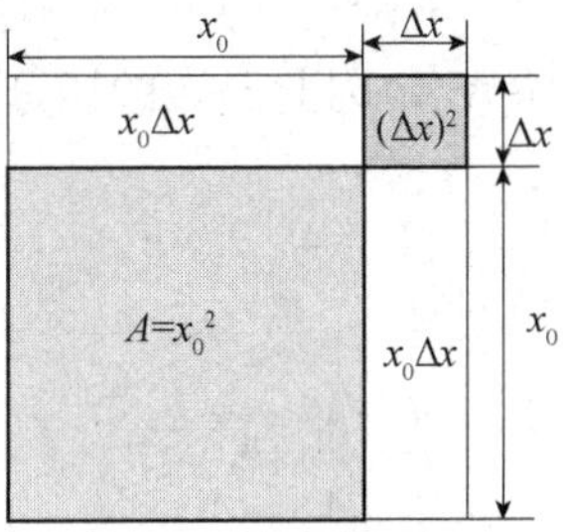

图 2-6

$$\begin{aligned}\Delta A &= (x_0 + \Delta x)^2 - x_0^2 \\ &= 2x_0\Delta x + (\Delta x)^2\end{aligned}$$

可以看出，面积误差由两部分组成.

第一部分为 $2x_0\Delta x$，这是 Δx 的线性部分．第二部分为 $(\Delta x)^2$，这是 Δx 的高阶无穷小．所以 $\Delta A \approx 2x_0\Delta x$．第二部分是面积误差的主要部分，即面积误差 ΔA 大概为 $2x_0\Delta x$．因为 $A'(x_0) = 2x_0$，所以 $\Delta A \approx A'(x_0)\Delta x$．这个近似值就是本节要研究的函数的微分.

2.5.1　微分的概念

引例的结论 $\Delta A \approx A'(x_0)\Delta x$ 对于一般的可导函数也是成立的，事实上，若由导数定义

$$f'(x_0) = \lim_{\Delta x \to 0}\frac{f(x_0 + \Delta x) - f(x_0)}{\Delta x}$$

则利用前面讲过的极限与无穷小之间的关系，上式可写为

$$\Delta y = f(x_0 + \Delta x) - f(x_0) = f'(x_0)\Delta x + o(\Delta x)$$

也就是说，函数在 x_0 处的变化量 Δy 可表示成两部分，即 Δx 的线性部分 $f'(x_0)\Delta x$ 与 Δx 的高阶无穷小部分 $o(\Delta x)$.

当 Δx 充分小时，函数的变化量可由第一部分近似代替，即

$$\Delta y \approx f'(x_0)\Delta x$$

由此可以给出微分的定义.

1. 微分的定义

定义 2-2 设函数 $y = f(x)$ 在 x_0 处可导，在 x_0 处自变量 x 有变化量 Δx ，则称 $f'(x_0)\Delta x$ 为函数 $f(x)$ 在 x_0 处的微分，记为

$$\mathrm{d}y\big|_{x=x_0} \text{ 或 } \mathrm{d}y\big|_{x=x_0} = f'(x_0)\Delta x$$

此时称函数 $y = f(x)$ 在 x_0 处**可微**.

一般地，若函数 $y = f(x)$ 在 x 处可导，则称 $f'(x)\Delta x$ 为函数 $y = f(x)$ 在 x 处的微分，简称函数的**微分**，记为

$$\mathrm{d}y = f'(x)\Delta x \text{ 或 } \mathrm{d}f(x) = f'(x)\Delta x$$

显然，若 $y = x$ ，则 $\mathrm{d}x = \mathrm{d}y = y'\Delta x = x'\Delta x = \Delta x$ ，说明自变量 x 的微分 $\mathrm{d}x$ 就等于它的变化量 Δx ，因此函数的微分可写为

$$\mathrm{d}y = f'(x)\mathrm{d}x \text{ 或 } \mathrm{d}f(x) = f'(x)\mathrm{d}x$$

从而有

$$\frac{\mathrm{d}y}{\mathrm{d}x} = f'(x)$$

也就是说，函数的导数等于函数的微分与自变量的微分的商，所以导数又称为**微商**.

扫一扫

微课：微分的概念的相关知识

2. 微分的几何意义

当 Δy 是曲线 $y = f(x)$ 上的点的纵坐标的变化量时，微分 $\mathrm{d}y$ 就是曲线切线上的点的纵坐标的相应变化量. 由于当 $|\Delta x|$ 很小时，$|\Delta y - \mathrm{d}y|$ 比 $|\Delta x|$ 小得多，因此在点 M 的附近，可以用切线段 MT 来近似代替曲线段 MM_1 ，如图 2-7 所示.

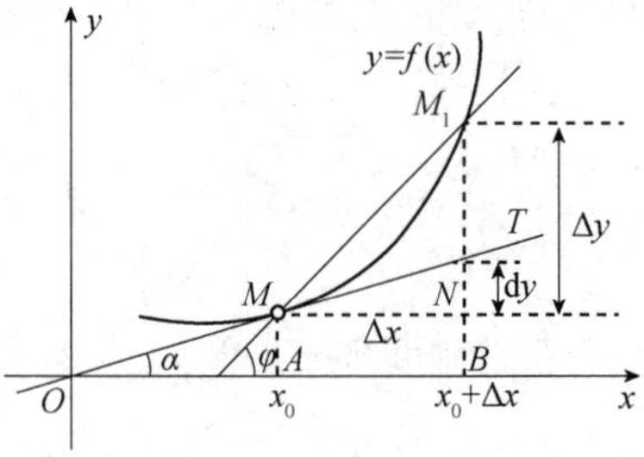

图 2-7

［例 2-36］求函数 $y=x^3$ 在 $x=1$ 处 $\Delta x=0.01$ 时的变化量 Δy 及微分 $\mathrm{d}y\big|_{x=1}$.

解：

$$\Delta y=(1+0.01)^3-1^3=0.030301$$

因为 $y'=(x^3)'=3x^2$， $y'\big|_{x=1}=3x^2\big|_{x=1}=3$，所以有

$$\mathrm{d}y\big|_{x=1}=y'\big|_{x=1}\cdot\Delta x=3\times0.01=0.03$$

2.5.2 基本初等函数的微分公式和运算法则

从函数的微分的表达式 $\mathrm{d}y=f'(x)\mathrm{d}x$ 可以看出，要计算函数的微分，只要先计算函数的导数，再乘以自变量的微分即可．存在以下微分公式和运算法则．

1．基本初等函数的微分公式

$\mathrm{d}(C)=0$ $\qquad$ $\mathrm{d}(x^\mu)=\mu x^{\mu-1}\mathrm{d}x$

$\mathrm{d}(a^x)=a^x\ln a\mathrm{d}x$ $\qquad$ $\mathrm{d}(\mathrm{e}^x)=\mathrm{e}^x\mathrm{d}x$

$\mathrm{d}(\log_a x)=\dfrac{1}{x\ln a}\mathrm{d}x$ $\qquad$ $\mathrm{d}(\ln x)=\dfrac{1}{x}\mathrm{d}x$

$\mathrm{d}(\sin x)=\cos x\mathrm{d}x$ $\qquad$ $\mathrm{d}(\cos x)=-\sin x\mathrm{d}x$

$\mathrm{d}(\tan x)=\sec^2 x\mathrm{d}x$ $\qquad$ $\mathrm{d}(\cot x)=-\csc^2 x\mathrm{d}x$

$\mathrm{d}(\sec x)=\sec x\tan x\mathrm{d}x$ $\qquad$ $\mathrm{d}(\csc x)=-\csc x\cot x\mathrm{d}x$

$\mathrm{d}(\arcsin x)=\dfrac{1}{\sqrt{1-x^2}}\mathrm{d}x$ $\qquad$ $\mathrm{d}(\arccos x)=-\dfrac{1}{\sqrt{1-x^2}}\mathrm{d}x$

$\mathrm{d}(\arctan x)=\dfrac{1}{1+x^2}\mathrm{d}x$ $\qquad$ $\mathrm{d}(\mathrm{arccot}\, x)=-\dfrac{1}{1+x^2}\mathrm{d}x$

2．函数的和、差、积、商的微分法则

由函数四则运算的求导法则，可推得以下微分法则．假设 $u=u(x)$ 和 $v=v(x)$ 在 x 处都可导（可微），则有

$\mathrm{d}(u\pm v)=\mathrm{d}u\pm\mathrm{d}v$ $\qquad$ $\mathrm{d}(cu)=c\mathrm{d}u$

$\mathrm{d}(uv)=v\mathrm{d}u+u\mathrm{d}v$ $\qquad$ $\mathrm{d}\left(\dfrac{u}{v}\right)=\dfrac{v\mathrm{d}u-u\mathrm{d}v}{v^2}$（$v\neq0$）

3．复合函数的微分法则

设 $y=f(u)$ 及 $u=\varphi(x)$ 都可导，则复合函数 $y=f[\varphi(x)]$ 的微分为

$$\mathrm{d}y=y'_x\mathrm{d}x=f'(u)\varphi'(x)\mathrm{d}x$$

由于 $\mathrm{d}u=\varphi'(x)\mathrm{d}x$，因此复合函数 $y=f[\varphi(x)]$ 的微分公式也可以写为

$$\mathrm{d}y=f'(u)\mathrm{d}u \text{ 或 } \mathrm{d}y=y'_u\mathrm{d}u$$

由此可见，无论 u 是自变量还是中间变量，微分形式 $\mathrm{d}y=f'(u)\mathrm{d}u$ 都保持不变．这个性质称为**一阶微分形式不变性**．这个性质表示，当变换自变量时，微分形式 $\mathrm{d}y=f'(u)\mathrm{d}u$ 并不改变．

[例 2-37] 设函数 $y = xe^x$，求 dy .

解： 因为 $y' = x'e^x + x(e^x)' = e^x + xe^x$，所以由微分的定义得

$$dy = y'dx = (e^x + xe^x)dx$$

[例 2-38] 求函数 $y = \sin(2x+1)$ 的微分.

解： 把 $2x+1$ 看成中间变量 u，则有

$$\begin{aligned} dy &= d(\sin u) = \cos u du = \cos(2x+1)d(2x+1) \\ &= \cos(2x+1)\cdot 2dx = 2\cos(2x+1)dx \end{aligned}$$

说明： 在对微分掌握熟练后，在求复合函数的微分时，可以不写出中间变量.

[例 2-39] 已知函数 $y = \ln\left(1+e^{x^2}\right)$，求 dy .

解：

$$\begin{aligned} dy &= d\left[\ln\left(1+e^{x^2}\right)\right] = \frac{1}{1+e^{x^2}}d\left(1+e^{x^2}\right) \\ &= \frac{1}{1+e^{x^2}}\cdot e^{x^2}d(x^2) = \frac{1}{1+e^{x^2}}\cdot e^{x^2}\cdot 2xdx = \frac{2xe^{x^2}}{1+e^{x^2}}dx \end{aligned}$$

[例 2-40] **已知函数** $y = e^{1-3x}\cos x$ ，求 dy .

解： 应用积的微分法则，得

$$\begin{aligned} dy &= d(e^{1-3x}\cos x) = \cos x d(e^{1-3x}) + e^{1-3x}d(\cos x) \\ &= \cos x e^{1-3x}d(1-3x) + e^{1-3x}(-\sin x dx) \\ &= \cos x e^{1-3x}(-3dx) + e^{1-3x}(-\sin x dx) \\ &= -e^{1-3x}(3\cos x + \sin x)dx \end{aligned}$$

[例 2-41] 在括号中填入适当的函数，使等式成立.

（1）$d(\quad) = xdx$.

（2）$d(\quad) = \cos\omega t dt$.

解：（1）因为 $d(x^2) = 2xdx$ ，所以有

$$xdx = \frac{1}{2}d(x^2) = d\left(\frac{1}{2}x^2\right)$$

即

$$d\left(\frac{1}{2}x^2\right) = xdx$$

一般地，有 $d\left(\frac{1}{2}x^2 + C\right) = xdx$（$C$ 为任意常数）.

（2）因为 $d(\sin\omega t) = \omega\cos\omega t dt$ ，所以有

$$\cos\omega t dt = \frac{1}{\omega}d(\sin\omega t) = d\left(\frac{1}{\omega}\sin\omega t\right)$$

一般地，有 $d\left(\frac{1}{\omega}\sin\omega t + C\right) = \cos\omega t dt$（$C$ 为任意常数）.

2.5.3　微分在近似计算中的应用

在工程问题中，经常会遇到一些复杂的计算公式．如果直接对这些公式进行计算，那么会相当费时费力．利用微分可以把一些复杂的计算公式代替为简单的近似公式．

由微分的定义$\Delta y \approx \mathrm{d}y + o(\Delta x)$可知，当$\Delta x$充分小时，有$\Delta y \approx \mathrm{d}y$，即

$$f(x_0 + \Delta x) \approx f(x_0) + f'(x_0)\Delta x$$

若式中的近似号换成等号，则该式为过点$(x_0, f(x_0))$的切线方程，这种近似计算的实质是“以直代曲”．在用这种方法近似计算时，要注意它的前提是Δx应充分小．

当函数$y = f(x)$在x_0处的导数$f'(x) \neq 0$，且$|\Delta x|$很小时，有

$$\Delta y \approx \mathrm{d}y = f'(x_0)\Delta x$$

则有

$$\Delta y = f(x_0 + \Delta x) - f(x_0) \approx \mathrm{d}y = f'(x_0)\Delta x$$

所以有

$$f(x_0 + \Delta x) \approx f(x_0) + f'(x_0)\Delta x$$

若令$x = x_0 + \Delta x$，则$\Delta x = x - x_0$，那么又有

$$f(x) \approx f(x_0) + f'(x_0)(x - x_0)$$

特别地，当$x_0 = 0$时，有$f(x) \approx f(0) + f'(0)x$．

以上都是近似计算公式．

［**例 2-42**］有一批半径为1cm的球，为了提高其表面光滑度，要镀上一层铜，厚度定为0.01cm．估计一下每个球需要用多少铜（铜的密度是$8.9\text{g}/\text{cm}^3$）．

解：已知球体体积为$V = \dfrac{4}{3}\pi R^3$，$R_0 = 1\text{cm}$，$\Delta R = 0.01\text{cm}$．

镀层的体积为

$$\begin{aligned}\Delta V &= V(R_0 + \Delta R) - V(R_0)\\ &\approx V'(R_0)\Delta R = 4\pi R_0^{\ 2}\Delta R = 4\times 3.14\times 1^2\times 0.01 = 0.13\ (\text{cm}^3)\end{aligned}$$

所以每个球需要的铜为$0.13\times 8.9 = 1.16$（g）．

［**例 2-43**］利用微分计算$\sin 30°30'$的近似值．

解：已知$30°30' = \dfrac{\pi}{6} + \dfrac{\pi}{360}$，$x_0 = \dfrac{\pi}{6}$，$\Delta x = \dfrac{\pi}{360}$，则有

$$\begin{aligned}\sin 30°30' &= \sin(x_0 + \Delta x) \approx \sin x_0 + \Delta x \cos x_0\\ &= \sin\frac{\pi}{6} + \frac{\pi}{360}\cdot\cos\frac{\pi}{6}\\ &= \frac{1}{2} + \frac{\pi}{360}\cdot\frac{\sqrt{3}}{2} \approx 0.5076\end{aligned}$$

即$\sin 30°30' \approx 0.5076$．

思考题 2.5

1．导数就是微分，微分就是导数．这句话对吗？

2．可导函数一定可微，可微函数一定可导．这句话对吗？

练习题 2.5

1．求下列函数的微分．

（1）$y = x^2 \sin x$　　（2）$y = e^{\cos x}$

（3）$y = \ln\cos x - \ln(x^2 - 1)$　　（4）$y = x + x^x$

2．将适当的函数填入下列括号内，使等式成立．

（1）$d(\quad) = 2dx$　　（2）$d(\quad) = \cos x dx$

（3）$d(\quad) = \dfrac{1}{1+x}dx$　　（4）$d(\quad) = e^{-2x}dx$

（5）$d(\quad) = \dfrac{1}{\sqrt{x}}dx$　　（6）$d(\quad) = \sec^2 3x dx$

3．求下列近似值．

（1）$\sqrt{1.02}$　　（2）$\sin 31°$

知识拓展

2.6 参数方程所确定的函数的导数、微分中值定理、函数的凹凸性与拐点

微分中值定理在微积分理论中占有重要地位，是应用导数研究函数形态的理论基础．前面已研究了导数及其计算，本节对导数内容进行一些拓展，可供学有余力的读者进行学习．

2.6.1 参数方程所确定的函数的导数

一般地，若由参数方程$\begin{cases} x = \phi(t) \\ y = \psi(t) \end{cases}$确定 y 与 x 之间的函数关系，则称此函数关系所表达的函数为由参数方程所确定的函数．

在实际问题中，有时需要计算由参数方程所确定的函数的导数，但由于要从方程中消去参数 t 可能存在困难，因此希望有一种能直接由参数方程计算出它所表示的函数的导数的方法．

假设函数 $x = \phi(t)$ 和 $y = \psi(t)$ 都可导，且 $\phi(t) \neq 0$，则由复合函数与反函数的求导法则，有

$$\frac{\mathrm{d}y}{\mathrm{d}x}=\frac{\mathrm{d}y}{\mathrm{d}t}\cdot\frac{\mathrm{d}t}{\mathrm{d}x}=\frac{\mathrm{d}y}{\mathrm{d}t}\frac{1}{\frac{\mathrm{d}x}{\mathrm{d}t}}=\frac{\psi'(t)}{\phi'(t)}$$

即

$$\frac{\mathrm{d}y}{\mathrm{d}x}=\frac{\psi'(t)}{\phi'(t)} \text{或} \frac{\mathrm{d}y}{\mathrm{d}x}=\frac{\frac{\mathrm{d}y}{\mathrm{d}t}}{\frac{\mathrm{d}x}{\mathrm{d}t}}$$

如果 $x=x(t)$ 和 $y=y(t)$ 还是二阶可导的，那么还可得到此函数的二阶导数公式，即

$$\frac{\mathrm{d}^2y}{\mathrm{d}x^2}=\frac{\mathrm{d}y'}{\mathrm{d}x}=\frac{\frac{\mathrm{d}y'}{\mathrm{d}t}}{\frac{\mathrm{d}x}{\mathrm{d}t}}$$

［例 2-44］求由参数方程 $\begin{cases}x=\arctan t\\ y=\ln(1+t^2)\end{cases}$ 所表示的函数 $y=y(x)$ 的导数.

解：

$$\frac{\mathrm{d}y}{\mathrm{d}x}=\frac{\frac{\mathrm{d}y}{\mathrm{d}t}}{\frac{\mathrm{d}x}{\mathrm{d}t}}=\frac{y'(t)}{x'(t)}=\frac{\frac{2t}{1+t^2}}{\frac{1}{1+t^2}}=2t$$

［例 2-45］已知椭圆的参数方程为 $\begin{cases}x=a\cos t\\ y=b\sin t\end{cases}$，求该椭圆在 $t=\frac{\pi}{4}$ 时相应的点处的切线方程.

解：当 $t=\frac{\pi}{4}$ 时，椭圆上的相应的点 M_0 的坐标为

$$x_0=a\cos\frac{\pi}{4}=\frac{\sqrt{2}a}{2}$$

$$y_0=b\cos\frac{\pi}{4}=\frac{\sqrt{2}b}{2}$$

曲线在点 M_0 的切线斜率为

$$\left.\frac{\mathrm{d}y}{\mathrm{d}x}\right|_{t=\frac{\pi}{4}}=\left.\frac{(b\sin t)'}{(a\cos t)'}\right|_{t=\frac{\pi}{4}}=\left.\frac{b\cos t}{-a\sin t}\right|_{t=\frac{\pi}{4}}=-\frac{b}{a}$$

代入点斜式方程，可得椭圆在点 M_0 处的切线方程为

$$y-\frac{\sqrt{2}b}{2}=-\frac{b}{a}\left(x-\frac{\sqrt{2}a}{2}\right)$$

化简后得

$$bx+ay-\sqrt{2}ab=0$$

2.6.2 微分中值定理

微分学中有三个重要的微分中值定理：罗尔（Rolle）中值定理、拉格朗日（Lagrange）中值定理、柯西（Cauchy）中值定理．下面介绍各定理的基本内容，不对其进行证明．

1．罗尔中值定理

若函数 $y=f(x)$ 满足下列 3 个条件：

（1）在闭区间 $[a,b]$ 内连续．

（2）在开区间 (a,b) 内可导．

（3）$f(a)=f(b)$．

则至少存在一点 $\xi\in(a,b)$，使得 $f'(\xi)=0$．

说明：

（1）罗尔中值定理的几何意义：在每一点处都可导的一段连续曲线上，如果曲线的两端点高度相等，则至少存在一条水平切线，如图 2-8 所示．

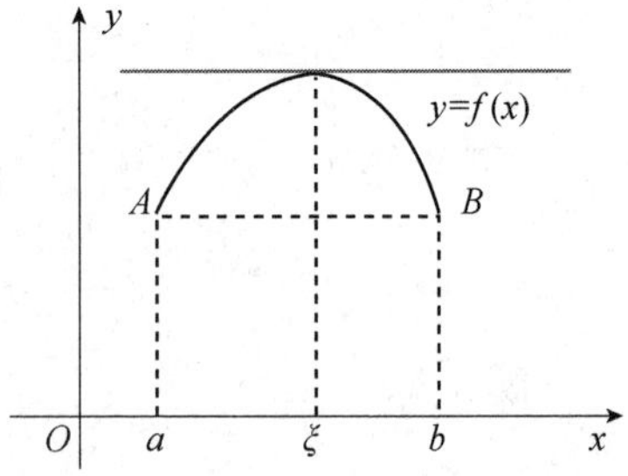

图 2-8

（2）习惯上把结论中的 ξ 称为中值，罗尔中值定理的 3 个条件是充分而非必要的，但若缺少其中任何一个条件，则定理的结论将不一定成立．

例如，对于 $F(x)=\begin{cases}x & |x|<1\\ 0 & -2\leqslant x\leqslant -1\\ 1 & 1\leqslant x\leqslant 2\end{cases}$，$F(x)$ 在 $x=-1$ 处不连续，在 $x=\pm1$ 处不可导，$F(-2)\neq F(2)$，即罗尔中值定理的 3 个条件均不成立，但是在$(-2,2)$内存在点 ξ，满足 $F'(\xi)=0$．

（3）罗尔中值定理结论中的 ξ 值不一定唯一，可能有一个、几个或无限多个．例如，$f(x)=\begin{cases}x^4\sin^2\dfrac{1}{x} & x\neq 0\\ 0 & x=0\end{cases}$ 在 $[-1,1]$ 内满足罗尔中值定理的条件，而 $f'(x)=\begin{cases}4x^3\sin^2\dfrac{1}{x}-2x^2\sin\dfrac{1}{x}\cos\dfrac{1}{x} & x\neq 0\\ 0 & x=0\end{cases}$ 在$(-1,1)$内存在无限多个 $c_n=\dfrac{1}{2n\pi}$（$n\in\mathbf{Z}$），使得 $f'(c_n)=0$．

［**例 2-46**］已知函数 $f(x)$ 在闭区间 $[0,1]$ 内连续，在开区间 $(0,1)$ 内可导，且 $f(1)=0$．试证：在开区间 $(0,1)$ 内至少存在一点 $\xi\in(0,1)$，使得 $f'(\xi)=-\dfrac{1}{\xi}f(\xi)$．

解：待证结论可以改写为 $f(\xi)+\xi f'(\xi)=0$，又由于 $\left[xf(x)\right]'\Big|_{x=\xi}=f(\xi)+\xi f'(\xi)$，可见，若令 $F(x)=xf(x)$，则 $F(x)$ 在 $[0,1]$ 内连续，在 $(0,1)$ 内可导，且 $F(0)=F(1)=0$，即 $F(x)$ 满足罗尔中值定理的全部条件．于是在 $(0,1)$ 内至少存在一点 $\xi\in(0,1)$，使得 $F'(\xi)=f(\xi)+\xi f'(\xi)=0$，即 $f'(\xi)=-\dfrac{1}{\xi}f(\xi)$，$\xi\in\left(0,1\right)$．

2．拉格朗日中值定理

若函数 $y=f(x)$ 满足下列 2 个条件：

（1）在闭区间 $[a,b]$ 内连续．

（2）在开区间 (a,b) 内可导．

则至少存在一点 $\xi\in(a,b)$，使得 $f'(\xi)=\dfrac{f(b)-f(a)}{b-a}$ 或 $f(b)-f(a)=f'(\xi)(b-a)$．

说明：

（1）罗尔中值定理是拉格朗日中值定理在 $f(a)=f(b)$ 时的特例．

（2）拉格朗日中值定理的几何意义：在满足拉格朗日中值定理条件的曲线 $y=f(x)$ 上至少存在一点 $P(\xi,\ f(\xi))$，使得该曲线在该点处的切线平行于曲线两端点的连线 AB，如图 2-9 所示．

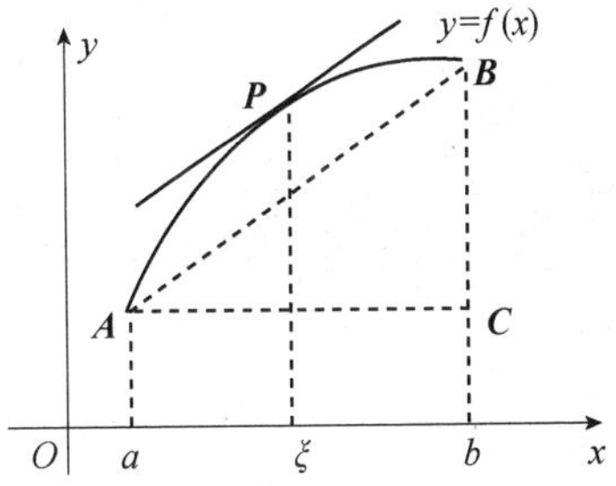

图 2-9

（3）拉格朗日中值定理的结论常称为拉格朗日公式，它有以下几种常用的等价形式，可根据不同问题的特点，在不同场合灵活采用．

$$f(b)-f(a)=f'(\xi)(b-a),\quad \xi\in(a,b)$$

$$f(b)-f(a)=f'[a+\theta(b-a)](b-a),\quad \theta\in(0,1)$$

$$f(a+h)-f(a)=f'(a+\theta h)h,\quad \theta\in(0,1)$$

［**例 2-47**］设 $a>b>0$，证明不等式 $\dfrac{a-b}{a}<\ln\dfrac{a}{b}<\dfrac{a-b}{b}$．

证：令 $f(x)=\ln x$，则 $f(x)=\ln x$ 在 $[b,a]$ 内连续，在 (b,a) 内可导，所以 $f(x)$ 在 $[b,a]$ 内满足拉格朗日中值定理的条件，存在 $\xi\in(b,a)$，使得 $f'(\xi)=\dfrac{f(a)-f(b)}{a-b}$，即 $\xi\in(b,a)$，使得 $\dfrac{1}{\xi}=\dfrac{f(a)-f(b)}{a-b}=\dfrac{\ln a-\ln b}{a-b}=\dfrac{\ln\dfrac{a}{b}}{a-b}$．因为 $\xi\in(b,a)$，所以 $\dfrac{1}{a}<\dfrac{1}{\xi}<\dfrac{1}{b}$，所以 $\dfrac{1}{a}<\dfrac{\ln\dfrac{a}{b}}{a-b}<\dfrac{1}{b}$，即 $\dfrac{a-b}{a}<\ln\dfrac{a}{b}<\dfrac{a-b}{b}$，证明完毕．

由拉格朗日中值定理可推导得到下面的推论．

推论 1　若函数 $f(x)$ 在区间 I 内可导且 $f'(x)\equiv 0$，则 $f(x)$ 在 I 内恒等于一个常数．

推论 2　若函数 $f(x)$ 和 $g(x)$ 在区间 I 内可导且 $f'(x)\equiv g'(x)$，则 $f(x)=g(x)+c$（c 为常数）．

3．柯西中值定理

若函数 $f(x)$ 及 $g(x)$ 满足下列 3 个条件：

（1）在闭区间 $[a,b]$ 内连续．

（2）在开区间 (a,b) 内可导．

（3）在开区间 (a,b) 内每一点处都有 $g'(x)\neq 0$.

则至少存在一点 $\xi\in(a,b)$，使得 $\dfrac{f(b)-f(a)}{g(b)-g(a)}=\dfrac{f'(\xi)}{g'(\xi)}$.

显然，若取 $g(x)=x$，则 $g(b)-g(a)=b-a$，$g'(x)=1$，这时，柯西中值定理就变成拉格朗日中值定理了，所以柯西中值定理又称为广义中值定理.

2.6.3 函数的凹凸性与拐点

定义 2-3 设函数 $y=f(x)$ 在区间 I 内连续，若函数的曲线位于其任意一点的切线的上方，则称该曲线在区间 I 内是凹的，如图 2-10 所示；若函数的曲线位于其内任意一点的切线的下方，则称该曲线在区间 I 内是凸的，如图 2-11 所示.

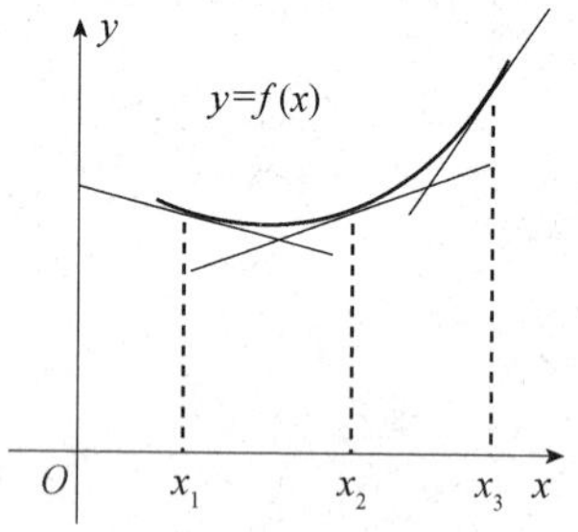

图 2-10

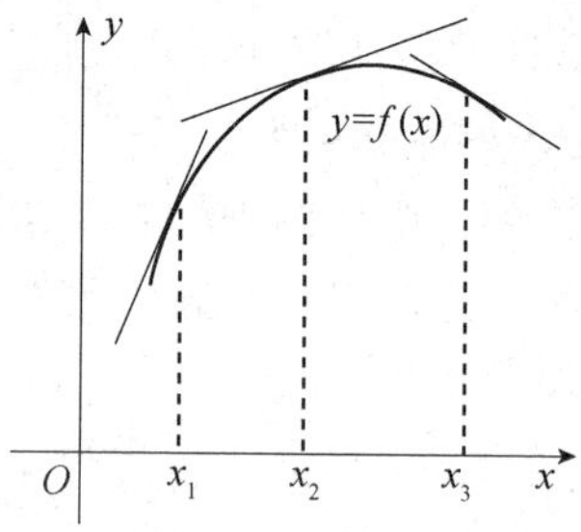

图 2-11

定理 2-5 （**曲线凹凸性的判定定理**）设 $f(x)$ 在 $[a,b]$ 内连续，并在 (a,b) 内具有一阶和二阶导数，那么有以下情况.

（1）若在 (a,b) 内 $f''(x)>0$，则 $f(x)$ 在 $[a,b]$ 内的图形是凹的.

（2）若在 (a,b) 内 $f''(x)<0$，则 $f(x)$ 在 $[a,b]$ 内的图形是凸的.

在曲线 $y=f(x)$ 上，凹弧与凸弧的分界点称为该曲线的**拐点**.

求曲线 $y=f(x)$ 的凹凸区间和拐点的步骤如下.

（1）确定函数 $y=f(x)$ 的定义域.

（2）求出二阶导数 $f''(x)$.

（3）求使二阶导数为 0 的点和使二阶导数不存在的点.

（4）判断或列表判断，确定曲线的凹凸区间和拐点.

注意： 根据具体情况，步骤（1）、（3）有时可省略.

［**例 2-48**］判断曲线 $y=\ln x$ 的凹凸性.

解： $y'=\dfrac{1}{x}$，$y''=-\dfrac{1}{x^2}$. 因为在函数 $y=\ln x$ 的定义域 $(0,+\infty)$ 内，$y''<0$，所以曲线 $y=\ln x$ 是凸的.

［**例 2-49**］判断曲线 $y=x^3$ 的凹凸性.

解： $y'=3x^2$，$y''=6x$，令 $y''=0$，得 $x=0$.

当 $x<0$ 时，$y''<0$，曲线在 $(-\infty,\ 0]$ 内是凸的.

当 $x>0$ 时，$y''>0$，曲线在 $[0,+\infty)$ 内是凹的.

[例 2-50] 求曲线 $y=2x^3+3x^2-12x+14$ 的拐点.

解：$y'=6x^2+6x-12$，$y''=12x+6=6(2x+1)$，令 $y''=0$，得 $x=-\dfrac{1}{2}$.

因为当 $x<-\dfrac{1}{2}$ 时，$y''<0$；当 $x>-\dfrac{1}{2}$ 时，$y''>0$，所以点 $\left(-\dfrac{1}{2},\dfrac{41}{2}\right)$ 是曲线的拐点.

[例 2-51] 求曲线 $y=3x^4-4x^3+1$ 的拐点及凹、凸区间.

解：（1）函数 $y=3x^4-4x^3+1$ 的定义域为 $(-\infty,+\infty)$.

（2）$y'=12x^3-12x^2$，$y''=36x^2-24x=36x\left(x-\dfrac{2}{3}\right)$.

（3）解方程 $y''=0$，得 $x_1=0$，$x_2=\dfrac{2}{3}$.

（4）列表判断，如表 2-2 所示.

表 2-2

区间	$(-\infty,0)$	0	$\left(0,\dfrac{2}{3}\right)$	$\dfrac{2}{3}$	$\left(\dfrac{2}{3},+\infty\right)$
f''（x）	+	0	−	0	+
$f(x)$	凹	1	凸	$\dfrac{11}{27}$	凹

函数在区间 $(-\infty,0]$ 和 $\left[\dfrac{2}{3},+\infty\right)$ 内曲线是凹的，在区间 $\left[0,\dfrac{2}{3}\right]$ 内曲线是凸的. 点 $(0,1)$ 和 $\left(\dfrac{2}{3},\dfrac{11}{27}\right)$ 是曲线的拐点.

[例 2-52] 曲线 $y=x^4$ 是否有拐点？

解：$y'=4x^3$，$y''=12x^2$. 当 $x\neq 0$ 时，$y''>0$，在区间 $(-\infty,+\infty)$ 内曲线是凹的，因此曲线无拐点.

[例 2-53] 求曲线 $y=\sqrt[3]{x}$ 的拐点.

解：（1）函数的定义域为 $(-\infty,+\infty)$.

（2）$y'=\dfrac{1}{3\sqrt[3]{x^2}}$，$y''=-\dfrac{2}{9x\sqrt[3]{x^2}}$.

（3）函数无二阶导数为 0 的点，二阶导数不存在的点为 $x=0$.

（4）判断：当 $x<0$ 时，$y''>0$；当 $x>0$ 时，$y''<0$.

因此，点(0,0)是该曲线的拐点.

思考题 2.6

拐点可能在哪些点取到？

练习题 2.6

1．函数 $y=\ln(x+1)$ 在区间[0,1]内满足拉格朗日中值定理的 $\xi=$________.

2．证明：当 $x>0$ 时，$\ln(1+x)<x$.

3．求下列参数方程所确定的函数的一阶导数 $\frac{dy}{dx}$ 和二阶导数 $\frac{d^2y}{dx^2}$.

（1）$\begin{cases} x=\frac{t^2}{2} \\ y=1-t \end{cases}$　　　（2）$\begin{cases} x=3e^{-t} \\ y=2e^t \end{cases}$

4．求下列各函数的凹、凸区间与拐点.

（1）$f(x)=x^3-5x^2+3x+5$　　　（2）$f(x)=\ln(1+x^2)$

5．利用罗尔中值定理证明：若 $f(x)=(x-1)(x-2)(x-3)(x-4)$，则 $f'(x)=0$ 有 3 个实根.

6．证明：当 $x>0$ 时，$\frac{x}{1+x}<\ln(1+x)<x$.

数学实验

2.7 实验——用 MATLAB 求导数

上面各节讲述了函数的求导方法，但有些函数的导数比较难求．本节介绍用 MATLAB 求导数的方法.

MATLAB 的求导数命令是 diff，其格式为

```
diff(f,x)
```

该命令表示对 f（这里的 f 是一个函数表达式）求关于符号变量 x 的一阶导数．若 x 默认，则该命令表示求 f 对预设独立变量（默认变量）的一阶导数.

```
diff(f,x,n)
```

或

```
diff(f,n,x)
```

这 2 个命令都表示对 f 求关于符号变量 x 的 n 阶导数．若 x 默认，则该命令表示求 f 对预设独立变量（默认变量）的 n 阶导数.

若计算函数在某一点处的导数，则用 subs 命令，其格式为

```
subs(s,old,new)
```

其中 s 表示一个表达式，新值 new 用来替换旧值 old．例如，输入

```
syms  a b;
subs(a+b,a,4)
```

输出结果为

```
ans=
    4+b
```

当然也可以同时替换多个变量.

[例 2-54] 设 $f(x)=\mathrm{e}^{x^2}$，求 $\dfrac{\mathrm{d}f}{\mathrm{d}x}$.

解： 输入

```
syms x
diff(exp(x^2))
```

输出结果为

```
ans =
     2*x*exp(x^2)
```

[例 2-55] 求 $y=\sin x+\mathrm{e}^x$ 的三阶导数.

解： 输入

```
diff(sin(x)+exp(x),3)
```

输出结果为

```
ans =
     -cos(x)+exp(x)
```

[例 2-56] 求函数 $f(x)=\mathrm{e}^{x^2}$ 在 $x=1$ 处的导数值.

解： 输入

```
syms x
y=(exp(x^2));
dy=diff(y);
subs(dy,x,1)
```

输出结果为

```
ans =
     5.4366
```

思考题 2.7

diff(f,x)命令的中 f 可否为其他表达式（如矩阵）？

练习题 2.7

用 MATLAB 求下列函数的导数.

（1） $y=\mathrm{e}^x\cos x$

（2） $y=\sqrt{1+\ln^2 x}$

（3） $y=(2+3x)(4-7x)$

（4） $y=x\sin^2 x$

知识应用

2.8 导数的应用

中学阶段已研究过函数的单调性和求最大（小）值等问题，直接根据定义确定函数的单调性及求最值是比较困难的，本节利用导数来方便地解决这些问题.

【引例】 对于做直线运动的物体，若其速度 $v(t)=\dfrac{\mathrm{d}s}{\mathrm{d}t}>0$，则运动时间越长，物体运动的位移 $s(t)$ 越大，即函数 $s(t)$ 是单调增大的.

扫一扫

微课：洛必达法则的相关知识

2.8.1 洛必达法则

当分子、分母都是无穷小或都是无穷大时，两个函数之比的极限可能存在，也可能不存在，即使极限存在也不能用“商的极限等于极限的商”这则运算法则．这种极限称为未定式或不定式.

定义 2-4 如果 $x\to a$（或$x\to\infty$）时，两个函数 $f(x)$与$g(x)$ 都趋于 0 或者无穷大，那么极限 $\lim\limits_{\substack{x\to a\\(x\to\infty)}}\dfrac{f(x)}{g(x)}$ 称为$\dfrac{0}{0}$或$\dfrac{\infty}{\infty}$型未定式.

例如，$\lim\limits_{x\to 0}\dfrac{\tan x}{x}$ 和 $\lim\limits_{x\to 0}\dfrac{\ln\sin ax}{\ln\sin bx}$ 是未定式.

定理 2-6 **（洛必达法则）** 设函数 $f(x)$与$g(x)$ 都在 x_0 的一个空心邻域内可导，如果满足以下 3 个条件：

（1）$\lim\limits_{x\to x_0}f(x)=0,\ \lim\limits_{x\to x_0}g(x)=0$.

（2）函数 $f(x)$ 与 $g(x)$ 在 x_0 的某个邻域内（点 x_0 可除外）可导，且 $g'(x)\neq 0$.

（3）$\lim\limits_{x\to x_0}\dfrac{f'(x)}{g'(x)}=A$（$A$ 为有限数，也可为∞、$+\infty$或$-\infty$）.

则有

$$\lim_{x\to x_0}\frac{f(x)}{g(x)}=\lim_{x\to x_0}\frac{f'(x)}{g'(x)}=A$$

注意： 上述定理对于 $x\to\infty$ 等其他类型的$\dfrac{0}{0}$型未定式同样适用，对于 $x\to x_0$ 或 $x\to\infty$ 等其他类型的$\dfrac{\infty}{\infty}$型未定式也有相应的法则.

[例 2-57] 求极限 $\lim\limits_{x\to 1}\dfrac{x^3-3x+2}{x^3-x^2-x+1}$.

解： 当 $x\to 1$时，原式是$\dfrac{0}{0}$型的未定式，使用洛必达法则，有

$$\lim_{x\to1}\frac{x^3-3x+2}{x^3-x^2-x+1}=\lim_{x\to1}\frac{3x^2-3}{3x^2-2x-1}=\lim_{x\to1}\frac{6x}{6x-2}=\frac{3}{2}$$

注意： 若 $\lim\limits_{x\to x_0}\frac{f'(x)}{g'(x)}$ 仍是未定式，且 $f'(x),g'(x)$ 满足定理中对 $f(x),g(x)$ 所要求的条件，则可继续使用洛必达法则，直到极限不再是未定式为止，即

$$\lim_{x\to x_0}\frac{f(x)}{g(x)}=\lim_{x\to x_0}\frac{f'(x)}{g'(x)}=\lim_{x\to x_0}\frac{f''(x)}{g''(x)}=\cdots$$

但是要注意，如果所求的极限不是未定式，则不能使用洛必达法则，否则会产生错误的结果.

[例 2-58] 求极限 $\lim\limits_{x\to0}\frac{e^x-e^{-x}-2x}{x-\sin x}$

解： 这是 $\frac{0}{0}$ 型未定式，可使用洛必达法则，有

$$\lim_{x\to0}\frac{e^x-e^{-x}-2x}{x-\sin x}=\lim_{x\to0}\frac{e^x+e^{-x}-2}{1-\cos x}=\lim_{x\to0}\frac{e^x-e^{-x}}{\sin x}=\lim_{x\to0}\frac{e^x+e^{-x}}{\cos x}=2$$

注意： 在反复使用洛必达法则时，要时刻注意检查极限是否为未定式，若极限不是未定式，则不可使用洛必达法则.

[例 2-59] 求极限 $\lim\limits_{x\to+\infty}\frac{\frac{\pi}{2}-\arctan x}{\frac{1}{x}}$.

解： 这是 $\frac{0}{0}$ 型未定式，可使用洛必达法则.

$$\lim_{x\to+\infty}\frac{\frac{\pi}{2}-\arctan x}{\frac{1}{x}}=\lim_{x\to+\infty}\frac{-\frac{1}{1+x^2}}{-\frac{1}{x^2}}=\lim_{x\to+\infty}\frac{x^2}{1+x^2}=1$$

[例 2-60] 求极限 $\lim\limits_{x\to0^+}\frac{\ln\tan x}{\ln x}$.

解： 这是 $\frac{\infty}{\infty}$ 型未定式，可使用洛必达法则.

$$\lim_{x\to0^+}\frac{\ln\tan x}{\ln x}=\lim_{x\to0^+}\frac{\frac{1}{\tan x}\sec^2 x}{\frac{1}{x}}=\lim_{x\to0^+}\frac{\frac{1}{\tan x}\frac{1}{\cos^2 x}}{\frac{1}{x}}$$

$$=\lim_{x\to0^+}\frac{x}{\sin x\cos x}=\lim_{x\to0^+}\frac{x}{\sin x}\lim_{x\to0^+}\frac{1}{\cos x}=1$$

除 $\frac{0}{0}$ 和 $\frac{\infty}{\infty}$ 型未定式外，还有 $0\cdot\infty$、$\infty-\infty$、0^0，1^∞，∞^0 型等未定式，它们往往可以先通过

适当的变换转化为$\frac{0}{0}$或$\frac{\infty}{\infty}$型，再使用洛必达法则求极限.

1． $0\cdot\infty$ 型

步骤： $0\cdot\infty \Rightarrow \frac{1}{\infty}\cdot\infty \Rightarrow \frac{\infty}{\infty}$ 或 $0\cdot\infty \Rightarrow 0\cdot\frac{1}{0} \Rightarrow \frac{0}{0}$.

[例 2-61] 求极限 $\lim\limits_{x\to 0^+} x^2\ln x$.

解： 当 $x\to 0^+$ 时，原式是 $0\cdot\infty$型的未定式，则有

$$\lim_{x\to 0^+} x^2\ln x = \lim_{x\to 0^+}\frac{\ln x}{x^{-2}} = \lim_{x\to 0^+}\frac{\frac{1}{x}}{-2x^{-3}} = \lim_{x\to 0^+}\frac{x^2}{-2} = 0$$

2． $\infty-\infty$ 型

步骤： $\infty-\infty \Rightarrow \frac{1}{0}-\frac{1}{0} \Rightarrow \frac{0-0}{0\cdot 0}$.

[例 2-62] 求极限 $\lim\limits_{x\to 0}\left(\frac{1}{\sin x}-\frac{1}{x}\right)$.

解：

$$\lim_{x\to 0}\left(\frac{1}{\sin x}-\frac{1}{x}\right) = \lim_{x\to 0}\frac{x-\sin x}{x\cdot\sin x} = \lim_{x\to 0}\frac{1-\cos x}{\sin x + x\cos x} = \lim_{x\to 0}\frac{\sin x}{\cos x+\cos x - x\sin x} = 0$$

3． 0^0，1^∞，∞^0 型

步骤： $\left.\begin{matrix}0^0\\ 1^\infty\\ \infty^0\end{matrix}\right\} \xrightarrow{\text{取对数}} \left\{\begin{matrix}0\cdot\ln 0\\ \infty\cdot\ln 1\\ 0\cdot\ln\infty\end{matrix}\right\} \Rightarrow 0\cdot\infty$.

[例 2-63] 求极限 $\lim\limits_{x\to 0^+} x^x$.

解：

$$\lim_{x\to 0^+} x^x = \lim_{x\to 0^+} e^{x\ln x} = e^{\lim\limits_{x\to 0^+} x\ln x} = e^{\lim\limits_{x\to 0^+}\frac{\ln x}{\frac{1}{x}}} = e^{\lim\limits_{x\to 0^+}\frac{\frac{1}{x}}{-\frac{1}{x^2}}} = e^0 = 1$$

说明：

（1） 若所求极限不是$\frac{0}{0}$或$\frac{\infty}{\infty}$这样的未定型，则不能使用洛必达法则.

（2） 若 $\lim\frac{f'(x)}{g'(x)}$ 不存在，则并不表明 $\lim\frac{f(x)}{g(x)}$ 不存在，只表明洛必达法则对此情况失效，可以用其他方法求极限.

例如，求极限 $\lim\limits_{x\to+\infty}\frac{x-\sin x}{x+\sin x}$，使用洛必达法则，有

$$\lim_{x\to+\infty}\frac{x-\sin x}{x+\sin x} = \lim_{x\to+\infty}\frac{1-\cos x}{1+\cos x}$$

极限不存在，但 $\lim\limits_{x\to+\infty}\dfrac{x-\sin x}{x+\sin x}=\lim\limits_{x\to+\infty}\dfrac{1-\dfrac{\sin x}{x}}{1+\dfrac{\sin x}{x}}=\dfrac{1-0}{1+0}=1$.

2.8.2　函数的单调性

由图 2-12 可以看出，如果函数 $y=f(x)$ 在区间 (a,b) 内单调增大，那么它的图像是一条沿 x 轴正向上升的曲线，由于这时曲线上各点切线的倾斜角都是锐角，因此其斜率 $f'(x)$ 都是正的，即 $f'(x)>0$. 同样，由图 2-13 可以看出，如果函数 $y=f(x)$ 在区间 (a,b) 内单调减小，那么它的图像是沿 x 轴正向下降的曲线，由于这时曲线上各点切线的倾斜角都是钝角，因此其斜率 $f'(x)$ 都是负的，即 $f'(x)<0$.

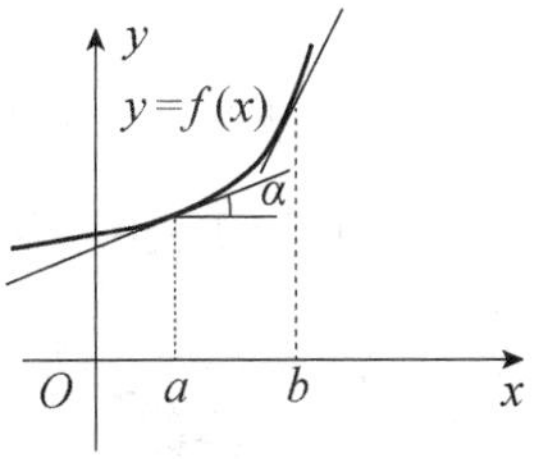

图 2-12

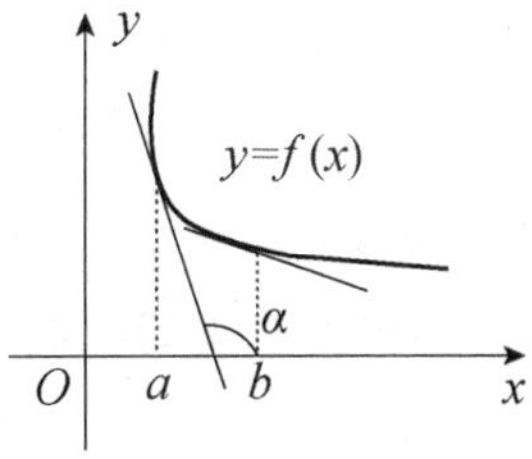

图 2-13

由此可见，函数 $f(x)$ 的单调性与其导数 $f'(x)$ 的正负之间存在着必然的关系. 下面给出函数单调性的判定方法.

定理 2-7　设函数 $f(x)$ 在 $[a,b]$ 内连续，在 (a,b) 内可导，有以下 2 种情况.

（1）若在 (a,b) 内 $f'(x)>0$ ，则函数 $f(x)$ 在 $[a,b]$ 内单调增大.

（2）若在 (a,b) 内 $f'(x)<0$ ，则函数 $f(x)$ 在 $[a,b]$ 内单调减小.

说明：

上述定理中函数的定义域为闭区间 $[a,b]$ ，若为开区间 (a,b) 或无穷区间，结论也成立.

扫一扫

微课： 函数单调性的判断的相关知识

[例 2-64] 设中国的人口总数为 P（以 10 亿个为单位），在 1993—1995 年可近似地用方程 $P=1.15\times(1.014)^t$ 来计算，其中 t 是以 1993 年为起点的年数，根据这一方程，说明中国人口总数在这段时间内是增大还是减小的.

解： 中国人口总数在 1993—1995 年的增长率为

$$\frac{\mathrm{d}P}{\mathrm{d}t}=1.15\times(1.014)^t\ln 1.014$$

因为 $t>0$ ，所以 $\dfrac{\mathrm{d}P}{\mathrm{d}t}>0$ ，因此中国的人口总数在 1993—1995 年是增大的.

注意：有的可导函数在某区间内的个别点处，导数等于 0，但函数在该区间内仍单调增大（或单调减小）．例如，幂函数 $y=x^3$ 的导数为 $y'=3x^2$，当 $x=0$ 时，$y'=0$，但它在 $(-\infty,+\infty)$ 内是单调增加的．

［**例 2-65**］讨论函数 $f(x)=\sqrt[3]{x^2}$ 的单调性．

解：函数的定义域为 $(-\infty,+\infty)$，因为 $f'(x)=\dfrac{2}{3\sqrt[3]{x}}$，$x\in(-\infty,+\infty)$，所以 $x=0$ 是函数的不可导点．当 $x<0$ 时，$f'(x)<0$；当 $x>0$ 时，$f'(x)>0$，所以 $f(x)$ 在 $(-\infty,0)$ 内单调减小，在 $(0,+\infty)$ 内单调增大．

该例表明导数不存在的点也可能是函数单调区间的分界点．

［**例 2-66**］求函数 $f(x)=2x^3-6x^2-18x-7$ 的单调区间．

解：函数 $f(x)$ 的定义域为 $(-\infty,+\infty)$，有

$$f'(x)=6x^2-12x-18=6(x-3)(x+1)$$

令 $f'(x)=0$，得 $x_1=-1$，$x_2=3$，列表讨论，如表 2-3 所示（表中"↗""↘"分别表示函数在相应区间内单调增大和单调减小）．

表 2-3

x	$(-\infty,-1)$	-1	$(-1,3)$	3	$(3,+\infty)$
$f'(x)$	+	0	−	0	+
$f(x)$	↗		↘		↗

所以，函数 $f(x)$ 的单调增大区间为 $(-\infty,-1)$ 和 $(3,+\infty)$，函数 $f(x)$ 的单调减小区间为 $(-1,3)$．

例 2-66 表明，导数为 0 的点可能是函数单调增大区间和单调减小区间的分界点．

从例 2-66 可以看出，有些函数在其定义区间内不是单调的，但用导数等于 0 的点（称为驻点）和导数不存在的点（称为尖点）划分函数的定义区间后，就可以使函数在各个子区间内单调．确定函数单调性的一般步骤如下．

（1）确定函数的定义域，并求出函数的驻点和尖点．

（2）用驻点和尖点把定义域分成若干子区间．

（3）确定 $f'(x)$ 在各个子区间内的符号，从而判断 $f(x)$ 的单调性．

2.8.3 函数的极值

如图 2-14 所示，函数 $y=f(x)$ 的图像在 x_1、x_3 处的函数值 $f(x_1)$、$f(x_3)$ 比其左右近旁各点的函数值都大，而在 x_2、x_4 处的函数值 $f(x_2)$、$f(x_4)$ 比其左右近旁各点的函数值都小，对于这种性质的点和对应的函数值，给出以下定义．

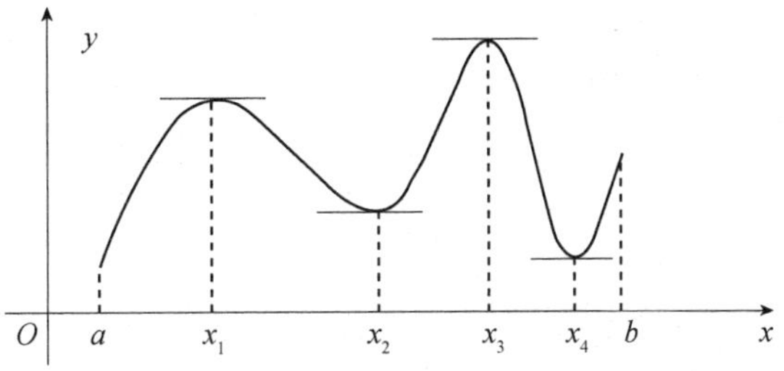

图 2-14

定义 2-5　设函数 $y=f(x)$ 在 x_0 的邻域内有定义，若对于 x_0 邻域内任意的 x（$x \neq x_0$）总有 $f(x)<f(x_0)$（或 $f(x)>f(x_0)$），则称 $f(x_0)$ 为函数的**极大值**（或**极小值**），x_0 称为函数 $f(x)$ 的**极大值点**（或**极小值点**）.

函数的极大值与极小值统称为**极值，**极大值点和极小值点统称为**极值点**.

容易看出，在函数取得极值处，曲线的切线是水平的，即该切线的斜率等于 0．但在曲线上有水平切线的地方，函数不一定取得极值.

定理 2-8　**（极值存在的必要条件）**若函数 $f(x)$ 在 x_0 处有极值 $f(x_0)$，且 $f'(x_0)$ 存在，则 $f'(x_0)=0$.

定理 2-8 表明，可导函数 $f(x)$ 的极值点必定是它的驻点．反之，函数的驻点却不一定是它的极值点．例如，$x=0$ 是 $y=x^3$ 的驻点，但不是它的极值点，函数 $y=x^3$ 在整个定义区间内没有极值.

注意：定理 2-8 的条件是 $f(x)$ 在 x_0 处可导，但是，在导数不存在的点，函数也可能取到极值，如 $f(x)=x^{\frac{2}{3}}$，$f'(x)=\dfrac{2}{3\sqrt[3]{x}}$，$f'(0)$ 不存在，但在 $x=0$ 处函数有极小值 $f(0)=0$.

总之，函数的极值只可能在驻点或尖点处取得，那么如何判断驻点或尖点处是否有极值，或驻点和尖点是否为极值点呢？

定理 2-9　**（极值存在的第一充分条件）**设函数 $f(x)$ 在 x_0 的某一空心邻域 $(x_0-\delta,x_0)\cup(x_0,x_0+\delta)$ 内可导，当 x 由小增大，经过 x_0 时，有以下 3 种情况.

（1）如果 $f'(x)$ 由正变负，那么 x_0 是极大值点.

（2）如果 $f'(x)$ 由负变正，那么 x_0 是极小值点.

（3）如果 $f'(x)$ 不变号，那么 x_0 不是极值点.

[例 2-67] 求函数 $f(x)=\dfrac{1}{3}x^3-x^2-3x+3$ 的极值.

解： 函数 $f(x)$ 的定义域为 $(-\infty,+\infty)$，$f'(x)=x^2-2x-3=(x+1)(x-3)$.

令 $f'(x)=0$，得驻点 $x_1=-1$，$x_2=3$．列表讨论，如表 2-4 所示.

扫一扫

微课：函数极值的概念与判断的相关知识

表 2-4

x	$(-\infty,-1)$	-1	$(-1,3)$	3	$(3,+\infty)$
$f'(x)$	+	0	−	0	+
$f(x)$	↗	极大值 $f(-1)=\frac{14}{3}$	↘	极小值 $f(3)=-6$	↗

[**例 2-68**] 求函数 $f(x)=\frac{3}{2}x^{\frac{2}{3}}-x$ 的极值.

解：函数 $f(x)$ 的定义域为 $(-\infty,+\infty)$， $f'(x)=x^{-\frac{1}{3}}-1=\frac{1-\sqrt[3]{x}}{\sqrt[3]{x}}$.

令 $f'(x)=0$，得驻点 $x=1$，当 $x=0$ 时， $f'(x)$ 不存在，列表讨论，如表 2-5 所示.

表 2-5

x	$(-\infty,0)$	0	$(0,1)$	1	$(1,+\infty)$
$f'(x)$	−	不存在	+	0	−
$f(x)$	↘	极小值 $f(0)=0$	↗	极大值 $f(1)=\frac{1}{2}$	↘

因此，函数的极小值为 $f(0)=0$，极大值为 $f(1)=\frac{1}{2}$.

定理 2-10 （**极值存在的第二充分条件**）设 $f(x)$ 在 x_0 处具有二阶导数且 $f'(x)=0$， $f''(x_0)\neq 0$，有以下 2 种情况.

（1）如果 $f''(x_0)<0$，那么 $f(x)$ 在 x_0 处取得极大值.

（2）如果 $f''(x_0)>0$，那么 $f(x)$ 在 x_0 处取得极小值.

注意：若 $f''(x_0)=0$，不能使用极值存在的第二充分条件，这时仍需要使用极值存在的第一充分条件进行讨论.

也可以利用极值存在的第二充分条件来求例 2-67，先对函数 $f(x)=\frac{1}{3}x^3-x^2-3x+3$ 求一阶导数，得到驻点 $x_1=-1$， $x_2=3$；再求出二阶导数 $f''(x)=2x-2$；最后将得到的驻点 $x_1=-1$， $x_2=3$ 代入二阶导数，得 $f''(-1)=-4<0$，即 $f(-1)=\frac{14}{3}$ 是极大值； $f''(3)=4>0$，即 $f(3)=-6$ 是极小值.

综上所述，求极值的一般步骤如下.

（1）确定函数的定义域，并求出函数的驻点和尖点（可能极值处）.

（2）用定理判断这些点是否为极值点.

（3）求出极值点处的函数值，即可求出函数在定义区间内的极值.

2.8.4　函数的最值与优化问题

函数的最值可在区间内部（极值点处）取得，也可在区间端点处取得，求函数最大（小）值的步骤如下.

（1）求出所有可能极值点（驻点和尖点）.

（2）求出这些点和端点处的函数值.

（3）将这些函数值进行比较，其中最大（小）者即为最大（小）值.

特别地，若函数在区间内只有一个极值，则该极大（小）值即为函数在区间内的最大（小）值；若函数在区间上单调增大（减小），则最值在区间端点取得.

扫一扫

微课：函数的最值与应用的相关知识

[**例 2-69**] 求函数 $f(x)=\dfrac{x^2}{1+x}$ 在区间 $\left[-\dfrac{1}{2},1\right]$ 上的最大值与最小值.

解： $f'(x)=\dfrac{x(2+x)}{(1+x)^2}$，由 $f'(x)=0$，得 $x_1=0$，$x_2=-2$. 因为 $x_2=-2$ 不在区间 $\left[-\dfrac{1}{2},1\right]$ 内，所以应将其舍去. $f\left(-\dfrac{1}{2}\right)=\dfrac{1}{2}$，$f(0)=0$，$f(1)=\dfrac{1}{2}$，比较可得函数 $f(x)$ 的最大值为 $\dfrac{1}{2}$，最小值为 0.

[**例 2-70**] 如图 2-15 所示，工厂铁路线上 AB 段的距离为 100km，工厂 C 距 A 处的距离为 20km，AC 垂直于 AB. 为了运输需要，要在 AB 线上选定一点 D 向工厂修筑一条公路. 已知铁路每千米货运的运费与公路上每千米货运的运费之比为 3 : 5，为了使货物从供应站 B 运到工厂 C 的运费最低，D 点应选在何处？

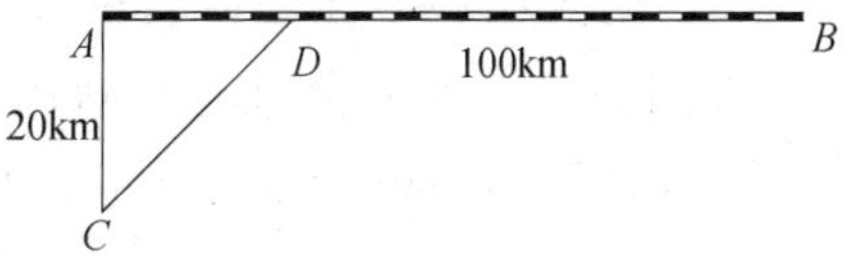

图 2-15

解： 设 $AD=x\text{km}$，则有

$$DB=100-x$$

$$CD=\sqrt{20^2+x^2}=\sqrt{400+x^2}$$

设从供应站 B 到工厂 C 所需要的总运费为 y，那么 $y=5k\cdot CD+3k\cdot DB$（k 是某个正数），即 $y=5k\sqrt{400+x^2}+3k(100-x)$（$0\leqslant x\leqslant 100$）.

于是问题归结为 x 在 $[0,100]$ 内取何值时目标函数 y 的值最小.

先求 y 对 x 的导数：$y'=k\left(\dfrac{5x}{\sqrt{400+x^2}}-3\right)$，解方程 $y'=0$，得 $x=15$.

由于 $y|_{x=0}=400k$，$y|_{x=15}=380k$，$y|_{x=100}=500k\sqrt{1+\dfrac{1}{5^2}}$，其中 $y|_{x=15}=380k$ 为最小，因此当 $AD=15\text{km}$ 时总运费最低.

[**例 2-71**] 某农家乐老板有 50 个房间对外出租，当每个房间的房费定为 180 元/天时，房间会全部出租，当每个房间的房费增加 10 元/天时，就有一个房间租不出去，而出租的每个房间需要花费 20 元/天的维护费，试问每个房间的房费定为多少元/天时可获得最高收入.

解：设每个房间的房费定为 x（元/天），则每天出租的房间有 $\left(50-\dfrac{x-180}{10}\right)$ 个，收入函数及其导数为

$$R(x)=(x-20)\left(50-\frac{x-180}{10}\right)=(x-20)\left(68-\frac{x}{10}\right)$$

$$R'(x)=\left(68-\frac{x}{10}\right)+(x-20)\left(-\frac{1}{10}\right)=70-\frac{x}{5}$$

令 $R'(x)=0$，得到 $x=350$（唯一驻点），因为 $R''(x)=-\dfrac{1}{5}<0$，所以当 $x=350$ 时收入函数取得极大值，即每个房间的房费定为 350 元/天时可获得最高收入，最高收入为 $R(x)=(350-20)\left(68-\dfrac{350}{10}\right)=10\,890$（元）.

2.8.5 用 MATLAB 求函数的极值和最值

1. 用 MATLAB 求函数的极值

以求极小值为例说明用 MATLAB 求函数的极值的过程. 在 MATLAB 中，求函数的极小值可以用 fminbnd 命令，其格式为

```
[x,fv] =fminbnd(f,a,b)
```

功能：求一元函数 f 在区间(a,b)内的极小值，f 为字符串，输出 x 为极小值点，fv 为极小值.

[**例 2-72**] 求函数 $f(x)=x^2+5x$ 在$(-3,1)$内的极小值.

解：输入

```
f='x^2+5*x';
[x,fv]=fminbnd(f,-3,1)
```

输出结果为

```
x =
    -2.5000
fv =
     -6.2500
```

2. 用 MATLAB 求函数的最值

以求最小值为例说明用 MATLAB 求函数的最值的过程. 在 MATLAB 中，求函数的最小值可以用 fminbnd 命令，其格式为

```
[x,vfal] =fminbnd(f,x1,x2)
```

功能：返回函数 f 在区间[x1,x2]内的最小值点 x 和最小值 vfal．

［例 2-73］求函数 $f(x)=(x-1)^2-5$ 在[0,2]内的最小值．

解：输入

```
[x,fval]=fminbnd('(x-1)^2-5',0,2)
```

输出结果为

```
x =
    1.0000
fval =
      -5
```

说明：

（1）MATLAB 没有提供计算在给定区间内函数 $y=f(x)$ 的最大值的命令，要求最大值，可对函数进行变换：令 $z=-y$，即$z=-f(x)$，则可将求函数 $y=f(x)$ 的最大值问题转化为求函数 z 的最小值问题．

（2）如果结果出现更复杂的情况，可参考相关书籍或在 MATLAB 中寻求帮助．

2.8.6　导数的应用案例

1．经济应用——边际分析

在经济工作中进行定量分析和决策时，经常用边际这个概念来描述一个经济变量相对于另一个经济变量的变化情况．设产量（或销售量）为 x，按第 1 章中总成本函数、收入函数、利润函数的定义，称 $C'(x)$、$R'(x)$、$L'(x)$ 分别为**边际成本函数**、**边际收入函数**、**边际利润函数**．若考虑边际成本，则当产量在 x_0 的水平上有变化量 Δx 时，总成本函数的变化量 $\Delta C\approx \mathrm{d}C\big|_{x=x_0}=C'(x_0)\Delta x$．特别地，若取 $\Delta x=1$，则有 $\Delta C\approx C'(x_0)$．因此，在产量为 x_0 的水平上的边际成本值可表示为在产量为 x_0 的水平上每增加一个单位产量所需要增加的成本的近似值．边际收入值、边际利润值的含义类似．

［例 2-74］某种产品的总成本 C（万元）是产量 x（万件）的函数，$C(x)=0.02x^3-0.4x^2+6x+100$．试问当产量为 10 万件时，从降低单位成本的角度看，继续提高产量是否合适．

解：当 x=10（万件）时，总成本为 $C(10)=0.02\times10^3-0.4\times10^2+6\times10+100=100$（万元），此时平均成本 $\bar{C}(10)=\dfrac{C(10)}{10}=10$（元/件），当 x=10 时，边际成本 $C'(10)=\left(0.02x^3-0.4x^2+6x+100\right)'\big|_{x=10}=4$（元/件）．比较此时的平均成本和边际成本可以看出，若继续提高产量，则可以降低单位成本．

2．经济应用——弹性分析

弹性概念是经济学中的另一个重要概念，用来定量地描述一个经济变量对另一个经济变量变化的灵敏程度．将需求函数 $Q=Q(P)$ 对销售价格 P 的相对变化率定义为**需求弹性函**

数，记为$\eta(P)=\dfrac{Q'(P)}{Q(P)}P$.

类似地，可定义供给弹性函数和收益弹性函数.

根据这个定义，需求函数在销售价格P_0水平上对销售价格的相对变化率$\eta(P_0)$称为需求函数在销售价格P_0水平上的需求弹性值. 该定义还说明，在销售价格P_0水平上，若销售价格的变动幅度为1%，则需求函数的变动幅度为$|\eta(P_0)|$%.

[**例 2-75**] 某商品的需求函数为$Q=Q(P)=100e^{-\frac{P}{5}}$，求在销售价格为10的水平上的需求弹性值.

解：需求弹性函数为$\eta(P)=\dfrac{Q'(P)}{Q(P)}P=\dfrac{-20e^{-\frac{P}{5}}}{100e^{-\frac{P}{5}}}P=-\dfrac{P}{5}$，所以在销售价格为10的水平上的需求弹性值为$\eta(10)=-\dfrac{10}{5}=-2$.

上述计算结果说明，在商品销售价格为10的水平上，若降价1%，则需求量增加2%. 负号表示需求量为销售价格的单调减小函数.

3. 计算机中应用

[**例 2-76**] 人们在日常生活中习惯采用十进制数，但计算机为何采用二进制数表示和存储数据信息呢？

我们先来研究不同数制表示数字的"能力". 一种数制表示数字的能力可由其位数固定时所能表示的数字的个数及所需要的设备状态数来衡量.

一般地，n位x进制数能表示$0\sim x^n-1$这x^n个数字，而其实现则需要nx个设备状态.

现在来研究以下两个问题.

（1）要表示$0\sim K-1$这K个数字，当设备状态数N给定时，应该采用几进制数表示数字，才能使所表示的数字的范围最大？

（2）要表示$0\sim K-1$这K个数字，应该采用几进制数表示数字，才能使其实现所需要的设备状态数N最小？

解：（1）设用n位x进制数表示数字能使表示的数字的范围最大，则$N=nx$，$n=\dfrac{N}{x}$. 这时能表示的数字的个数为$K=x^n=x^{\frac{N}{x}}$. 要使表示的数字的范围最大，即令K最大，应有$\dfrac{dK}{dx}=0$，即$\dfrac{dK}{dx}=\left(x^{\frac{N}{x}}\right)'=\left(e^{\frac{N}{x}\ln x}\right)'=Nx^{\frac{N}{x}}\dfrac{(1-\ln x)}{x^2}=0$.

当$x=e$时，K最大，也就是说，用e进制数表示数字能使表示的数字的范围最大.

（2）设用n位x进制数表示数字能使其实现所需要的设备状态数N最小. 设$K=x^n=x^{\frac{N}{x}}$，即$n=\dfrac{\ln K}{\ln x}$，这时$N=nx$，即$N=\dfrac{x\ln K}{\ln x}$，要使N最小，应有$\dfrac{dN}{dx}=0$，即$\dfrac{dN}{dx}=\left(\dfrac{x\ln K}{\ln x}\right)'=$

$\frac{\ln K(\ln x-1)}{\ln^2 x}=0$.

当 $x=\mathrm{e}$ 时，N 最小，也就是说，用 e 进制数表示数字能使其实现所需要的设备状态数 N 最小.

但 e 是个无理数，不是整数，故 e 进制数不实用．与 e 最接近的整数是 3，而 2 也很接近，因此三进制数为最佳，二进制数为次佳．但采用三进制数时每位数字需要三种状态，采用二进制数时每位数字只需要两种状态，后者实现更容易，如开关的开与关等都是两种状态．因此，权衡能力强弱和实现难易方面的利弊，人们选择采用二进制数.

4．水果的最佳采摘时间模型

[例 2-77] 在苹果成熟季节，老王为采摘和出售苹果的时间犯愁．若本周采摘，则每棵树可采摘约 10kg 苹果，此时批发商的收购价格为 3 元/kg．每推迟一周，则每棵树的产量会增加 1kg，但批发商的收购价格会减少 0.2 元/kg．8 周后，苹果会因熟透而开始腐烂．问老王在第几周采摘，可以使收入最高.

解：

1）模型准备

此题为求老王在第几周采摘，可以使收入最高，其中收入=产量×单价.

2）模型假设与变量说明

（1）假设采摘按整周考虑，不考虑分期采摘情形.

（2）假设老王采摘苹果后立即卖给批发商.

（3）假设本周每棵树可采摘苹果 10kg，且最近 8 周内每推迟一周，一棵树会多长出等质的 1kg 苹果.

（4）假设第 x 周采摘时每棵树的收入为 $R(x)$ 元，$x=0$ 对应本周.

3）模型分析与建立

第 x 周采摘时每棵树可采摘的苹果数量为 $Q(x)=10+x$，此时苹果的价格为 $p(x)=3-0.2x$，所以第 x 周采摘时每棵树可获得的收入为

$$R(x)=Q(x)p(x)=(10+x)(3-0.2x)=30+x-0.2x^2$$

4）模型求解

$R'(x)=1-0.4x$，令 $R'(x)=0$，得 $x=2.5$，得最大收入 $R=31.25$（元）.

也可用 MATLAB 求解，为确定 $R(x)$ 取得最值的大致区间，可先画出 $R(x)$ 的图像，输入

```
>> syms x
>> y=30+x-0.2*x^2;
>> ezplot(y,[-10,20])
```

得到 $R(x)$ 的图像，如图 2-16 所示.

从图 2-16 中可以看到，最值在[−5,10] 内可取到，输入

```
[x,fval]=fminbnd('-30-x+0.2*x^2',-5,10)
```

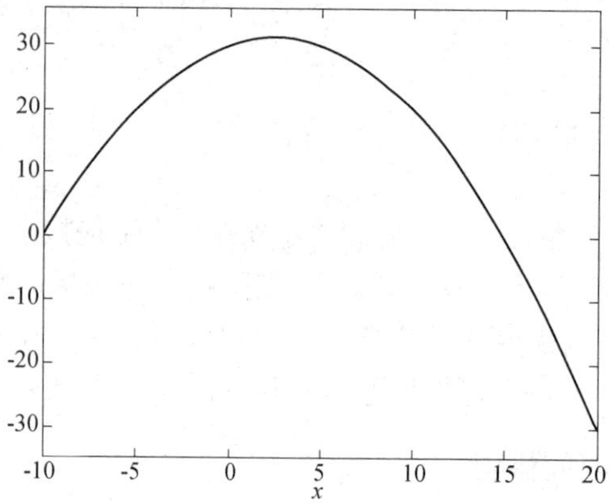

图 2-16

输出结果为

```
x =
    2.5000
fval =
      -31.2500
```

由于 fminbnd 命令只能求最小值，因此可把 $R(x)$ 转换成 $-R(x)=-30-x+0.2x^2$．由于假设 x 只能取整数，因 $R(2)=R(3)=31.25$（元），故在第 2 周或第 3 周采摘收入最高，此时每棵树可获得的收入为 31.25 元.

思考题 2.8

函数的极大（小）值与最大（小）值的区别在哪里？

练习题 2.8

1．下列函数在指定区间 $(-\infty,+\infty)$ 内单调减小的是（　　）.

A．$\sin x$　　B．e^x　　C．x^2　　D．$3-x$

2．下列结论正确的有（　　）.

A．若 x_0 是 $f(x)$ 的极值点，且 $f'(x_0)$ 存在，则必有 $f'(x_0)=0$

B．若 x_0 是 $f(x)$ 的极值点，则 x_0 必是 $f(x)$ 的驻点

C．若 $f'(x_0)=0$，则 x_0 必是 $f(x)$的极值点

D．使 $f'(x)$ 不存在的点 x_0，一定是 $f(x)$ 的极值点

3．函数 $y=(x+1)^2$ 的单调增大区间为____________.

4．函数 $y=3(x-1)^2$ 的驻点是____________.

5．求函数 $y=\dfrac{x^4}{4}-x^3$ 的单调区间与极值.

6．试证：当 $x\neq 1$ 时，$e^x>ex$.

7．利用洛必达法则求下列极限．

（1）$\lim\limits_{x\to 0}\dfrac{e^{x}-e^{-x}}{\sin x}$　　（2）$\lim\limits_{x\to 0^{+}}\dfrac{\ln x}{\cot x}$

（3）$\lim\limits_{x\to 0}\left(\dfrac{1}{x}-\dfrac{1}{e^{x}-1}\right)$　　（4）$\lim\limits_{x\to +\infty}x^{3}e^{-2x}$

（5）$\lim\limits_{x\to \infty}\left(1+\dfrac{a}{x}\right)^{x}$　　（6）$\lim\limits_{x\to 0^{+}}x^{\sin x}$

8．已知函数 $y=\dfrac{x^{3}}{(x-1)^{2}}$，求以下内容．

（1）函数的单调区间及极值．

（2）函数的凹、凸区间及拐点．

（3）函数的渐近线．

9．某厂生产一批产品，其固定成本为 2000 元，每生产 1t 产品，成本为 60 元，对这种产品的市场需求规律为 $q=1000-10p$（q 为需求量，p 为价格）．试求以下内容．

（1）总成本函数和收入函数．

（2）产量为多少时利润最大．

10．设某产品的价格 p 与销售量 x 的关系为 $p=10-\dfrac{x}{5}$，求销售量为 30 时的总收益、平均收益与边际收益．

11．某高档商品因出口需要，拟用提价的办法压缩国内 20%的销售量，该商品的需求弹性系数为−2～−1.5，试问应提价多少合适．

习题 A

一、判断题（对的打“√”，错的打“×”）

1．若函数 $f(x)$ 在 x_0 处可导，则 $f'(x_0)=[f(x_0)]'$．（　　）

2．若 $f(x)$ 在 x_0 处可导，则 $\lim\limits_{x\to x_0}f(x)$ 一定存在．（　　）

3．函数 $f(x)=|x|$ 在其定义域内可导．（　　）

4．若 $f(x)$ 在 $[a,b]$ 内连续，则 $f(x)$ 在 (a,b) 内一定可导．（　　）

5．若 $f(x)$ 在 x_0 处不可导，则 $f(x)$ 在 x_0 处不连续．（　　）

6．函数 $f(x)=x|x|$ 在 $x=0$ 处不可导．（　　）

二、填空题

1．$f(x)=\ln\sqrt{1+x^{2}}$，则 $f'(0)=$__________．

2．$f(x)=x^{n}$，则 $f^{(n)}(0)=$__________．

3．设 $y=x^{e}+e^{x}+\ln x+e^{e}$，则 $y'=$________________．

4．$y=\sin(e^{x}+1)$，$dy=$__________．

5．设 $y=x^{2}2^{x}+e^{\sqrt{2}}$，则 $y'=$__________．

6．若 $f(x)=\ln(1+x^2)$，则 $\lim\limits_{h\to 0}\dfrac{f(3)-f(3-h)}{h}=$________.

7．若 $f(x)$ 可导，并且 $\lim\limits_{x\to 0}\dfrac{f(3)-f(3-2x)}{\sin x}=3$，则 $f'(3)=$________

8．已知 $f'(x_0)=6$，则极限 $\lim\limits_{h\to 0}\dfrac{f(x_0+3h)-f(x_0)}{h}=$________.

9．设 $f(x)$ 在 x_0 处可导，且 $f'(x_0)=A$，则 $\lim\limits_{h\to 0}\dfrac{f(x_0+2h)-f(x_0-3h)}{h}$ 可用 A 的代数式表示为________.

10．曲线 $y=x^3$ 在点 $(1,1)$ 处的切线方程是________.

11．若函数 $y=y(x)$ 由方程 $y=1+xe^y$ 确定，则 $y'=$________.

12．若函数 $y=y(x)$ 由方程 $y=1+xe^{\sin y}$ 确定，则 $y'=$________.

13．若 $y=y(x)$ 为由方程 $\sin y+xe^y+2x=0$ 确定的隐函数，则 $\mathrm{d}y=$________.

14．设函数 $y=y(x)$ 由方程 $e^y+xy-e=0$ 确定，则 $\mathrm{d}y|_{x=0}=$________.

15．设 $\begin{cases}x=2t+\cos t\\ y=\ln\left(3+t^2\right)\end{cases}$，则 $\dfrac{\mathrm{d}y}{\mathrm{d}x}=$________.

16．设参数方程为 $\begin{cases}x=\ln(1+t)\\ y=t-\arctan t\end{cases}$，则 $\dfrac{\mathrm{d}y}{\mathrm{d}x}\Big|_{t=1}=$________.

17．设 $\begin{cases}x=\sin t\\ y=\cos t\end{cases}$，则 $\dfrac{\mathrm{d}^2y}{\mathrm{d}x^2}=$________.

18．设函数 $y=y(x)$ 由参数方程 $\begin{cases}x=t-\ln(1+t)\\ y=t^2+t\end{cases}$ 确定，则 $\dfrac{\mathrm{d}^2y}{\mathrm{d}x^2}=$________.

三、选择题

1．设 $f(x)$ 在 x_0 处可导，则下列命题中正确的是（　　）.

A．$\lim\limits_{x\to x_0}\dfrac{f(x)-f(x_0)}{x-x_0}$ 存在　　B．$\lim\limits_{x\to x_0}\dfrac{f(x)-f(x_0)}{x-x_0}$ 不存在

C．$\lim\limits_{x\to x_0+}\dfrac{f(x)-f(x_0)}{x}$ 存在　　D．$\lim\limits_{\Delta x\to 0}\dfrac{f(x)-f(x_0)}{\Delta x}$ 不存在

2．设 $f(x)$ 在 x_0 处可导且 $\lim\limits_{x\to 0}\dfrac{x}{f(x_0-2x)-f(x_0)}=\dfrac{1}{4}$，则 $f'(x_0)$ 等于（　　）.

A．4　　B．-4

C．2　　D．-2

3．设 $f(x)=\begin{cases}x^2+1 & -1<x\leqslant 0\\ 1 & 0<x\leqslant 2\end{cases}$，则 $f(x)$ 在 $x=0$ 处（　　）.

A．可导　　B．连续但不可导

C．不连续　　D．无定义

4．设 $f(0)=0$，且 $\lim\limits_{x\to 0}\dfrac{f(x)}{x}$ 存在，则 $\lim\limits_{x\to 0}\dfrac{f(x)}{x}=$（ ）．

A．$f'(x)$　　B．$f'(0)$　　C．$f(0)$　　D．$\dfrac{1}{2}f'(0)$

5．函数 $y=e^{f(x)}$，则 $y''=$（ ）．

A．$e^{f(x)}$　　B．$e^{f(x)}f''(x)$

C．$e^{f(x)}[f'(x)]^2$　　D．$e^{f(x)}\{[f'(x)]^2+f''(x)\}$

6．函数 $f(x)=(x-1)^x$ 的导数为（ ）．

A．$x(x-1)^x$　　B．$(x-1)^{x-1}$

C．$x^x\ln x$　　D．$(x-1)^x\left[\dfrac{x}{x-1}+\ln(x-1)\right]$

7．函数 $f(x)$ 在 $x=x_0$ 处连续，是 $f(x)$ 在 x_0 处可导的（ ）．

A．充分不必要条件　　B．必要不充分条件

C．充分必要条件　　D．既不充分也不必要条件

8．已知 $y=x\ln x$，则 $y^{(10)}=$（ ）．

A．$-\dfrac{1}{x^9}$　　B．$\dfrac{1}{x^9}$　　C．$\dfrac{8!}{x^9}$　　D．$-\dfrac{8!}{x^9}$

9．函数 $f(x)=\dfrac{|x|}{x}$ 在 $x=0$ 处（ ）．

A．连续但不可导　　B．连续且可导

C．极限存在但不连续　　D．不连续也不可导

10．函数 $f(x)=\begin{cases}1 & x\geqslant 0\\ -1 & x<0\end{cases}$，在 $x=0$ 处（ ）．

A．左连续　　B．右连续　　C．连续　　D．左、右皆不连续

11．设 $y=e^x+e^{-x}$，则 $y''=$（ ）．

A．e^x+e^{-x}　　B．e^x-e^{-x}　　C．$-e^x-e^{-x}$　　D．$-e^x+e^{-x}$

12．设 $f(x+2)=\dfrac{1}{x+1}$，则 $f'(x)=$（ ）．

A．$-\dfrac{1}{(x-1)^2}$　　B．$-\dfrac{1}{(x+1)^2}$　　C．$\dfrac{1}{x+1}$　　D．$-\dfrac{1}{x-1}$

13．已知函数 $y=\ln x^2$，则 $dy=$（ ）．

A．$\dfrac{2}{x}dx$　　B．$\dfrac{2}{x}$　　C．$\dfrac{1}{x^2}$　　D．$\dfrac{1}{x^2}dx$

14．设 $f(x)=\begin{cases}x\cos\dfrac{1}{x} & x<0\\ 0 & x=0\\ \dfrac{1}{x}\tan x^2 & x>0\end{cases}$，则 $f(x)$ 在 $x=0$ 处（ ）．

A．极限不存在　　B．极限存在，但不连续

C．连续但不可导　　　　D．可导

15．已知 $y=\sin x$，则 $y^{(10)}=$（　　）.

A．$\sin x$　　　　B．$\cos x$

C．$-\sin x$　　　　D．$-\cos x$

四、计算题

1．求下列函数的导数 y'.

（1）$y=\cos^2 3x$　　　　（2）$y=x\ln(x+\sqrt{1+x^2})$

（3）$y=\ln(x+\sqrt{x^2-a^2})$　　　　（4）$y=(1+x^2)\arctan x+\frac{1}{2}\cos x$

2．设 $y=\cos[f(x^2)]$，其中 f 有二阶导数，求 $\frac{\mathrm{d}^2y}{\mathrm{d}x^2}$.

3．求函数 $f(x)=\mathrm{e}^{3x}\sin 2x$ 在 $x=0$ 处的二阶导数 $f''(0)$.

4．若 $y=y(x)$ 是由方程 $x^2-y^2-1=0$ 所确定的隐函数，求 $\frac{\mathrm{d}^2y}{\mathrm{d}x^2}$.

5．设函数 $y=y(x)$ 由方程 $2y-2x-\sin y=0$ 确定，则 $\frac{\mathrm{d}y}{\mathrm{d}x}=$________.

6．求下列函数的微分 $\mathrm{d}y$.

（1）$y=\ln\frac{1}{x}+\cos\frac{1}{x}$　　　　（2）$y=\ln(\ln\sqrt{x})$

（3）$y=\mathrm{e}^{1-3x}\cos x$　　　　（4）$y=\mathrm{e}^{\cos 2x}$

（5）$y=x^3\cos x+\mathrm{e}^{\cos x}$　　　　（6）$y=\frac{\mathrm{e}^{2x}}{x}$

7．设 $f(x)=\begin{cases}\dfrac{x}{2x-1} & x\leqslant 0\\ \ln(1+x) & x>0\end{cases}$，求 $f'(x)$.

8．求函数 $f(x)=x^3+\ln(x+5)$ 在 $x=-3$ 处的四阶导数值 $f^{(4)}(-3)$.

9．设 $y(x)=(1+\sin x)^x$，求函数 $y(x)$ 在 $x=\pi$ 时的微分.

10．已知函数 $f(x)=\begin{cases}2x+b & x\leqslant 0\\ \ln(1+ax) & x>0\end{cases}$，确定常数 a、b 使得 $f(x)$ 在 $x=0$ 处可导.

11．求函数 $f(x)=\frac{2}{3}x-(x-1)^{\frac{2}{3}}$ 的单调区间和极值.

五、应用题

1．某车间靠墙壁盖一间截面为长方形的小屋，现有存砖只够砌 20m 长的墙壁，问应围成怎样的长方形截面才能使这间小屋的截面积最大？

2．设函数 $f(x)$ 在 $[0,1]$ 内可导，且 $f(1)=0$．证明存在 $\xi\in(0,1)$，使 $\xi f'(\xi)+f(\xi)=0$.

习题 B

一、选择题

1．设 $y=\arctan(-2x)$，则 $y'=$（　　）.

A．$\dfrac{1}{1+4x^2}$　　B．$-\dfrac{1}{1+4x^2}$　　C．$\dfrac{2}{1+4x^2}$　　D．$-\dfrac{2}{1+4x^2}$

2．设 $y=x^2\ln x$，则$y''(x)=$（　　）.

A．$2\ln x$　　B．$2\ln x+1$　　C．$2\ln x+2$　　D．$2\ln x+3$

3．函数 $f(x)=(x^2-x-2)|x^3-x|$ 不可导的点的个数是（　　）.

A．3　　B．2　　C．1　　D．0

4．若 $f(x)=\ln\cos x$，则 $f''(x)=$（　　）.

A．$-\tan x$　　B．$\cot x$　　C．$\sec^2 x$　　D．$-\sec^2 x$

5．设 $y=\cos e^x$，则 $y''(0)=$（　　）.

A．$\sin1+\cos1$　　B．$-\sin1+\cos1$　　C．$\sin1-\cos1$　　D．$-\sin1-\cos1$

6．设 $m\neq0$，$\lim\limits_{x\to0}\dfrac{\sin^2 mx}{x^2}=$（　　）.

A．0　　B．$\dfrac{1}{m^2}$　　C．1　　D．m^2

7．设 $y=e^{\cos x}$，则 $y'(0)=$（　　）.

A．0　　B．1　　C．e　　D．e−1

8．$f(x)=x^3+3x^2-9x-4$，则 $f(x)$ 的极大值点是（　　）.

A．$x=-1$　　B．$x=3$　　C．$x=1$　　D．$x=-3$

9．$f''(x_0)\neq0$ 是 $f(x)$ 在 x_0 处取得极值的（　　）.

A．必要条件　　B．充分条件　　C．充分必要条件　D．都不是

10．曲线 $y=x^3-3x$ 上切线平行于 x 轴的点是（　　）

A．$(0,0)$　　B．$(1,2)$　　C．$(-1,2)$　　D．$(0,2)$

11．函数 $f(x)=\sqrt[3]{x^2}$ 在 $x_0=0$ 处（　　）.

A．连续不可导　　B．连续可导

C．不连续但可导　　D．不连续不可导

12．$f(x)=\sqrt{1-x^2}$，则 $f''(0)=$（　　）.

A．0　　B．1　　C．−1　　D．不存在

13．$f(x)=\dfrac{1}{3}x^3+x^2-1$ 在$[-2,2]$内的最小值是（　　）.

A．$f(0)$　　B．$f(-2)$　　C．$f(2)$　　D．无最小值

14．若函数 $y=f(x)$ 满足 $f'(x_0)=2$，则当 $\Delta x\to0$ 时，函数 $y=f(x)$ 在 $x=x_0$ 处的微分 dy 是（　　）

A．与 Δx 等价的无穷小　　B．与 Δx 同阶的无穷小

C．比 Δx 低阶的无穷小　　D．比 Δx 高阶的无穷小

15．设 $f(x)=\begin{cases} x^2\sin\dfrac{1}{x} & x\neq 0 \\ 0 & x=0 \end{cases}$，则 $f(x)$ 在 $x=0$ 处（　　）.

A．极限不存在　　B．极限存在但不连续

C．连续但不可导　　D．可导

16．设 $f(x)$ 在 $[a,b]$ 内可导，且 $f'(x_0)=0, x_0\in(a,\mathrm{b})$，则（　　）.

A．$f(x_0)$ 为函数的极值　　B．$f'(x)$ 在 $x=x_0$ 处连续

C．$f(x)$ 在 $x=x_0$ 处可微　　D．$(x_0,f(x_0))$ 为函数的拐点

17．设 $f(x)=x\ln x$，则下列结论中正确的是（　　）.

A．$f(x)$ 在 $(0,+\infty)$ 内单调增大　　B．$f(x)$ 在 $(0,+\infty)$ 内单调减小

C．$f(x)$ 在 $(0,+\infty)$ 内有极大值　　D．$f(x)$ 在 $(0,+\infty)$ 内有极小值

18．设函数 $f(x)$ 在 x_0 的某邻域内有定义，则其在 x_0 处可导的充分条件是（　　）.

A．$\lim\limits_{h\to 0}\dfrac{f(x_0+2h)-f(x_0)}{h}$ 存在　　B．$\lim\limits_{h\to 0^-}\dfrac{f(x_0)-f(x_0-h)}{h}$ 存在

C．$\lim\limits_{h\to 0}\dfrac{f(x_0+h)-f(x_0-h)}{h}$ 存在　　D．$\lim\limits_{h\to +\infty}h\left[f\left(x_0+\dfrac{1}{h}\right)-f(x_0)\right]$ 存在

19．已知 $f(x)=\begin{cases} \mathrm{e}^x & x<0 \\ 0 & x=0 \\ 2x+1 & x>0 \end{cases}$，则（　　）.

A．当 $x\to 0$ 时，$f(x)$ 极限不存在　　B．当 $x\to 0$ 时，$f(x)$ 极限存在

C．当 $x=0$ 时，$f(x)$ 连续　　D．当 $x=0$ 时，$f(x)$ 可导

20．函数 $f(x)=\ln(1+x^2)$ 的单调增大区间为（　　）.

A．$(-\infty,0)$　　B．$(1,+\infty)$　　C．$(0,+\infty)$　　D．$(-\infty,-1)$

二、填空题

1．函数 $f(x)=\arctan 2x^2$，则 $f'(x)=$____________.

2．函数 $f(x)=\sqrt{1+x^2}$，则 $f'(x)=$____________.

3．$y=\ln x+\dfrac{1}{x}-x^{\mathrm{e}}$，则 $y'=$____________.

4．数 $f(x)=\ln(1+x^2)$ 的驻点为 $x=$____________.

5．曲线 $y=\dfrac{1}{1+x^2}$（$x>0$）的拐点是____________.

6．$\lim\limits_{x\to 0}\dfrac{\sin 3x}{\tan 2x}=$____________.

7．已知 $y=\arctan\dfrac{1}{x}$，则 $y'|_{x=-1}=$____________.

8．若函数 $y=x^4$，则 $y^{(4)}=$____________.

9．若 $f'(x)=\lim\dfrac{f(x+\Delta x)-f(x)}{\Delta x}$，则 $\lim\dfrac{f(x+\Delta x)-f(x-\Delta x)}{\Delta x}=$____________.

10．已知函数 $y=x^{\frac{1}{x}}$，则 $y'=$________.

三、计算题

1. 设函数 $y=f(x)$ 由方程 $xy+2\ln x=y^4$ 确定，求曲线 $y=f(x)$ 在点(1,1)处的法线方程.

2．求下列函数的导数 y'.

（1）$y=\ln\sin\sqrt{x}$　　（2）$y=e^{\cos^2 x}$

（3）$y=(1+x^3)^{\cos x}$　　（4）$y=e^x\ln x-\dfrac{e^x}{x}$

3．设 $y=\dfrac{(2x+3)^4\cdot\sqrt{x-6}}{\sqrt[3]{x+1}}$（$x>6$），求 dy.

4．问是否存在常数 a 使得函数 $f(x)=\begin{cases}x^2+a & x\leqslant 0\\ 1-e^{ax} & x>0\end{cases}$ 在 $x=0$ 处可导．若存在，求出常数 a，若不存在，请说明原因.

5．已知隐函数 $y=y(x)$ 由方程 $\sin y+xe^y=0$ 确定，求 dy.

6．求函数 $f(x)=x^3-3x^2-9x+1$ 在闭区间[0,3]内的最大值和最小值.

7．求下列极限.

（1）$\lim\limits_{x\to 0}\dfrac{\ln(1+x)}{e^x-1}$　　（2）$\lim\limits_{x\to 0}\left(\dfrac{1}{x}-\dfrac{1}{e^x-1}\right)$

8．确定函数 $y=\dfrac{2x^2-3x+8}{2x-3}$ 的单调区间，并求该函数图像的凹、凸区间.

9．讨论函数 $f(x)=\dfrac{1}{\sqrt{2\pi}}e^{-\frac{x^2}{2}}$ 的单调性、极值、凹凸性、拐点、渐近线.

10．讨论方程 $\ln x=ax$（$a>0$）有几个实根.

四、应用题

1．假设某公司生产某产品 x 千件的总成本是 $c(x)=2x^3-12x^2+30x+21$（万元），售出该产品 x 千件的收入是 $r(x)=60x$（万元），为了使公司取得最大利润，问公司应生产多少千件产品（注：利润=收入−总成本）.

2．设 $f(x)$ 在闭区间[0,2]内二阶可导，且 $f(0)=0$，$f(1)=1$，$f(2)=-1$. 证明：至少存在一点 $\xi\in(0,2)$，使得 $f'(\xi)+2\xi f'(\xi)+\xi f''(\xi)=0$.

3．设函数 $f(x)$ 在 $[0,1]$ 内连续，在 $(0,1)$ 内二阶可导，且过两点 $(a,f(a))$ 与 $(b,f(b))$ 的直线与曲线 $y=f(x)$ 相交于点 $(c,f(c))$，其中 $a<c<b$，证明以下内容.

（1）在 (a,b) 内存在不同的两点 ξ_1，ξ_2 使得 $f'(\xi_1)=f'(\xi_2)$.

（2）在 (a,b) 内至少存在一点 ξ，使得 $f''(\xi)=0$.

第3章

不定积分与定积分

数学文化——莱布尼茨的故事

戈特弗里德·威廉·莱布尼茨（以下简称莱布尼茨）是德国最重要的自然科学家、数学家、物理学家、历史学家和哲学家之一，是一位举世罕见的科学天才，和牛顿同为微积分学的创立者. 他的研究成果还涉及力学、逻辑学、化学、地理学、解剖学、动物学、植物学、气体学、航海学、地质学、语言学、法学、哲学、历史、外交等. “世界上没有两片完全相同的树叶”就出自他之口，他还是最早研究中国文化和中国哲学的德国人之一，对丰富人类的科学知识宝库做出了不可磨灭的贡献.

17 世纪下半叶，欧洲的科学技术迅猛发展，由于生产力的提高和社会各方面的迫切需要，经各国科学家的努力与历史的积累，建立在函数与极限概念基础上的微积分理论应运而生.

微积分思想最早可以追溯到古希腊时期，阿基米德等人提出了计算面积和体积的方法. 1665 年，牛顿提出了“流数术”，莱布尼茨在 1673—1676 年也发表了关于微积分思想的论著.

在牛顿和莱布尼茨之前，微分和积分作为两种数学运算、两类数学问题，是被分别研究的. 卡瓦列里、巴罗、沃利斯等人得到了一系列求面积（积分）、求切线斜率（导数）的重要结果，但这些结果都是孤立、不连贯的. 只有牛顿和莱布尼茨将积分和微分真正地沟通了起来，明确地找到了两者的内在直接关系：微分和积分是互逆的两种运算. 而这正是微积分学创立起来的关键. 只有明确这一基本关系，才能在此基础上构建系统的微积分学，并从对各种函数的微分和积分公式中，总结出共同的算法程序，使微积分方法普遍化，发展成用符号表示的微积分运算法则. 因此，微积分“是由牛顿和莱布尼茨大体上完成的，但不是由他们发明的”.

然而，关于谁最先创立了微积分学，在数学史上曾掀起过一场激烈的争论. 实际上，牛顿在微积分方面的研究虽早于莱布尼茨，但莱布尼茨的成果发表则早于牛顿.

莱布尼茨于 1684 年 10 月在《教师学报》上发表的论文《一种求极大值与极小值的奇妙类型的计算》是最早的与微积分有关的文献. 这篇仅有 6 页的论文内容并不丰富，措辞也颇为含糊，却有着划时代的意义.

牛顿在 3 年后，即 1687 年，出版了《自然哲学的数学原理》，该书的第 1 版和第 2 版写道："10 年前，在我和最卓越的几何学家莱布尼茨的通信中，我表明我已经知道确定极大值与极小值的方法、做切线的方法及类似的方法，但我在交换的信件中隐瞒了这种方法……这位最卓越的几何学家在回信中写道，他也发现了一种同样的方法，并讲述了他的方法，该方法与我的方法几乎没有什么不同，除了他的措辞和符号."（但在该书第 3 版及以后的版本中，这段话被删掉了.）

因此，后来人们公认牛顿和莱布尼茨各自独立地创立了微积分学.

牛顿从物理学出发，运用集合方法研究微积分，其在应用上更多地结合了运动学，实用性优于莱布尼茨的研究；莱布尼茨则从几何问题出发，运用分析学方法引入微积分概念，得出运算法则，其严密性与系统性优于牛顿的研究.

由于莱布尼茨认识到好的数学符号能节省思维劳动，掌握运用符号的技巧是数学研究成功的关键之一，因此他发明的微积分符号远远优于牛顿所使用的微积分符号，对微积分的发展有着极大影响. 1713 年，莱布尼茨发表了《微积分的历史和起源》，总结了自己创立微积分学的思路，说明了自己成就的独立性.

基础理论知识

微分中研究问题的方法是从已知函数 $f(x)$ 出发求其导数 $f'(x)$，即所谓的微分运算. 微分运算的重要意义已经通过列举许多应用给予说明. 但是应该注意的是，许多实际问题不是要寻找某个函数的导数，而恰恰相反，是要从已知的某个函数的导数 $f'(x)$ 出发求其原函数 $f(x)$，这便是所谓的不定积分运算. 显然，不定积分运算是微分运算的逆运算. 另外，不定积分运算也为后面定积分运算的研究奠定了基础.

本章主要介绍一元函数积分学. 一元函数积分学主要包括两部分内容：不定积分与定积分. 其包含的主要知识有不定积分的基本概念、不定积分的积分方法、定积分的基本概念、微积分基本定理与定积分的计算等.

3.1　不定积分的基本概念

【引例】设有一条曲线，在该曲线上任意一点 $M(x, y)$ 处，其切线斜率为 $2x$，若这条曲线过原点，求该曲线的方程.

我们已经知道曲线的切线斜率就是它的导数，所以引例就是已知一个函数的导数，求这个函数的问题. 这类问题就是本节要介绍的不定积分问题. 本节将介绍不定积分的定义、几何意义、性质、基本积分公式.

3.1.1　不定积分的定义

1. 原函数

定义 3-1　在某区间 I 内，若有 $F'(x) = f(x)$ 或 $\mathrm{d}F(x) = f(x)\mathrm{d}x$，则称函数 $F(x)$ 是函

数 $f(x)$ 在该区间内的一个**原函数**.

例如，在 $(-\infty,+\infty)$ 内，因为 $(x^2)'=2x$，所以 x^2 是 $2x$ 在 $(-\infty,+\infty)$ 内的一个原函数；因为 $\left(\frac{1}{5}x^5\right)'=x^4$，$x\in(-\infty,+\infty)$，所以 $\frac{1}{5}x^5$ 是函数 x^4 在 $(-\infty,+\infty)$ 内的一个原函数.

设 C 为任意常数，因为 $\left(\frac{1}{5}x^5+C\right)'=x^4$，所以 $\frac{1}{5}x^5+C$ 也是 x^4 的原函数，每取一个实数 C，就得到 x^4 的一个原函数，即原函数不是唯一的. 原函数有以下特性（若函数 $F(x)$ 是函数 $f(x)$ 的一个原函数，则以下两点都适用）.

（1）对于任意的常数 C，函数族 $F(x)+C$ 也是 $f(x)$ 的原函数.

（2）函数 $f(x)$ 的任意两个原函数之间仅相差一个常数.

定理 3-1　设函数 $F(x)$ 是函数 $f(x)$ 在区间 I 内的一个原函数，则 $F(x)+C$ 是函数 $f(x)$ 在区间 I 内的**所有原函数**，其中 C 为任意常数.

2. 不定积分

定义 3-2　函数 $f(x)$ 的所有原函数称为 $f(x)$ 的不定积分，记为

$$\int f(x)\mathrm{d}x$$

其中符号 $\int$ 称为积分号，$f(x)$ 称为被积函数，$f(x)\mathrm{d}x$ 称为积分表达式，x 称为积分变量.

如果 $F(x)$ 为 $f(x)$ 的一个原函数，则根据定义，有

$$\int f(x)\mathrm{d}x=F(x)+C$$

其中 C 为任意常数，称为积分常数，不定积分与原函数是整体与个体的关系.

例如，定义 3-1 后面的两个例子可以分别写为

$$\int 2x\mathrm{d}x=x^2+C \text{ 和 } \int x^4\mathrm{d}x=\frac{1}{5}x^5+C$$

［**例 3-1**］求 $\int \sin x\mathrm{d}x$.

解：因为 $(-\cos x)'=\sin x$，所以 $-\cos x$ 是 $\sin x$ 的一个原函数，因此有

$$\int \sin \mathrm{d}x=-\cos x+C$$

扫一扫

微课：不定积分的概念的相关知识

［**例 3-2**］求下列不定积分.

（1）$\int a^x\mathrm{d}x$　　　　（2）$\int x^a\mathrm{d}x$　$(a\neq -1)$

解：（1）被积函数 $f(x)=a^x$，因为 $(a^x)'=a^x\ln a$，所以 $\left(\frac{a^x}{\ln a}\right)'=\frac{1}{\ln a}a^x\ln a=a^x$，于是有

$$\int a^x\mathrm{d}x=\frac{1}{\ln a}a^x+C$$

（2）因为 $(x^{a+1})'=\frac{1}{a+1}x^{a}$，所以 $\left(\frac{1}{a+1}x^{a+1}\right)'=x^{a}$，于是有

$$\int x^{a}\mathrm{d}x=\frac{1}{a+1}x^{a+1}+C$$

3.1.2　不定积分的几何意义

函数 $f(x)$ 的不定积分 $\int f(x)\,\mathrm{d}x$ 的几何意义是一族积分曲线，这一族积分曲线可由其中任何一条积分曲线沿着 y 轴平移得到. 在每一条积分曲线上，在横坐标相同的点 x_0 处所做的曲线的切线互相平行，其斜率都是 $f(x)$，如图 3-1 所示.

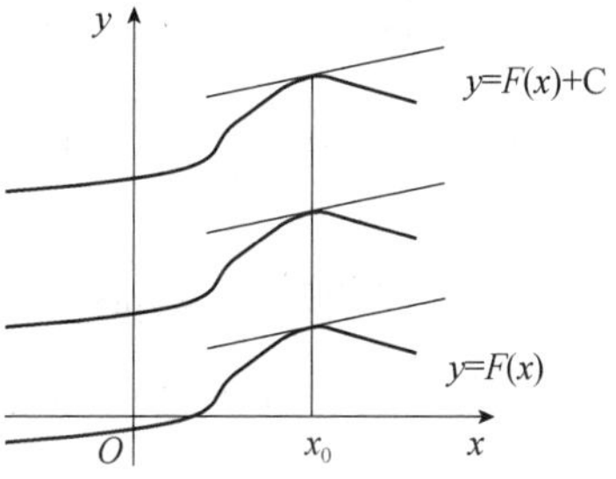

图 3-1

［例 3-3］求通过点(1, 2)且切线斜率为 $2x$ 的曲线.

解：设所有曲线为 $y=F(x)$，由题意可知 $y'=F'(x)=2x$. 因为 $(x^2)'=2x$，所以积分曲线族为 $y=\int 2x\mathrm{d}x=x^2+C$，即 $y=x^2+C$.

已知所求曲线通过点 $(1,2)$，于是有 $2=1^2+C$，解得 $C=1$，故所求曲线为 $y^2=x^2+1$.

3.1.3　不定积分的性质

性质 1　不定积分与导数（或微分）互为逆运算，可表示为以下两种形式.

（1）$\frac{\mathrm{d}}{\mathrm{d}x}\left[\int f(x)\mathrm{d}x\right]=f(x)$ 或 $\mathrm{d}\left[\int f(x)\mathrm{d}x\right]=f(x)\mathrm{d}x$

（2）$\int F'(x)\mathrm{d}x=F(x)+C$ 或 $\int \mathrm{d}F(x)=F(x)+C$

这些等式由不定积分定义可得，需要注意的是，若一个函数先进行微分运算，再进行积分运算，则得到的不是一个函数，而是一族函数，想要确定某个函数还必须加上一个任意常数 C.

性质 2　被积分函数中不为 0 的常数因子 k 可移到积分符号外，即

$$\int kf(x)\mathrm{d}x=k\int f(x)\mathrm{d}x\ (k\neq 0)$$

性质 3　函数代数和的不定积分等于函数的不定积分的代数和，即

$$\int[f(x)\pm g(x)]\mathrm{d}x=\int f(x)\mathrm{d}x\pm\int g(x)\mathrm{d}x$$

上式可推广到有限个函数的代数和的情形，即

$$\int[f_1(x)\pm f_2(x)\pm\cdots\pm f_n(x)]\mathrm{d}x=\int f_1(x)\mathrm{d}x\pm\int f_2(x)\mathrm{d}x\pm\cdots\pm\int f_n(x)\mathrm{d}x$$

3.1.4　不定积分的基本积分公式

由于不定积分是求导（或微分）的逆运算，因此根据导数基本公式就可以得到对应的

不定积分的基本积分公式.

（1）$\int k\mathrm{d}x = kx + C$　　（2）$\int x^a\mathrm{d}x = \frac{1}{a+1}x^{a+1} + C$（$a \neq -1$）

（3）$\int \frac{1}{x}\mathrm{d}x = \ln|x| + C$　　（4）$\int a^x\mathrm{d}x = \frac{a^x}{\ln a} + C$（$a > 0$ 且 $a \neq 1$）

（5）$\int \mathrm{e}^x\mathrm{d}x = \mathrm{e}^x + C$　　（6）$\int \sin x\mathrm{d}x = -\cos x + C$

（6）$\int \cos x\mathrm{d}x = \sin x + C$　　（8）$\int \sec^2 x\mathrm{d}x = \int \frac{1}{\cos^2 x}\mathrm{d}x = \tan x + C$

（9）$\int \csc^2 x\mathrm{d}x = \int \frac{1}{\sin^2 x}\mathrm{d}x = -\cot x + C$　（10）$\int \sec x\tan x\mathrm{d}x = \sec x + C$

（11）$\int \csc x\cot x\mathrm{d}x = -\csc x + C$　　（12）$\int \frac{1}{\sqrt{1-x^2}}\mathrm{d}x = \arcsin x + C = -\arccos x + C$

（13）$\int \frac{1}{1+x^2}\mathrm{d}x = \arctan x + C = -\mathrm{arc}\cot x + C$

这几个公式是求不定积分的基础，必须熟记. 利用不定积分的性质和基本积分公式，可以直接计算一些简单的不定积分，这种方法一般称为直接积分法.

[**例 3-4**] 求 $\int\left(3x^3 - 4x - \frac{1}{x} + 3\right)\mathrm{d}x$.

解：由不定积分的性质和基本积分公式得

$$
\begin{aligned}
I &= 3\int x^3\mathrm{d}x - 4\int x\mathrm{d}x - \int\frac{1}{x}\mathrm{d}x + 3\int\mathrm{d}x \quad (*) \\
&= 3\frac{1}{1+3}x^{3+1} - 4\frac{1}{1+1}x^{1+1} - \ln|x| + 3x + C \\
&= \frac{3}{4}x^4 - 2x^2 - \ln|x| + 3x + C
\end{aligned}
$$

说明：（*）表示此处用 I 表示所求不定积分，后文同.

[**例 3-5**] 求 $\int\frac{(x+1)^2}{\sqrt{x}}\mathrm{d}x$.

解：将被积函数化简，得

$$
\begin{aligned}
I &= \int x^{\frac{3}{2}}\mathrm{d}x + 2\int x^{\frac{1}{2}}\mathrm{d}x + \int x^{-\frac{1}{2}}\mathrm{d}x \\
&= \frac{2}{5}x^{\frac{5}{2}} + \frac{4}{3}x^{\frac{3}{2}} + 2x^{\frac{1}{2}} + C
\end{aligned}
$$

在直接利用基本积分公式和不定积分的运算性质计算不定积分时，计算范围比较有限. 有时需要先将被积函数进行恒等变形，再求其不定积分.

[**例 3-6**] 求 $\int\frac{2x^2+1}{x^2(1+x^2)}\mathrm{d}x$.

解：将被积函数进行恒等变形后再求积分，即

$$
I = \int\frac{2x^2+1}{x^2(1+x^2)}\mathrm{d}x = \int\frac{x^2+(1+x^2)}{x^2(1+x^2)}\mathrm{d}x = \int\frac{x^2}{x^2(1+x^2)}\mathrm{d}x + \int\frac{1+x^2}{x^2(1+x^2)}\mathrm{d}x
$$

$$=\int\frac{1}{1+x^2}\,dx+\int\frac{1}{x^2}\,dx=\arctan x-\frac{1}{x}+C$$

[例 3-7] 求 $\int\sin^2\frac{x}{2}\,dx$.

解：利用三角函数的降幂公式 $\sin^2\frac{x}{2}=\frac{1}{2}(1-\cos x)$，有

$$I=\frac{1}{2}\int(1-\cos x)dx=\frac{1}{2}\int dx-\frac{1}{2}\int\cos x dx=\frac{1}{2}x-\frac{1}{2}\sin x+C$$

思考题 3.1

若一个函数存在原函数，则必有无穷多个原函数．这句话对吗？

练习题 3.1

1．填空题．

（1）设 $f(x)=\sin x+\cos x$，则 $\int f'(x)dx=$__________，$\int f(x)dx=$__________．

（2）设 $\int f(x)dx=e^x(x^2-2x+2)+C$，则 $f(x)=$____________．

（3）设 e^{-x} 是 $f(x)$ 的一个原函数，则 $\int f(x)dx=$______________________，$\int f'(x)dx=$__________，$\int e^x f'(x)dx=$______________．

2．单项选择题．

（1）设 C 是不为 1 的常数，则函数 $f(x)=\frac{1}{x}$ 的原函数不是（　　）．

A．$\ln|x|$　　B．$\ln|x|+C$　　C．$\ln|Cx|$　　D．$C\ln|x|$

（2）设 $f(x)$ 的一个原函数为 $\ln x$，则 $f'(x)=$（　　）．

A．$\frac{1}{x}$　　B．$-\frac{1}{x^2}$　　C．$x\ln x$　　D．e^x

（3）设函数 $f(x)$ 的导函数是 a^x，则 $f(x)$ 的全体原函数是（　　）．

A．$\frac{a^x}{\ln a}+C$　　B．$\frac{a^x}{\ln^2 a}+C$

C．$\frac{a^x}{\ln^2 a}+C_1x+C_2$　　D．$a^x\ln^2 a+C_1x+C_2$

（4）$\int f(x)dx$ 指的是 $f(x)$ 的（　　）．

A．某一个原函数　　B．所有原函数

C．唯一的原函数　　D．特殊的一个原函数

（5）如果函数 $F(x)$ 是函数 $f(x)$ 的一个原函数，则（　　）．

A．$\int F(x)dx=f(x)+C$　　B．$\int F'(x)dx=f(x)+C$

C. $\int f(x)\mathrm{d}x = F(x)+C$　　D. $\int f'(x)\mathrm{d}x = F(x)+C$

（6）在函数 $f(x)$ 的积分曲线族中，所有的曲线在横坐标相同的点处的切线（　　）.

A. 平行于 x 轴　　B. 平行于 y 轴　　C. 相互平行　　D. 相互垂直

3. 求下列不定积分.

（1）$\int\left(3+x^3+\dfrac{1}{x^3}+3^x\right)\mathrm{d}x$　　（2）$\int\left(\sin x+\dfrac{2}{\sqrt{1-x^2}}\right)\mathrm{d}x$

（3）$\int\dfrac{(2x-3)^2}{\sqrt{x}}\mathrm{d}x$　　（4）$\int\dfrac{2x^4}{1+x^2}\mathrm{d}x$

（5）$\int\dfrac{1}{x^2(1+x^2)}\mathrm{d}x$　　（6）$\int\dfrac{x-9}{\sqrt{x}+3}\mathrm{d}x$

（7）$\int\sin^2\dfrac{x}{2}\mathrm{d}x$　　（8）$\int\dfrac{1+\cos^2 x}{1+\cos 2x}\mathrm{d}x$

4. 已知某曲线在任意一点处的切线斜率等于该点横坐标的倒数，且曲线通过点 $(\mathrm{e},2)$，试求此曲线的方程.

3.2　不定积分的积分方法

【引例】 如何求 $\int\cos 3x\mathrm{d}x$？

在不定积分的基本积分公式中有 $\int\cos x\mathrm{d}x=\sin x+C$，但这里不能对其直接应用，因为被积函数 $\cos 3x$ 是一个复合函数. 由于用直接积分法所能计算的不定积分是非常有限的，因此有必要进一步研究不定积分的求法. 本节主要讲述换元积分法和分部积分法这两种基本的不定积分方法，其中换元积分法又可分为第一类换元积分法（凑微分法）与第二类换元积分法（拆微分法）.

3.2.1　第一类换元积分法

回到引例，求 $\int\cos 3x\mathrm{d}x$.

为了套用不定积分的基本积分公式中的 $\int\cos x\mathrm{d}x=\sin x+C$ 这个积分公式，先把原不定积分进行以下变形，然后进行计算.

$$\int\cos 3x\mathrm{d}x=\frac{1}{3}\int\cos 3x\mathrm{d}(3x)\xlongequal{\text{令}3x=u}\frac{1}{3}\int\cos u\mathrm{d}u=\frac{1}{3}\sin u+C\xlongequal{\text{回代}u=3x}\frac{1}{3}\int\sin 3x+C$$

容易验证 $\left(\dfrac{1}{3}\sin 3x+C\right)'=\cos 3x$，所以该算法是正确的.

这种不定积分的基本思想是先凑微分式，再进行变量代换 $u=\varphi(x)$，把要计算的不定积分化为基本积分公式中的形式，求出原函数后再换回原变量，这种不定积分法通常称为第一类换元积分法或凑微分法.

一般地，被积函数若为 $f[\varphi(x)]\varphi'(x)$ 的形式，则可使用第一类换元积分法.

定理 3-2　设函数 $u=\varphi(x)$ 可导，若 $\int f(u)\mathrm{d}u=F(u)+C$，则有

$$\int f[\varphi(x)]\varphi'(x)\mathrm{d}x=\int f[\varphi(x)]\mathrm{d}\varphi(x)\xlongequal{令\varphi(x)=u}\int f(u)\mathrm{d}u=F(u)+C\xlongequal{回代u=\varphi(x)}F[\varphi(x)]+C$$

［例 3-8］求不定积分 $\int\cos 5x\mathrm{d}x$.

扫一扫

微课：不定积分的第一类换元积分法的相关知识

解一：令 $u=5x$，则 $\mathrm{d}u=5\mathrm{d}x$，得 $\mathrm{d}x=\frac{1}{5}\mathrm{d}u$，所以有

$$I=\int\cos 5x\mathrm{d}x=\int\cos u\frac{1}{5}\mathrm{d}u=\frac{1}{5}\int\cos u\mathrm{d}u=\frac{1}{5}\sin u+C=\frac{1}{5}\sin 5x+C$$

解二：$I=\int\cos 5x\mathrm{d}x=\frac{1}{5}\int\cos 5x\mathrm{d}(5x)\xlongequal{令5x=u}\frac{1}{5}\int\cos u\mathrm{d}u$

$$=\frac{1}{5}\sin u+C\xlongequal{回代u=5x}\frac{1}{5}\sin 5x+C$$

［例 3-9］求 $\int\frac{1}{x+2}\mathrm{d}x$.

解一：令 $u=x+2$，则 $\mathrm{d}x=\mathrm{d}u$，所以有

$$I=\int\frac{1}{x+2}\mathrm{d}x=\int\frac{1}{u}\mathrm{d}u=\ln|u|+C=\ln|x+2|+C$$

解二：

$$I=\int\frac{1}{x+2}\mathrm{d}x=\int\frac{1}{x+2}\mathrm{d}(x+2)\xlongequal{令x+2=u}\int\frac{1}{u}\mathrm{d}u=\ln|u|+C\xlongequal{回代u=x+2}\ln|x+2|+C$$

［例 3-10］求 $\int\frac{1}{x^2}\mathrm{e}^{\frac{1}{x}}\mathrm{d}x$.

解：因为 $\left(\frac{1}{x}\right)'=\left(-\frac{1}{x^2}\right)$，所以令 $u=\frac{1}{x}$，则有

$$I=\int\frac{1}{x^2}\mathrm{e}^{\frac{1}{x}}\mathrm{d}x=-\int\mathrm{e}^{\frac{1}{x}}\mathrm{d}\left(\frac{1}{x}\right)=-\int\mathrm{e}^{u}\mathrm{d}u=-\mathrm{e}^{u}+C=-\mathrm{e}^{\frac{1}{x}}+C$$

［例 3-11］求 $\int x\sqrt{4+x^2}\mathrm{d}x$.

解：因为 $(4+x^2)'=2x$，所以令 $u=4+x^2$，则有

$$I=\frac{1}{2}\int\sqrt{4+x^2}\mathrm{d}(4+x^2)=\frac{1}{2}\int u^{\frac{1}{2}}\mathrm{d}u=\frac{1}{2}\times\frac{2}{3}u^{\frac{3}{2}}+C=\frac{1}{3}(4+x^2)^{\frac{3}{2}}+C$$

［例 3-12］求$\int\frac{\ln^3 x}{x}\mathrm{d}x$.

解：因为$(\ln x)'=\frac{1}{x}$，所以令$u=\ln x$，则有

$$I=\int\ln^3 x\frac{1}{x}\mathrm{d}x=\int\ln^3 x\mathrm{d}(\ln x)=\int u^3\mathrm{d}u=\frac{1}{4}u^4+C=\frac{1}{4}\ln^4 x+C$$

［例 3-13］求$\int\tan x\mathrm{d}x$.

解：因为$\tan x=\frac{\sin x}{\cos x}=-\frac{1}{\cos x}(\cos x)'$，所以令$u=\cos x$，则有

$$I=-\int\frac{1}{\cos x}(-\sin x)\mathrm{d}x=-\int\frac{1}{\cos x}\mathrm{d}(\cos x)=-\int\frac{1}{u}\mathrm{d}u=-\ln|u|+C=-\ln|\cos x|+C$$

［例 3-14］求$\int(2-3x)^{20}\mathrm{d}x$.

解：因为$(2-3x)'=-3$，所以令$u=2-3x$，则有

$$I=-\frac{1}{3}\int(2-3x)^{20}(-3)\mathrm{d}x=-\frac{1}{3}\int u^{20}\mathrm{d}u=-\frac{1}{3}\times\frac{1}{21}u^{21}+C=-\frac{1}{63}(2-3x)^{21}+C$$

当运算熟练以后，所选新变量$u=\varphi(x)$只要记在心里即可，不必写出来.

［例 3-15］求$\int\frac{4x+6}{x^2+3x-4}\mathrm{d}x$.

解：注意到$(x^2+3x-4)'=2x+3=\frac{1}{2}(4x+6)$，于是有

$$I=2\int\frac{2x+3}{x^2+3x-4}\mathrm{d}x=2\int\frac{1}{x^2+3x-4}\mathrm{d}(x^2+3x-4)=2\ln|x^2+3x-4|+C$$

［例 3-16］求$\int\cos^2 x\mathrm{d}x$.

解：因为$\cos^2 x=\frac{1+\cos 2x}{2}$，所以有

$$I=\frac{1}{2}\int(1+\cos 2x)\mathrm{d}x=\frac{1}{2}x+\frac{1}{4}\int\cos 2x\mathrm{d}(2x)=\frac{1}{2}x+\frac{1}{4}\sin 2x+C$$

一般地，当所遇到的不定积分能化为下列形式之一时，就可以考虑用第一类换元积分法进行求解.

（1）$\int f(ax+b)\mathrm{d}x=\frac{1}{a}\int f(u)\mathrm{d}u$ （$a\neq0$，$u=ax+b$）

（2）$\int xf(ax^2+b)\mathrm{d}x=\frac{1}{2a}\int f(u)\mathrm{d}u$ （$a\neq0$，$u=ax^2+b$）

（3）$\int\frac{1}{\sqrt{x}}f(\sqrt{x})\mathrm{d}x=2\int f(u)\mathrm{d}u$ （$u=\sqrt{x}$）

（4）$\int \frac{1}{x} f(\ln x)\mathrm{d}x = \int f(u)\mathrm{d}u$ （$u = \ln x$）

（5）$\int \mathrm{e}^x f(\mathrm{e}^x)\mathrm{d}x = \int f(u)\mathrm{d}u$ （$u = \mathrm{e}^x$）

（6）$\int \cos x f(\sin x)\mathrm{d}x = \int f(u)\mathrm{d}u$ （$u = \sin x$）

（7）$\int \sin x f(\cos x)\mathrm{d}x = -\int f(u)\mathrm{d}u$ （$u = \cos x$）

3.2.2　第二类换元积分法

【引例 1】 求$\int \frac{\sqrt{x-1}}{x}\mathrm{d}x$.

分析：在此引例中，被积函数中含有根式$\sqrt{x-1}$. 若令$\sqrt{x-1}=t$，即用t代换$\sqrt{x-1}$，则被积函数中的根式可以去掉，为了将被积函数中的积分变量x换成t，需要先由$\sqrt{x-1}=t$解出x，得到$x=1+t^2$.

对于被积函数中含有根式的某些不定积分，也可以利用换元积分法进行求解. 求解这类问题的主要方法就是通过引入新的变量将被积函数中的根号去掉，此方法称为第二类换元积分法，又称为拆微分法.

引例 1 的计算过程如下.

设$\sqrt{x-1}=t$，则$x=1+t^2$，$\mathrm{d}x=2t\mathrm{d}t$，于是有

$$I \xlongequal{\text{换元}} \int \frac{t}{1+t^2}\cdot 2t\mathrm{d}t \xlongequal{\text{恒等变形}} 2\int \frac{1+t^2-1}{1+t^2}\mathrm{d}t = 2\int\left(1-\frac{1}{1+t^2}\right)\mathrm{d}t$$

$$\xlongequal{\text{运用积分公式}} 2(t-\arctan t)+C$$

$$\xlongequal{\text{回代}t=\sqrt{x-1}} 2\left(\sqrt{x-1}-\arctan\sqrt{x-1}\right)+C$$

此引例给出的解题思路和计算过程就是第二类换元积分法.

[例 3-17] 求$\int \frac{1}{2(1+\sqrt{x})}\mathrm{d}x$.

解： 为去掉被积函数中的根号，取$\sqrt{x}=t$，则$x=t^2$，$\mathrm{d}x=2t\mathrm{d}t$，于是有

$$I=\int \frac{2t}{2(1+t)}\mathrm{d}t=\int\left(1-\frac{1}{t+1}\right)\mathrm{d}t=t-\ln|1+t|+C=\sqrt{x}-\ln(1+\sqrt{x})+C$$

[例 3-18] 求$\int \frac{x+1}{\sqrt[3]{3x+1}}\mathrm{d}x$.

解： 为去掉被积函数中的根号，取$\sqrt[3]{3x+1}=t$，则$x=\frac{t^3-1}{3}$，$\mathrm{d}x=t^2\mathrm{d}t$，于是有

$$I=\int \frac{\frac{t^3-1}{3}+1}{t} t^2 \mathrm{d}t=\frac{1}{3}\int (t^4+2t)\mathrm{d}t=\frac{1}{3}\left(\frac{t^5}{5}+t^2\right)+C$$

$$=\frac{1}{3}\left[\frac{1}{5}(3x+1)^{\frac{5}{3}}+(3x+1)^{\frac{2}{3}}\right]+C=\frac{1}{5}(x+2)\sqrt[3]{(3x+1)^2}+C$$

【引例 2】 求 $\int\sqrt{1-x^2}\mathrm{d}x$.

分析：在此引例中，被积函数中含有根式 $\sqrt{1-x^2}$. 若令 $x=\sin t$，$t\in\left(-\frac{\pi}{2},\frac{\pi}{2}\right)$，则被积函数中的根式可以去掉，为了将被积函数中的积分变量 x 换成 t ，需要先由 $x=\sin t$ 得到 $\mathrm{d}x=\cos t\mathrm{d}t$.

对于被积函数中含有此类型根式的某些不定积分，同样可以利用换元积分法进行求解. 求解这类问题的主要方法就是通过引入新的三角函数变量将被积函数中的根号去掉.

引例 2 的计算过程如下.

设 $x=\sin t$，$t\in\left(-\frac{\pi}{2},\frac{\pi}{2}\right)$，则 $\mathrm{d}x=\cos t\mathrm{d}t$ ，于是有

$$\int\sqrt{1-x^2}\mathrm{d}x \xlongequal{\text{换元}} \int\sqrt{1-\sin^2 t}\cdot\cos t\mathrm{d}t \xlongequal{\text{恒等变形}} \int\cos^2 t\mathrm{d}t=\int\frac{1+\cos 2t}{2}\mathrm{d}t$$

$$\xlongequal{\text{运用积分公式}} \frac{1}{2}t+\frac{1}{4}\sin 2t+C$$

$$\xlongequal{\sin 2t=2\sin t\cos t=2x\sqrt{1-x^2}} \frac{1}{2}\sin t+\frac{1}{2}x\sqrt{1-x^2+\mathrm{C}}$$

$$\xlongequal{\text{回代}} \frac{1}{2}\arcsin x+\frac{1}{2}x\sqrt{1-x^2}+C$$

此引例给出的解题思路和计算过程就是第二类换元积分法中的三角函数换元法.

第二类换元积分方法中常用的三角函数换元法有以下几种.

（1） $\sqrt{a^2-x^2}$ ：令 $x=a\sin t$，$t\in\left(-\frac{\pi}{2},\frac{\pi}{2}\right)$.

（2） $\sqrt{a^2+x^2}$ ：令 $x=a\tan t$，$t\in\left(-\frac{\pi}{2},\frac{\pi}{2}\right)$.

（3） $\sqrt{x^2-a^2}$ ：令 $x=a\sec t$，$t\in\left(0,\frac{\pi}{2}\right)$.

[**例 3-19**] 求 $\int\frac{\mathrm{d}x}{\sqrt{(x^2+1)^3}}$.

解： 令 $x=\tan t$ ，$t\in\left(-\frac{\pi}{2},\frac{\pi}{2}\right)$，$\mathrm{d}x=\sec^2 t\mathrm{d}t$ ，则

$$I=\int\frac{\mathrm{d}(\tan t)}{\sec^3 t}=\int\frac{1}{\sec t}\mathrm{d}t=\int\cos t\mathrm{d}t=\sin t+C=\frac{x}{\sqrt{1+x^2}}+C$$

［例 3-20］求$\int\frac{\mathrm{d}x}{x\sqrt{x^2-1}}$.

解：令$x=\sec t$，$t\in\left(0,\frac{\pi}{2}\right)$，$\mathrm{d}x=\sec t\cdot\tan t\mathrm{d}t$，则

$$I=\int\frac{\mathrm{d}(\sec t)}{\sec t\sqrt{\sec^2 t-1}}=\int\frac{\sec t\cdot\tan t}{\sec t\tan t}\mathrm{d}t=t+C$$

而$x=\sec t$，所以$t=\arccos\frac{1}{x}$，$I=\arccos\frac{1}{x}+C$.

3.2.3　分部积分法

换元积分法虽然能计算很多积分，但遇到形如$\int x\ln x\mathrm{d}x$、$\int x\sin x\mathrm{d}x$、$\int x^n\mathrm{e}^{ax}\mathrm{d}x$、$\int x^n\cos x\mathrm{d}x$等积分时，用换元积分法还是无法进行计算，这时就需要用另一种基本积分法——分部积分法．分部积分法也是求不定积分的主要方法．下面介绍分部积分公式．

设函数$u=u(x)$、$v=v(x)$都有连续的导数，由微分法得

$$[u(x)v(x)]'=u'(x)v(x)+u(x)v'(x)$$

对两端积分，得

$$u(x)v(x)=\int u'(x)v(x)\mathrm{d}x+\int u(x)v'(x)\mathrm{d}x$$

进行移项，有

$$\int u(x)v'(x)\mathrm{d}x=u(x)v(x)-\int v(x)u'(x)\mathrm{d}x \tag{3-1}$$

简写为

$$\int uv'\mathrm{d}x=uv-\int u'v\mathrm{d}x \tag{3-2}$$

或

$$\int u\mathrm{d}v=uv-\int v\mathrm{d}u \tag{3-3}$$

式（3-2）和式（3-3）就是**分部积分公式**.

说明：

1）公式的意义

对一个不易求出结果的不定积分，若被积函数$f(x)$可看作两个因子的乘积，即

$$f(x)=u(x)v'(x)$$

则问题就转化为求另外两个因子的乘积 $v(x)u'(x)$ 作为被积函数的不定积分，等号右端或者可直接计算出结果，或者较左端易于计算，这就是用分部积分公式的意义.

2）选取 $u(x)$ 和 $v'(x)$ 的原则

若被积函数可看作两个函数的乘积，那么其中哪一个应作为 $u(x)$，哪一个应作为 $v'(x)$ 呢？一般有以下考虑因素.

（1）作为 $v'(x)$ 的函数，必须能求出它的原函数 $v(x)$，这是可用分部积分法的前提.

（2）选取 $u(x)$ 和 $v'(x)$，最终要使式（3-1）等号右端的积分 $\int v(x)u'(x)\mathrm{d}x$ 较左端的积分 $\int u(x)v'(x)\mathrm{d}x$ 易于计算，这是用分部积分法要达到的目的.

分部积分法中的关键问题是 $u(x)$ 的选取，一般情况下，若被积函数是幂函数与指数函数（或正弦、余弦函数）的乘积时，则幂函数作为 $u(x)$；若被积函数是幂函数与对数函数（或反三角函数）的乘积时，则对数函数（或反三角函数）作为 $u(x)$.

[**例 3-21**] 求 $\int x\mathrm{e}^x\mathrm{d}x$.

扫一扫

微课：不定积分的分部积分法的相关知识

解：被积函数可看作 x 与 e^x 的乘积，用分部积分法计算.

设 $u=x$，$v'=\mathrm{e}^x$，则 $u'=1$，$v=\mathrm{e}^x$，于是有

$$I = x\mathrm{e}^x - \int \mathrm{e}^x\mathrm{d}x = x\mathrm{e}^x - \mathrm{e}^x + C$$

再看另一种情况，若设 $u=\mathrm{e}^x$，$v'=x$，则 $u'=\mathrm{e}^x$，$v=\frac{1}{2}x^2$，于是有

$$\int x\mathrm{e}^x\mathrm{d}x = \frac{1}{2}x^2\mathrm{e}^x - \frac{1}{2}\int x^2\mathrm{e}^x\mathrm{d}x$$

此时，上式等号左端的积分较右端的积分易于计算，这样选取 $u(x)$ 和 $v'(x)$ 显然是不合理的.

有的积分需要连续使用两次或更多次分部积分法才能得到结果.

[**例 3-22**] 求 $\int x^2\mathrm{e}^{-x}\mathrm{d}x$.

解：被积函数可看作 x^2 与 e^{-x} 的乘积，用分部积分法，设 $u=x^2$，$v'=\mathrm{e}^{-x}$，则有

$$u'=2x\text{，}\quad v=-\mathrm{e}^{-x}$$

于是有

$$I = -x^2\mathrm{e}^{-x} + 2\int x\mathrm{e}^{-x}\mathrm{d}x$$

对上式等号右端的不定积分再用一次分部积分公式.

设 $u=x$，$v'=\mathrm{e}^{-x}$，则 $u'=1$，$v=-\mathrm{e}^{-x}$，有

$$\int x\mathrm{e}^{-x}\mathrm{d}x = -x\mathrm{e}^{-x} + \int \mathrm{e}^{-x}\mathrm{d}x = -x\mathrm{e}^{-x} - \mathrm{e}^{-x} + C$$

将结果代入原不定积分，有

$$I = -x^2\mathrm{e}^{-x} + 2(-x\mathrm{e}^{-x} - \mathrm{e}^{-x}) + C = -\mathrm{e}^{-x}(x^2+2x+2) + C$$

［例 3-23］求不定积分 $\int x\sin x\mathrm{d}x$.

解：令 $u=x$ ， $v'=\sin x$ ，则 $u'=1$, $v=-\cos x$ ，于是有

$$I=-x\cos x+\int\cos x\mathrm{d}x=-x\cos x+\sin x+C$$

［例 3-24］求 $\int x\ln x\mathrm{d}x$.

解：被积函数是 x 与 $\ln x$ 的乘积，由于不知道函数 $\ln x$ 的原函数，因此设 $u=\ln x$ ，$v'=x$ ，则 $u'=\frac{1}{x}$, $v=\frac{x^2}{2}$ ，于是有

$$I=\frac{1}{2}x^2\ln x-\int\frac{1}{x}\frac{x^2}{2}\mathrm{d}x=\frac{1}{2}x^2\ln x-\frac{1}{4}x^2+C$$

在用分部积分法公式时，也可不写出 u 和 v'，而直接使用式（3-3）.

［例 3-25］求 $\int \mathrm{e}^x\sin x\mathrm{d}x$.

解：

$$\begin{aligned}I&=\int\sin x\mathrm{d}\mathrm{e}^x=\mathrm{e}^x\sin x-\int\mathrm{e}^x\mathrm{d}\sin x=\mathrm{e}^x\sin x-\int\mathrm{e}^x\cos x\mathrm{d}x\\&=\mathrm{e}^x\sin x-\int\cos x\mathrm{d}\mathrm{e}^x=\mathrm{e}^x\sin x-\mathrm{e}^x\cos x-\int\mathrm{e}^x\sin x\mathrm{d}x\end{aligned}$$

可以看到，在连续使用两次分部积分法后，出现了“循环”现象，所以上式可视为关于 $\int\mathrm{e}^x\sin x\mathrm{d}x$ 的方程，移项得

$$2\int\mathrm{e}^x\sin x\mathrm{d}x=\mathrm{e}^x\sin x-\mathrm{e}^x\cos x+C_1$$

故有

$$\int\mathrm{e}^x\sin x\mathrm{d}x=\frac{1}{2}\mathrm{e}^x(\sin x-\cos x)+C\quad（C=\frac{C_1}{2}）$$

［例 3-26］求 $\int\mathrm{e}^{\sqrt{x}}\mathrm{d}x$.

解：令 $\sqrt{x}=t$ ，则 $x=t^2$, $\mathrm{d}x=2t\mathrm{d}t$ ，于是有

$$\begin{aligned}\int\mathrm{e}^{\sqrt{x}}\mathrm{d}x&=2\int t\mathrm{e}^t\mathrm{d}t=2\int t\mathrm{d}(\mathrm{e}^t)=2t\mathrm{e}^t-2\int\mathrm{e}^t\mathrm{d}t\\&=2t\mathrm{e}^t-2\mathrm{e}^t+C=2\mathrm{e}^t(t-1)+C=2\mathrm{e}^{\sqrt{x}}(\sqrt{x}-1)+C\end{aligned}$$

说明：在积分运算过程中，有时需要同时使用换元积分法与分部积分法.

3.2.4　简单有理函数的积分

有理函数是指由两个多项式的商所表示的函数，即 $R(x)=\frac{P_m(x)}{Q_n(x)}$, $m\in\mathbf{N}^+$, $n\in\mathbf{N}^+$ ，当 $n>m$ 时，有理函数 $R(x)$ 是真分式；而当 $n\leqslant m$ 时，有理函数 $R(x)$ 是假分式. 假分式可以通过多项式的除法表示为一个多项式与一个真分式之和的形式. $R(x)=s(x)+\frac{r(x)}{Q_n(x)}$, $s(x)$

是商，$r(x)$是余式.

对于真分式$R(x)=\dfrac{p_m(x)}{Q_n(x)}$，即$n>m$，按照多项式分解定理可知，分母$Q_n(x)$的因式分解只能由一次式和二次式组成，其中二次式的判别式小于0，无法进一步分解. 此时有理式可按照以下方式分解.

（1）若$Q_n(x)$含有k重实根a，即包含因子$(x-a)^k$，则$\dfrac{p_m(x)}{Q_n(x)}$的分解必含有以下分式：

$$\frac{A_1}{x-a}+\frac{A_2}{(x-a)^2}+\cdots+\frac{A_k}{(x-a)^k}\quad（A_1,A_2,\cdots,A_k\text{为待定系数}）$$

（2）若$Q_n(x)$含有k重因式$(x^2+px+q)^k$，$p^2-4q<0$，则$\dfrac{p_m(x)}{Q_n(x)}$的分解必含有以下分式：

$$\frac{B_1x+C_1}{x^2+px+q}+\frac{B_2x+C_2}{(x^2+px+q)^2}+\cdots+\frac{B_kx+C_k}{(x^2+px+q)^k}$$

特别地，当分子为常数时，可将分母凑成完全平方公式.

［例 3-27］求$\displaystyle\int\frac{x^3}{x+3}\mathrm{d}x$.

解：
$$\int\frac{x^3}{x+3}\mathrm{d}x=\int\frac{x^3+27-27}{x+3}\mathrm{d}x$$
$$=\int\frac{(x+3)(x^2-3x+9)}{x+3}\mathrm{d}x-\int\frac{27}{x+3}\mathrm{d}x=\frac{x^3}{3}-\frac{3}{2}x^2+9x-27\ln|x+3|+C$$

［例 3-28］求$\displaystyle\int\frac{2x+3}{x^2+3x-10}\mathrm{d}x$.

解一：
$$\frac{2x+3}{x^2+3x-10}=\frac{1}{x+5}+\frac{1}{x-2}$$
$$\text{原式}=\int\frac{1}{x+5}\mathrm{d}x+\int\frac{1}{x-2}\mathrm{d}x=\ln|(x+5)(x-2)|+C$$

解二：
$$\int\frac{2x+3}{x^2+3x-10}\mathrm{d}x=\int\frac{1}{x^2+3x-10}\mathrm{d}(x^2+3x-10)$$
$$=\ln|x^2+3x-10|+C$$

［例 3-29］求$\displaystyle\int\frac{x^2+1}{(x+1)^2(x-1)}\mathrm{d}x$.

解：
$$\frac{x^2+1}{(x+1)^2(x-1)}=\frac{1}{2}\frac{1}{x-1}+\frac{1}{2}\frac{1}{x+1}-\frac{1}{(x+1)^2}$$
$$\text{原式}=\frac{1}{2}\ln|x-1|+\frac{1}{2}\ln|x+1|+\frac{1}{x+1}+C=\frac{1}{2}\ln|x^2-1|+\frac{1}{x+1}+C$$

思考题 3.2

试说出分部积分法中选取$u(x)$和$v'(x)$的原则.

练习题 3.2

1．求下列不定积分.

（1）$\int (2x+1)^{50}\mathrm{d}x$　　（2）$\int \frac{1}{(2x+3)^2}\mathrm{d}x$

（3）$\int \frac{1}{\sqrt{4x+3}}\mathrm{d}x$　　（4）$\int \sin(5-4x)\mathrm{d}x$

（5）$\int \frac{x}{x^2+4}\mathrm{d}x$　　（6）$\int \frac{x-2}{x^2-4x-5}\mathrm{d}x$

（7）$\int \frac{\mathrm{e}^x}{\mathrm{e}^x+1}\mathrm{d}x$　　（8）$\int x\sqrt{4x^2-1}\mathrm{d}x$

（9）$\int \frac{\ln^2 x}{x}\mathrm{d}x$　　（10）$\int \frac{1}{x\ln x}\mathrm{d}x$

（11）$\int \mathrm{e}^x \cos \mathrm{e}^x\mathrm{d}x$　　（12）$\int \frac{1}{\sqrt{x}}\mathrm{e}^{\sqrt{x}}\mathrm{d}x$

（13）$\int \frac{1}{9-4x^2}\mathrm{d}x$　　（14）$\int \frac{1}{x^2}\sin\frac{1}{x}\mathrm{d}x$

（15）$\int \cos^3 x\sin x\mathrm{d}x$　　（16）$\int x\cos x^2\mathrm{d}x$

（17）$\int \frac{\sqrt{x^2-9}}{x}\mathrm{d}x$　　（18）$\int \frac{1}{1+\sqrt{1-x^2}}\mathrm{d}x$

（19）$\int \frac{x+1}{x^2-5x+6}\mathrm{d}x$　　（20）$\int \frac{x-3}{(2x+1)(x^2+x+1)}\mathrm{d}x$

2．求下列不定积分.

（1）$\int x\cos 4x\mathrm{d}x$　　（2）$\int x^2\cos x\mathrm{d}x$

（3）$\int x\mathrm{e}^x\mathrm{d}x$　　（4）$\int x\mathrm{e}^{-4x}\mathrm{d}x$

（5）$\int x^2\mathrm{e}^x\mathrm{d}x$　　（6）$\int x^2\sin x\mathrm{d}x$

（7）$\int x^2\ln x\mathrm{d}x$　　（8）$\int \ln(x^2+1)\mathrm{d}x$

（9）$\int \cos\sqrt{x}\mathrm{d}x$　　（10）$\int \mathrm{e}^x\cos 2x\mathrm{d}x$

3．已知 $f(x)$ 的原函数是 $\frac{\sin x}{x}$，求 $\int xf'(x)\mathrm{d}x$.

3.3　定积分的基本概念

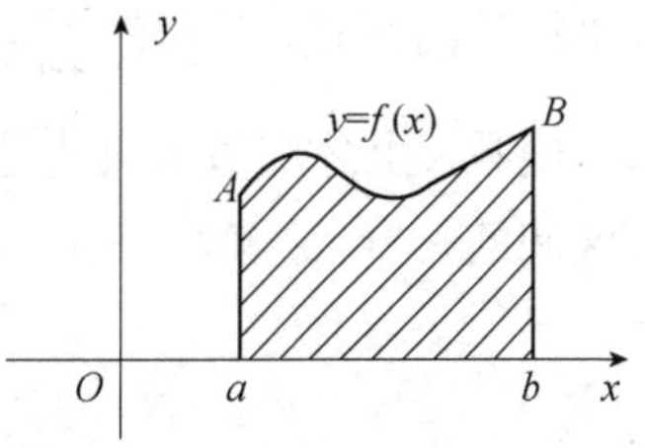

图 3-2

【引例】如何求曲边梯形的面积？

由连续曲线 $y=f(x)$（$f(x)\geqslant 0$）、直线 $x=a$ 、 $x=b$（ $a<b$ ）和 $y=0$（ x 轴）所围成的平面图形 $aABb$ 称为曲边梯形，如图 3-2 所示.

由于该形状有一条边为曲边，因此不能用初等数学知识计算其面积．可按以下方法计算曲边梯形的面积 A．

1．分割——分曲边梯形为 n 个小曲边梯形

任意选取分割点

$$a=x_0<x_1<x_2<\cdots<x_{n-1}<x_n=b$$

把区间 $[a,b]$ 分成 n 个小区间 $[x_0,x_1]$，$[x_1,x_2],\cdots,[x_{n-1},x_n]$，简记为

$$[x_{i-1},x_i]\ (i=1,2,\cdots,n)$$

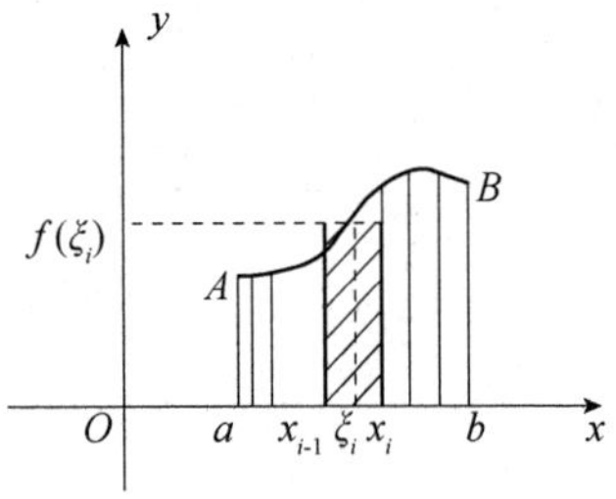

图 3-3

每个小区间的长度为

$$\Delta x_i=x_i-x_{i-1}\ (i=1,2,\cdots,n)$$

其中长度最长的小区间记为 $\Delta x=\max\limits_{1\leqslant i\leqslant n}\{\Delta x_i\}$．

过各分割点做 x 轴的垂线，这样，原曲边梯形就被分成 n 个小曲边梯形，如图 3-3 所示，第 i 个小曲边梯形的面积记为 ΔA_i（$i=1,2,\cdots,n$）．

2．近似代替——用小矩形的面积代替小曲边梯形的面积

在每一个小区间 $[x_{i-1},x_i]$（$i=1,2,\cdots,n$）内任选一点 ξ_i，用与小曲边梯形同底，以 $f(\xi_i)$ 为高的小矩形的面积 $f(\xi_i)\,\Delta x_i$ 近似代替小曲边梯形的面积，如图 3-3 所示，这时有

$$\Delta A_i\approx f(\xi_i)\Delta x_i\ (i=1,2,\cdots,n)$$

3．求和——求 n 个小矩形面积之和

n 个小矩形构成的阶梯形的面积为 $\sum\limits_{i=1}^{n}f(\xi_i)\Delta x_i$，是原曲边梯形面积的近似值，即

$$A=\sum_{i=1}^{n}\Delta A_i\approx\sum_{i=1}^{n}f(\xi_i)\Delta x_i$$

4．取极限——由近似值过渡到精确值

分割区间 $[a,b]$ 的分割点越多，即 n 越大，且每个小区间的长度 Δx_i 越短，即分割越细，阶梯形的面积，即和数 $\sum\limits_{i=1}^{n}f(\xi_i)\Delta x_i$ 与曲边梯形面积 A 的误差越小，但不管 n 多大，只要取为有限数，上述和数都只能是面积 A 的近似值，现将区间 $[a,b]$ 无限地分割下去，并使每个小区间的长度 Δx_i 都趋于 0，这时，和数的极限就是原曲边梯形面积的精确值，即

$$A=\lim_{\Delta x\to 0}\sum_{i=1}^{n}f(\xi_i)\Delta x_i$$

这样就得到了曲边梯形的面积．以上方法就是本节要讲的定积分．

定积分是高等数学的重要概念之一，它是从几何、物理等学科的某些具体问题中抽象

出来的，在各个领域中有着广泛的应用．不定积分是一个函数，定积分则是一个数值．由此引入定积分的定义．

3.3.1 定积分的定义

定义 3-3　设函数 $f(x)$ 在闭区间 $[a, b]$ 内有定义，用分割点

$$a = x_0 < x_1 < x_2 < \cdots < x_{n-1} < x_n = b$$

把区间 $[a, b]$ 任意分割成 n 个小区间 $[x_{i-1}, x_i]$（$i = 1, 2, \cdots, n$），其长度为

$$\Delta x_i = x_i - x_{i-1} \quad (i = 1, 2, \cdots, n)$$

并有

$$\Delta x = \max_{1 \leqslant i \leqslant n}\{\Delta x_i\}$$

在每个小区间 $[x_{i-1}, x_i]$ 内任取一点 ξ_i，乘积的和数为 $\sum_{i=1}^{n} f(\xi_i)\Delta x_i$．

当 $\Delta x \to 0$ 时，若上述和数的极限存在，且这个极限与区间 $[a,b]$ 的分割方法无关，与点 ξ_i 的取法无关，则称函数 $f(x)$ 在 $[a,b]$ 内是**可积的**，并称此极限值为函数 $f(x)$ 在 $[a,b]$ 内的**定积分**，简称为积分，记为 $\int_a^b f(x)\mathrm{d}x$，即

$$\int_a^b f(x)\mathrm{d}x = \lim_{\Delta x \to 0}\sum_{i=1}^{n} f(\xi_i)\Delta x_i$$

其中，$f(x)$ 称为**被积函数**；$f(x)\mathrm{d}x$ 称为**被积表达式**；x 称为**积分变量**；a 称为**积分下限**；b 称为**积分上限**；$[a,b]$ 称为**积分区间**．

说明：理解定积分的定义，应该注意以下几点．

（1）定积分 $\int_a^b f(x)\mathrm{d}x$ 表示一个数值，该数值取决于被积函数 $f(x)$ 和积分区间 $[a,\ b]$，而与积分变量用什么字母无关，即

$$\int_a^b f(x)\mathrm{d}x = \int_a^b f(t)\mathrm{d}t$$

（2）在定积分的定义中，总是假设 $a < b$．若 $b < a$，则

$$\int_a^b f(x)\mathrm{d}x = -\int_b^a f(x)\mathrm{d}x$$

即在颠倒积分上、下限时，必须改变定积分的符号，特别地，有

$$\int_a^a f(x)\mathrm{d}x = 0$$

关于函数的可积性，有以下定理．

定理 3-3　若函数 $f(x)$ 在区间 $[a,b]$ 内连续或 $f(x)$ 在区间 $[a,b]$ 内有界且只有有限个间断点，则 $f(x)$ 在 $[a,b]$ 内可积．

若函数 $f(x)$ 在区间 $[a,b]$ 内可积，则 $f(x)$ 在 $[a,b]$ 内有界，即无界函数一定不可积．

[**例 3-30**] 用定积分表示下列极限.

（1）$\lim\limits_{n\to\infty}\sum\limits_{i=1}^{n}\dfrac{n}{n^2+i^2}$　　　　（2）$\lim\limits_{n\to\infty}\sum\limits_{i=1}^{n}\dfrac{1}{n+i}$

解：（1）$\lim\limits_{n\to\infty}\sum\limits_{i=1}^{n}\dfrac{n}{n^2+i^2}=\lim\limits_{n\to\infty}\dfrac{1}{n}\sum\limits_{i=1}^{n}\dfrac{1}{1+\left(\dfrac{i}{n}\right)^2}=\int_0^1\dfrac{1}{1+x^2}\,\mathrm{d}x$

（2）$\lim\limits_{n\to\infty}\sum\limits_{i=1}^{n}\dfrac{1}{n+i}=\lim\limits_{n\to\infty}\dfrac{1}{n}\sum\limits_{i=1}^{n}\dfrac{1}{1+\dfrac{i}{n}}=\int_0^1\dfrac{1}{1+x}\mathrm{d}x$

扫一扫

微课：定积分的概念的相关知识

3.3.2　定积分的几何意义

按定积分的定义，由连续曲线 $y=f(x)$（$f(x)\geqslant 0$）、直线 $x=a$、$x=b$（$a<b$）和 x 轴所围成的曲边梯形如图 3-4 所示，其面积 A 是作为曲边函数的 $y=f(x)$ 在区间 $[a,b]$ 内的定积分，即

$$A=\int_a^b f(x)\mathrm{d}x$$

当 $f(x)\leqslant 0$ 时，由曲线 $y=f(x)$、直线 $x=a$、$x=b$（$a<b$）和 x 轴所围成的平面图形是倒挂在 x 轴上的曲边梯形，如图 3-5 所示，这时定积分 $\int_a^b f(x)\mathrm{d}x$ 在几何上表示该曲边梯形面积的负值，其面积 $A=-\int_a^b f(x)\mathrm{d}x$.

当 $f(x)$ 在区间 $[a,b]$ 内有正有负时，如图 3-6 所示，则定积分 $\int_a^b f(x)\,\mathrm{d}x$ 在几何上表示各个阴影部分面积的代数和，即

$$A=\int_a^c f(x)\mathrm{d}x-\int_c^d f(x)\mathrm{d}x+\int_d^b f(x)\mathrm{d}x$$

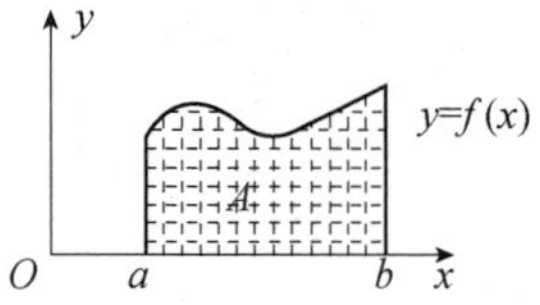

图 3-4

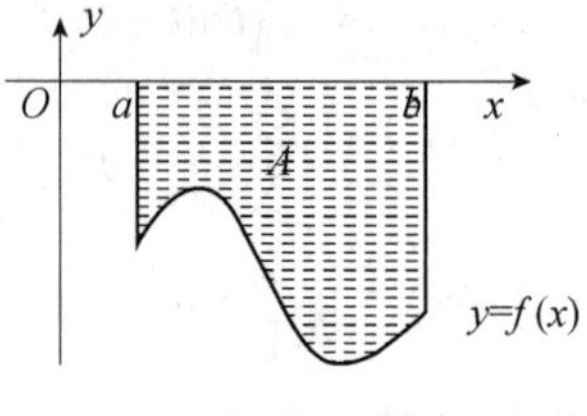

图 3-5

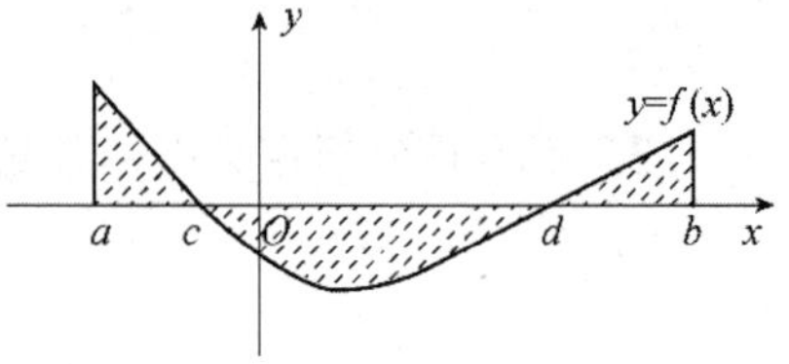

图 3-6

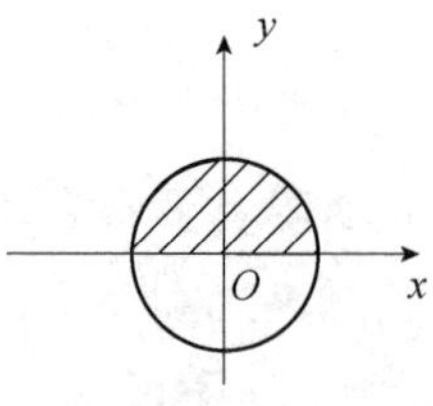

图 3-7

[**例 3-31**]用定积分的几何意义说明等式 $\int_{-1}^{1}\sqrt{1-x^2}\mathrm{d}x=\dfrac{\pi}{2}$ 成立.

解：曲线 $y=\sqrt{1-x^2}$，$x\in[-1,1]$ 是单位圆在 x 轴上方的部分，如图 3-7 所示．由定积分的几何意义可知，上半圆的面积正是函数 $y=\sqrt{1-x^2}$ 在区间 $[-1,1]$ 内的定积分；而上半圆的面积为 $\dfrac{\pi}{2}$．故有等式

$$\int_{-1}^{1}\sqrt{1-x^2}\,dx=\frac{\pi}{2}$$

对于对称区间上的奇偶函数求定积分，按定积分的几何意义，根据图像的几何对称性（见图 3-8）易得以下结论：在区间$[-a,a]$内，若$f(x)$是偶函数，即$f(-x)=f(x)$，则$\int_{-a}^{a}f(x)dx=2\int_{0}^{a}f(x)dx$；若$f(x)$是奇函数，即$f(-x)=-f(x)$，则$\int_{-a}^{a}f(x)dx=0$.

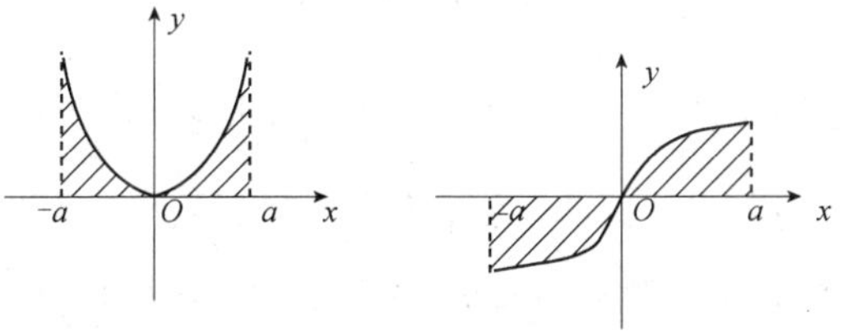

图 3-8

[**例 3-32**] **求**$\int_{-2}^{2}x^4\sin x dx$.

解：因为$x^4\sin x$为奇函数，所以$\int_{-2}^{2}x^4\sin x dx=0$.

3.3.3　定积分的性质

以下总假设所讨论的函数在给定的区间内是可积的；在进行几何说明时，假设所给函数是非负的.

性质 1　常数因子k可提到定积分符号前，即

$$\int_a^b kf(x)dx=k\int_a^b f(x)dx$$

性质 2　代数和的定积分等于定积分的代数和，即

$$\int_a^b[f(x)\pm g(x)]dx=\int_a^b f(x)dx\pm\int_a^b g(x)dx$$

这个性质还可以推广到有限多个函数的情形.

性质 3　**（定积分对积分区间的可加性）**

若积分区间$[a,b]$被点c分割成两个区间$[a,c]$和$[c,b]$，则

$$\int_a^b f(x)\,dx=\int_a^c f(x)\,dx+\int_c^b f(x)\,dx$$

注意：　性质 3 中的点c在$[a,b]$之外时，其结论仍成立．当$a<b<c$时，由于有

$$\int_a^c f(x)\,dx=\int_a^b f(x)\,dx+\int_b^c f(x)\,dx$$

因此得

$$\int_a^b f(x)\,dx=\int_a^c f(x)\,dx-\int_b^c f(x)\,dx=\int_a^c f(x)\,dx+\int_c^b f(x)\,dx$$

当$c<a<b$时，证法类似.

性质 4　若在区间$[a,b]$内，$f(x)\equiv1$，则有

$$\int_a^b 1dx=\int_a^b dx=b-a$$

性质 5 （**比较性质**）若函数 $f(x)$ 和 $g(x)$ 在区间 $[a,b]$ 内总有 $f(x)\leqslant g(x)$，则有

$$\int_a^b f(x)\mathrm{d}x\leqslant\int_a^b g(x)\mathrm{d}x$$

说明：若在同一积分区间内比较两个定积分的大小，只要比较被积函数的大小即可，特别地，有

$$\left|\int_a^b f(x)\mathrm{d}x\right|\leqslant\int_a^b |f(x)|\mathrm{d}x\ (a<b)$$

性质 6 （**估值定理**）如果函数 $f(x)$ 在区间 $[a,b]$ 内的最大值为 M，最小值为 m，那么 $m(b-a)\leqslant\int_a^b f(x)\mathrm{d}x\leqslant M(b-a)$．

性质 7 （**积分中值定理**）如果函数 $f(x)$ 在区间 $[a,b]$ 内连续，那么在 $[a,b]$ 内至少存在一点 ξ，使 $\int_a^b f(x)\mathrm{d}x=f(\xi)(b-a)$（$a\leqslant\xi\leqslant b$）．

性质 7 的几何意义：由曲线 $y=f(x)$、直线 $x=a$、$x=b$（$a<b$）和 x 轴所围成的曲边梯形面积等于区间 $[a,b]$ 内某个矩形面积，这个矩形的底为区间 $[a,b]$，高为区间 $[a,b]$ 内某点 ξ 处的函数值 $f(\xi)$，如图 3-9 所示．

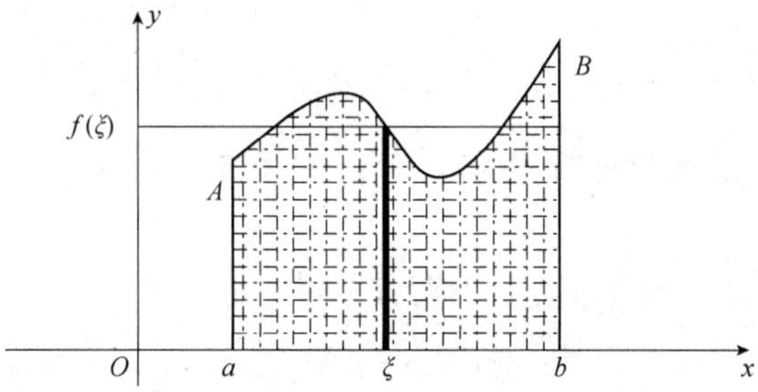

图 3-9

由定理得

$$f(\xi)=\frac{1}{b-a}\int_a^b f(x)\mathrm{d}x$$

该值称为函数 $f(x)$ 在区间 $[a,b]$ 内的平均值．

［**例 3-33**］可以通过几何图形验证以下等式．

（1）$\int_0^1(2+3x)\mathrm{d}x=\int_0^1 2\mathrm{d}x+\int_0^1 3x\mathrm{d}x=2+\frac{3}{2}=\frac{7}{2}$

（2）$\int_0^{2\pi}\sin x\mathrm{d}x=\int_0^{\pi}\sin x\mathrm{d}x+\int_{\pi}^{2\pi}\sin x\mathrm{d}x=A+(-A)=0$（$A$ 为 $\int_0^{\pi}\sin x\mathrm{d}x$ 所表示的积分图形面积）

［**例 3-34**］比较下列积分的大小．

（1）$\int_1^2\ln x\mathrm{d}x$ 与 $\int_1^2\ln^2 x\mathrm{d}x$

（2）$\int_0^1\mathrm{e}^x\mathrm{d}x$ 与 $\int_0^1\mathrm{e}^{x^2}\mathrm{d}x$

解：（1）在区间[1,2]内，因为$0\leqslant \ln x\leqslant 1$，所以$\ln x\geqslant \ln^2 x$，则

$$\int_1^2 \ln x\mathrm{d}x\geqslant\int_1^2 \ln^2 x\mathrm{d}x$$

（2）在区间[0,1]内，因为$x\geqslant x^2$，而e^x是增函数，即$\mathrm{e}^x\geqslant \mathrm{e}^{x^2}$，则

$$\int_0^1 \mathrm{e}^x\mathrm{d}x\geqslant\int_0^1 \mathrm{e}^{x^2}\mathrm{d}x$$

［例 3-35］估计定积分$\int_{-1}^1 \mathrm{e}^x\mathrm{d}x$的值的范围.

解：因为函数$y=\mathrm{e}^x$在$[-1,1]$内单调增大，所以其最大值为e，最小值为$\frac{1}{\mathrm{e}}$，由估值定理有$\frac{2}{\mathrm{e}}\leqslant\int_{-1}^1 \mathrm{e}^x\mathrm{d}x\leqslant 2\mathrm{e}$.

［例 3-36］求函数$y=\sin x$在区间$[0,\pi]$内的平均值.

解：平均值为$\frac{1}{\pi-0}\int_0^\pi \sin x\mathrm{d}x=\frac{2}{\pi}$.

思考题 3.3

定积分$\int_a^b f(x)\mathrm{d}x$的几何意义是由曲线$y=f(x)$、直线$x=a$、$x=b$（$a<b$）和x轴所围成的曲边梯形的面积，这句话对吗？

练习题 3.3

1．填空题.

（1）用定积分表示$\lim\limits_{n\to\infty}\frac{1}{n}\left(\frac{1}{n}+\frac{2}{n}+\cdots+\frac{n}{n}\right)=$__________.

（2）$\frac{\mathrm{d}}{\mathrm{d}x}\int_a^b f(x)\mathrm{d}x=$__________.

（3）设$f(x)$在$[a,b]$内连续，则$\int_a^b f(x)\mathrm{d}x-\int_a^b f(t)\mathrm{d}t=$__________.

2．用几何图形说明下列各式是否正确.

（1）$\int_0^\pi \sin x\mathrm{d}x>0$　　（2）$\int_0^\pi \cos x\mathrm{d}x>0$

（3）$\int_0^1 x\mathrm{d}x=\frac{1}{2}$　　（4）$\int_0^a \sqrt{a^2-x^2}\mathrm{d}x=\frac{\pi}{4}a^2$（$a>0$）

3．利用定积分的几何意义求下列定积分的值.

（1）$\int_{-1}^1 \sqrt{1-x^2}\mathrm{d}x$　　（2）$\int_0^1 3x\mathrm{d}x$　　（3）$\int_{-1}^1 x\mathrm{d}x$　　（4）$\int_{-\pi}^\pi \sin x\mathrm{d}x$

4．利用定积分的性质，判别下列各式是否正确.

（1）$\int_0^1 x\mathrm{d}x\leqslant\int_0^1 x^2\mathrm{d}x$　　（2）$\int_0^{\frac{\pi}{2}} x\mathrm{d}x\leqslant\int_0^{\frac{\pi}{2}} \sin x\mathrm{d}x$

（3）$\int_1^2 x^2\mathrm{d}x \leqslant \int_1^2 x^3\mathrm{d}x$　　（4）$\int_0^{\frac{\pi}{4}} \sin x\mathrm{d}x \leqslant \int_0^{\frac{\pi}{4}} \cos x\mathrm{d}x$

5．估计定积分 $\int_0^1 (1+x^2)\mathrm{d}x$ 的值的范围．

6．计算函数 $y=x$ 在区间 $[-2,2]$ 内的平均值，并求出当 x 在区间 $[-2,2]$ 内取何值时函数值恰等于该平均值．

3.4　微积分基本定理与定积分的计算

上一节介绍了定积分的基本概念，若直接利用定义计算定积分，则可能会很困难．因此，必须寻求一种计算定积分的简便而有效的方法．由牛顿和莱布尼茨提出的微积分基本定理则把定积分和不定积分两个不同的概念联系起来，解决了定积分的计算问题．

3.4.1　微积分基本定理

定理 3-4　若函数 $f(x)$ 在区间 $[a,b]$ 内连续，$F(x)$ 是 $f(x)$ 在 $[a,b]$ 内的一个原函数，则

$$\int_a^b f(x)\mathrm{d}x = F(b)-F(a) = F(x)\Big|_a^b$$

上式称为牛顿-莱布尼茨公式，它是微积分学中的一个基本公式．通常用 $F(x)\Big|_a^b$ 表示 $F(b)-F(a)$．

该公式的证明过程省略，感兴趣的读者可自行查阅相关资料．下面通过具体的例题计算一些简单的定积分．

扫一扫

微课：微积分基本定理的相关知识

[**例 3-37**] 求 $\int_0^1 x^2\mathrm{d}x$．

解：因为 $\left(\frac{1}{3}x^3\right)' = x^2$，所以根据牛顿-莱布尼茨公式得

$$\int_0^1 x^2\mathrm{d}x = \frac{1}{3}x^3\Big|_0^1 = \frac{1}{3}-0=\frac{1}{3}$$

[**例 3-38**] 求定积分 $\int_{-1}^3 |x-2|\mathrm{d}x$．

解：将被积函数中的绝对值符号去掉，因为

$$|x-2| = \begin{cases} 2-x & -1 \leqslant x \leqslant 2 \\ x-2 & 2 < x \leqslant 3 \end{cases}$$

所以有

$$\int_{-1}^3 |x-2|\mathrm{d}x = \int_{-1}^2 (2-x)\mathrm{d}x + \int_2^3 (x-2)\mathrm{d}x = \left(2x-\frac{1}{2}x^2\right)\Big|_{-1}^2 + \left(\frac{1}{2}x^2-2x\right)\Big|_2^3 = \frac{9}{2}+\frac{1}{2}=5$$

在计算定积分时，有时候不能直接找出原函数，需要利用基本初等函数的运算性质，先将被积函数进行恒等变形，再对其进行计算.

［例 3-39］求 $\int_0^{\pi} 4\sin\frac{x}{2}\cos\frac{x}{2}\mathrm{d}x$.

解：

$$\text{原式}=\int_0^{\pi} 2\sin x\mathrm{d}x=2\int_0^{\pi}\sin x\mathrm{d}x=2(-\cos x)\Big|_0^{\pi}=2(-\cos\pi+\cos 0)=4$$

［例 3-40］求 $\int_4^9 \sqrt{x}\left(1+2\sqrt{x}\right)\mathrm{d}x$.

解：

$$\text{原式}=\int_4^9\left(x^{\frac{1}{2}}+2x\right)\mathrm{d}x=\left(\frac{2}{3}x^{\frac{3}{2}}+x^2\right)\Bigg|_4^9=\left(\frac{2}{3}\cdot 3^3+9^2\right)-\left(\frac{2}{3}\cdot 2^3+4^2\right)=\frac{233}{3}$$

［例 3-41］求 $\int_0^1 2^x\cdot 3^x\cdot 4^x\mathrm{d}x$.

解：

$$\text{原式}=\int_0^1 (2\cdot 3\cdot 4)^x\mathrm{d}x=\int_0^1 24^x\mathrm{d}x=\frac{24^x}{\ln 24}\Bigg|_0^1=\frac{1}{\ln 24}\left(24^1-24^0\right)=\frac{23}{\ln 24}$$

前面介绍了用换元积分法和分部积分法求已知函数的原函数，而在用牛顿–莱布尼茨公式计算定积分时，就是要求出被积函数的一个原函数．因此，在计算某些定积分时也要使用这种方法.

3.4.2　定积分的换元积分法

定理 3-5　若函数 $f(x)$ 在区间 $[a,b]$ 内连续，设 $x=\varphi(t)$ ，若其满足以下条件：

（1）$\varphi(t)$ 是区间 $[\alpha,\beta]$ 内的单调连续函数.

（2）$\varphi(\alpha)=a$ ，$\varphi(\beta)=b$.

（3）$\varphi(t)$ 在区间 $[\alpha,\beta]$ 内有连续的导数 $\varphi'(t)$.

则有 $\int_a^b f(x)\mathrm{d}x \xlongequal{x=\varphi(t)} \int_\alpha^\beta f(\varphi(t))\varphi'(t)\mathrm{d}t$.

扫一扫

微课：定积分的换元积分法的相关知识

［例 3-42］求 $\int_0^1 \frac{x}{1+x^2}\mathrm{d}x$.

解： 按不定积分的第一类换元积分法，设 $u=1+x^2$ ，则 $\mathrm{d}u=2x\mathrm{d}x$. 当 $x=0$ 时，$u=1$；当 $x=1$ 时，$u=2$ ，于是有

$$I=\frac{1}{2}\int_1^2\frac{1}{u}\mathrm{d}u=\frac{1}{2}\ln u\Bigg|_1^2=\frac{1}{2}\ln 2$$

若不写出新的积分变量，则无须换限，可写为

$$\int_0^1\frac{x}{1+x^2}\mathrm{d}x=\frac{1}{2}\int_0^1\frac{1}{1+x^2}\mathrm{d}(1+x^2)=\frac{1}{2}\ln(1+x^2)\Bigg|_0^1=\frac{1}{2}\ln 2$$

［例 3-43］求 $\int_0^1 2x\mathrm{e}^{x^2}\mathrm{d}x$.

解： 取 $u=x^2$ ，则 $\mathrm{d}u=2x\mathrm{d}x$ ，当 $x=0$ 时，$u=0$ ；当 $x=1$ 时，$u=1$ ，于是有

$$\int_0^1 2xe^{x^2}\mathrm{d}x = \int_0^1 e^u \mathrm{d}u = e^u \Big|_0^1 = e - 1$$

［例 3-44］求 $\int_{\frac{1}{\pi}}^{\frac{2}{\pi}} \frac{1}{x^2}\sin\frac{1}{x}\mathrm{d}x$.

解： 按不定积分的第一类换元积分法，有

$$\int_{\frac{1}{\pi}}^{\frac{2}{\pi}} \frac{1}{x^2}\sin\frac{1}{x}\mathrm{d}x = -\int_{\frac{1}{\pi}}^{\frac{2}{\pi}}\sin\frac{1}{x}\mathrm{d}\left(\frac{1}{x}\right) = \cos\frac{1}{x}\Big|_{\frac{1}{\pi}}^{\frac{2}{\pi}} = \cos\frac{\pi}{2} - \cos\pi = 1$$

若用新的积分变量，则令 $u = \frac{1}{x}$，$\mathrm{d}u = -\frac{1}{x^2}\mathrm{d}x$，当 $x = \frac{1}{\pi}$ 时，$u = \pi$；当 $x = \frac{2}{\pi}$ 时，$u = \frac{\pi}{2}$，于是有

$$\int_{\frac{1}{\pi}}^{\frac{2}{\pi}} \frac{1}{x^2}\sin\frac{1}{x}\mathrm{d}x = -\int_{\pi}^{\frac{\pi}{2}}\sin u\mathrm{d}u = \cos u\Big|_{\pi}^{\frac{\pi}{2}} = \cos\frac{\pi}{2} - \cos\pi = 1$$

［例 3-45］求 $\int_0^4 \frac{1}{1+\sqrt{x}}\mathrm{d}x$.

解： 取 $\sqrt{x} = t$，则 $x = t^2$，$\mathrm{d}x = 2t\mathrm{d}t$，当 $x = 0$ 时，$t = 0$；当 $x = 4$ 时，$t = 2$，于是有

$$\int_0^4 \frac{1}{1+\sqrt{x}}\mathrm{d}x = \int_0^2 \frac{2t}{1+t}\mathrm{d}t = \int_0^2\left(2 - \frac{2}{1+t}\right)\mathrm{d}t$$

$$= 2t\Big|_0^2 - 2\ln(1+t)\Big|_0^2 = 4 - 2\ln 3 = 4 - \ln 9$$

［例 3-46］求 $\int_0^1 \frac{\ln(x+1)}{\sqrt{x+1}}\mathrm{d}x$.

解： 令 $t = \sqrt{x+1}$，则 $x = t^2 - 1$，$\mathrm{d}x = 2t\mathrm{d}t$ 有

$$\int_0^1 \frac{\ln(x+1)}{\sqrt{x+1}}\mathrm{d}x = \int_1^{\sqrt{2}} \frac{\ln t^2}{t}\cdot 2t\mathrm{d}t = 2\int_1^{\sqrt{2}}\ln t^2\mathrm{d}t = 2\left(t\ln t^2\Big|_1^{\sqrt{2}} - \int_1^{\sqrt{2}} t\cdot\frac{1}{t^2}\cdot 2t\mathrm{d}t\right)$$

$$= 2\left(t\ln t^2\Big|_1^{\sqrt{2}} - 2\int_1^{\sqrt{2}}\mathrm{d}t\right) = 2\left[\sqrt{2}\ln 2 - 2\left(\sqrt{2}-1\right)\right] = 2\sqrt{2}\ln 2 - 4\left(\sqrt{2}-1\right)$$

［例 3-47］求 $\int_0^2 x^2\sqrt{4-x^2}\mathrm{d}x$.

解： 令 $x = 2\sin t$，$t\in\left[0,\frac{\pi}{2}\right]$，$\mathrm{d}x = 2\cos t\mathrm{d}t$，有

$$\int_0^2 x^2\sqrt{4-x^2}\mathrm{d}x = \int_0^{\frac{\pi}{2}} 16\sin^2 t\cos^2 t\mathrm{d}t = \int_0^{\frac{\pi}{2}} 4\sin^2 2t\mathrm{d}t$$

$$= \int_0^{\frac{\pi}{2}}(2 - 2\cos 4t)\mathrm{d}t = \left(2t - \frac{\sin 4t}{2}\right)\Big|_0^{\frac{\pi}{2}} = \pi$$

［例 3-48］计算定积分 $\int_{-2}^{2} f(x-1)\,\mathrm{d}x$，其中 $f(x)=\begin{cases}\dfrac{1}{x+1} & x\geqslant 0\\ \dfrac{1}{\mathrm{e}^x} & x<0\end{cases}$.

解：

$$\int_{-2}^{2} f(x-1)\mathrm{d}x \xlongequal{t=x-1} \int_{-3}^{1} f(t)\mathrm{d}t$$

$$=\int_{-3}^{0} f(t)\mathrm{d}t+\int_{0}^{1} f(t)\mathrm{d}t=\int_{-3}^{0}\mathrm{e}^{-t}\mathrm{d}t+\int_{0}^{1}\frac{1}{t+1}\mathrm{d}t$$

$$=(-\mathrm{e}^{-t})\big|_{-3}^{0}+\ln(t+1)\big|_{0}^{1}=\mathrm{e}^3+\ln 2-1$$

［例 3-49］求 $\int_0^2 \frac{1}{(x+1)(x+4)}\mathrm{d}x$.

解：

$$\int_0^2 \frac{1}{(x+1)(x+4)}\mathrm{d}x=\frac{1}{3}\int_0^2\left(\frac{1}{x+1}-\frac{1}{x+4}\right)\mathrm{d}x=\frac{1}{3}\int_0^2\frac{1}{x+1}\mathrm{d}x-\frac{1}{3}\int_0^2\frac{1}{x+4}\mathrm{d}x$$

$$=\frac{1}{3}\ln|x+1|\big|_0^2-\frac{1}{3}\ln|x+4|\big|_0^2$$

$$=\frac{1}{3}(\ln 3-0)-\frac{1}{3}(\ln 6-\ln 4)=\frac{1}{3}\ln 2$$

3.4.3　定积分的分部积分法

设函数 $u=u(x)$， $v=v(x)$ 在区间 $[a,b]$ 内有连续的导数，则有

$$\int_a^b uv'\mathrm{d}x=uv\Big|_a^b-\int_a^b u'v\mathrm{d}x \text{ 或 } \int_a^b u\mathrm{d}v=uv\Big|_a^b-\int_a^b v\mathrm{d}u$$

这就是定积分的分部积分公式.

扫一扫

微课：定积分的分部积分法的相关知识

［例 3-50］求 $\int_0^1 x\mathrm{e}^{2x}\mathrm{d}x$.

解一：令 $u=x$， $v'=\mathrm{e}^{2x}$，则 $u'=1$， $v=\frac{1}{2}\mathrm{e}^{2x}$，有

$$\int_0^1 x\mathrm{e}^{2x}\mathrm{d}x=x\frac{1}{2}\mathrm{e}^{2x}\Big|_0^1-\int_0^1\frac{1}{2}\mathrm{e}^{2x}\mathrm{d}x=\frac{1}{2}\mathrm{e}^2-\frac{1}{4}\mathrm{e}^{2x}\Big|_0^1=\frac{1}{2}\mathrm{e}^2-\frac{1}{4}(\mathrm{e}^2-1)=\frac{1}{4}(\mathrm{e}^2+1)$$

解二：

$$\int_0^1 x\mathrm{e}^{2x}\mathrm{d}x=\int_0^1 x\mathrm{d}\left(\frac{1}{2}\mathrm{e}^{2x}\right)=x\frac{1}{2}\mathrm{e}^{2x}\Big|_0^1-\int_0^1\frac{1}{2}\mathrm{e}^{2x}\mathrm{d}=\frac{1}{2}\mathrm{e}^2-\frac{1}{4}\mathrm{e}^{2x}\Big|_0^1=\frac{1}{4}(\mathrm{e}^2+1)$$

［例 3-51］求 $\int_0^{\pi} x\sin 2x\mathrm{d}x$.

解：因为 $x\sin 2x\mathrm{d}x=x\mathrm{d}\left(-\frac{1}{2}\cos 2x\right)$，所以有

$$\int_0^{\pi} x\sin 2x\mathrm{d}x=-\frac{1}{2}\int_0^{\pi} x\mathrm{d}(\cos 2x)=-\frac{1}{2}\cos 2x\cdot x\Big|_0^{\pi}+\int_0^{\pi}\frac{1}{2}\cos 2x\mathrm{d}x=-\frac{\pi}{2}+\frac{1}{4}\sin 2x\Big|_0^{\pi}=-\frac{\pi}{2}$$

［例 3-52］求$\int_0^{\sqrt{\ln 2}} x^3 e^{x^2} dx$.

解：因为$2xe^{x^2}dx = de^{x^2}$，所以有

$$\int_0^{\sqrt{\ln 2}} x^3 e^{x^2} dx = \frac{1}{2}\int_0^{\sqrt{\ln 2}} x^2 de^{x^2} = \frac{1}{2}x^2 e^{x^2}\Big|_0^{\sqrt{\ln 2}} - \frac{1}{2}\int_0^{\sqrt{\ln 2}} e^{x^2} dx^2 = \ln 2 - \frac{1}{2}e^{x^2}\Big|_0^{\sqrt{\ln 2}} = \ln 2 - \frac{1}{2}$$

［例 3-53］求$\int_1^2 x^2 \ln x dx$.

解：因为$x^2 \ln x dx = \ln x d\left(\frac{1}{3}x^3\right)$，所以有

$$\int_1^2 x^2 \ln x dx = \int_1^2 \ln x d\left(\frac{1}{3}x^3\right) = \frac{1}{3}x^3 \ln x\Big|_1^2 - \int_1^2 \frac{1}{3}x^3 d(\ln x) = \frac{8}{3}\ln 2 - \frac{1}{9}x^3\Big|_1^2 = \frac{8}{3}\ln 2 - \frac{7}{9}$$

3.4.4 有关定积分的结论

1．利用函数的奇偶性求定积分

$$\int_{-a}^{a} f(x)\,dx = \begin{cases} 2\int_0^a f(x)\,dx & f(x)\text{为偶函数} \\ 0 & f(x)\text{为奇函数} \end{cases}$$

［例 3-54］求$\int_{-\frac{1}{4}}^{\frac{1}{4}} \ln\frac{1-x}{1+x} dx$.

解：因为$\ln\frac{1-x}{1+x}$是奇函数，所以$\int_{-\frac{1}{4}}^{\frac{1}{4}} \ln\frac{1-x}{1+x} dx = 0$.

［例 3-55］求$\int_{-1}^{1} (x^2 + 3x + \sin x \cos^2 x)dx$.

解：因为$3x$与$\sin x \cos^2 x$都是在对称区间$[-1,1]$内的奇函数，所以有

$$\int_{-1}^{1} 3x dx = 0，\int_{-1}^{1} \sin x \cos^2 x dx = 0$$

$$\int_{-1}^{1} (x^2 + 3x + \sin x \cos^2 x)dx = \int_{-1}^{1} x^2 dx = 2\int_0^1 x^2 dx = \frac{2}{3}x^3\Big|_0^1 = \frac{2}{3}$$

2．利用函数的周期性求解定积分

若$f(x)$是连续的周期函数，周期为T，则有以下两个特性.

（1）$\int_a^{a+T} f(x)\,dx = \int_0^T f(x)dx$.

（2）$\int_a^{a+nT} f(x)\,dx = n\int_0^T f(x)dx$（$n \in \mathbf{N}$）.

［例 3-56］计算$\int_0^{2022\pi} \sqrt{1-\cos^2 x} dx$.

解：由于$\sqrt{1-\cos^2 x}$是以π为周期的周期函数，因此利用上述结论，有

$$\int_0^{2022\pi} \sqrt{1-\cos^2 x} dx = 2022\int_0^{\pi} \sqrt{1-\cos^2 x} dx = 2022\int_0^{\pi} |\sin x| dx$$

$$= 2022\int_0^{\pi} \sin x\mathrm{d}x = 2022\cdot[-\cos x]_0^{\pi} = 2022\cdot(1-(-1)) = 4044$$

[**例 3-57**] 若 $f(x)$ 在 $[0,1]$ 内连续，证明 $\int_0^{\frac{\pi}{2}} f(\sin x)\mathrm{d}x = \int_0^{\frac{\pi}{2}} f(\cos x)\mathrm{d}x$.

证明： 设 $t=\dfrac{\pi}{2}-x$，则 $x=\dfrac{\pi}{2}-t$， $\mathrm{d}x=-\mathrm{d}t$. 当 $x=0$ 时， $t=\dfrac{\pi}{2}$；当 $x=\dfrac{\pi}{2}$ 时 $t=0$.

$$\text{左边} = \int_{\frac{\pi}{2}}^{0} f\left[\sin\left(\frac{\pi}{2}-t\right)\right](-\mathrm{d}t) = \int_0^{\frac{\pi}{2}} f(\cos t)\mathrm{d}t = \int_0^{\frac{\pi}{2}} f(\cos x)\mathrm{d}x = \text{右边}$$

思考题 3.4

使用定积分的换元积分法时应注意什么？

练习题 3.4

1．填空题.

（1）定积分 $\int_{-1}^{1}\dfrac{x}{1+x^2}\mathrm{d}x =$ __________ .

（2）定积分 $\int_{\frac{1}{2}}^{1}\dfrac{1}{x^2}\mathrm{e}^{\frac{1}{x}}\mathrm{d}x =$ __________ .

2．设函数 $f(x)=\begin{cases}1+x^2 & 0\leqslant x\leqslant 1\\ 2-x & 1\leqslant x\leqslant 2\end{cases}$，求 $\int_0^2 f(x)\mathrm{d}x$.

3．求下列定积分.

（1） $\int_0^{\pi}(x-\pi)\cos x\mathrm{d}x$　（2） $\int_0^1\dfrac{x^2}{1+x^2}\mathrm{d}x$　（3） $\int_0^{\pi}(1-\sin^3 x)\mathrm{d}x$

（4） $\int_1^9\dfrac{1}{x+\sqrt{x}}\mathrm{d}x$　（5） $\int_0^1 x^2\sqrt{1-x^2}\mathrm{d}x$　（6） $\int_0^{\frac{\pi}{2}}\cos^5 x\sin x\mathrm{d}x$

（7） $\int_1^4\dfrac{\sqrt{x-1}}{x}\mathrm{d}x$　（8） $\int_0^4\dfrac{1}{1+\sqrt{x}}\mathrm{d}x$　（9） $\int_0^{\frac{\pi}{2}}\sin 2x\mathrm{d}x$

（10） $\int_0^1 x\mathrm{e}^x\mathrm{d}x$　（11） $\int_1^{\mathrm{e}}\ln x\mathrm{d}x$　（12） $\int_0^3\dfrac{x}{\sqrt{1+x}}\mathrm{d}x$

知识拓展

3.5　变上限的定积分与广义积分

3.5.1　变上限的定积分

设函数 $f(x)$ 在区间 $[a,b]$ 内连续，若 $x\in[a,b]$，由定理 3-3 可知定积分 $\int_a^x f(x)\mathrm{d}x$ 存在. 在

该式中，x 既表示积分变量，又表示积分上限，为区别起见，把积分变量换成字母 t，改写为

$$\int_a^x f(t)\mathrm{d}t,\ \ x\in[a,b]$$

上式可看作积分上限 x 的函数，其定义域是区间 $[a,b]$，记为 $\Phi(x)$，即

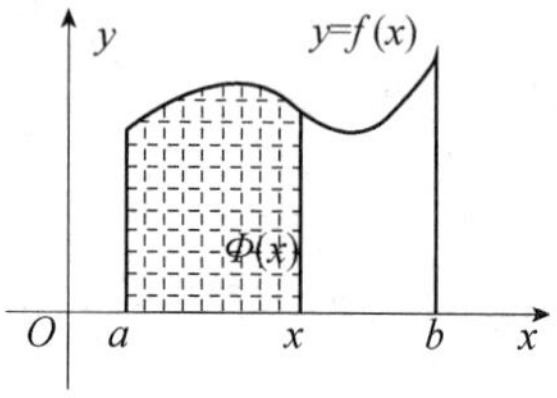

图 3-10

$$\Phi(x)=\int_a^x f(t)\mathrm{d}t,\ \ x\in[a,b]$$

通常称上式为变上限的定积分.

$\Phi(x)$ 的几何意义是右侧直线可移动的曲边梯形的面积，当 x 给定后，面积 $\Phi(x)$ 也随之给定.

如图 3-10 所示，曲边梯形的面积 $\Phi(x)$ 随 x 位置的变动而改变，且 x 确定后，面积 $\Phi(x)$ 也随之确定.

定理 3-6　（原函数存在定理） 若函数 $f(x)$ 在区间 $[a,b]$ 内连续，则函数

$$\Phi(x)=\int_a^x f(t)\mathrm{d}t,\ \ x\in[a,b]$$

在区间 $[a,b]$ 内可导，并且它的导数为

$$\Phi'(x)=\frac{\mathrm{d}}{\mathrm{d}x}\int_a^x f(t)\mathrm{d}t=f(x),\ \ x\in[a,b]$$

证明： 设 $x\in(a,b)$，并设 x 获得增量 Δx，使得 $x+\Delta x\in[a,b]$，由函数 $\Phi(x)$ 的定义，有

$$\Phi(x+\Delta x)=\int_a^{x+\Delta x} f(t)\mathrm{d}t$$

则

$$\begin{aligned}\Delta\Phi=\Phi(x+\Delta x)-\Phi(x)&=\int_a^{x+\Delta x} f(t)\mathrm{d}t-\int_a^x f(t)\mathrm{d}t=\int_x^{x+\Delta x} f(t)\mathrm{d}t\\&=f(\xi)\Delta x,\ \ \xi\in(x,x+\Delta x)\end{aligned}$$

所以有

$$\Phi'(x)=\lim_{\Delta x\to 0}\frac{\Delta\Phi}{\Delta x}=\lim_{\Delta x\to 0}f(\xi)=\lim_{\xi\to x}f(\xi)=f(x)$$

该定理的重要意义：

（1）积分上限的函数 $\Phi(x)=\int_a^x f(t)\mathrm{d}t$ 就是 $f(x)$ 在区间 $[a,b]$ 内的一个原函数，这肯定了连续函数的原函数是存在的.

（2）初步揭示了积分学中的定积分与原函数之间的联系.

推论：设 $f(x)$ 为连续函数，$u(x)$、$v(x)$ 均为可导函数，且可复合出 $f[u(x)]$与$f[v(x)]$，则

$$\frac{\mathrm{d}}{\mathrm{d}x}\int_{v(x)}^{u(x)} f(t)\,\mathrm{d}t=f[u(x)]u'(x)-f[v(x)]v'(x)$$

［**例 3-58**］求下列函数变限函数的导数.

（1）$\dfrac{\mathrm{d}}{\mathrm{d}x}\int_2^x\sqrt{1+t^2}\,\mathrm{d}t$　　　　（2）$\dfrac{\mathrm{d}}{\mathrm{d}x}\int_x^5\dfrac{2t}{3+2t+t^2}\,\mathrm{d}t$

（3）$\dfrac{\mathrm{d}}{\mathrm{d}x}\int_{x^2}^{1+x}\mathrm{e}^{xt}\mathrm{d}t$　　　　（4）$\dfrac{\mathrm{d}}{\mathrm{d}x}\int_{x}^{x^2}(x-t)\sin t\mathrm{d}t$

解：　　（1）$\dfrac{\mathrm{d}}{\mathrm{d}x}\int_{2}^{x}\sqrt{1+t^2}\mathrm{d}t=\sqrt{1+x^2}$

（2）将变下限积分化为变上限积分，即

$$\int_x^5\frac{2t}{3+2t+t^2}\mathrm{d}t=-\int_5^x\frac{2t}{3+2t+t^2}\mathrm{d}t$$

于是有

$$\frac{\mathrm{d}}{\mathrm{d}x}\int_x^5\frac{2t}{3+2t+t^2}\mathrm{d}t=-\frac{\mathrm{d}}{\mathrm{d}x}\int_5^x\frac{2t}{3+2t+t^2}\mathrm{d}t=-\left(\int_5^x\frac{2t}{3+2t+t^2}\mathrm{d}t\right)'=-\frac{2x}{3+2x+x^2}$$

（3）**解：**

$$\frac{\mathrm{d}}{\mathrm{d}x}\int_{x^2}^{1+x}\mathrm{e}^{xt}\mathrm{d}t\overset{u=xt}{=\!=\!=}\frac{\mathrm{d}}{\mathrm{d}x}\left(\frac{1}{x}\int_{x^3}^{x+x^2}\mathrm{e}^u\mathrm{d}u\right)$$

$$=-\frac{1}{x^2}\int_{x^3}^{x+x^2}\mathrm{e}^u\mathrm{d}u+\left[\mathrm{e}^{x+x^2}\cdot\left(x+x^2\right)'-\mathrm{e}^{x^3}\cdot\left(x^3\right)'\right]\frac{1}{x}$$

$$=-\frac{1}{x^2}\int_{x^3}^{x+x^2}\mathrm{e}^u\mathrm{d}u+\frac{\mathrm{e}^{x+x^2}\cdot(1+2x)-\mathrm{e}^{x^3}\cdot\left(3x^2\right)}{x}$$

（4）**解：**

$$\text{原式}=\frac{\mathrm{d}}{\mathrm{d}x}\left(\int_x^{x^2}x\sin t\mathrm{d}t-\int_x^{x^2}t\sin t\mathrm{d}t\right)$$

$$=\frac{\mathrm{d}}{\mathrm{d}x}x\int_x^{x^2}\sin t\mathrm{d}t-\frac{\mathrm{d}}{\mathrm{d}x}\int_x^{x^2}t\sin t\mathrm{d}t$$

$$=\int_x^{x^2}\sin t\mathrm{d}t+x\left(\sin x^2\cdot 2x-\sin x\right)-\left(x^2\sin x^2\cdot 2x-x\sin x\right)$$

$$=\int_x^{x^2}\sin t\mathrm{d}t+\sin x^2\cdot 2x^2-2x^3\sin x^2$$

［例 3-59］设 $\varPhi(x)=\int_0^{x^2}\ln(1+t^2)\mathrm{d}t$，求 $\varPhi'(x)$ 及 $\varPhi'(1)$．

解：

$$\varPhi'(x)=\left[\int_0^{x^2}\ln(1+t^2)\mathrm{d}t\right]'=\ln\left[1+\left(x^2\right)^2\right]\cdot\left(x^2\right)'=2x\ln(1+x^4)$$

$$\varPhi'(1)=2x\ln(1+x^4)\Big|_{x=1}=2\ln 2$$

［例 3-60］求 $\lim\limits_{x\to 0}\dfrac{\int_0^{3x}\ln(1+t)\mathrm{d}t}{x^2}$．

解：这是一个 $\dfrac{0}{0}$ 型的未定式，由洛必达法则，有

$$\lim_{x\to 0}\frac{\int_0^{3x}\ln(1+t)\mathrm{d}t}{x^2}=\lim_{x\to 0}\frac{\ln(1+3x)\cdot 3}{2x}=\lim_{x\to 0}\frac{3x\cdot 3}{2x}=\frac{9}{2}$$

3.5.2 广义积分

在计算定积分时，假设函数 $f(x)$ 在闭区间 $[a,b]$ 内有界，即积分区间是有限的，被积函数是有界的．现从两个方面推广积分概念．

（1）有界函数在无限区间内的积分．被积函数 $f(x)$ 有界，$f(x)$ 为连续函数，而积分区间为 $[a,+\infty)$ 或 $(-\infty,b]$ 或 $(-\infty,+\infty)$ ．

（2）无界函数在有限区间内的积分．被积函数在积分区间 $[a,b]$ 内无界．

1．有界函数在无限区间内的广义积分

定义 3-4 设函数 $f(x)$ 在无限区间 $[a,+\infty)$ 内连续，则称 $\int_a^{+\infty} f(x)\mathrm{d}x$ 为无限区间内的**广义积分**，取 $b>a$ ，若极限 $\lim\limits_{b\to+\infty}\int_a^b f(x)\mathrm{d}x$ 存在，则称广义积分 $\int_a^{+\infty} f(x)\mathrm{d}x$ **收敛**，并以此极限值为 $\int_a^{+\infty} f(x)\mathrm{d}x$ 的值，即

$$\int_a^{+\infty} f(x)\mathrm{d}x = \lim_{b\to+\infty}\int_a^b f(x)\mathrm{d}x$$

若上述极限不存在，则称广义积分 $\int_a^{+\infty} f(x)\mathrm{d}x$ **发散**.

类似地，函数 $f(x)$ 在无限区间 $(-\infty,b]$ 内的广义积分为 $\int_{-\infty}^b f(x)\mathrm{d}x$ ，用极限

$$\lim_{a\to-\infty}\int_a^b f(x)\mathrm{d}x \quad (a<b)$$

来定义它的敛散性.

函数 $f(x)$ 在无限区间 $(-\infty,+\infty)$ 内的广义积分 $\int_{-\infty}^{+\infty} f(x)\mathrm{d}x$ 则定义为

$$\int_{-\infty}^{+\infty} f(x)\mathrm{d}x = \int_{-\infty}^{c} f(x)\mathrm{d}x + \int_{c}^{+\infty} f(x)\mathrm{d}x$$

其中 c 是任意有限数，当且仅当 $\int_{-\infty}^{c} f(x)\mathrm{d}x$ 与 $\int_{c}^{+\infty} f(x)\mathrm{d}x$ 都收敛时，$\int_{-\infty}^{+\infty} f(x)\mathrm{d}x$ 才收敛；否则，$\int_{-\infty}^{+\infty} f(x)\mathrm{d}x$ 发散.

［**例 3-61**］求广义积分 $\int_{-\infty}^{0} \mathrm{e}^x\mathrm{d}x$.

解： 取 $a<0$ ，则

$$\int_{-\infty}^{0} \mathrm{e}^x\mathrm{d}x = \lim_{a\to-\infty}\int_a^0 \mathrm{e}^x\mathrm{d}x = \lim_{a\to-\infty}\mathrm{e}^x\Big|_a^0 = \lim_{a\to-\infty}\left(1-\mathrm{e}^a\right)=1$$

所以，该广义积分收敛，收敛值为 1.

［**例 3-62**］计算广义积分 $\int_{-\infty}^{0} \cos x\mathrm{d}x$.

解： 取 $a<0$，则

$$\int_{-\infty}^{0} \cos x\mathrm{d}x = \lim_{a\to-\infty}\int_a^0 \cos x\mathrm{d}x = \lim_{a\to-\infty}\sin x\Big|_a^0 = \lim_{a\to-\infty}\left(-\sin x\right)$$

显然，上述极限不存在，所以$\int_{-\infty}^{0}\cos x\mathrm{d}x$发散.

2．无界函数的广义积分

定义 3-5　设函数$f(x)$在区间(a,b)内连续，当$x\to a^{+}$时，$f(x)\to\infty$．任取$0<\varepsilon<b-a$，若极限

$$\lim_{\varepsilon\to 0}\int_{a+\varepsilon}^{b}f(x)\mathrm{d}x$$

存在，则称此极限值为函数$f(x)$在区间(a,b)内**瑕积分**，记为$\int_{a}^{b}f(x)\mathrm{d}x$，即

$$\int_{a}^{b}f(x)\mathrm{d}x=\lim_{\varepsilon\to 0}\int_{a+\varepsilon}^{b}f(x)\mathrm{d}x$$

此时，称瑕积分$\int_{a}^{b}f(x)\mathrm{d}x$**收敛**，点$a$称为**瑕点**．若极限$\lim_{\varepsilon\to 0}\int_{a+\varepsilon}^{b}f(x)\mathrm{d}x$不存在，则称瑕积分$\int_{a}^{b}f(x)\mathrm{d}x$**发散**.

类似地，可定义瑕积分

$$\int_{a}^{b}f(x)\mathrm{d}x=\lim_{\varepsilon\to 0}\int_{a}^{b-\varepsilon}f(x)\mathrm{d}x\quad（0<\varepsilon<b-a，\ b\text{是瑕点}）$$

$$\int_{a}^{b}f(x)\mathrm{d}x=\int_{a}^{c}f(x)\mathrm{d}x+\int_{c}^{b}f(x)\mathrm{d}x\quad（a\text{和}b\text{是瑕点，}\ c\in(a,b)）$$

当上式等号右端两个瑕积分都收敛时，称瑕积分$\int_{a}^{b}f(x)\mathrm{d}x$收敛；否则，称瑕积分$\int_{a}^{b}f(x)\mathrm{d}x$发散.

[**例 3-63**] **求**$\int_{0}^{3}\frac{1}{(x-1)^{\frac{2}{3}}}\mathrm{d}x$.

解：因为$\lim_{x\to 1}\frac{1}{(x-1)^{\frac{2}{3}}}=\infty$，所以 1 是瑕点，于是有

$$\int_{0}^{3}\frac{1}{(x-1)^{\frac{2}{3}}}\mathrm{d}x=\left[3(x-1)^{\frac{1}{3}}\right]_{0}^{3}=3\left(\sqrt[3]{2}+1\right)$$

[**例 3-64**] 求$\int_{1}^{2}\frac{1}{x\ln x}\mathrm{d}x$.

解：因为$\lim_{x\to 1^{+}}\frac{1}{x\ln x}=+\infty$，所以 1 是瑕点，于是有

$$\int_{1}^{2}\frac{1}{x\ln x}\mathrm{d}x=\left[\ln|\ln x|\right]_{1}^{2}=\ln(\ln 2)-\lim_{x\to 1^{-}}\ln|\ln x|=-\infty$$

所以$\int_{1}^{2}\frac{1}{x\ln x}\mathrm{d}x$发散.

思考题 3.5

变上限积分函数的重要意义是什么？

练习题 3.5

1．求下列函数的导数．

（1）$F(x)=\int_0^x \sqrt{1+t^2}\,\mathrm{d}t$　　（2）$F(x)=\int_0^{x^2} x\sin t\mathrm{d}t$

（3）$F(x)=\int_0^x \ln(x+t)\,\mathrm{d}t$　　（4）$F(x)=\int_x^1 t^2\mathrm{e}^{-t^2}\,\mathrm{d}t$

2．求下列极限．

（1）$\lim\limits_{x\to 0}\dfrac{\int_0^{3x}\sin t\mathrm{d}t}{x^2}$　　（2）$\lim\limits_{x\to 0}\dfrac{\int_0^{x^2}\ln(1+t)\mathrm{d}t}{x^4}$

3．下列广义积分是否收敛？若收敛，则求出广义积分值．

（1）$\int_0^{+\infty}\mathrm{e}^{-x}\mathrm{d}x$　　（2）$\int_0^{+\infty}\dfrac{1}{x^3}\mathrm{d}x$

（3）$\int_{\mathrm{e}}^{+\infty}\dfrac{1}{x\ln^2 x}\mathrm{d}x$　　（4）$\int_0^{+\infty}\dfrac{x}{1+x^2}\mathrm{d}x$

数学实验

3.6　实验——用 MATLAB 计算不定积分和定积分

用 MATLAB 的符号积分命令 int 来计算不定积分是非常有效的．有时候也可以用数值积分命令 trapz 计算定积分．具体的使用命令如表 3-1 所示．

表 3-1

命　令	功　能
int(s)	对符号表达式 s 中确定的符号变量计算不定积分
int(s,v)	对符号表达式 s 中指定的符号变量 v 计算不定积分，只求出表达式 s 的一个原函数，后面没有带任意常数 C
int(s,a,b)	对符号表达式 s 计算定积分，a、b 分别为积分的上、下限
int(s,x,a,b)	对符号表达式计算 s 关于变量 x 的定积分，a、b 分别为积分的上、下限
trapz(x,y)	梯形积分法，x 表示积分区间的离散化向量，y 是与 x 同维数的向量，表示被积函数，z 是返回积分值

可以用 help int、help trapz 等命令查阅有关上述命令的详细信息，下面通过一些具体的例子说明其使用．

［例 3-65］用符号积分命令 int 求 $\int \frac{\ln x}{(1-x)^2}\mathrm{d}x$.

解：输入

```
syms x;
int(log(x)/(1-x)^2)
```

输出结果为

```
ans=
    log(-1+x)-log(x)*x/(-1+x)
```

［例 3-66］用符号积分命令 int 计算积分 $\int x^2 \sin x\mathrm{d}x$.

解：输入

```
syms x;
int(x^2*sin(x))
```

输出结果为

```
ans =
     -x^2*cos(x)+2*cos(x)+2*x*sin(x)
```

若用微分命令 diff 验证积分正确性，则输入

```
syms x;
     diff(-x^2*cos(x)+2*cos(x)+2*x*sin(x))
```

输出结果为

```
ans =
      x^2*sin(x)
```

在符号积分命令 int 中加入积分限，就可求得函数的定积分值.

［例 3-67］求 $\int_0^1 \frac{1}{1+x}\mathrm{d}x$.

解：输入

```
syms  x;
int(1/(1+x),x,0,1);
```

输出结果为

```
ans=
     log(2)
```

借助 double 命令可求得积分的数值结果.

［例 3-68］求 $\int_0^2 \frac{\mathrm{e}^{-x}}{x+2}\mathrm{d}x$.

解：输入

```
syms  x;
d=int(exp(-x)/(x+2),x,0,2);
double(d)
```

输出结果为

```
ans=
   0.3334
```

当求解定积分问题时，还可以使用 MATLAB 的数值积分命令 trapz．与 int 不同，这个命令的被积函数是数值函数，而 int 的被积函数是符号函数．

[例 3-69] 求 $\int_{-2}^{2} x^4 \mathrm{d}x$.

解：先用数值积分命令 trapz 计算积分 $\int_{-2}^{2} x^4 \mathrm{d}x$ ，输入

```
x=-2:0.1:2;     %积分步长为 0.1
y=x.^4;
trapz(x,y)
```

输出结果为

```
ans =
     12.8533
```

实际上，积分 $\int_{-2}^{2} x^4 \mathrm{d}x$ 的精确值为 $\frac{64}{5}=12.8$ ．如果取积分步长为 0.01，那么输入

```
x=-2:0.01:2;       %积分步长为 0.01
y=x.^4;
trapz(x,y)
```

输出结果为

```
ans =
     12.8005
```

考虑步长和精度之间的关系，可用不同的步长进行计算．一般来说，trapz 命令是最基本的数值积分命令，该命令的输出结果精度低，适用于数值函数和光滑性不好的函数．

如果用符号积分法命令 int 计算积分 $\int_{-2}^{2} x^4 \mathrm{d}x$ ，那么输入

```
syms x;
int(x^4,x,-2,2)
```

输出结果为

```
ans =
     64/5
```

[例 3-70]（广义积分）计算广义积分 $\int_{-\infty}^{+\infty} \mathrm{e}^{\left(\sin x-\frac{x^2}{50}\right)} \mathrm{d}x$.

解：输入

```
syms x;
y=int(exp(sin(x)-x^2/50),-inf,inf);
vpa(y,10)
```

输出结果为

```
ans =
      15.86778263
```

思考题 3.6

在用 MATLAB 求积分时，应注意什么？

练习题 3.6

1．用 MATLAB 命令计算下列积分．

（1）$\int \frac{-2x}{(1+x^2)^2}\mathrm{d}x$　　（2）$\int \frac{x}{(1+z^2)}\mathrm{d}z$

（3）$\int_0^1 x\ln(1+x)\mathrm{d}x$　　（4）$\int_{\sin t}^{\ln t} 2x\mathrm{d}x$

2．在同一窗口计算下列积分．

$$I=\int \frac{x^2+1}{(x^2-2x+2)^2}\mathrm{d}x、J=\int_0^{\frac{\pi}{2}} \frac{\cos x}{\sin x+\cos x}\mathrm{d}x、K=\int_0^{+\infty} \mathrm{e}^{-x^2}\mathrm{d}x$$

知识应用

3.7　定积分的应用

当要计算一个具体的量 Q 时，有以下两个步骤．

（1）先在区间 $[a,b]$ 内任取一个微小区间 $[x,x+\mathrm{d}x]$，然后写出在这个微小区间内的部分量 ΔQ 的近似值，记为 $\mathrm{d}Q=f(x)\mathrm{d}x$（称为 Q 的微元）．

（2）将微元 $\mathrm{d}Q$ 在 $[a,b]$ 内无限“累加”，即在 $[a,b]$ 内积分，得

$$Q=\int_a^b \mathrm{d}Q=\int_a^b f(x)\mathrm{d}x$$

上述解决问题的方法称为微元法．

说明：关于微元 $\mathrm{d}Q=f(x)\mathrm{d}x$，有以下两点．

（1）$f(x)\mathrm{d}x$ 作为 ΔQ 的近似表达式，应该足够准确，确切地说，就是要求其差是关于 Δx 的高阶无穷小，即 $\Delta Q-f(x)\mathrm{d}x=o(\Delta x)$，$f(x)\mathrm{d}x$ 实际上就是所求量的微分 $\mathrm{d}Q$．

（2）具体怎样求微元呢？这是问题的关键，需要分析问题的实际意义及数量关系．一般按在区间 $[x,x+\mathrm{d}x]$ 内以“常代变”“直代曲”的思路（局部线性化），写出局部所求量的近似值，即微元 $\mathrm{d}Q=f(x)\mathrm{d}x$．

3.7.1　定积分在几何上的应用——平面图形的面积计算

由定积分的几何意义可知，由两条连续曲线 $y=g(x)$、$y=f(x)$ 及两条直线 $x=a$、$x=b$（$a<b$）所围成的平面图形的面积可按以下方法求得．

如图 3-11 所示，取横坐标 x 为积分变量，它的取值区间为 $[a,b]$，闭区间 $[a,b]$ 内任意

一个小区间 $[x, x+\mathrm{d}x]$ 内窄条的面积近似于高为 $f(x)-g(x)$、宽为 $\mathrm{d}x$ 的小矩形的面积，即面积 A 的微元为 $\mathrm{d}A=[f(x)-g(x)]\mathrm{d}x$，以 $\mathrm{d}A=[f(x)-g(x)]\mathrm{d}x$ 为被积表达式，在闭区间 $[a,b]$ 内进行定积分，得

$$A=\int_a^b [f(x)-g(x)]\,\mathrm{d}x$$

若在 $[a,b]$ 内 $f(x)\geqslant g(x)$ 不成立，则可以证明 $A=\int_a^b |f(x)-g(x)|\,\mathrm{d}x$.

若平面图形由连续曲线 $x=\varphi(y)$、$x=\psi(y)$ 及直线 $y=c$、$y=d$（$c<d$）围成，如图 3-12 所示，同样可证

$$A=\int_c^d |\varphi(y)-\psi(y)|\mathrm{d}y$$

扫一扫

微课：定积分应用之求平面图形的面积的相关知识

［**例 3-71**］求由曲线 $xy=1$、直线 $y=x$ 和 $x=2$ 所围图形的面积.

解：先画出草图，如图 3-13 所示，再求出曲线 $xy=1$ 和直线 $x=2$ 的交点 P 的横坐标，联立方程 $\begin{cases}xy=1\\ y=x\end{cases}$，求解得 $\begin{cases}x_1=1\\ y_1=1\end{cases}$，$\begin{cases}x_2=-1\\ y_2=-1\end{cases}$（舍去），$P$ 点坐标为 $(1,1)$，易知积分区间为 $[1,2]$，且在 $[1,2]$ 内 $x\geqslant\frac{1}{x}$，所以有

$$A=\int_1^2\left[x-\frac{1}{x}\right]\mathrm{d}x=\left(\frac{1}{2}x^2-\ln x\right)\Big|_1^2=\frac{3}{2}-\ln 2$$

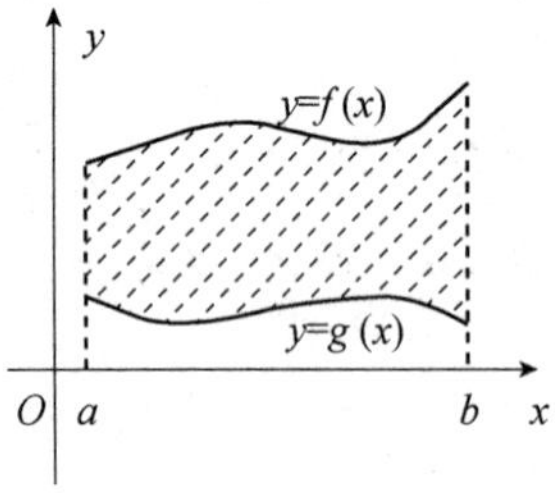

图 3-11

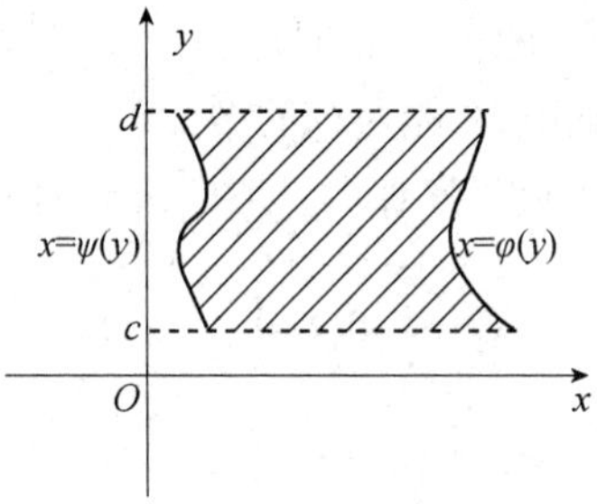

图 3-12

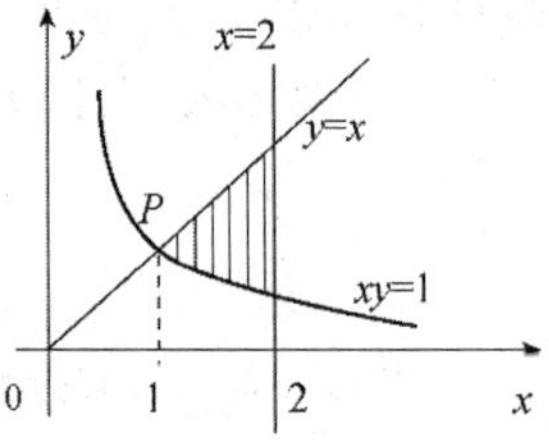

图 3-13

［**例 3-72**］求由曲线 $y=x^2$ 与 $y=2x-x^2$ 所围图形的面积.

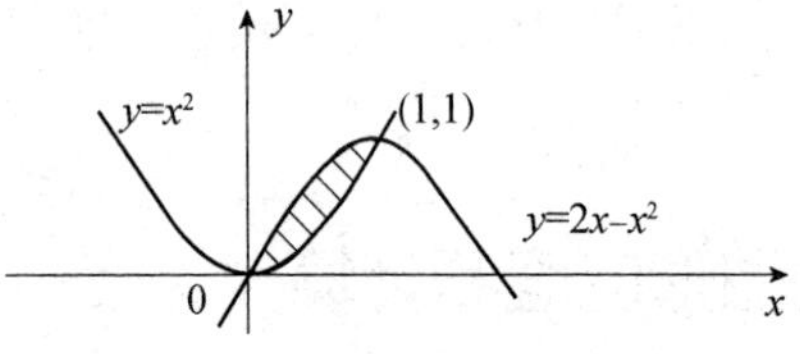

图 3-14

解：先画出草图，如图 3-14 所示，再求出两曲线交点坐标.

由 $\begin{cases}y=x^2\\ y=2x-x^2\end{cases}$，得 $x^2=2x-x^2 \Rightarrow x_1=0,\ x_2=1$.

两个交点的坐标分别为 $(0,0)$ 和 $(1,1)$，积分区间为 $[0,1]$.

在区间 $[0,1]$ 内有 $2x-x^2\geqslant x^2$，所以有

$$A=\int_0^1\left(2x-x^2-x^2\right)\mathrm{d}x=x^2\Big|_0^1-\frac{2}{3}x^3\Big|_0^1=1-\frac{2}{3}=\frac{1}{3}$$

［**例 3-73**］求由直线 $y=x-1$ 与曲线 $y^2=2x+6$ 所围图形的面积.

解：先画出草图，如图 3-15 所示，再求出两曲线交点坐标，由 $\begin{cases}y=x-1\\y^2=2x+6\end{cases}$，得两交点坐标分别为 $(-1,-2)$ 及 $(5,4)$.

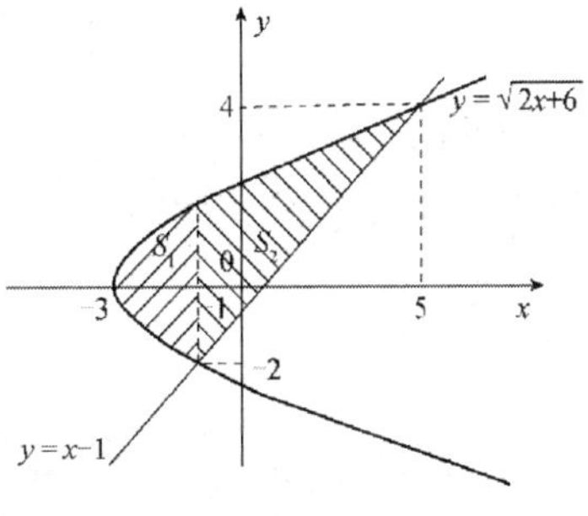

图 3-15

由于图形的下半部分曲线是由不同的方程构成的，因此应该将整个图形看成两个部分，一部分面积记为 S_1，另一部分面积记为 S_2，所以有

$$\begin{aligned}A=S_1+S_2&=\int_{-3}^{-1}\left[\sqrt{2x+6}-\left(-\sqrt{2x+6}\right)\right]\mathrm{d}x+\int_{-1}^{5}\left[\sqrt{2x+6}-(x-1)\right]\mathrm{d}x\\&=2\int_{-3}^{-1}\sqrt{zx+6}\mathrm{d}x+\int_{-1}^{5}\sqrt{2x+6}\mathrm{d}x-\int_{-1}^{5}(x-1)\mathrm{d}x\\&=\frac{2}{3}(2x+6)^{\frac{3}{2}}\Big|_{-3}^{-1}+\frac{1}{3}(2x+6)^{\frac{3}{2}}\Big|_{-1}^{5}-\left(\frac{1}{2}x^2-x\right)\Big|_{-1}^{5}=\frac{16}{3}+\frac{56}{3}-6=18\end{aligned}$$

此面积也可以转化为关于 y 的积分，计算更为简单，此时有

$$A=\int_{-2}^{4}\left[(y+1)-\left(\frac{1}{2}y^2-3\right)\right]\mathrm{d}y=\left(-\frac{1}{6}y^3+\frac{1}{2}y^2+4y\right)\Bigg|_{-2}^{4}=18$$

3.7.2　定积分在几何上的应用——旋转体的体积计算

由一个平面图形绕着平面内的一条直线旋转一周而成的立体图形称为旋转体. 这条直线称为旋转轴. 例如，直角三角形绕它的一条直角边旋转就得到圆锥体，矩形绕它的一条边旋转就得到圆柱体.

设一个旋转体是由曲线 $y=f(x)$，直线 $x=a$、$x=b$ 及 x 轴所围成的曲边梯形绕 x 轴旋转而成的，如图 3-16 所示，可用定积分来计算这类旋转体的体积.

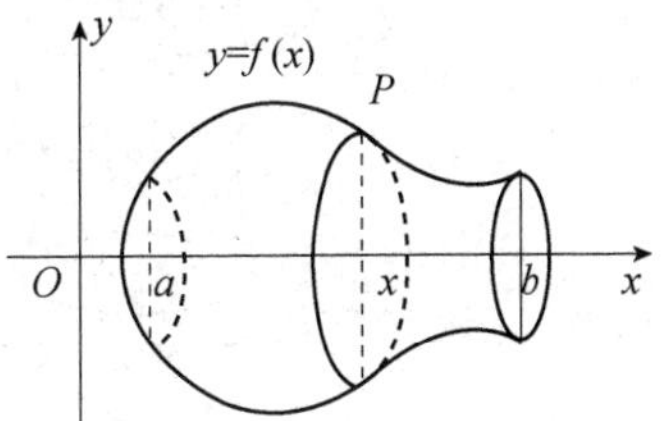

图 3-16

取横坐标 x 为积分变量，其变化区间为 $[a,b]$，在此区间内任意点 x 处垂直 x 轴的截面是半径等于 $|y|=|f(x)|$ 的圆，此截面面积为

$$A(x)=\pi y^2=\pi\left[f(x)\right]^2$$

所求旋转体的体积为

$$V=\int_a^b\pi y^2\mathrm{d}x=\int_a^b\pi\left[f(x)\right]^2\mathrm{d}x$$

用类似方法可推得由曲线 $x=\varphi(y)$，直线 $y=c$、$y=d$（$c<d$）及 y 轴所围成的曲边梯形绕 y 轴旋转而成的旋转体（见图 3-17）的体积为

$$V=\int_c^d \pi x^2 \mathrm{d}x=\int_c^d \pi\left[\varphi(y)\right]^2 \mathrm{d}y$$

扫一扫

微课：定积分应用之求旋转体体积的相关知识

［**例 3-74**］求由曲线 $y=x^3$，直线 $x=2$、$y=0$ 所围成的区域绕 x 轴旋转而成的旋转体的体积.

解：
$$V=\pi\int_0^2 \left(x^3\right)^2 \mathrm{d}x=\left.\frac{\pi\cdot x^7}{7}\right|_0^2=\frac{128}{7}\pi$$

［**例 3-75**］求由椭圆 $\dfrac{x^2}{a^2}+\dfrac{y^2}{b^2}=1$ 所围成的图形绕 x 轴旋转而成的旋转体（称为旋转椭圆球体）的体积.

解：这个旋转体可以看作由半个椭圆 $y=\dfrac{a}{b}\sqrt{a^2-x^2}$ 及 x 轴围成的图形绕 x 轴旋转而成的，如图 3-18 所示，其体积为

$$V=\int_{-a}^{a}\pi\left(\frac{a}{b}\sqrt{a^2-x^2}\right)^2 \mathrm{d}x=\frac{b^2}{a^2}\pi\int_{-a}^{a}(a^2-x^2)\,\mathrm{d}x$$
$$=\frac{2b^2}{a^2}\pi\int_0^a (a^2-x^2)\,\mathrm{d}x=2\pi\frac{b^2}{a^2}\left.\left(a^2x-\frac{1}{3}x^3\right)\right|_0^n=\frac{4}{3}\pi ab^2$$

当 $a=b=R$ 时，旋转体为半径为 R 的球体，它的体积为 $\dfrac{4}{3}\pi ab^2=\dfrac{4}{3}\pi R^3$.

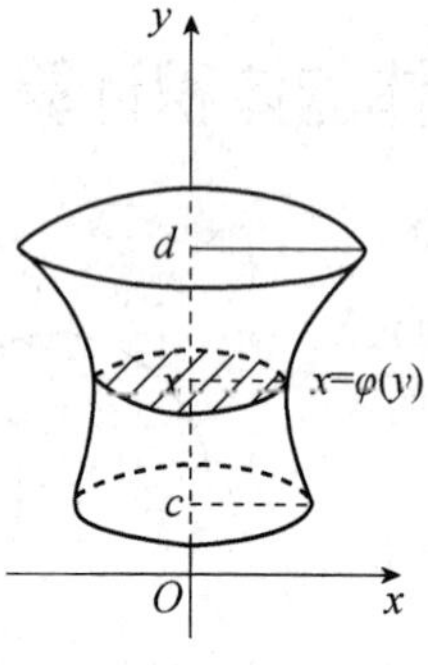

图 3-17

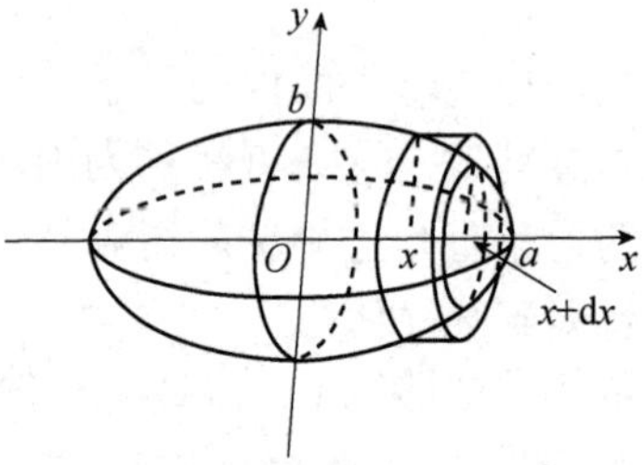

图 3-18

3.7.3 定积分在经济中的应用

［**例 3-76**］设某产品在 t（h）时总产量的变化率为 $P'(t)=100+12t-0.6t^2$（单位/h），求从 $t=2$ 到 $t=4$ 这两个小时的总产量.

解：因为总产量 $P(t)$ 是它的变化率的原函数，所以从 $t=2$ 到 $t=4$ 这两个小时的总产量为

$$P(4)-P(2)=\int_2^4 P'(t)\mathrm{d}t$$
$$=\int_2^4 (100+12t-0.6t^2)\mathrm{d}t=(100t+6t^2-0.2t^3)\Big|_2^4=260.8$$

［例 3-77］某企业每个月生产某种产品 q 个单位时，其边际成本函数为 $C'(q)=5q+10$（万元），固定成本为 20 万元，边际收益为 $R'(q)=60$（万元）．求以下内容．

（1）每个月生产多少个单位的产品时，利润最大？

（2）如果利润达到最大时再多生产 10 个单位的产品，那么利润将有什么变化？

解：（1）因为 $L'(q)=R'(q)-C'(q)=60-(5q+10)=50-5q$．要使利润最大，应有 $L'(q)=0$，即 $50-5q=0$，得 $q=10$，又因为 $L''(q)=-5<0$，唯一驻点 $q=10$ 即为最大值点，所以当每个月生产 10 个单位的产品时利润最大．

（2）再多生产 10 个单位的产品时，利润变化为

$$\Delta L=\int_{10}^{20}[R'(q)-C'(q)]\mathrm{d}q=\int_{10}^{20}(50-5q)\,\mathrm{d}q=\left(50q-\frac{5}{2}q^2\right)\Bigg|_{10}^{20}=-250$$

所以，如果再多生产 10 个单位的产品，那么利润将减少 250 万元．

3.7.4 定积分的其他应用

［例 3-78］**高速公路上汽车总数模型**．从城市 A 到城市 B 有一条长为 30km 的高速公路，某条公路上距城市 A x km 处的汽车密度（辆/km）为 $\rho(x)=300+300\sin(2x+0.2)$．请计算该高速公路上的汽车总数．

解： 1）模型假设与变量说明

（1）假设从城市 A 到城市 B 的高速公路是封闭的，路上没有其他出口．

（2）设高速公路上的汽车总数为 W．

2）模型的分析与建立

利用微元法，在 $[x,x+\mathrm{d}x]$ 这段路段中，可将汽车密度视为常数，汽车总数为

$$\mathrm{d}W=[300+300\sin(2x+0.2)]\mathrm{d}x$$

所以有

$$W=\int_0^{30}[300+300\sin(2x+0.2)]\mathrm{d}x$$

3）模型求解

解一：
$$W=\int_0^{30}300\mathrm{d}x+\frac{300}{2}\int_0^{30}\sin(2x+0.2)\mathrm{d}(2x+0.2)$$
$$=[300x-150\cos(2x+0.2)]\Big|_0^{30}\approx 9278$$

解二： 用 MATLAB 计算，输入

```
>>syms x
>>int(300+300*sin(2*x+0.2),x,0,30)
```

输出结果为

```
    ans=
        9.2779e+003
```

所以高速公路上的汽车总数约为 9278 辆.

[例 3-79] 在纯电阻电路中，正弦电流 $i(t)=I_{\mathrm{m}}\sin\omega t$ 经过电阻 R，求 $i(t)$ 在一个周期上的平均功率（其中 I_{m}、ω 均为常数）.

解：由电路知识得电路中的电压 u 和功率 P 分别为

$$u=iR=RI_{\mathrm{m}}\sin\omega t，\ P=i^2R=R(I_{\mathrm{m}}\sin\omega t)^2$$

因此功率 P 在 $\left[0,\dfrac{2\pi}{\omega}\right]$ 内的平均功率为

$$\begin{aligned}\overline{P}&=\frac{1}{\dfrac{2\pi}{\omega}-0}\int_0^{\frac{2\pi}{\omega}}RI_{\mathrm{m}}^2\sin^2\omega t\mathrm{d}t=\frac{\omega RI_{\mathrm{m}}^2}{2\pi}\int_0^{\frac{2\pi}{\omega}}\frac{1-\cos 2\omega t}{2}\mathrm{d}t\\&=\frac{RI_{\mathrm{m}}^2}{4\pi}\int_0^{\frac{2\pi}{\omega}}(1-\cos 2\omega t)\mathrm{d}(\omega t)\\&=\frac{1}{2}RI_{\mathrm{m}}^2=\frac{1}{2}I_{\mathrm{m}}U_{\mathrm{m}}\quad（其中 U_{\mathrm{m}}=I_{\mathrm{m}}R）\end{aligned}$$

思考题 3.7

微元法的思想是什么？

练习题 3.7

1．填空题.

（1）椭圆 $x^2+\dfrac{y^2}{3}=1$ 的面积 $A=$___________.

（2）由曲线 $y=\sqrt{x}$ 与直线 $y=1$、$x=4$ 所围平面图形的面积 $A=$___________.

（3）由曲线 $y=|\ln x|$ 与直线 $x=\dfrac{1}{\mathrm{e}}$、$x=\mathrm{e}$ 及 $y=0$ 所围平面图形的面积 $A=$________.

（4）由曲线 $y=\mathrm{e}^x$、$y=\mathrm{e}^{-x}$ 与直线 $x=1$ 所围平面图形的面积 $A=$___________.

（5）由曲线 $y=\mathrm{e}^x$、$y=\mathrm{e}^{-x}$ 与直线 $x=1$ 所围平面图形绕x轴旋转而成的旋转体的体积 $V_x=$___________.

（6）由曲线 $y=x^3$ 与直线 $y=0$、$x=1$ 所围平面图形绕y轴旋转而成的旋转体的体积 $V_y=$______

2．计算题.

（1）求由曲线 $y=2^x$ 与直线 $y=1-x$、$x=1$ 所围平面图形的面积.

（2）求由曲线 $y=x^2$、$y=\dfrac{x^2}{4}$ 与直线 $y=1$ 所围平面图形的面积.

（3）求由曲线 $y=x^2$ 及其在点 $(1,1)$ 的法线与x轴所围平面图形的面积．

（4）求由曲线 $y=\mathrm{e}^x$、$y=\mathrm{e}$与直线$x=0$ 所围平面图形绕x轴旋转而成的旋转体的体积．

（5）求由曲线 $y=x^2$、$y=x$、$y=2x$ 所围平面图形绕x轴旋转而成的旋转体的体积．

（6）求由曲线 $y=\dfrac{1}{x}$ 与直线 $x=1$、$x=2$ 及x轴所围平面图形绕y轴旋转而成的旋转体的体积．

（7）求圆 $(x-1)^2+y^2=1$ 绕y轴旋转而成的旋转体的体积．

3．某产品的边际成本为 $C'(x)=2x^2-40x+1163$，固定成本为 4000，求产量为 30 时的总成本．

4．经科学家研究，在 t 小时内，细菌总数是以每小时繁殖 2^t 百万个细菌的速率增长的，求第一个小时内细菌的总增长量．

习题 A

一、填空题

1．$\int\dfrac{1}{x+1}\mathrm{d}x=$________．

2．设 $\mathrm{e}^x+\sin x$ 是 $f(x)$ 的一个原函数，则 $f'(x)=$________．

3．$y=x^5$ 的原函数是 ________．

4．函数________的原函数是 $\ln(5x)$．

5．函数 $y=x^3$ 是________的一个原函数．

6．定积分 $\int_{-1}^{1}x^3\sin^2 x\mathrm{d}x=$________．

7．$\dfrac{\mathrm{d}}{\mathrm{d}x}\int_a^b f(x)\mathrm{d}x=$________．

二、选择题

1．若 $f'(x)=g'(x)$，则必有（　　）．

A．$f(x)=g(x)$　　B．$\int f(x)\mathrm{d}x=\int g(x)\mathrm{d}x$

C．$\mathrm{d}\int f'(x)\mathrm{d}x=\mathrm{d}\int g'(x)\mathrm{d}x$　　D．$\mathrm{d}\int f(x)\mathrm{d}x=\mathrm{d}\int g(x)\mathrm{d}x$

2．下列等式中，正确的是（　　）．

A．$\mathrm{d}\int f(x)\mathrm{d}x=f(x)$　　B．$\dfrac{\mathrm{d}}{\mathrm{d}x}\int f(x)\mathrm{d}x=f(x)\,\mathrm{d}x$

C．$\dfrac{\mathrm{d}}{\mathrm{d}x}\int f(x)=f(x)+C$　　D．$\mathrm{d}\int f(x)\mathrm{d}x=f(x)\,\mathrm{d}x$

3．设 $\int\mathrm{d}f(x)=\int\mathrm{d}g(x)$，则下列各式不一定成立的是（　　）．

A．$f(x)=g(x)$　　B．$f'(x)=g'(x)$

C．$\mathrm{d}f(x)=\mathrm{d}g(x)$　　D．$\mathrm{d}\int f'(x)\mathrm{d}x=\mathrm{d}\int g'(x)\mathrm{d}x$

4．已知函数 $f(x)$ 的导数是 $\sin x$，则 $f(x)=$（　　）.

A．$\cos x$　　B．$-\cos x+C$

C．$\sin x$　　D．$\sin x+C$

5．若 $\int f(x)\mathrm{d}x=x^2\mathrm{e}^{2x}+C$，则 $f(x)=$（　　）.

A．$2x\mathrm{e}^{2x}$　　B．$2x^2\mathrm{e}^{2x}$

C．$x\mathrm{e}^{2x}$　　D．$2x\mathrm{e}^{2x}(1+x)$

6．下列各式中，正确的是（　　）.

A．$0\leqslant\int_0^1\mathrm{e}^{x^2}\mathrm{d}x\leqslant1$　　B．$1\leqslant\int_0^1\mathrm{e}^{x^2}\mathrm{d}x\leqslant\mathrm{e}$

C．$\mathrm{e}\leqslant\int_0^1\mathrm{e}^{x^2}\mathrm{d}x\leqslant\mathrm{e}^2$　　D．以上都不对

7．曲线 $y=x$ 与 $y=x^2$ 所围平面图形的面积 $A=$（　　）.

A．$\frac{1}{6}$　　B．6　　C．$\frac{1}{2}$　　D．$\frac{1}{3}$

8．若曲线 $y=\sqrt{x}$ 与 $y=kx$ 所围平面图形的面积为 $\frac{1}{6}$，则 $k=$（　　）.

A．0　　B．1　　C．-2　　D．2

三．计算与应用题

1．求不定积分 $\int\frac{\mathrm{e}^x}{\sqrt{\mathrm{e}^x+1}}\mathrm{d}x$.

2．求不定积分 $\int\frac{\mathrm{e}^x}{2\mathrm{e}^x+1}\mathrm{d}x$.

3．求不定积分 $\int\frac{x^4}{1+x^2}\mathrm{d}x$.

4．求不定积分 $\int x\mathrm{e}^{3x}\mathrm{d}x$.

5．求不定积分 $\int\frac{\mathrm{d}x}{x^4\sqrt{1+x^2}}$.

6．求不定积分 $\int x\ln x\mathrm{d}x$.

7．求不定积分 $\int\frac{x^4}{25+4x^2}\mathrm{d}x$.

8．计算 $\int_0^3\frac{x}{\sqrt{1+x}}\mathrm{d}x$.

9．求定积分 $\int_1^9\frac{1}{x+\sqrt{x}}\mathrm{d}x$.

10．求在区间 $[0,2\pi]$ 上，由 x 轴与 $y=\sin x$ 所围成的平面图形的面积.

11．求曲线 $y=x^2-1$ 与直线 $y=x+1$ 围成的平面图形的面积.

12．某厂每天生产 q (t)产品的总成本为 $C(q)$ 万元，已知边际成本为 $C'(q)=5+\dfrac{25}{\sqrt{q}}$（万元/t）．求日产量从 64t 增加到 100t 时的总成本的增量．

习题 B

一、填空题

1．设 $f(x)$ 连续，且 $F(x)=\int_x^{\mathrm{e}^{-x}} f(t)\mathrm{d}t$，则 $F'(x)=$________．

2．设 $f(x)=\dfrac{1}{1+x^2}-2\int_0^1 f(x)\,\mathrm{d}x$，则 $\int_0^1 f(x)\mathrm{d}x=$________．

3．设 $y=\int_0^x (t-1)\,\mathrm{d}t$，则 y 的极小值为________．

4．$\int_{-\pi}^{\pi}\left(x+\sin^3 x\right)\cos x\mathrm{d}x=$________．

5．$\int_{-\infty}^{+\infty}\dfrac{k}{4+x^2}\mathrm{d}x=1$，则 $k=$________．

6．$\int_0^2 \sqrt{x^2-4x+4}\mathrm{d}x=$________．

7．设 $f(x)$ 为连续函数，则 $\int_a^a f(x)\mathrm{d}x=$________．

8．曲线 $y=|\ln x|$ 与直线 $x=\dfrac{1}{\mathrm{e}}$、$x=\mathrm{e}$ 及 $y=0$ 所围平面图形的面积 $A=$_____．

二、选择题

1．设 $F'(x)=G'(x)$，则（　　）．

A．$F(x)=G(x)$，为常数　　B．$F(x)-G(x)$ 为常数

C．$F(x)-G(x)=0$　　D．$\dfrac{\mathrm{d}}{\mathrm{d}x}\int F(x)\mathrm{d}x=\dfrac{\mathrm{d}}{\mathrm{d}x}\int G(x)\mathrm{d}x$

2．下列函数在区间 $[-1,1]$ 内可用牛顿–莱布尼茨公式的是（　　）．

A．$\dfrac{x}{\sqrt{1+x^2}}$　　B．$\dfrac{1}{x}$　　C．$\dfrac{1}{\sqrt{x^3}}$　　D．$\dfrac{x}{\sqrt{1-x^2}}$

3．设在 $[a,b]$ 内，$f(x)>0$，$f'(x)<0$，$f''(x)>0$，$S_1=\int_0^1 f(x)\,\mathrm{d}x$，$S_2=f(b)\cdot(b-a)$，$S_3=\dfrac{b-a}{2}\left[f(b)+f(a)\right]$，则有（　　）．

A．$S_1<S_2<S_3$　　B．$S_2<S_1<S_3$　　C．$S_3<S_1<S_2$　　D．$S_2<S_3<S_1$

4．已知 $f(0)=1$，$f(1)=2$，$f'(1)=3$，则 $\int_0^1 xf''(x)\,\mathrm{d}x=$（　　）．

A．1　　B．2　　C．3　　D．4

5．下列积分为 0 的是（　　）．

A．$\int 0\mathrm{d}x$　　B．$\int_{-1}^1 \dfrac{1}{x^3}\mathrm{d}x$　　C．$\int_{-1}^1 x^2\tan^2 x\mathrm{d}x$　　D．$\int_{-\frac{\pi}{3}}^{\frac{\pi}{3}}\dfrac{x+\sin x}{\cos x}\mathrm{d}x$

6. 下列广义积分收敛的是（　　）.

A. $\int_1^{+\infty}\frac{1}{x^2}\mathrm{d}x$　　B. $\int_0^1\frac{1}{x}\mathrm{d}x$　　C. $\int_0^1\frac{1}{x^2}\mathrm{d}x$　　D. $\int_1^{+\infty}\frac{1}{x}\mathrm{d}x$

7. $\int_{-\frac{\pi}{2}}^{\frac{\pi}{2}}x\left(1+x^{2007}\right)\sin x\mathrm{d}x=$（　　）.

A. 0　　B. 1　　C. 2　　D. −2

8. 设 $f(x)$ 为线性函数，且 $\int_{-1}^{1}f(x)\mathrm{d}x=\int_{-1}^{1}f^2(x)\mathrm{d}x=1$，则（　　）.

A. $f(x)=x+\frac{1}{2}$　　B. $f(x)=-x+\frac{1}{2}$

C. $f(x)=\frac{\sqrt{3}}{2}x+\frac{1}{2}$　　D. $f(x)=\frac{3}{4}x+\frac{1}{2}$

三、综合题

1. 设 $f(x)$ 在 $[0,1]$ 内连续，且满足 $f(x)=4x^3-3x^2\int_0^1 f(x)\mathrm{d}x$，求 $f(x)$.

2. 讨论方程 $3x-1-\int_0^x\frac{1}{1+t^4}\mathrm{d}t=0$ 在区间 $(0,1)$ 内实根的个数.

3. 求 $\lim\limits_{x\to 0}\dfrac{\left(\int_0^x \mathrm{e}^{t^2}\mathrm{d}t\right)^2}{\int_0^x t\mathrm{e}^{2t^2}\mathrm{d}t}$.

4. 设 $F(x)=\frac{x^2}{x-a}\int_a^x f(t)\mathrm{d}t$，其中 f 为连续函数，求 $\lim\limits_{x\to a}F(x)$.

5. 设平面图形由 $y=\mathrm{e}^x$、$y=\mathrm{e}$、$x=0$ 围成，求下列内容.

（1）此平面图形的面积.

（2）将上述平面图形绕x轴旋转而成的旋转体的体积.

6. 求曲线 $y^2=2x$ 与曲线 $y^2=2x$ 在点 $\left(\frac{1}{2},1\right)$ 处的法线所围平面图形的面积.

7. 求由曲线 $y=\sqrt{2-x^2}$、$y=x^2$ 所围平面图形分别绕 x 轴与 y 轴旋转而成的旋转体的体积 V_x 及 V_y.

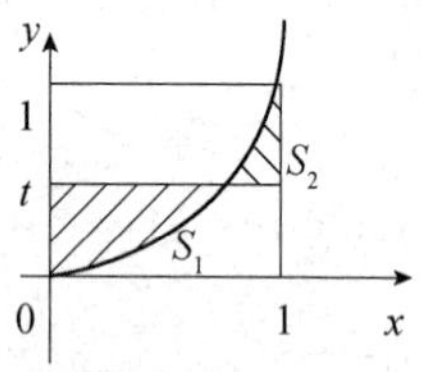

图 3-19

8. 如图 3-19 所示，设曲线 $y=x^2$（$0\leqslant x\leqslant 1$），问 t 为何值时，图中的阴影部分面积 S_1 与 S_2 之和 S_1+S_2 最小.

9. 某圆形城市的人口分布密度（人/km²）是离开市中心的距离 r（km）的函数 $P(r)=1000(8-r)$（人/km²）.

（1）假设城市边缘人口密度为 0，那么该圆形城市的半径 r 是多少？

（2）求该城市的人口总数.

第 4 章

常微分方程

数学文化——杰出的数学家欧拉

欧拉

欧拉，1707 年 4 月 15 日生于瑞士巴塞尔，1783 年 9 月 18 日卒于俄国圣彼得堡．他生于牧师家庭，15 岁在巴塞尔大学获学士学位，次年获硕士学位．1727 年，欧拉应圣彼得堡科学院的邀请来到了俄国．1731 年，他接替丹尼尔・伯努利成为物理教授．他以旺盛的精力投入研究，在俄国生活的 14 年中，他在分析学、数论和力学方面开展了大量出色的工作．1741 年，他受普鲁士腓特烈大帝的邀请来到柏林科学院工作，在此处定居长达 25 年之久．在柏林期间，他的研究内容更加广泛，涉及行星运动、刚体运动、热力学、弹道学、人口学等，这些研究内容和他的数学研究相互推动．在该时期，欧拉在微分方程、曲面微分几何及其他数学领域的研究都是开创性的．1766 年，他又回到了圣彼得堡．

欧拉是 18 世纪数学界最杰出的人物之一，他不但在数学上做出伟大贡献，而且把数学应用于几乎整个物理领域．他也是一个多产作者．他写了大量的力学、分析学、几何学、变分法的课本，《无穷小分析引论》《微分学原理》《积分学原理》都成为数学中的经典著作．除了教科书，他的全集有 74 卷．

18 世纪中叶，欧拉和其他数学家在解决物理问题的过程中，创立了微分方程这门学科．值得一提的是，有关偏微分方程的纯数学研究的第一篇论文是欧拉写的《方程的积分法研究》．欧拉还研究了用三角级数表示函数的方法和解微分方程的级数法等．

欧拉引入了空间曲线的参数方程，给出了空间曲线曲率半径的解析表达式．1766 年，他出版了《关于曲面上曲线的研究》，建立了曲面理论．这篇著作是欧拉对微分几何最重要的贡献，是微分几何发展史上的一个里程碑．欧拉在分析学上的贡献不胜枚举．例如，他引入了 Γ 函数和 B 函数，证明了椭圆积分的加法定理，引入了二重积分等．数论能作为数学中一门独立学科的基础是由欧拉的一系列研究成果奠定的．他还解决了著名的组合问题——歌尼斯堡七桥问题．在数学的许多分支学科中都有以他的名字命名的重要常数、公式和定理．

欧拉是科学史上最多产的一位杰出的数学家，据统计，他在孜孜不倦的一生中共写下了 886 本（篇）书籍（论文），其中分析、代数、数论占 40%，几何占 18%，物理和力学占 28%，天文学占 11%，弹道学、航海学、建筑学等占 3%．圣彼得堡科学院为了整理他的著作，足足忙碌了 47 年．

基础理论知识

4.1 微分方程的基本概念

在许多科学领域中，常会遇到这样的问题：虽然并不知道某个函数的具体表达式，但根据科学领域的普遍规律，可以知道这个函数及其导数与自变量之间满足的某种关系．下面先来看几个例子．

【引例 1】 设某物体的温度为100℃，将其放置在温度为20℃的环境中冷却．根据冷却定律，物体温度的变化率和物体与所在环境温度之差成正比，设物体的温度 T 与时间 t 的函数关系为 $T=T(t)$，则函数 $T(t)$ 满足方程

$$\frac{\mathrm{d}T}{\mathrm{d}t}=-k(T-20)$$

其中 k（$k>0$）为比例常数，且根据题意，$T=T(t)$ 还需要满足条件 $T|_{t=0}=100$，这就是物体冷却的数学模型．

【引例 2】 设某个质量为 m 的物体只受重力的作用由静止开始自由落体．根据牛顿第二定律，物体所受的力 F 与物体的质量 m 和物体运动的加速度 a 成正比，即 $F=ma$，若取物体下落的铅垂线方向为正向朝下，物体下落的起点为原点，并设开始下落的时间是 $t=0$，物体下落的距离 s 与时间 t 的函数关系为 $s=s(t)$，则函数 $s(t)$ 满足方程

$$\frac{\mathrm{d}^2s}{\mathrm{d}t^2}=g$$

其中 g 为重力加速度常数，且根据题意，$s=s(t)$ 还需要满足条件 $s|_{t=0}=0$，这就是物体自由落体的数学模型．

【引例 3】 已知一条曲线过点(1, 2)，且在该直线上，任意点 $P(x,y)$ 处的切线斜率为 $2x$，求这条曲线方程．

设所求曲线的方程为 $y=f(x)$，根据导数的几何意义，可知 $y=f(x)$ 应满足方程 $\frac{\mathrm{d}y}{\mathrm{d}x}=2x$ 及 $y|_{x=1}=2$．

这类方程中含有未知函数 y 的导数或微分，该类方程称为微分方程．

4.1.1 微分方程的定义

定义 4-1 凡含有未知函数的导数或微分的方程称为**微分方程**．未知函数是一元函数的微分方程称为**常微分方程**．未知函数是多元函数的微分方程称为**偏微分方程**．微分方

程中出现的未知函数的最高阶导数的阶数称为**微分方程的阶**.

本章只讲解常微分方程，以下简称微分方程．例如，$\frac{dy}{dx}=2x$、$y''+2y'-3y=e^x$ 是微分方程，$\frac{dy}{dx}=2x$ 是一阶微分方程，$y''+2y'-3y=e^x$ 是二阶微分方程.

一般地，n 阶微分方程的一般形式为

$$F(x,y,y',y'',\cdots,y^{(n)})=0$$

其中 x 为自变量，$y=y(x)$ 为未知函数.

未知函数及其各阶导数都是一次的微分方程称为**线性微分方程**，否则称为**非线性微分方程**.

4.1.2　微分方程的解

在研究实际问题时，要先建立属于该问题的微分方程，再找出满足该微分方程的函数（解微分方程），对这个函数，给出以下定义.

定义 4-2　把某个函数代入微分方程，若能使方程成为恒等式，则称这个函数为该**微分方程的解**.

微分方程的解可能含有也可能不含有任意常数．含有相互独立的任意常数，且任意常数的个数与微分方程的阶数相等的解称为微分方程的通解（又称一般解）．例如，$s=\frac{1}{2}gt^2+c_1t+c_2$ 是微分方程 $\frac{d^2s}{dt^2}=g$（物体自由落体的数学模型）的通解.

注意：

（1）这里所说的相互独立的任意常数，是指它们不能通过合并而使通解中的任意常数的个数减少.

（2）通常微分方程的通解中含有一些任意常数，其个数与微分方程的阶数相同.

许多微分方程都要求寻找满足某些附加条件的解，此时，这类附加条件就可以用来确定通解中的任意常数，这类附加条件称为初始条件，又称定解条件．带有初始条件的微分方程称为微分方程的初值问题．在确定微分方程的通解中的任意常数后，就可以得到微分方程的特解．由于通解中含有任意常数，因此不能完全确定地反映某客观事物的规律性．要完全确定地反映某客观事物的规律性，就必须确定这些常数的值．因此，用来确定任意常数以从通解中得出一个特解的附加条件的个数也与微分方程的阶数相同.

例如，$y=x^2+C$ 是方程 $\frac{dy}{dx}=2x$ 的通解；$y=e^x$ 是方程 $y'=y$ 的特解.

[**例 4-1**] 验证下列给出的函数是否为所给微分方程的解.

（1）$y=Cx+\frac{1}{C}$，微分方程：$x(y')^2-yy'+1=0$.

（2）$y=x+Ce^y$，微分方程：$(x-y+1)y'=1$.

解：（1）将 $y=Cx+\frac{1}{C}$ 及其导数 $y'=C$ 代入方程的左端，得

$$左=xC^2-\left(Cx+\frac{1}{C}\right)C+1=0=右$$

因此，$y=Cx+\frac{1}{C}$ 是所给微分方程的解.

（2）等式 $y=x+Ce^y$ 左右两端都对 x 求导，得 $y'=1+Ce^y y'$，则 $y'=\frac{1}{1-Ce^y}$，又因为 $Ce^y=y-x$，所以 $y'=\frac{1}{1-y+x}$，代入微分方程得

$$左=(x-y+1)\frac{1}{1-y+x}=1=右$$

所以，$y=x+Ce^y$ 是所给微分方程 $(x-y+1)y'=1$ 的解.

[**例 4-2**] 确定下列函数中 C_1、C_2 的值，使函数满足所给的初始条件.

$$y=(C_1+C_2x)e^{-x}，y(0)=4，y'(0)=-2$$

解：将 $x=0$，$y=4$ 代入 $y=(C_1+C_2x)e^{-x}$，得 $C_1=4$．对 $y=(C_1+C_2x)e^{-x}$ 求导并代入 $C_1=4$，得

$$y'=C_2e^{-x}-(4+C_2x)e^{-x}=(C_2-4-C_2x)e^{-x}$$

将 $x=0$，$y'=-2$ 代入，得 $C_2=2$.

所以 $C_1=4$，$C_2=2$.

[**例 4-3**] 验证：函数 $y=C_1\sin x+C_2\cos x$ 是微分方程 $y''+y=0$ 的通解，并求满足初始条件 $y|_{x=0}=1$，$y'|_{x=0}=1$ 的特解.

解：因为 $y'=C_1\cos x-C_2\sin x$，$y''=-C_1\sin x-C_2\cos x$，把 y 和 y'' 代入微分方程左边得

$$y''+y=-C_1\sin x-C_2\cos x+C_1\sin x+C_2\cos x=0$$

又因为 $y=C_1\sin x+C_2\cos x$ 中有两个不能合并的任意常数，方程 $y''+y=0$ 是二阶的，所以 $y=C_1\sin x+C_2\cos x$ 是该微分方程的通解.

将初始条件 $y|_{x=0}=1$，$y'|_{x=0}=1$ 带入通解 $y=C_1\sin x+C_2\cos x$ 及方程 $y'=C_1\cos x-C_2\sin x$ 中，可得 $C_1=1$，$C_2=1$.

所以满足初始条件的特解为 $y=\sin x+\cos x$.

4.1.3 微分方程解的几何意义

微分方程的（特）解 $y=\varphi(x)$ 的图像是一条曲线，该曲线称为微分方程的积分曲线．而对于通解 $y=\varphi(x,C_1,\cdots,C_n)$，由于其含有任意常数项，因此它对应着平面中的一族曲线，称为微分方程的积分曲线族.

思考题 4.1

1．任意微分方程都有通解吗？
2．微分方程的通解中包含了它所有的解吗？

练习题 4.1

1．指出下列各微分方程的阶数．

（1）$x(y')^2-2yy'+x=0$　　（2）$x^2y''-xy'+y=0$

（3）$(7x-6y)\mathrm{d}x+(x+y)\mathrm{d}y=0$　　（4）$L\dfrac{\mathrm{d}^2Q}{\mathrm{d}t^2}+R\dfrac{\mathrm{d}Q}{\mathrm{d}t}+\dfrac{1}{C}Q=0$

2．指出下列各题中的函数是否为所给微分方程的解．

（1）$xy'=2y$，函数：$y=5x^2$．

（2）$(x-2y)y'=2x-y$，函数：由方程 $x^2-xy+y^2=C$ 确定的隐函数 $y=y(x)$．

（3）$y''-2y'+y=0$，函数：$y=x^2\mathrm{e}^x$．

（4）$y''=1+(y')^2$，函数：$y=\ln\sec(x+1)$．

3．在下列各题给出的微分方程的通解中，按照所给的初始条件确定特解．

（1）$x^2-y^2=C$，$y|_{x=0}=5$

（2）$y=C_1\sin(x-C_2)$，$y|_{x=\pi}=1$，$y'|_{x=\pi}=0$

4．写出由下列条件确定的曲线所满足的微分方程：曲线在点 (x,y) 处的切线斜率等于该点横坐标的平方．

4.2　可分离变量的微分方程

在上一节引例 3 中，一阶微分方程 $\dfrac{\mathrm{d}y}{\mathrm{d}x}=2x$ 也可写成 $\mathrm{d}y=2x\mathrm{d}x$，对方程两端积分，就得到这个方程的通解 $y=x^2+C$．

但并不是所有的一阶微分方程都能这样求解．例如，对于一阶微分方程

$$\frac{\mathrm{d}y}{\mathrm{d}x}=2xy^2 \tag{4-1}$$

就不能像上面那样用对方程两端直接积分的方法求出它的通解．这是因为一阶微分方程（4-1）的右端含有未知函数 y，积分 $\int 2xy^2\mathrm{d}x$ 求不出来，这就是问题所在．为了解决这个问题，在微分方程的两端同时乘以 $\dfrac{1}{y^2}\mathrm{d}x$，使一阶微分方程（4-1）变为 $\dfrac{1}{y^2}\mathrm{d}y=2x\mathrm{d}x$，这样，变量 x 与 y 分别位于等式两端，然后对两端积分，得 $-\dfrac{1}{y}=x^2+C$，或可写为

$$y=-\frac{1}{x^2+C} \tag{4-2}$$

其中，C 是任意常数.

可以验证式（4-2）确实是微分方程（4-1）的解．又因为式（4-2）中含有一个任意常数，所以它是一阶微分方程（4-1）的通解.

通过这个例子可以看出，在一个一阶微分方程中，若两个变量同时出现在方程的某一端，则不能直接用积分的方法求解．但若能把两个变量分开，使方程的一端只含变量 y 及 $\mathrm{d}y$，另一端只含变量 x 及 $\mathrm{d}x$，则可以通过对方程两端积分的方法求出它的通解.

4.2.1　可分离变量的一阶微分方程的定义

定义 4-3　设有一阶微分方程 $\frac{\mathrm{d}y}{\mathrm{d}x}=F(x,\ y)$，若等式右端的函数能分解成 $F(x,y)=f(x)g(y)$，即有 $\frac{\mathrm{d}y}{\mathrm{d}x}=f(x)g(y)$，则称该方程为**可分离变量的一阶微分方程**，其中 $f(x)$、$g(y)$ 都是连续函数.

例如，$\frac{\mathrm{d}y}{\mathrm{d}x}=\frac{x}{y}$、$\frac{\mathrm{d}y}{\mathrm{d}x}=\mathrm{e}^{x+y}$、$\frac{\mathrm{d}y}{\mathrm{d}x}=y\cos x$ 都是可分离变量的一阶微分方程，而莱布尼茨方程 $\frac{\mathrm{d}y}{\mathrm{d}x}=x^2+y^2$ 则不是可分离变量的一阶微分方程.

求解可分离变量的一阶微分方程的方法称为**分离变量法**，现在说明其解法.

4.2.2　可分离变量的一阶微分方程的解法

若 $g(y)\neq 0$，则可将方程改写成 $\frac{\mathrm{d}y}{g(y)}=f(x)\mathrm{d}x$，这个过程叫作**分离变量**．对等式两端积分，得到所满足的隐函数方程为

$$\int\frac{\mathrm{d}y}{g(y)}=\int f(x)\mathrm{d}x+C$$

这里把积分常数 C 明确写出来，而把 $\int\frac{\mathrm{d}y}{g(y)}$、$\int f(x)\mathrm{d}x$ 分别理解为 $\frac{1}{g(y)}$、$f(x)$ 的某个原函数，如无特别声明，后文也这样理解.

[例 4-4] 求微分方程 $\frac{\mathrm{d}y}{\mathrm{d}x}=2xy$ 的通解.

解：分离变量得

$$\frac{\mathrm{d}y}{y}=2x\mathrm{d}x$$

对等式两端积分得

$$\int \frac{1}{y}\mathrm{d}y = \int 2x\mathrm{d}x$$

则

$$\ln|y| = x^2 + C_1$$

即

$$|y| = \mathrm{e}^{x^2+C_1} = \mathrm{e}^{C_1}\mathrm{e}^{x^2}$$

所以

$$y = \pm\mathrm{e}^{C_1}\mathrm{e}^{x^2}$$

$\pm\mathrm{e}^{C_1}$ 是一个不为 0 的任意常数，把它记为 C，得到通解为

$$y = C\mathrm{e}^{x^2}$$

可以验证，当 $C=0$ 时，$y=0$ 也是原方程的解，故上式中的 C 可为任意常数.

[**例 4-5**] 求微分方程 $(1+x)y\mathrm{d}x + (1-y)x\mathrm{d}y = 0$ 的通解.

解： 分离变量得

$$\frac{1+x}{x}\mathrm{d}x = \frac{y-1}{y}\mathrm{d}y$$

整理得

$$\left(\frac{1}{x}+1\right)\mathrm{d}x = \left(1-\frac{1}{y}\right)\mathrm{d}y$$

对等式两端积分得

$$\int\left(\frac{1}{x}+1\right)\mathrm{d}x = \int\left(1-\frac{1}{y}\right)\mathrm{d}y$$

则

$$\ln|x| + x + C = y - \ln|y|$$

即

$$\ln|xy| + x - y + C = 0$$

[**例 4-6**] 求微分方程 $y'\sin x - y\cos x = 0$ 满足初始条件 $y\left(\frac{\pi}{2}\right)=3$ 的特解.

解： 原方程可化为

$$\frac{\mathrm{d}y}{\mathrm{d}x}\sin x = y\cos x$$

分离变量得

$$\frac{1}{y}\mathrm{d}y=\frac{\cos x}{\sin x}\mathrm{d}x$$

对等式两端积分得

$$\ln|y|=\ln|\sin x|+\ln|C|$$

所以，原方程的通解为 $y=C\sin x$．将初始条件 $y\left(\frac{\pi}{2}\right)=3$ 代入可得 $C=3$，即所求特解为 $y=3\sin x$．

［例 4-7］求解方程 $y^2\mathrm{d}x+(x+1)\mathrm{d}y=0$ 并求满足初始条件 $x=0$，$y=1$ 的特解．

解：分离变量得

$$\frac{1}{y^2}\mathrm{d}y=-\frac{1}{x+1}\mathrm{d}x$$

对等式两端积分得

$$\int\frac{1}{y^2}\mathrm{d}y=-\int\frac{1}{x+1}\mathrm{d}x$$

解得

$$-\frac{1}{y}=-\ln|x+1|+C$$

因此，通解为 $y=\dfrac{1}{\ln|x+1|-C}$，这里 C 是任意常数．

为了确定所求的特解，将 $x=0$，$y=1$ 代入通解以确定任意常数 C，得到 $C=-1$．因此所求特解为 $y=\dfrac{1}{\ln|x+1|+1}$．

4.2.3 齐次微分方程

1．齐次微分方程的定义

定义 4-4 形如

$$\frac{\mathrm{d}y}{\mathrm{d}x}=f\left(\frac{y}{x}\right) \tag{4-3}$$

的一阶微分方程称为**齐次微分方程**，简称**齐次方程**．

例如，

$$(xy-y^2)\mathrm{d}x-(x^2-2xy)\mathrm{d}y=0$$

是齐次微分方程，因为它可表示为

$$\frac{\mathrm{d}y}{\mathrm{d}x}=\frac{xy-y^2}{x^2-2xy}=\frac{\frac{y}{x}-\left(\frac{y}{x}\right)^2}{1-2\left(\frac{y}{x}\right)}$$

齐次微分方程（4-3）中的变量 x 与 y 一般是不能分离的.

2．齐次微分方程的解法

第一步：进行变量代换，$u=\frac{y}{x}$，即 $y=ux$，则 $\frac{\mathrm{d}y}{\mathrm{d}x}=u+x\frac{\mathrm{d}u}{\mathrm{d}x}$.

第二步：将上式代入原方程得 $f(u)=u+x\frac{\mathrm{d}u}{\mathrm{d}x}$，即 $\frac{\mathrm{d}u}{\mathrm{d}x}=\frac{f(u)-u}{x}$ 为可分离变量的方程 $\frac{\mathrm{d}u}{f(u)-u}=\frac{\mathrm{d}x}{x}$.

第三步：对等式两端积分，当 $f(u)-u\neq 0$ 时，得 $\int\frac{1}{f(u)-u}\mathrm{d}u=\ln|C_1x|$.

第四步：求 x，令 $\varphi(u)=\int\frac{1}{f(u)-u}\mathrm{d}u$，将 $u=\frac{y}{x}$ 代入，得通解 $x=C\mathrm{e}^{\varphi\left(\frac{y}{x}\right)}$.

说明：如果 $f(u)-u=0$ 有实根 $u_1,u_2,\cdots,u_k$，那么 $y=u_ix$（i=1,2,⋯,k）都是被忽略的特解，应该补上.

［**例 4-8**］求解方程 $\frac{\mathrm{d}y}{\mathrm{d}x}=\frac{y}{x}+\tan\frac{y}{x}$.

解：该方程为齐次微分方程，令 $u=\frac{y}{x}$，即 $y=ux$，则 $\frac{\mathrm{d}y}{\mathrm{d}x}=u+x\frac{\mathrm{d}u}{\mathrm{d}x}$，代入原方程得

$$x\frac{\mathrm{d}u}{\mathrm{d}x}+u=u+\tan u$$

整理得

$$\frac{\mathrm{d}u}{\mathrm{d}x}=\frac{\tan u}{x}$$

分离变量得

$$\frac{\mathrm{d}u}{\tan u}=\frac{\mathrm{d}x}{x}$$

对等式两端积分得

$$\int\frac{\mathrm{d}u}{\tan u}=\int\frac{\mathrm{d}x}{x}$$

则

$$\ln|\sin u|=\ln|x|+C_1\text{（}C_1\text{是任意常数）}$$

整理得

$$\frac{\sin u}{x}=\pm e^{C_1}$$

令 $C=\pm e^{C_1}$，得

$$\sin u=Cx$$

将其代入原变量得

$$\sin\frac{y}{x}=Cx$$

此外，方程 $\frac{du}{dx}=\frac{\tan u}{x}$ 还有解 $\tan u=0$，即 $\sin u=0$．

如果在通解 $\sin u=Cx$ 中允许 $C=0$，则 $\sin u=0$ 也就包括在通解中，这就是说，方程的通解为 $\sin u=Cx$．将其代入原来的变量，得到原方程的通解为 $\sin\frac{y}{x}=Cx$（C 为任意常数）.

[**例 4-9**] 求解微分方程 $\left(x-y\cos\frac{y}{x}\right)dx+x\cos\frac{y}{x}dy=0$．

解：进行变量代换，$u=\frac{y}{x}$，则 $y=ux$，$dy=udx+xdu$．

将上式代入原方程得

$$(x-ux\cos u)dx+x\cos u(udx+xdu)=0$$

化简得 $\cos u du=-\frac{1}{x}dx$，对等式两端积分得 $\sin u=-\ln|x|+C$．

所以，微分方程的通解为 $\sin\frac{y}{x}=-\ln|x|+C$．

[**例 4-10**] 求方程 $y^2+x^2\frac{dy}{dx}=xy\frac{dy}{dx}$ 满足初始条件 $y|_{x=1}=1$ 的特解.

解：原方程可化为 $\frac{dy}{dx}=\frac{\left(\frac{y}{x}\right)^2}{\frac{y}{x}-1}$，设 $u=\frac{y}{x}$，则 $y=ux$，于是有

$$\frac{dy}{dx}=u+x\frac{du}{dx}$$

代入上面的方程得

$$x\frac{du}{dx}=\frac{u}{u-1}$$

分离变量得

$$\frac{u-1}{u}du=\frac{1}{x}dx$$

对等式两端积分得

$$u-\ln|u|=\ln|x|+\ln|C|$$

将 $u=\dfrac{y}{x}$ 代入上式，得到原方程的通解为

$$\ln|y|=\frac{y}{x}-\ln|C|$$

即 $y=Ce^{\frac{y}{x}}$，由 $y|_{x=1}=1$ 可确定 $C=e^{-1}$，所求的特解为 $y=e^{\frac{y}{x}-1}$.

思考题 4.2

可分离变量的微分方程和齐次微分方程在解法上有区别吗，两者之间有什么联系？

练习题 4.2

1．求下列可分离变量的微分方程的通解.

（1） $xy'-y\ln y=0$

（2） $y'=\dfrac{\sqrt{1-y^2}}{\sqrt{1-x^2}}$

（3） $\sec^2 x\tan y\mathrm{d}x+\sec^2 y\tan x\mathrm{d}y=0$

（4） $(e^{x+y}-e^x)\mathrm{d}x+(e^{x+y}+e^y)\mathrm{d}y=0$

（5） $\cos x\sin y\mathrm{d}x+\sin x\cos y\mathrm{d}y=0$

（6） $y\mathrm{d}x+(x^2-4x)\mathrm{d}y=0$

2．求下列齐次微分方程的通解.

（1） $xy'-y-\sqrt{y^2-x^2}=0$

（2） $x\dfrac{\mathrm{d}y}{\mathrm{d}x}=y\ln\dfrac{y}{x}$

（3） $\left(1+2e^{\frac{x}{y}}\right)\mathrm{d}x+2e^{\frac{x}{y}}\left(1-\dfrac{x}{y}\right)\mathrm{d}y=0$

3．求下列可分离变量微分方程满足所给初始条件的特解.

（1） $y'=e^{2x-y}$，$y|_{x=0}=0$

（2） $y'\sin x=y\ln y$，$y\big|_{x=\frac{\pi}{2}}=e$

（3） $\cos y\mathrm{d}x+(1+e^{-x})\sin y\mathrm{d}y=0$，$y|_{x=0}=\dfrac{\pi}{4}$

4．求下列齐次微分方程满足所给初始条件的特解.

（1） $(y^2-3x^2)\mathrm{d}y+2xy\mathrm{d}x=0$，$y|_{x=0}=1$

（2） $(x+2y)y'=y-2x$，$y|_{x=1}=1$

4.3 一阶线性微分方程

4.3.1 一阶线性微分方程的定义

定义 4-5 形如

$$\frac{\mathrm{d}y}{\mathrm{d}x}+P(x)y=Q(x) \text{ 或 } y'+P(x)y=Q(x) \tag{4-4}$$

的方程称为**一阶线性微分方程**. 其中函数 $P(x)$、$Q(x)$ 是某个区间内的连续函数，$Q(x)$ 称为**自由项**.

当 $Q(x)=0$ 时，微分方程（4-4）称为**齐次微分方程**；当 $Q(x)\neq 0$ 时，微分方程（4-4）称为**非齐次微分方程**.

4.3.2 一阶线性齐次微分方程的解法

一阶线性齐次微分方程 $y'+P(x)y=0$ 是可分离变量方程.

分离变量得

$$\frac{1}{y}\mathrm{d}y=-P(x)\mathrm{d}x$$

对等式两端积分得

$$\int\frac{1}{y}\mathrm{d}y=-\int P(x)\mathrm{d}x,\ \ln y=-\int P(x)\mathrm{d}x+\ln C$$

解得其通解为 $y=C\mathrm{e}^{-\int P(x)\mathrm{d}x}$.

4.3.3 一阶线性非齐次微分方程的解法

由于一阶线性非齐次微分方程与其对应的齐次微分方程的差异只有自由项 $Q(x)$，因此可以想象，它们的解应该有一定的联系而又有一定的差别.

下面利用方程 $\frac{\mathrm{d}y}{\mathrm{d}x}+P(x)y=0$ 的通解 $y=C\mathrm{e}^{-\int P(x)\mathrm{d}x}$ 的形式来求方程 $\frac{\mathrm{d}y}{\mathrm{d}x}+P(x)y=Q(x)$ 的通解. 显然，如果 $y=C\mathrm{e}^{-\int P(x)\mathrm{d}x}$ 中 C 恒为常数，那么它不可能是 $\frac{\mathrm{d}y}{\mathrm{d}x}+P(x)y=Q(x)$ 的解. 可以设想：在 $y=C\mathrm{e}^{-\int P(x)\mathrm{d}x}$ 中，将常数 C 替代为 x 的待定函数 $C(x)$，使它满足方程 $\frac{\mathrm{d}y}{\mathrm{d}x}+P(x)y=Q(x)$，从而求出 $C(x)$. 为此，设一阶非齐次微分方程通解为

$$y=C(x)\mathrm{e}^{-\int P(x)\mathrm{d}x}$$

对等式两端关于 x 求导，得

$$\begin{aligned}\frac{\mathrm{d}y}{\mathrm{d}x} &= C'(x)\mathrm{e}^{-\int P(x)\mathrm{d}x} + C(x)\mathrm{e}^{-\int P(x)\mathrm{d}x}[-P(x)] \\ &= C'(x)\mathrm{e}^{-\int P(x)\mathrm{d}x} - P(x)y\end{aligned}$$

将其代入方程得

$$C'(x)\mathrm{e}^{-\int P(x)\mathrm{d}x} - P(x)y + P(x)y = Q(x)$$

整理得

$$C'(x)\mathrm{e}^{-\int P(x)\mathrm{d}x} = Q(x)$$

即

$$\frac{\mathrm{d}C(x)}{\mathrm{d}x} = Q(x)\mathrm{e}^{-\int P(x)\mathrm{d}x}$$

于是有

$$C(x) = \int Q(x)\mathrm{e}^{\int P(x)\mathrm{d}x} + C$$

因此，一阶线性非齐次微分方程 $\frac{\mathrm{d}y}{\mathrm{d}x} + P(x)y = Q(x)$ 的通解为

$$y = \mathrm{e}^{-\int P(x)\mathrm{d}x}\left(\int Q(x)\mathrm{e}^{\int P(x)\mathrm{d}x} + C\right)$$

总结上面的求解过程，先将一阶线性齐次微分方程通解中的常数 C 替代为待定的函数 $C(x)$，再代入一阶线性非齐次微分方程求出 $C(x)$，这样的方法叫作**常数变易法**.

一阶线性非齐次微分方程的通解公式可写为

$$y = \mathrm{e}^{-\int p(x)\mathrm{d}x}\left(\int Q(x)\mathrm{e}^{\int p(x)\mathrm{d}x}\mathrm{d}x + C\right) = C\mathrm{e}^{-\int P(x)\mathrm{d}x} + \mathrm{e}^{-\int P(x)\mathrm{d}x}\cdot\int Q(x)\,\mathrm{e}^{\int P(x)\mathrm{d}x}\mathrm{d}x$$

注意： $C\mathrm{e}^{-\int P(x)\mathrm{d}x}$ 为一阶线性齐次微分方程的通解，$\mathrm{e}^{-\int P(x)\mathrm{d}x}\cdot\int Q(x)\mathrm{e}^{\int P(x)\mathrm{d}x}\mathrm{d}x$ 为一阶线性非齐次微分方程的特解.

[**例 4-11**] 求微分方程 $y' - 2xy = \mathrm{e}^{x^2}\cos x$ 的通解.

解一： 对原方程对应的齐次微分方程 $\frac{\mathrm{d}y}{\mathrm{d}x} - 2xy = 0$ 分离变量，得

$$\frac{\mathrm{d}y}{y} - 2x\mathrm{d}x$$

对等式两端积分，得 $\int\frac{\mathrm{d}y}{y} = \int 2x\mathrm{d}x$，所以 $\ln|y| = x^2 + C$，即 $\ln|y| = \ln\mathrm{e}^{x^2} + \ln C = \ln(C\mathrm{e}^{x^2})$.

所以 $y = C\mathrm{e}^{x^2}$，用常数变易法，将 $y = C(x)\mathrm{e}^{x^2}$ 代入原方程，得

$$C'(x)\mathrm{e}^{x^2} = \mathrm{e}^{x^2}\cos x$$

即

$$C'(x)=\cos x$$

则

$$C(x)=\int\cos x\mathrm{d}x=\sin x+C$$

故原方程的通解为 $y=\mathrm{e}^{x^2}(\sin x+C)$（$C$为任意常数）.

解二： $P(x)=-2x$，$Q(x)=\mathrm{e}^{x^2}\cos x$，将其代入通解公式得

$$\begin{aligned}y&=\mathrm{e}^{-\int-2x\mathrm{d}x}(\int\mathrm{e}^{x^2}\cos x\cdot\mathrm{e}^{\int-2x\mathrm{d}x}\mathrm{d}x+C)\\&=\mathrm{e}^{x^2}(\int\mathrm{e}^{x^2}\cos x\cdot\mathrm{e}^{-x^2}\mathrm{d}x+C)\\&=\mathrm{e}^{x^2}(\int\cos x\mathrm{d}x+C)=\mathrm{e}^{x^2}(\sin x+C)\text{（}C\text{为任意常数）}\end{aligned}$$

［**例 4-12**］求方程 $y'+\frac{1}{x}y=\frac{\sin x}{x}$ 的通解.

解： $P(x)=\frac{1}{x}$，$Q(x)=\frac{\sin x}{x}$，将其代入通解公式得

$$y=\mathrm{e}^{-\int\frac{1}{x}\mathrm{d}x}\left(\int\frac{\sin x}{x}\mathrm{e}^{\int\frac{1}{x}\mathrm{d}x}+C\right)=\frac{1}{x}(-\cos x+C)$$

［**例 4-13**］求微分方程 $y'+\frac{y}{x}=\frac{1}{x(x^2+1)}$ 的通解.

解： $P(x)=\frac{1}{x}$，$Q(x)=\frac{1}{x(x^2+1)}$，将其代入通解公式得

$$\begin{aligned}y&=\mathrm{e}^{-\int\frac{1}{x}\mathrm{d}x}\left(\int\frac{1}{x(x^2+1)}\mathrm{e}^{\int\frac{1}{x}\mathrm{d}x}\mathrm{d}x+C\right)\\&=\frac{1}{x}\left(\int\frac{1}{x^2+1}x\mathrm{d}x+C\right)\\&=\frac{1}{x}\left(\int\frac{1}{x^2+1}\mathrm{d}x+C\right)=\frac{1}{x}(\arctan x+C)\end{aligned}$$

［**例 4-14**］求常微分方程 $y'+P(x)y=Q(x)y^2$ 的通解.

解： 由题意得 $\frac{1}{y^2}y'+P(x)\frac{1}{y}=Q(x)$. 令 $u=\frac{1}{y}$，则 $u'=-\frac{1}{y^2}y'$，所以原方程变成一阶线性微分方程 $u'-P(x)u=-Q(x)$.

其通解为

$$u=\mathrm{e}^{\int P(x)\mathrm{d}x}\left(\int-Q(x)\mathrm{e}^{-\int P(x)\mathrm{d}x}\mathrm{d}x+C\right)$$

即

$$y=\frac{1}{\mathrm{e}^{\int P(x)\mathrm{d}x}\left(C-\int Q(x)\mathrm{e}^{-\int P(x)\mathrm{d}x}\mathrm{d}x\right)}$$

小结：一阶微分方程的解法主要有两种：分离变量法和常数变易法．常数变易法主要适用于一阶线性微分方程，若方程能化为标准形式 $y'+P(x)y=Q(x)$，也可直接利用公式 $y=\mathrm{e}^{-\int P(x)\mathrm{d}x}\left(\int Q(x)\mathrm{e}^{\int P(x)\mathrm{d}x}\mathrm{d}x+C\right)$ 求通解．

思考题 4.3

怎样判断一阶线性微分方程的齐次与非齐次？举例说明．

练习题 4.3

1．求下列微分方程的通解．

（1）$\dfrac{\mathrm{d}y}{\mathrm{d}x}+y=\mathrm{e}^{-x}$　　（2）$\dfrac{\mathrm{d}\rho}{\mathrm{d}\theta}+3\rho=2$

（3）$y'+y\cos x=\mathrm{e}^{-\sin x}$　　（4）$y'+y\tan x=\sin 2x$

（5）$(x^2-1)y'+2xy-\cos x=0$　　（6）$y'+2xy=4x$

（7）$2y\mathrm{d}x+(y^2-6x)\mathrm{d}y=0$　　（8）$y\ln y\mathrm{d}x+(x-\ln y)\mathrm{d}y=0$

2．求下列微分方程满足所给初始条件的特解．

（1）$y'-y\tan x=\sec x$，$y|_{x=0}=0$

（2）$y'+\dfrac{y}{x}=\dfrac{\sin x}{x^{\pi}}$，$y|_{x=\pi}=1$

（3）$y'+y\cot x=5\mathrm{e}^{\cos x}$，$y|_{x=\frac{\pi}{2}}=-4$

（4）$y'+\dfrac{2-3x^2}{x^3}y=1$，$y|_{x=1}=0$

知识拓展

4.4　二阶线性微分方程

4.4.1　二阶线性微分方程的定义

定义 4-6　　形如

$$\frac{\mathrm{d}^2y}{\mathrm{d}x^2}+P(x)\frac{\mathrm{d}y}{\mathrm{d}x}+Q(x)y=f(x) \tag{4-5}$$

的方程称为**二阶线性微分方程**．其中 $P(x)$、$Q(x)$ 及 $f(x)$ 是自变量 x 的已知函数，函数 $f(x)$

称为微分方程的**自由项**.

当 $P(x)$ 和 $Q(x)$ 是常数，和 x 无关时，方程可写为 $\frac{\mathrm{d}^2y}{\mathrm{d}x^2}+P\frac{\mathrm{d}y}{\mathrm{d}x}+Qy=f(x)$，这个方程称为**二阶线性常系数微分方程**.

当 $f(x)\equiv 0$ 时，方程可写为 $\frac{\mathrm{d}^2y}{\mathrm{d}x^2}+P(x)\frac{\mathrm{d}y}{\mathrm{d}x}+Q(x)y=0$，这个方程称为**二阶线性齐次微分方程**．相应地，当 $f(x)\neq 0$ 时，方程称为**二阶线性非齐次微分方程**.

当 $P(x)$ 和 $Q(x)$ 是常数，且 $f(x)\equiv 0$ 时，方程可写为 $\frac{\mathrm{d}^2y}{\mathrm{d}x^2}+P\frac{\mathrm{d}y}{\mathrm{d}x}+Qy=0$，这个方程称为**二阶线性常系数齐次微分方程**．相应地，当 $P(x)$ 和 $Q(x)$ 是常数，但 $f(x)\neq 0$ 时，方程称为**二阶线性常系数非齐次微分方程**.

4.4.2 二阶线性齐次微分方程解的结构

定理 4-1 如果函数 $y_1(x)$ 与 $y_2(x)$ 是方程 $\frac{\mathrm{d}^2y}{\mathrm{d}x^2}+P(x)\frac{\mathrm{d}y}{\mathrm{d}x}+Q(x)y=0$ 的两个解，则

$$y=C_1y_1(x)+C_2y_2(x)$$

也是该方程的解，其中 C_1、C_2 是任意常数.

证明：先设 $y_1(x)$ 与 $y_2(x)$ 是方程 $\frac{\mathrm{d}^2y}{\mathrm{d}x^2}+P(x)\frac{\mathrm{d}y}{\mathrm{d}x}+Q(x)y=0$ 的解，再将 $y=C_1y_1(x)+C_2y_2(x)$ 代入方程左端，这时等式成立，从而定理得证.

定理 4-1 表明，用 $\frac{\mathrm{d}^2y}{\mathrm{d}x^2}+P(x)\frac{\mathrm{d}y}{\mathrm{d}x}+Q(x)y=0$ 的两个特解 $y_1(x)$ 和 $y_2(x)$ 可以构造出该方程的无数多个解 $y=C_1y_1(x)+C_2y_2(x)$；根据通解的定义，如果 C_1、C_2 是相互独立的任意常数，那么它就是方程的通解．因此，若想判断 $y=C_1y_1(x)+C_2y_2(x)$ 是不是方程 $\frac{\mathrm{d}^2y}{\mathrm{d}x^2}+P(x)\frac{\mathrm{d}y}{\mathrm{d}x}+Q(x)y=0$ 的通解，则要看 C_1、C_2 是不是相互独立的，而这是由 $y_1(x)$ 和 $y_2(x)$ 之间的关系确定的.

若存在不全为 0 的常数 k_1、k_2，使 $k_1y_1(x)+k_2y_2(x)=0$，则称 $y_1(x)$ 和 $y_2(x)$ **线性相关**，否则称它们**线性无关**.

如果 $y_1(x)$ 和 $y_2(x)$ 线性相关，那么其中一个函数就可表示为另一函数的常数倍，不妨设 $y_1(x)=ky_2(x)$，于是 $y=C_1y_1(x)+C_2y_2(x)=C_1ky_2(x)+C_2y_2(x)=Cy_2(x)$，说明这个解中实际只含有一个任意常数，因此它不是方程 $\frac{\mathrm{d}^2y}{\mathrm{d}x^2}+P(x)\frac{\mathrm{d}y}{\mathrm{d}x}+Q(x)y=0$ 的通解.

定理 4-2 如果 $y_1(x)$ 与 $y_2(x)$ 是方程 $\frac{\mathrm{d}^2y}{\mathrm{d}x^2}+P(x)\frac{\mathrm{d}y}{\mathrm{d}x}+Q(x)y=0$ 的两个线性无关的特解，则

$$y=C_1y_1(x)+C_2y_2(x)$$

就是方程 $\frac{d^2y}{dx^2}+P(x)\frac{dy}{dx}+Q(x)y=0$ 的通解，其中 C_1、C_2 是任意常数.

例如，容易验证 $y_1(x)=e^x$ 和 $y_2(x)=e^{2x}$ 都是二阶线性齐次微分方程 $y''-3y'+2y=0$ 的解，而 $y_1(x)$ 与 $y_2(x)$ 是线性无关的，因此 $y=C_1y_1(x)+C_2y_2(x)$ 是该方程的通解，其中 C_1、C_2 是任意常数.

4.4.3　二阶线性非齐次微分方程解的结构

定理 4-3　设 y^* 是方程 $\frac{d^2y}{dx^2}+P(x)\frac{dy}{dx}+Q(x)y=f(x)$ 的一个特解，而 Y 是其对应的齐次微分方程 $\frac{d^2y}{dx^2}+P(x)\frac{dy}{dx}+Q(x)y=0$ 的通解，则

$$y=Y+y^*$$

就是二阶非齐次线性微分方程 $\frac{d^2y}{dx^2}+P(x)\frac{dy}{dx}+Q(x)y=f(x)$ 的通解.

证明：将 $y=Y+y^*$ 代入方程 $\frac{d^2y}{dx^2}+P(x)\frac{dy}{dx}+Q(x)y=f(x)$ 的左端，得

$$\begin{aligned}\frac{d^2y}{dx^2}+P(x)\frac{dy}{dx}+Q(x)y&=\left(Y+y^*\right)''+P(x)\left(Y+y^*\right)'+Q(x)\left(Y+y^*\right)\\&=\left(Y''+(y^*)''\right)+P(x)\left(Y'+(y^*)'\right)+Q(x)\left(Y+y^*\right)\\&=Y''+P(x)Y'+Q(x)Y+(y^*)''+P(x)(y^*)'+Q(x)y^*\\&=(y^*)''+P(x)(y^*)'+Q(x)y^*\\&=f(x)\end{aligned}$$

故 $y=Y+y^*$ 是方程 $\frac{d^2y}{dx^2}+P(x)\frac{dy}{dx}+Q(x)y=f(x)$ 的解，又因为 Y 中含有两个相互独立的任意常数，所以 $y=Y+y^*$ 是方程 $\frac{d^2y}{dx^2}+P(x)\frac{dy}{dx}+Q(x)y=f(x)$ 的通解.

定理 4-4　设 y_1^* 与 y_2^* 分别是方程 $y''+P(x)y'+Q(x)y=f_1(x)$ 与 $y''+P(x)y'+Q(x)y=f_2(x)$ 的特解，则 $y_1^*+y_2^*$ 是方程 $y''+P(x)y'+Q(x)y=f_1(x)+f_2(x)$ 的特解.

例如，容易验证 $y(x)=-\frac{1}{2}e^{-x}$ 是二阶线性非齐次微分方程 $y''+y'-2y=e^{-x}$ 的一个特解，而 $y=C_1e^x+C_2e^{-2x}$ 是对应的二阶线性齐次微分方程 $y''+y'-2y=0$ 的通解，因此 $y''+y'-2y=e^{-x}$ 的通解为 $y=C_1e^x+C_2e^{-2x}-\frac{1}{2}e^{-x}$.

根据上述定理，求二阶线性非齐次微分方程的通解可归结为求其一个特解 y^* 及其对应的二阶线性齐次微分方程的两个线性无关的解 $y_1(x)$ 和 $y_2(x)$.

然而，求 y^*、$y_1(x)$ 和 $y_2(x)$ 仍然是相当困难的，下面给出仅当 $P(x)$ 和 $Q(x)$ 是常数时的解法.

4.4.4 二阶线性常系数齐次微分方程解的结构

由于二阶线性常系数齐次微分方程 $y''+py'+qy=0$ 是线性齐次微分方程的特殊情况，因此，根据定理 4-2 可知，只要求出它的两个线性无关的特解，就可以确定它的通解.

二阶线性常系数齐次微分方程 $y''+py'+qy=0$ 的特点：y''、y'、y 之间仅差一个常数因子，而指数函数 $y=e^{\lambda x}$ 恰好就具备这一特点，只要选取适当的 λ 值，就能使它满足方程 $y''+py'+qy=0$.

将 $y=e^{\lambda x}$、$y'=\lambda e^{\lambda x}$、$y''=\lambda^2 e^{\lambda x}$ 代入方程，得

$$e^{\lambda x}(\lambda^2+p\lambda+q)=0$$

由于 $e^{\lambda x}\neq 0$，因此 $\lambda^2+p\lambda+q=0$.

上式称为方程 $y''+py'+qy=0$ 的**特征方程**，它的两个根则称为方程的**特征根**.

综上所述，求方程 $y''+py'+qy=0$ 解的问题可以转化为求其特征根的问题. 下面根据代数方程 $\lambda^2+p\lambda+q=0$ 的根的判别式的符号的不同，分以下三种情况进行讨论.

（1）当 $\Delta=p^2-4q>0$ 时，特征方程 $\lambda^2+p\lambda+q=0$ 有两个不相等的实根.

$$\lambda_{1,2}=\frac{-p\pm\sqrt{p^2-4q}}{2}$$

由于 $\dfrac{e^{\lambda_1 x}}{e^{\lambda_2 x}}=e^{(\lambda_1-\lambda_2)x}\neq$ 常数，因此 $y_1=e^{\lambda_1 x}$ 和 $y_2=e^{\lambda_2 x}$ 是方程 $y''+py'+qy=0$ 的两个线性无关的特解，其**通解**为 $y=C_1e^{\lambda_1 x}+C_2e^{\lambda_2 x}$.

（2）当 $\Delta=p^2-4q=0$ 时，特征方程 $\lambda^2+p\lambda+q=0$ 有两个相等的实根.

$$\lambda_1=\lambda_2=\frac{-p}{2}$$

此时只能找到 $y''+py'+qy=0$ 的一个特解 $y_1=e^{-\frac{p}{2}x}$. 要求出通解，还必须找到方程的另外一个特解 y_2，且 $\dfrac{y_2}{y_1}\neq$ 常数. 事实上，可以验证 $y_2=xe^{-\frac{p}{2}x}$ 是方程的一个特解 y_2，且 $\dfrac{y_2}{y_1}\neq$ 常数，此时方程的**通解**为 $y=C_1e^{-\frac{p}{2}x}+C_2xe^{-\frac{p}{2}x}$.

（3）当 $\Delta=p^2-4q<0$ 时，特征方程 $\lambda^2+p\lambda+q=0$ 有两个共轭的复根.

$$\lambda_1=\alpha+i\beta,\ \lambda_2=\alpha-i\beta\text{，其中 }\alpha=-\frac{p}{2},\ \beta=\frac{\sqrt{4q-p^2}}{2}$$

从而得到方程 $y''+py'+qy=0$ 的两个线性无关的特解为

$$y_1=e^{\lambda_1 x}\text{，}\quad y_2=e^{\lambda_2 x}$$

为了便于应用，利用欧拉公式 $e^{i\theta}=\cos\theta+i\sin\theta$，得

$$y_1 = e^{\alpha x}(\cos\beta x + i\sin\beta x)，\quad y_2 = e^{\alpha x}(\cos\beta x - i\sin\beta x)$$

由定理 4-1 可知

$$Y_1 = \frac{1}{2}(y_1 + y_2) = e^{\alpha x}\cos\beta x，\quad Y_2 = \frac{1}{2}(y_1 - y_2) = e^{\alpha x}\sin\beta x$$

也是方程的两个特解，且线性无关. 所以，方程 $y'' + py' + qy = 0$ 的实函数形式的**通解**为

$$y = e^{\alpha x}(C_1\cos\beta x + C_2\sin\beta x)$$

[**例 4-15**] 求微分方程 $y'' + 3y' + 2y = 0$ 的通解.

解： 其特征方程为

$$\lambda^2 - 3\lambda + 2 = (\lambda - 1)(\lambda - 2) = 0$$

得特征根为

$$\lambda_1 = 1，\lambda_2 = 2$$

这是两个不相等的实根，故原微分方程的通解为

$$y = C_1 e^x + C_2 e^x \quad（C_1、C_2 为任意常数）$$

[**例 4-16**] 求微分方程 $y'' - 2y' + y = 0$ 的通解.

解： 其特征方程为

$$\lambda^2 - 2\lambda + 1 = (\lambda - 1)^2 = 0$$

得其特征根为

$$\lambda_1 = \lambda_2 = 1$$

这是两个相等的实根，故原微分方程的通解为

$$y = (C_1 + C_2 x)e^x \quad（C_1、C_2 为任意常数）$$

[**例 4-17**] 设二阶线性常系数齐次微分方程 $y'' + ay' + by = 0$ 的通解为 $y = C_1e^x + C_2e^{2x}$，求非齐次微分方程 $y'' + ay' + by = 1$ 满足条件 $y(0) = 2$，$y'(0) = -1$ 的解.

解： 二阶线性常系数齐次微分方程对应的特征方程为 $\lambda^2 + a\lambda + b = 0$，又由通解可得特征根 $\lambda_1 = 1，\lambda_2 = 2$，即 $(\lambda - 1)(\lambda - 2) = 0$，$\lambda^2 - 3\lambda + 2 = 0$，故 $a = -3$、$b = 2$.

所以非齐次微分方程为 $y'' - 3y' + 2y = 1$，由于 $\lambda = 0$ 不是特征方程的根，因此，设特解 $y^* = A$，将特解代入方程 $y'' - 3y' + 2y = 1$，得 $A = \frac{1}{2}$.

所以 $y'' - 3y' + 2y = 1$ 的通解为 $y = C_1e^x + C_2e^{2x} + \frac{1}{2}$（$C_1$、$C_2$ 为任意常数）.

再由 $y(0) = 2，y'(0) = -1$，可得 $C_1 = 4，C_2 = -\frac{5}{2}$，故满足初始条件的特解为 $y = 4e^x - \frac{5}{2}e^{2x} + \frac{1}{2}$.

[例 4-18] 求微分方程 $y''-2ay'+y=0$ 的通解.

解：原方程对应的特征方程为 $\lambda^2-2a\lambda+1=0$，$\lambda_{1,2}=\dfrac{2a\pm\sqrt{4a^2-4}}{2}=a\pm\sqrt{a^2-1}$.

（1）当 $|a|>1$，即 $a>1$ 或 $a<-1$ 时，特征方程有两个不相等的实根

$$\lambda_1=a+\sqrt{a^2-1}，\ \lambda_2=a-\sqrt{a^2-1}$$

故原方程的通解为

$$y=C_1\mathrm{e}^{(a+\sqrt{a^2-1})x}+C_2\mathrm{e}^{(a-\sqrt{a^2-1})x}$$

（2）当 $|a|=1$，即 $a=1$ 或 $a=-1$ 时，特征方程有两个相等的实根，$\lambda_1=\lambda_2=a$，故原方程的通解为 $y=(C_1+C_2x)\mathrm{e}^{ax}$.

（3）当 $|a|<1$，即 $-1<a<1$ 时，特征方程有两个共轭复根 $\lambda_{1,2}=a\pm\mathrm{i}\sqrt{1-a^2}$，故原方程的通解为 $y=\mathrm{e}^{ax}(C_1\cos\sqrt{1-a^2}x+C_2\sin\sqrt{1-a^2}x)$.

综上所述，求二阶线性常系数齐次微分方程通解的步骤如下.

第一步：写出方程 $y''+py'+qy=0$ 的特征方程 $\lambda^2+p\lambda+q=0$.

第二步：求出特征方程的两个特征根 λ_1, λ_2.

第三步：根据表 4-1 给出的三种特征根的不同情形，写出 $y''+py'+qy=0$ 的通解.

表 4-1

特征方程 $\lambda^2+p\lambda+q=0$ 的根		微分方程 $y''+py'+qy=0$ 的通解
有两个不相等的实根	$\lambda_1\neq\lambda_2$	$y=C_1\mathrm{e}^{\lambda_1x}+C_2\mathrm{e}^{\lambda_2x}$
有两个相等的实根	$\lambda_1=\lambda_2$	$y=C_1\mathrm{e}^{-\frac{p}{2}x}+C_2x\mathrm{e}^{-\frac{p}{2}x}$
有两个共轭复根	$\lambda_{1,2}=\alpha\pm\mathrm{i}\beta$	$y=\mathrm{e}^{\alpha x}(C_1\cos\beta x+C_2\sin\beta x)$

4.4.5 二阶线性常系数非齐次微分方程解的结构

根据定理 4-3，求二阶线性常系数非齐次微分方程 $y''+py'+qy=f(x)$ 的通解归结为求其一个特解 y^* 及其对应的二阶线性齐次微分方程 $y''+py'+qy=0$ 的两个线性无关的解 $y_1(x)$ 和 $y_2(x)$. 而对应的齐次微分方程 $y''+py'+qy=0$ 的通解已经讨论过了，这里只需要讨论如何求 $y''+py'+qy=f(x)$ 的一个特解 y^* 即可. 在实际应用中，求解非齐次微分方程的特解 y^*，往往比求对应的齐次微分方程的通解困难得多.

下面讨论非齐次微分方程 $y''+py'+qy=f(x)$ 的一个特解的求解方法.

1. $f(x)=P_m(x)\mathrm{e}^{\lambda x}$ 型

$f(x)=P_m(x)\mathrm{e}^{\lambda x}$ 型特解的求解方法如表 4-2 所示。

表 4-2

$f(x)=P_m(x)e^{\lambda x}$ 型特解的求解方法	
λ 不是特征根	$y^*=Q_m(x)e^{\lambda x}$
λ 是特征单根	$y^*=xQ_m(x)e^{\lambda x}$
λ 是二重特征根	$y^*=x^2Q_m(x)e^{\lambda x}$

注意：表中的 $P_m(x)$ 为已知的 m 次多项式，$Q_m(x)$ 为待定的 m 次多项式，如 $Q_2(x)=Ax^2+Bx+C$（A、B、C 为待定常数）.

［例 4-19］求微分方程 $y''-y=4xe^x$ 满足初始条件 $y|_{x=0}=0$，$y'|_{x=0}=1$ 的特解.

解：该方程对应的齐次微分方程的特征方程为 $r^2-1=0$，特征根为 $r_{1,2}=\pm1$，故其通解为 $y=C_1e^x+C_2e^{-x}$.

因为 $\lambda=1$ 是特征方程的单根，所以设特解为 $y^*=x(b_0x+b_1)e^x$，代入原方程得

$$2b_0+2b_1+4b_0x=4x$$

比较同类项系数得 $b_0=1$，$b_1=-1$，原方程的特解为 $y^*=x(x-1)e^x$. 故原方程的通解为

$$y=C_1e^x+C_2e^{-x}+x(x-1)e^x$$

由初始条件，当 $x=0$ 时，$y=y'=0$，得 $\begin{cases}C_1+C_2=0\\C_1-C_2=2\end{cases}$.

所以 $C_1=1$，$C_2=-1$. 因此满足初始条件的特解为

$$y=e^x-e^{-x}+x(x-1)e^x$$

2. $f(x)=e^{\lambda x}\left[p_l(x)\cos\omega x+p_n\sin\omega x\right]$ 型

$P_l(x)$、$P_n(x)$ 分别为 x 的 l 次和 n 次多项式，λ、ω 为常数，类似于当 $f(x)=P_m(x)e^{\lambda x}$ 时的讨论，这时非齐次微分方程 $y''+py'+qy=f(x)$ 的一个**特解形式为**

$$y^*(x)=x^ke^{\lambda x}\left(R^{(1)}{}_m(x)\cos\omega x+R^{(2)}{}_m(x)\sin\omega x\right)$$

其中，$R_m^{(1)}(x)$、$R_m^{(2)}(x)$ 为 x 的 m 次（完全）多项式，$m=\max\{l,n\}$，$R_m^{(1)}(x)$、$R_m^{(2)}(x)$ 的系数为待定的常数. 依据 $\lambda+i\omega$ 不是特征方程 $\lambda^2+p\lambda+q=0$ 的根或特征根，k 分别取 0 或 1.

［例 4-20］求微分方程 $y''-3y'+2y=e^x\sin x$ 的特解形式.

解：特征方程为

$$r^2-3r+2=0$$

特征根为

$$r_1=1,\ r_2=2$$

而自由项为

$$f(x)=\mathrm{e}^{x}\sin x=\mathrm{e}^{x}(0\cos x+1\sin x)$$

即

$$\lambda=1,\ \omega=1,\ l=0,\ n=0$$

由于 $\lambda+\mathrm{i}\omega=1+\mathrm{i}$ 不是特征根，故所求方程的特解形式为 $y^{*}=\mathrm{e}^{x}(a\cos x+b\sin x)$

[**例 4-21**] 已知二阶微分方程 $y''+2y'+2y=\mathrm{e}^{-x}\sin x$，求其特解形式.

解：特征方程为

$$r^{2}+2r+2=0$$

一对共轭复根为

$$r_{1,2}=-1\pm\mathrm{i}$$

自由项为

$$f(x)=\mathrm{e}^{-x}\sin x=\mathrm{e}^{-x}(0\cos x+1\sin x)$$

即

$$\lambda=-1,\ \omega=1,\ l=0,\ n=0$$

由于 $\lambda+\mathrm{i}\omega=-1+\mathrm{i}$ 是一个特征根，故所求方程的特解为

$$y^{*}=x\mathrm{e}^{-x}(a\cos x+b\sin x)$$

[**例 4-22**] 求微分方程 $y''-4y'+8y=\mathrm{e}^{2x}\sin 2x$ 的通解.

解：特征方程为

$$r^{2}-4r+8=0$$

特征根为

$$r_{1,2}=2\pm 2\mathrm{i}$$

所对应的齐次微分方程通解为

$$y=\mathrm{e}^{2x}(C_{1}\cos 2x+C_{2}\sin 2x)$$

为了求原方程 $y''-4y'+8y=\mathrm{e}^{2x}\sin 2x$ 的一个特解，先求辅助方程

$$y''-4y'+8y=\mathrm{e}^{(2+2\mathrm{i})x}$$

的特解.

由于 $\lambda=2+2\mathrm{i}$ 是特征方程的单根，且 $P_{m}(x)=1$ 是零次多项式，因此设辅助方程 $y''-4y'+8y=\mathrm{e}^{(2+2\mathrm{i})x}$ 的特解为 $y^{*}=Ax\mathrm{e}^{(2+2\mathrm{i})x}$，代入原方程，化简得

$$(4+4\mathrm{i})A+8\mathrm{i}Ax-4\big(A+(2+2\mathrm{i})Ax\big)+8Ax=1$$

比较同类项系数，得 $4A\mathrm{i}=1$，$A=\frac{1}{4\mathrm{i}}=-\frac{\mathrm{i}}{4}$，所以，辅助方程 $y''-4y'+8y=\mathrm{e}^{(2+2\mathrm{i})x}$ 的特解为

$$y^*=-\frac{\mathrm{i}}{4}x\mathrm{e}^{2x}(\cos 2x+\mathrm{i}\sin 2x)=-\frac{1}{4}x\mathrm{e}^{2x}(\mathrm{i}\cos 2x-\sin 2x)$$

其虚部 $-\frac{1}{4}x\mathrm{e}^{2x}\cos 2x$ 即为所求原方程 $y''-4y'+8y=\mathrm{e}^{2x}\sin 2x$ 的特解.

因此原方程通解为

$$y=\mathrm{e}^{2x}(C_1\cos x+C_2\sin x)-\frac{1}{4}x\mathrm{e}^{2x}\cos 2x$$

小结：在设微分方程 $y''+py'+qy=P_m(x)\mathrm{e}^{\lambda x}$ 的特解时，必须注意把特解 y^* 设全. 例如，$P_m(x)=x^2$，则 $Q_m(x)=b_0x^2+b_1x+b_2$，而不能设 $Q_m(x)=b_0x^2$. 另外，微分方程的特解都应是满足一定初始条件的解，上面所求的特解 y^* 一般不会满足题目的初始条件，因此需要从通解中找出一个满足该初始条件的特解.

思考题 4.4

试写出二阶常系数齐次及非齐次微分方程解的结构.

练习题 4.4

1．求下列微分方程的通解.

（1）$y''+y'-2y=0$　　（2）$y''-4y'=0$

（3）$y''+y=0$　　（4）$y''+6y'+13y=0$

（5）$4\frac{\mathrm{d}^2x}{\mathrm{d}t^2}-20\frac{\mathrm{d}x}{\mathrm{d}t}+25x=0$　　（6）$y''-4y'+5y=0$

2．求下列各微分方程的通解.

（1）$2y''+y'-y=2\mathrm{e}^x$　　（2）$y''+a^2y=\mathrm{e}^x$

（3）$2y''+5y'=5x^2-2x-1$　　（4）$y''+3y'+2y=3x\mathrm{e}^{-x}$

（5）$y''+5y'+4y=3-2x$　　（6）$y''-6y'+9y=(x+1)\mathrm{e}^{3x}$

数学实验

4.5　实验——用 MATLAB 求微分方程

在 MATLAB 中主要用 dsolve 命令来求解微分方程，其格式如下.

```
s=dsolve('方程 1','方程 2',…,'初始条件 1','初始条件 2',…,'自变量').
```

说明：在该命令中，用字符串方程表示所求解微分方程，自变量默认值为 t. 导数用 D 表示，二阶导数用 D2 表示，以此类推. S 表示返回解析解.

[例 4-23] 求解下列微分方程.

(1) $y'=ay+b$

(2) $y''=\sin(2x)-y$，$y(0)=0$，$y'(0)=1$

(3) $f'=f+g$，$g'=g-f$，$f'(0)=1$，$g'(0)=1$

解：(1) 输入

```
s=dsolve('Dy=a*y+b','x')
```

输出结果为

```
s =
    -(b - C1*exp(a*x))/a
```

(2) 输入

```
s=dsolve('D2y=sin(2*x)-y','y(0)=0','Dy(0)=1','x')
```

输出结果为

```
s=
  (5*sin(x))/3 - sin(2*x)/3
```

(3) 输入

```
s=dsolve('Df=f+g','Dg=g-f','f (0) =1','g (0) =1');
simplify(s.f)          %s 是一个结构
simplify(s.g)
```

输出结果为

```
ans =
        exp(t)*(cos(t)+ sin(t))
ans =
        exp(t)*(cos(t)- sin(t))
```

[例 4-24] 求解微分方程 $y'=-y'+t+1$，$y(0)=1$.

解：输入

```
s=dsolve('Dy=-y+t+1','y(0)=1','t');
simplify(s)   %以最简形式显示 s
```

输出结果为

```
ans=
     t + 1/exp (t)
```

注意：利用 dsolve 命令可以很方便地求得常微分方程的通解和满足给定条件的特解. 但需要注意的是，在建立方程 $y',y'',y'''\cdots$ 时，应分别输入 Dy,D2y,D3y,…，且一般需要指明自变量.

[例 4-25] 求二阶常微分方程 $2y''+y'-y=2e^x$ 的通解.

解：输入

```
y=dsolve('2*D2y+Dy-y=2*exp(x)','x')
```

输出结果为

```
y=
   exp(1/2*x)*C2+exp(-x)*C1+exp(x)
```

上面 dsolve 命令中的第二个参数‘x’用来指明自变量 x. 若省略该参数，则 MATLAB 将以 t 为自变量来给出方程的解.

［**例 4-26**］求初值问题 $\begin{cases} x^2 e^{2y}\dfrac{dy}{dx}=x^3+1 \\ y(1)=0 \end{cases}$ 的解.

解：输入

```
y=dsolve('x^2*exp(2*y)*Dy=x^3+1','y(1)=0', 'x')
```

输出结果为

```
y=
   log(x^2 - 2/x + 2)/2.
```

思考题 4.5

在利用 MATLAB 求解微分方程时，系统默认的自变量为 t，所以对 t 求导，末尾是否可以不加 t，而对 x 求导，是否一定要加自变量 x？

练习题 4.5

1．写出求解常微分方程 $\dfrac{dy}{dx}=\dfrac{1}{x+y}$ 的 MATLAB 程序.

2．利用 MATLAB 求常微分方程的初始值问题 $\dfrac{dy}{dx}+3y=8$，$y|_{x=0}=2$ 的解.

3．利用 MATLAB 求常微分方程 $\begin{cases} \dfrac{d^2y}{dx^2}+4\dfrac{dy}{dx}+29y=0 \\ y(0)=0，y'(0)=15 \end{cases}$ 的特解.

4．写出求常微分方程组 $\begin{cases} \dfrac{dx}{dt}+5x+y=e^t \\ \dfrac{dy}{dt}-x-3y=e^{2t} \end{cases}$ 通解的 MATLAB 程序.

知识应用

4.6　常微分方程的应用

函数是事物的内部联系在数量方面的反映. 如何寻找变量之间的函数关系在实际应用中具有重要意义. 在许多实际问题中，往往不能直接找出变量之间的函数关系，但是根据问题所提供的信息，可以列出含有要找的函数及其导数（或微分）的关系式．这就是所谓的微分方程，通过微分方程可以得出微分方程模型．下面通过一些具体的实例介绍具体的应用过程，望读者能够从中得到启发．

4.6.1 人口预测模型

由于资源的有限性，当今世界许多国家都在有计划地控制人口的增长，为了得到人口预测模型，必须先搞清影响人口增长的因素．而影响人口增长的因素有很多，如人口的出生率、死亡率、迁移，以及自然灾害、战争等．若一开始就把所有因素都考虑进去，则无从下手．因此，可以先把问题简化，建立比较粗略的模型，再进行逐步修改，得到比较完善的模型．

[例 4-27] 马尔萨斯（Malthus）人口模型．英国人口统计学家马尔萨斯（1766—1834）在担任牧师期间，查看了教堂 100 多年的人口统计资料，发现人口自然增长率是一个常数，他于 1789 年在《人口原理》一书中提出了闻名于世的马尔萨斯人口模型，其基本假设：在人口的自然增长过程中，人口自然增长率（出生率与死亡率之差）是常数，即单位时间内人口的增长量与人口成正比，比例系数设为 r，在此假设下，推导并求解人口随时间变化的数学模型．

解：设 t 时的人口为 $N(t)$，把 $N(t)$ 当作连续、可微函数处理（因为人口总数很大，可近似地这样处理，此乃离散变量连续化处理），根据马尔萨斯的假设，在 t 到 $t+\Delta t$ 时间段内，人口的增长量为

$$N(t+\Delta t)-N(t)=rN(t)\Delta t$$

设 $t=t_0$ 时的人口为 N_0，于是有

$$\begin{cases}\dfrac{\mathrm{d}N}{\mathrm{d}t}=rN\\ N(t_0)=N\end{cases}$$

这就是马尔萨斯人口模型，用分离变量法易求出其解为

$$N(t)=N_0\mathrm{e}^{r(t-t_0)}$$

此式表明人口以指数规律随时间无限增长．

模型检验：据估计，1961 年，地球上的人口总数为 3.06×10^9 个，而在以后的几年中，人口总数以每年 2%的速度增长，即 $t_0=1961$，$N_0=3.06\times10^9$，$r=0.02$，于是有

$$N(t)=3.06\times10^9\,\mathrm{e}^{0.02(t-1961)}$$

这个公式可以较为准确地反映 1700—1961 年的世界人口总数．因为，这期间地球上的人口大约每 35 年翻一番，而上式计算结果为 34.6 年翻一番（请读者证明这一点）．

但是，后来人们以美国人口为例，用马尔萨斯人口模型计算结果与人口统计资料比较，却发现它们之间有很大的差异，尤其是在用此模型预测较遥远的未来地球人口总数时，发

现存在令人不可思议的问题. 若按此模型计算，到 2670 年，地球上将有 36 000 亿个人口. 即使地球表面全是陆地（事实上，地球表面还有约 70%的面积被水覆盖），人们也只能互相踩着肩膀站成两层才行，这是非常荒谬的．因此，这一模型应该修改.

[例 4-28] 逻辑（Logistic）模型．马尔萨斯人口模型为什么不能预测未来的人口呢？这主要是因为地球上的各种资源只能供一定数量的人口生活，随着人口的增加，各种资源等因素对人口增长的限制作用越来越显著．如果当人口较少时，人口自然增长率可以看作常数的话，那么当人口增加到一定数量以后，这个增长率就要随着人口数量的增加而减小．因此，应对马尔萨斯人口模型中关于自然增长率为常数的假设进行修改.

1838 年，荷兰生物数学家韦尔侯斯特（Verhulst）引入常数 N_m，用来表示环境资源所能允许的最大人口数量（一般来说，一个国家的工业化程度越高，人口的生活空间就越大，人口所能支配的食物量就越大，N_m 的值也就越大），并假设增长率等于 $r\left(1-\dfrac{N(t)}{N_m}\right)$，即其随着 $N(t)$ 的增大而减小，当 $N(t)\to N_m$ 时，增长率趋于 0，按此假定建立人口预测模型.

解：按照韦尔侯斯特的假设，马尔萨斯模型应改为

$$\begin{cases}\dfrac{\mathrm{d}N}{\mathrm{d}t}=r\left(1-\dfrac{N}{N_0}\right)N\\ N(t_0)=N_0\end{cases}$$

上式就是逻辑模型，该方程可分离变量，其解为

$$N(t)=\frac{N_m}{1+\left(\dfrac{N_m}{N_0}-1\right)\mathrm{e}^{-r(t-t_0)}}$$

下面对逻辑模型展开简要分析.

（1）当 $t\to\infty$，$N(t)\to N_m$ 时，无论人口的初值如何，人口总数趋于极限值 N_m.

（2）当 $0<N<N_m$ 时，$\dfrac{\mathrm{d}N}{\mathrm{d}t}=r\left(1-\dfrac{N}{N_m}\right)N>0$，这说明 $N(t)$ 是时间 t 的单调递增函数.

（3）由于 $\dfrac{\mathrm{d}^2N}{\mathrm{d}t^2}=r^2\left(1-\dfrac{N}{N_m}\right)\left(1-\dfrac{2N}{N_m}\right)N$，因此当 $N<\dfrac{N_m}{2}$ 时，$\dfrac{\mathrm{d}^2N}{\mathrm{d}t^2}>0$，$\dfrac{\mathrm{d}N}{\mathrm{d}t}$ 单调递增；当 $N>\dfrac{N_m}{2}$ 时，$\dfrac{\mathrm{d}^2N}{\mathrm{d}t^2}<0$，$\dfrac{\mathrm{d}N}{\mathrm{d}t}$ 单调递减，即增长率 $\dfrac{\mathrm{d}N}{\mathrm{d}t}$ 由增变减，在 $\dfrac{N_m}{2}$ 处达到最大，也就是说在人口总数达到极限值一半以前是加速增长期，达到极限值一半以后，增长率逐渐变小，并且迟早会达到 0，即减速增长期.

（4）用逻辑模型检验美国 1790—1950 年的人口，发现模型计算的人口结果与实际人口数量在 1930 年以前都非常吻合，而 1930 年以后，误差越来越大，一个明显的原因是 20 世纪 60 年代的美国实际人口数已经突破了 20 世纪初所设的极限人口．由此可见，该模型的缺点之一是 N_m 不易确定.

（5）用逻辑模型来预测世界未来人口总数．某生物学家估计，$r=0.029$，当人口总数为3.06×10^9个时，世界人口以每年 2%的速率增长，由逻辑模型得

$$\frac{1}{N}\frac{\mathrm{d}N}{\mathrm{d}t}=r\left(1-\frac{N}{N_m}\right)$$

即

$$0.02=0.029\left(1-\frac{3.06\times10^9}{N_m}\right)$$

从而得

$$N_m=9.86\times10^9$$

即世界人口总数极限值约 100 亿个．

值得说明的是，人也是一种生物，因此，上面关于人口模型的讨论，原则上也可以用于在自然环境下以单一物种形式生存着的其他生物，如森林中的树木、池塘中的鱼等，逻辑模型有着广泛的应用．

4.6.2 市场价格模型

对于纯粹的市场经济来说，商品市场价格取决于市场供需之间的关系，市场价格能促使商品的供给与需求相等，这样的价格称为（静态）均衡价格．也就是说，如果不考虑商品价格形成的动态过程，那么商品的市场价格应能保证市场的供需平衡，但是，实际的市场价格不会恰好等于均衡价格，而且价格不是静态的，是随时间不断变化的．

[例 4-29] 试建立描述市场价格形成的动态过程的数学模型．

解：假设在t时，商品的价格为$p(t)$，它与该商品的均衡价格之间有差别，此时存在供需差，该供需差促使商品的价格发生变动．对于新的价格，又会有新的供需差，如此不断调节，就构成市场价格形成的动态过程．假设商品的价格$p(t)$的变化率$\frac{\mathrm{d}p}{\mathrm{d}t}$与供需差成正比，并记$f(p,r)$为需求函数，$g(p)$为供给函数（$r$为参数），于是有

$$\begin{cases}\dfrac{\mathrm{d}p}{\mathrm{d}t}=\alpha\big(f(p,r)-g(p)\big)\\ p(0)=p_0\end{cases}$$

其中p_0为商品在$t=0$时的价格，α为正常数．

若设$f(p,r)=-ap+b$，$g(p)=cp+d$，则上式变为

$$\begin{cases}\dfrac{\mathrm{d}p}{\mathrm{d}t}=-\alpha(a+c)p+\alpha(b-d)\\ p(0)=p_0\end{cases}\tag{4-6}$$

其中 a、b、c、d 均为正常数，其解为

$$p(t)=\left(p_0-\frac{b-d}{a+c}\right)\mathrm{e}^{-\alpha(a+c)t}+\frac{b-d}{a+c}$$

下面对所得结果进行讨论.

（1）设 $\overline{p}$ 为商品的均衡价格，则其应满足

$$f(\overline{p},r)-g(\overline{p})=0$$

即

$$-a\overline{p}+b=c\overline{p}+d$$

得 $\overline{p}=\dfrac{b-d}{a+c}$，价格函数 $p(t)$ 可写为

$$p(t)=(p_0-\overline{p})\mathrm{e}^{-\alpha(a+c)t}+\overline{p}$$

令 $t\to+\infty$，取极限得

$$\lim_{t\to+\infty}p(t)=\overline{p}$$

这说明，市场价格逐步趋于均衡价格．若初始价格 $p_0=\overline{p}$，则动态价格就维持在均衡价格 $\overline{p}$ 上，整个动态过程就化为静态过程.

（2）由于有

$$\frac{\mathrm{d}p}{\mathrm{d}t}=(\overline{p}-p_0)\alpha(a+c)\mathrm{e}^{-\alpha(a+c)t}$$

因此，当 $p_0>\overline{p}$ 时，$\dfrac{\mathrm{d}p}{\mathrm{d}t}<0$，$p(t)$ 单调递减，向 $\overline{p}$ 靠拢；当 $p_0<\overline{p}$ 时，$\dfrac{\mathrm{d}p}{\mathrm{d}t}>0$，$p(t)$ 单调递增，向 $\overline{p}$ 靠拢．这说明：当初始价格高于均衡价格时，动态价格就要逐步降低，且逐步靠近均衡价格；否则，动态价格就要逐步升高．因此，式（4-6）在一定程度上反映了价格影响需求与供给，而需求与供给反过来又影响价格的动态过程，并指出了动态价格逐步向均衡价格靠拢的变化趋势.

4.6.3　混合溶液的数学模型

[例 4-30] 设某容器中原有 100L 盐水，含有 10kg 盐，现以 3L/min 的速度注入质量浓度为 0.01kg/L 的淡盐水，同时以 2L/min 的速度抽出混合均匀的盐水，求容器中盐的变化量的数学模型.

解：设在 t 时容器中的盐量为 $x(t)$ kg，考虑 t 到 $t+\mathrm{d}t$ 时间内容器中盐的变化情况，在 $\mathrm{d}t$ 时间内有

容器中盐的变化量 = 注入的盐水中所含盐量−抽出的盐水中所含盐量

容器中盐的变化量为 dx，注入的盐水中所含盐量为 $0.01\times 3dt$，t 时容器中盐水的质量浓度为 $\frac{x(t)}{100+(3-2)t}$，假设 t 到 $t+dt$ 时间内容器中盐水的质量浓度不变（事实上，容器中的盐水质量浓度时刻在变，由于 dt 时间很短，因此可以近似地这样认为）. 抽出的盐水中所含盐量为 $\frac{x(t)}{100+(3-2)t}2dt$，这样可列出方程

$$dx = 0.03dt - \frac{2x}{100+t}dt$$

即

$$\frac{dx}{dt} = 0.03 - \frac{2x}{100+t}$$

又因为当 $t=0$ 时，容器中含有 10 kg 盐，于是该问题的数学模型为

$$\begin{cases} \frac{dx}{dt} + \frac{2x}{100+t} = 0.03 \\ x(0) = 10 \end{cases}$$

这是一阶非齐次线性方程的初值问题，其解为

$$x(t) = 0.01(100+t) + \frac{9\times 10^4}{(100+t)^2}$$

下面对该问题进行简单的讨论，由上式不难发现：t 时容器中盐水的质量浓度为

$$p(t) = \frac{x(t)}{100+t} = 0.01 + \frac{9\times 10^4}{(100+t)^3}$$

且当 $t\to +\infty$ 时，$p(t)\to 0.01$，即若长时间地进行上述稀释过程，则容器中盐水的质量浓度将趋于注入盐水的质量浓度.

溶液混合问题的一般总结：设某容器中装有某种质量浓度的溶液，以流量 V_1 注入质量浓度为 C_1 的溶液（指同一种类质量浓度不同的溶液），假定溶液立即被搅匀，并以 V_2 的流量流出这种混合溶液，试建立容器中质量浓度与时间的数学模型.

设容器中溶质的质量为 $x(t)$，原来的初始质量为 x_0，$t=0$ 时溶液的体积为 V_2，在 dt 时间内，容器中溶质的改变量等于流入溶质的数量减去流出溶质的数量，即

$$dx = C_1V_1dt - C_2V_2dt$$

其中，C_1 是流入溶液的质量浓度；C_2 为 t 时容器中溶液的质量浓度，$C_2 = \frac{x}{V_0+(V_1-V_2)t}$. 于是，混合溶液的数学模型为

$$\begin{cases}\dfrac{\mathrm{d}x}{\mathrm{d}t}=C_1V_1-C_2V_2\\ x(0)=x_0\end{cases}$$

该模型不仅适用于液体的混合，还适用于气体的混合.

4.6.4　药品在液体中的运动规律模型

［例 4-31］某质量为 m 的药品由静止开始沉入某种液体，在下沉时，液体的反作用力与下沉速度成正比，求此药品在液体中的运动规律.

解：设药品在液体中的运动规律为 $x=x(t)$，由题意得

$$\begin{cases}m\dfrac{\mathrm{d}^2x}{\mathrm{d}t^2}=mg-k\dfrac{\mathrm{d}x}{\mathrm{d}t}\\ x\big|_{t=0}=0,\ \dfrac{\mathrm{d}x}{\mathrm{d}t}\Big|_{t=0}=0\end{cases}\quad （k>0，为比例系数）$$

方程变为

$$\frac{\mathrm{d}^2x}{\mathrm{d}t^2}+\frac{k}{m}\frac{\mathrm{d}x}{\mathrm{d}t}=g$$

齐次微分方程的特征方程为

$$r^2+\frac{k}{m}r=0,\quad r\left(r+\frac{k}{m}\right)=0,\quad r_1=0,\quad r_2=-\frac{k}{m}$$

故原方程所对应的齐次微分方程的通解为

$$x_c=C_1+C_2\mathrm{e}^{-\frac{k}{m}t}$$

因为 $\lambda=0$ 是特征单根，所以可设 $x_p=at$，代入原方程，得 $a=\dfrac{mg}{k}$. 故 $x_p=\dfrac{mg}{k}t$，原方程的通解为

$$x=C_1+C_2\mathrm{e}^{-\frac{k}{m}t}+\frac{mg}{k}t$$

由初始条件得 $C_1=-\dfrac{m^2g}{k^2}$，$C_2=\dfrac{m^2g}{k^2}$.

因此药品在液体中的运动规律为 $x(t)=\dfrac{mg}{k}t-\dfrac{m^2g}{k^2}\left(1-\mathrm{e}^{-\frac{k}{m}t}\right)$.

4.6.5　药品在人体内的分析模型

［例 4-32］某人突然开始强烈气喘，医生立即给他一次性注射 43.2mg 某种药品. 可以

假设该药品相当于进入了一个体积为 35 000mL 的分隔区间（该体积就是人体内药品可以达到的空间的总体积），药品离开病人身体的速度与体内药品量的多少成正比，该比例常数为 0.082，试求药品在人体内的浓度的数学模型.

解：为了简便，不妨提出以下假设：①假设病人身体内最初不含这种药品；②设在 t 时人体内的药品量为 $x(t)$ mg（从注射时计），一次性注入人体内的药品量为 D，人体内药品可以达到的空间的总体积为 V=35 000mL.

根据题意，药品离开人体的速度 $\frac{\mathrm{d}x(t)}{\mathrm{d}t}$ 与人体内药品量 x 成正比，即

$$\begin{cases}\frac{\mathrm{d}x(t)}{\mathrm{d}t}=-kx\\x(0)=D\end{cases}$$

对方程 $\frac{\mathrm{d}x(t)}{\mathrm{d}t}=-kx$ 分离变量，得

$$\frac{\mathrm{d}x(t)}{x}=-k\mathrm{d}t$$

对等式两端积分，得

$$\int\frac{\mathrm{d}x(t)}{x}=-k\int\mathrm{d}t$$

即

$$\ln|x(t)|=-kt+C$$

则通解为

$$x(t)=C\mathrm{e}^{-kt}$$

根据 $x(0)=D$ 得，$C=D$，从而有 $x(t)=D\mathrm{e}^{-kt}$，药品的浓度为

$$c(t)=\frac{x(t)}{V}=\frac{D\mathrm{e}^{-kt}}{V}$$

根据题意，初始条件为 D=43.2mg，k=0.082，V=35 000mL，则药品的浓度为

$$c(t)=\frac{43.2\mathrm{e}^{-0.082t}}{35000}$$

4.6.6 刑事侦查中死亡时间的鉴定模型

［例 4-33］某地发生一起谋杀案．刑侦人员测得受害人的尸体温度为 30℃，此时是下午 4 点整．假设受害人在被谋杀前的体温为 37℃，被谋杀 2h 后的尸体温度为 35℃，周围空气的温度为 20℃，试推断谋杀是何时发生的.

解：

1）模型假设与变量说明

（1）假设尸体温度按牛顿冷却定律变化，即尸体冷却的速度与尸体温度和空气温度之差成正比.

（2）假设尸体的最初温度为 37℃，2h 后尸体温度为 35℃，且周围空气的温度保持在 20℃不变.

（3）假设尸体被发现时的温度是 30℃，时间是下午 4 点整.

（4）假设尸体的温度为 $H(t)$（t 从谋杀时计）.

2）模型的分析与建立

由于尸体的冷却速度 $\frac{\mathrm{d}H}{\mathrm{d}t}$ 与尸体温度 H 和空气温度之差成正比，设比例系数为 k（k>0，为常数），则有

$$\frac{\mathrm{d}H}{\mathrm{d}t}=-k(H-20)$$

初始条件为 $H(0)=37$.

3）模型求解

方法 1：将 $\frac{\mathrm{d}H}{\mathrm{d}t}=-k(H-20)$ 分离变量，得 $\frac{\mathrm{d}H}{H-20}=-k\mathrm{d}t$，对等式两端积分，得 $H-20=C\mathrm{e}^{-kt}$.

把初始条件为 $H(0)=37$ 代入上式，得 C=17，于是满足问题的特解为 $H=20+17\mathrm{e}^{-kt}$，根据 2h 后尸体温度为 35℃这一条件，有 $35=20+17\mathrm{e}^{-k\cdot 2}$，解得 $k\approx 0.063$，于是尸体的温度函数为

$$H=20+17\mathrm{e}^{-0.063t}$$

将 $H=30$ 代入上式，求得谋杀已发生约 8.4（h）.

方法 2：上述计算较麻烦，用 MATLAB 求解，过程如下.

```
>> dsolve('DH=-0.063*(H-20)','H(0)=37')          %求尸体的温度函数
ans =
     17/exp((63*t)/1000)+ 20
>> solve('30=20+17/exp(63*t/1000)','t')          %求 t 的值
ans =
     -(1000*log(10/17))/63
>>-(1000*log(10/17))/63                          %转化为具体数值
ans =
    8.4227
```

可以判断谋杀发生在尸体被发现前的 8.4h 左右，即上午 7 点 36 分左右.

思考题 4.6

用微分方程求解具体问题的一般步骤和方法是什么？

练习题 4.6

1．在空气中自由落下的初始质量为 m_0 的雨点在均匀地蒸发着，设每秒蒸发 m，空气阻力和雨点速度成正比，如果最初雨点速度为 0，试求雨点运动速度和时间的关系．

2．静脉输入葡萄糖是一种重要的医疗技术，为了研究这一过程，设 $G(t)$ 是 t 时静脉中的葡萄糖含量，且设葡萄糖以 k（g/min）的固定速率输入静脉．与此同时，静脉中的葡萄糖还会转化为其他物质或转移到其他地方，其转化速率与静脉中的葡萄糖含量成正比．

（1）列出描述这一情况的微分方程，并求此方程的解．

（2）确定静脉中葡萄糖的平衡含量．

3．在人工繁殖细菌时，细菌的增长速度和当时的细菌数量成正比．

（1）如果在 4h后的细菌数量为原细菌数量的 2 倍，那么经过 12h后细菌应为原细菌数量的多少倍？

（2）如果在 3h后的细菌数量为10^4个，在 5h后的细菌数量为4×10^4个，那么在开始时有多少个细菌？

习题 A

一、选择题

1．微分方程中的（　　）中包含了它所有的解．

A．通解　　B．特解　　C．初始解　　D．初始值

2．微分方程$(y''')^3-3(y'')^2+(y')^4+x^5=0$的阶数是（　　）．

A．4 阶　　B．3 阶　　C．2 阶　　D．1 阶

3．方程$xy'=\sqrt{x^2+y^2}+y$是（　　）．

A．齐次微分方程　　B．一阶线性方程

C．伯努利方程　　D．可分离变量方程

4．微分方程$x^2\dfrac{\mathrm{d}y}{\mathrm{d}x}=x^2+y^2$是（　　）．

A．一阶可分离变量方程　　B．一阶齐次微分方程

C．一阶非齐次线性方程　　D．一阶齐次线性方程

5．下列方程中，是一阶线性微分方程的是（　　）．

A．$x(y')^2-2yy'+x=0$　　B．$xy+2yy'-x=0$

C．$xy'+x^2y=0$　　D．$(7x-6y)\mathrm{d}x+(x+y)\mathrm{d}y=0$

6．方程$xy'-y=x$满足初始条件$y|_{x=1}=1$的特解是（　　）．

A．$y=x\ln x+x$　　B．$y=x\ln x+Cx$

C．$y=2x\ln x+x$　　D．$y=2x\ln x+Cx$

7．微分方程$xy'=2y$的通解为（　　）．

A．$y=x^2$　　B．$y=x^2+c$

C．$y=Cx^2$　　D．$y=0$

8．微分方程 $xy' = y$ 满足 $y(1) = 1$ 的特解是（　　）.

A．$y = x$　　B．$y = x + C$　　C．$y = Cx$　　D．$y = 0$

9．微分方程 $y' + \sin(xy)(y')^2 - y + 5x = 0$ 是（　　）.

A．一阶微分方程　　B．二阶微分方程

C．可分离变量的微分方程　　D．一阶线性微分方程

10．微分方程 $y' = 2xy$ 的通解为（　　）.

A．$y = e^{x^2} + C$　　B．$y = Ce^x$　　C．$y = Ce^{x^2}$　　D．$y = Ce^{\frac{x^2}{2}}$

二、填空题

1．微分方程 $(y')^3 + y^4 y'' + 3y = 0$ 的阶数为__________.

2．微分方程 $\frac{dy}{dx} + y = 0$ 的通解是__________.

3．微分方程 $y' + 2xy = 0$ 的通解是__________.

4．微分方程 $y' = e^{x+y}$ 的通解是__________.

5．一阶线性微分方程 $y' + P(x)y + Q(x)$ 的通解为__________.

三、计算题

1．求下列可分离变量微分方程的通解.

（1）$ydy = xdx$

（2）$\frac{dy}{dx} = y\ln y$

（3）$\frac{dy}{dx} = e^{x-y}$

（4）$\tan y dx - \cot x dy = 0$

2．求下列方程满足给定初始条件的解.

（1）$\frac{dy}{dx} = y(y-1)$，$y(0) = 1$

（2）$(x^2 - 1)y' + 2xy^2 = 0$，$y(0) = 1$

（3）$y' = 3\sqrt[3]{y^2}$，$y(2) = 0$

（4）$(y^2 + xy^2)dx - (x^2 + yx^2)dy = 0$，$y(1) = -1$

3．求解下列齐次微分方程.

（1）$(y^2 - 2xy)dx + x^2 dy = 0$

（2）$xy' - y = x\tan\frac{y}{x}$

（3）$xy' - y = (x+y)\ln\frac{x+y}{x}$

（4）$xy' = \sqrt{x^2 - y^2} + y$

4．求解下列一阶线性微分方程．

（1）$\dfrac{dy}{dx}+2xy=4x$

（2）$y'-\dfrac{1}{x-2}y=2(x-2)^2$

（3）$\dfrac{d\rho}{d\theta}+3\rho=2$

（4）$y'-2xy=e^{x^2}\cos x$

5．求解下列微分方程的特解．

（1）$y''-4y'+3y=0$，$y(0)=6$，$y'(0)=10$

（2）$4y''+4y'+y=0$，$y(0)=2$，$y'(0)=0$

6．求解下列二阶线性常系数非齐次微分方程．

（1）$y''-3y'+2y=xe^x$

（2）$y''+y=x+e^x$

（3）$y''+y=4\sin x$

（4）$y''+y=x\cos 2x$

7．某建筑构件的初始温度为100℃，放在20℃的空气中，前600s该构件的温度下降到60℃，则该构件从100℃下降到25℃需要多长时间？

习题B

一、选择题

1．设$y_1(x)$、$y_2(x)$是某个二阶常系数非齐次线性方程$y''+py'+qy=f(x)$的两个解，则下列论断正确的是（　　）．

A．$C_1y_1(x)$、$C_2y_2(x)$（C_1、C_2为常数）一定也是该非齐次微分方程的解

B．当$\dfrac{y_1(x)}{y_2(x)}\neq$常数时，$C_1y_1(x)+C_2y_2(x)$是该非齐次微分方程的通解

C．$y_1(x)+y_2(x)$是对应齐次微分方程$y''+py'+qy=0$的解

D．$y_1(x)-y_2(x)$是对应齐次微分方程$y''+py'+qy=0$的解

2．下列方程中为一阶线性方程的是（　　）．

A．$y'+xy^2=e^x$　　B．$yy'+xy=e^x$

C．$y'=\dfrac{1}{x+y}$　　D．$y'=\cos y+x$

二、填空题

1．微分方程的阶是指______．

2．微分方程的通解是指______．

3．已知$y=e^x$、$y=e^{2x}$是某个二阶常系数齐次线性方程的两个解，则该方程为______．

4．设$y_1(x)$、$y_2(x)$是二阶常系数齐次微分方程的两个解，则$C_1(x)y_1(x)+C_2(x)y_2(x)$是

该方程通解的充分必要条件是____________.

三、计算题

1．写出下列微分方程的特解形式.

（1）$y''+2y'=x^2+1$

（2）$y''-6y'+9y=\mathrm{e}^{3x}$

（3）$y''+y=x\mathrm{e}^{-x}$

（4）$y''+2y'+5y=\mathrm{e}^{-x}\sin 2x$

（5）$y''+4y'=\sin 2x-3\cos 2x$

2．求下列微分方程的通解.

（1）$xy'\ln x+y=x(\ln x+1)$

（2）$\dfrac{\mathrm{d}y}{\mathrm{d}x}=\dfrac{\mathrm{e}^y}{2y-x\mathrm{e}^y}$

（3）$y''+4y=\sin x\cos x$

3．求下列微分方程满足初始条件的特解.

（1）$x^2y'+xy-\ln x=0$，$y|_{x=1}=\dfrac{1}{2}$

（2）$y''-2y'=\mathrm{e}^x(x^2+x-3)$，$y|_{x=0}=2$，$y'|_{x=0}=2$

4．某质量为 m 的潜水艇从水面由静止状态开始下潜，其所受阻力与下潜速度成正比（比例系数为 λ），求潜水艇下潜深度 y 与时间 t 的函数关系.

第 5 章

无穷级数

数学文化——级数的发展与傅里叶简介

级数是指将数列的项依次用加号连接起来的函数．典型的级数有正项级数、交错级数、幂级数、傅里叶级数等．

无穷级数是研究有次序的可数或无穷个函数的和的收敛性及和的数值的方法，该理论以数项级数为基础，数项级数有发散和收敛的区别．只有收敛的无穷级数有和，发散的无穷级数没有和．

级数理论是分析学的一个分支，它经常与另一个分支——微积分学一起作为基础知识和工具出现在其他各分支中．二者共同以极限为基本工具，分别从离散与连续两个方面研究分析学的对象，即变量之间的依赖关系——函数．

傅里叶

让·巴普蒂斯·约瑟夫·傅里叶（Baron Jean Baptiste Joseph Fourier，1768—1830)，法国欧塞尔人，著名数学家、物理学家．他的童年并不幸福，在沦为孤儿后被人收养．12 岁，他被送入镇上的学校就读，那时就表现出对数学的喜爱．1780 年，他就读于地方军校．1795 年，傅里叶担任巴黎综合工科大学助教，跟随拿破仑军队远征埃及，成为伊泽尔省格伦诺布尔地方长官．1817 年，他当选法国科学院院士．1822 年，他担任该院终身秘书，后又担任法兰西学院终身秘书和理工科大学校务委员会主席，敕封为男爵．在数学方面，傅里叶的贡献在于他在研究物理问题时创立了一套数学理论．其实，他一直强调在实际问题的研究过程中发展数学，并且认为“对自然界的深刻研究是数学发现的最富饶的源泉”．他的主要著作是《热的传播》和《热的分析理论》，它们对 19 世纪的数学和物理学的发展都产生了深远影响．1830 年 5 月 16 日，傅里叶在巴黎去世，享年 62 岁．为了纪念他，他的家乡为他树立了一座青铜像，并将一所大学更名为约瑟夫·傅里叶大学，将一颗小行星命名为傅里叶星．

傅里叶变换的基本思想是由傅里叶首次提出的，所以该方法用其名字命名，以示纪念．从现代数学的眼光来看，傅里叶变换是一种特殊的积分变换．它能将满足一定条件的某个函数表示成正弦基函数的线性组合或积分．在不同的研究领域中，傅里叶变换具有多种不同的变体形式，如连续傅里叶变换和离散傅里叶变换．

基础理论知识

无穷级数是由实际计算的需要产生的，它是高等数学的一个重要组成部分．中学阶段大家都学过数列的前 n 项和，但是，如果一个数列有无穷多项，那么它能否求和，又怎样求和呢？另外，直接计算某个函数在某点处的值或近似值是相当困难甚至不可能的，而计算一个数的已知多项式的值却相对容易得多，用多项式代替函数就可以解决近似问题，这些就是无穷级数所要研究的内容．

本章主要介绍无穷级数．无穷级数主要包括两部分内容：常数项级数和幂级数．主要知识包括常数项级数的基本概念、常数项级数的审敛法、幂级数及幂级数展开式的应用等．

5.1　常数项级数的基本概念

【引例】 从高度 a（m）处让一个球下落到一个水平表面上，球每次落下 h（m）后碰到表面，再弹起 rh（m），r 是一个小于 1 的正数，求这个球上下跳跃的总距离．若 $a=4$（m），$r=0.75$，求其具体值．

在数学中，时常把函数写成无穷多项式，如

$$\frac{1}{1-x}=1+x+x^2+x^3+\cdots+x^n,\quad |x|<1$$

把无穷个常数的和作为多项式的值，这个和称为无穷级数．实数的有限和总会产生一个实数，实数的无限和却不同，此引例即是一个求实数的无限和的问题，该问题可以利用几何级数来求解．

本节内容旨在让读者理解级数的概念，认识两个重要级数并了解收敛级数的基本性质．

5.1.1　级数的概念

定义 5-1　设有数列 $u_1,u_2,\cdots,u_n,\cdots$，则 $u_1+u_2+\cdots+u_n+\cdots$ 称为（常数项）**无穷级数**，简称（常数项）**级数**，记为 $\sum\limits_{n=1}^{\infty}u_n$，即

$$\sum_{n=1}^{\infty}u_n=u_1+u_2+\cdots+u_n+\cdots$$

其中第 n 项 u_n 叫作级数的**一般项**．

定义 5-2　级数 $\sum\limits_{n=1}^{\infty}u_n$ 的前 n 项的和 $s_n=\sum\limits_{i=1}^{n}u_n=u_1+u_2+\cdots+u_n$ 称为级数 $\sum\limits_{n=1}^{\infty}u_n$ 的**部分和**．

定义 5-3　若级数 $\sum\limits_{n=1}^{\infty}u_n$ 的部分和数列 $\{s_n\}$ 有极限，即 $\lim\limits_{n\to\infty}s_n=s$，则称无穷级数 $\sum\limits_{n=1}^{\infty}u_n$ **收敛**，极限值 s 称为**级数** $\sum\limits_{n=1}^{\infty}u_n$ **的和**，记作 $s=\sum\limits_{n=1}^{\infty}u_n=u_1+u_2+\cdots+u_n+\cdots$；若极限 $\lim\limits_{n\to\infty}s_n$ 不

存在，则称无穷级数$\sum_{n=1}^{\infty}u_n$发散.

[例 5-1] 判断级数$\sum_{n=1}^{\infty}\frac{1}{3^n}=\frac{1}{3}+\frac{1}{3^2}+\frac{1}{3^3}+\cdots+\frac{1}{3^n}+\cdots$的收敛性.

解：级数$\sum_{n=1}^{\infty}\frac{1}{3^n}=\frac{1}{3}+\frac{1}{3^2}+\frac{1}{3^3}+\cdots+\frac{1}{3^n}+\cdots$的部分和为

$$s_n=\frac{1}{3}+\frac{1}{3^2}+\frac{1}{3^3}+\cdots\frac{1}{3^n}=\frac{\frac{1}{3}\times\left(1-\frac{1}{3^n}\right)}{1-\frac{1}{3}}=\frac{1}{2}\times\left(1-\frac{1}{3^n}\right)$$

因为$\lim\limits_{n\to\infty}s_n=\lim\limits_{n\to\infty}\frac{1}{2}\times\left(1-\frac{1}{3^n}\right)=\frac{1}{2}$，所以该级数收敛，且它的和为$s=\frac{1}{2}$.

[例 5-2] 证明级数$\sum_{n=1}^{\infty}n=1+2+3+\cdots+n+\cdots$是发散的.

证明：级数$\sum_{n=1}^{\infty}n=1+2+3+\cdots+n+\cdots$的部分和为

$$s_n=1+2+3+\cdots+n=\frac{n(n+1)}{2}$$

因为$\lim\limits_{n\to\infty}s_n=\lim\limits_{n\to\infty}\frac{n(n+1)}{2}=\infty$，所以该级数发散.

[例 5-3] 求级数$\sum_{n=1}^{\infty}\frac{1}{n(n+1)}=\frac{1}{1\times2}+\frac{1}{2\times3}+\frac{1}{3\times4}+\cdots+\frac{1}{n(n+1)}+\cdots$的和.

解：级数$\sum_{n=1}^{\infty}\frac{1}{n(n+1)}=\frac{1}{1\times2}+\frac{1}{2\times3}+\frac{1}{3\times4}+\cdots+\frac{1}{n(n+1)}+\cdots$的部分和为

$$\begin{aligned}s_n&=\frac{1}{1\times2}+\frac{1}{2\times3}+\frac{1}{3\times4}+\cdots+\frac{1}{n(n+1)}\\&=\left(1-\frac{1}{2}\right)+\left(\frac{1}{2}-\frac{1}{3}\right)+\left(\frac{1}{3}-\frac{1}{4}\right)+\cdots+\left(\frac{1}{n}-\frac{1}{n+1}\right)=1-\frac{1}{n+1}\end{aligned}$$

因为$\lim\limits_{n\to\infty}s_n=\lim\limits_{n\to\infty}\left(1-\frac{1}{n+1}\right)=1$，所以该级数收敛，且它的和为$s=1$.

5.1.2 重要级数

1．等比级数（几何级数）

$$\sum_{n=1}^{\infty}aq^{n-1}=a+aq+aq^2+\cdots+aq^{n-1}+\cdots\quad(a\neq0)$$

当$|q|\neq1$时，其部分和为

$$s_n = \frac{a(1-q^n)}{1-q}$$

显然，当$|q|<1$时，$s=\lim\limits_{n\to\infty} s_n = \lim\limits_{n\to\infty}\frac{a(1-q^n)}{1-q} = \frac{a}{1-q}$，级数$\sum\limits_{n=0}^{\infty} aq^n$收敛，且和为$\frac{a}{1-q}$；当$|q|>1$时，级数$\sum\limits_{n=0}^{\infty} aq^n$发散；当$q=1$时，级数为$a+a+a+\cdots+a+\cdots$（$a\neq 0$），是发散的；当$q=-1$时，级数为$a-a+a-\cdots+(-1)^{n-1}a+\cdots$（$a\neq 0$），也是发散的．

综上所述，等比级数的敛散性为

$$\sum_{n=1}^{\infty} aq^{n-1} = \begin{cases} \dfrac{a}{1-q} & |q|<1 \\ \text{发散} & |q|\geqslant 1 \end{cases} \quad (a\neq 0)$$

2．p 级数

$$\sum_{n=1}^{\infty}\frac{1}{n^p} = \frac{1}{1^p}+\frac{1}{2^p}+\cdots+\frac{1}{n^p}+\cdots \ (\text{常数} p>0)$$

当$p>1$时，级数$\sum\limits_{n=1}^{\infty}\frac{1}{n^p}$收敛；当$p\leqslant 1$时，级数$\sum\limits_{n=1}^{\infty}\frac{1}{n^p}$发散．特别地，当$p=1$时，级数$\sum\limits_{n=1}^{\infty}\frac{1}{n}$称为调和级数．

5.1.3　收敛级数的基本性质

性质 1　若$\sum\limits_{n=1}^{\infty} u_n = s$，则$\sum\limits_{n=1}^{\infty} ku_n = ks$．

性质 2　若$\sum\limits_{n=1}^{\infty} u_n = s$，$\sum\limits_{n=1}^{\infty} v_n = t$，则$\sum\limits_{n=1}^{\infty}(u_n \pm v_n) = s \pm t$．

性质 3　在级数中去掉、加上或改变有限项，不会改变级数的敛散性．

性质 4　若级数$\sum\limits_{n=1}^{\infty} u_n$收敛，则对级数的任意项加括号后构成的级数仍收敛，且其和不变．

推论：若对级数的任意项加括号后构成的级数发散，则原级数也发散．

性质 5（必要条件）　若$\sum\limits_{n=1}^{\infty} u_n$收敛，则$\lim\limits_{n\to\infty} u_n = 0$．

推论　若$\lim\limits_{n\to\infty} u_n \neq 0$，则$\sum\limits_{n=1}^{\infty} u_n$发散．

［例 5-4］判断级数$\sum\limits_{n=1}^{\infty}\frac{n}{2n+1}$的敛散性．

解：因为$\lim\limits_{n\to\infty}\frac{n}{2n+1} = \frac{1}{2}\neq 0$，所以该级数发散．

思考题 5.1

若级数的通项趋于 0，则级数一定收敛吗？

练习题 5.1

1．利用级数收敛的定义，判断下列级数的敛散性．

（1）$\frac{1}{1\times3}+\frac{1}{3\times5}+\frac{1}{5\times7}+\cdots$　　（2）$\sum\limits_{n=1}^{\infty}(\sqrt{n+1}-\sqrt{n})$

（3）$\sum\limits_{n=1}^{\infty}\frac{1}{1+2+\cdots+n}$　　（4）$\sum\limits_{n=1}^{\infty}\ln\frac{n+1}{n}$

2．用重要级数（等比级数及 p 级数）的敛散性，判断下列级数的敛散性．

（1）$\sum\limits_{n=1}^{\infty}(-1)^n\frac{8^n}{9^n}$　（2）$\sum\limits_{n=1}^{\infty}\frac{7^n}{5^n}$　（3）$\sum\limits_{n=1}^{\infty}\frac{1}{n\sqrt{n}}$　（4）$\sum\limits_{n=1}^{\infty}\frac{1}{\sqrt{n\sqrt{n}}}$

3．用级数的性质，判断下列级数的敛散性．

（1）$\sum\limits_{n=1}^{\infty}\frac{1}{2^n}+\frac{4}{3^n}$　（2）$\sum\limits_{n=1}^{\infty}\frac{1}{\sqrt[n]{n}}$　（3）$\sum\limits_{n=1}^{\infty}\sin n$　（4）$\sum\limits_{n=1}^{\infty}\pi\left(\frac{3}{7^n}-\frac{1}{n}\right)$

5.2　常数项级数的审敛法

5.2.1　正项级数及其敛散性

定义 5-4　若在级数 $\sum\limits_{n=1}^{\infty}u_n$ 中，$u_n\geqslant0$（$n=1,2,3\cdots$），则该级数称为**正项级数**．

定理 5-1　正项级数 $\sum\limits_{n=1}^{\infty}u_n$ 收敛的充分必要条件是它的部分和数列 $\{s_n\}$ 有界．

定理 5-2　（比较判别法）　设 $\sum\limits_{n=1}^{\infty}u_n$ 和 $\sum\limits_{n=1}^{\infty}v_n$ 都是正项级数，且 $u_n\leqslant v_n$（$n=1,2,3\cdots$），则有以下判别法．

（1）若 $\sum\limits_{n=1}^{\infty}v_n$ 收敛，则 $\sum\limits_{n=1}^{\infty}u_n$ 收敛．

（2）若 $\sum\limits_{n=1}^{\infty}u_n$ 发散，则 $\sum\limits_{n=1}^{\infty}v_n$ 发散．

该判别法可记为“大收则小收，小散则大散”．

定理 5-3　（比较判别法的极限形式）　设 $\sum\limits_{n=1}^{\infty}u_n$ 和 $\sum\limits_{n=1}^{\infty}v_n$ 都是正项级数，且 $\lim\limits_{n\to\infty}\frac{u_n}{v_n}=l$，则有以下定理．

（1）若 $0<l<+\infty$，则 $\sum\limits_{n=1}^{\infty}u_n$ 和 $\sum\limits_{n=1}^{\infty}v_n$ 的敛散性相同．

（2）若 $l=0$ 且 $\sum_{n=1}^{\infty} v_n$ 收敛，则 $\sum_{n=1}^{\infty} u_n$ 收敛.

（3）若 $l=+\infty$ 且 $\sum_{n=1}^{\infty} v_n$ 发散，则 $\sum_{n=1}^{\infty} u_n$ 发散.

［例 5-5］判断下列级数的敛散性.

（1）$\sum_{n=1}^{\infty}\frac{1}{2n-1}$　（2）$\sum_{n=1}^{\infty}\frac{1}{(n+1)(n+4)}$　（3）$\sum_{n=1}^{\infty}\tan\frac{1}{\sqrt[3]{n}}$　（4）$\sum_{n=1}^{\infty}\sin\frac{\pi}{2^n}$

解：（1）$\lim\limits_{n\to\infty}\frac{\frac{1}{2n-1}}{\frac{1}{n}}=\frac{1}{2}$，根据比较判别法的极限形式，$\sum_{n=1}^{\infty}\frac{1}{2n-1}$ 和 $\sum_{n=1}^{\infty}\frac{1}{n}$ 的敛散性相同，由于级数 $\sum_{n=1}^{\infty}\frac{1}{n}$ 发散，因此 $\sum_{n=1}^{\infty}\frac{1}{2n-1}$ 发散.

（2）$\frac{1}{(n+1)(n+4)}<\frac{1}{n^2}$，由于级数 $\sum_{n=1}^{\infty}\frac{1}{n^2}$ 收敛，根据比较判别法，$\sum_{n=1}^{\infty}\frac{1}{(n+1)(n+4)}$ 收敛.

（3）$\lim\limits_{n\to\infty}\frac{\tan\frac{1}{\sqrt[3]{n}}}{\frac{1}{\sqrt[3]{n}}}=1$，根据比较判别法的极限形式，$\sum_{n=1}^{\infty}\tan\frac{1}{\sqrt[3]{n}}$ 和 $\sum_{n=1}^{\infty}\frac{1}{\sqrt[3]{n}}$ 的敛散性相同，由于级数 $\sum_{n=1}^{\infty}\frac{1}{\sqrt[3]{n}}$ 发散，因此 $\sum_{n=1}^{\infty}\tan\frac{1}{\sqrt[3]{n}}$ 发散.

（4）$\lim\limits_{n\to\infty}\frac{\sin\frac{\pi}{2^n}}{\frac{1}{2^n}}=\pi$，根据比较判别法的极限形式，级数 $\sum_{n=1}^{\infty}\frac{1}{2^n}$ 与 $\sum_{n=1}^{\infty}\sin\frac{\pi}{2^n}$ 的敛散性相同，由于级数 $\sum_{n=1}^{\infty}\frac{1}{2^n}$ 收敛，因此级数 $\sum_{n=1}^{\infty}\sin\frac{\pi}{2^n}$ 收敛.

定理 5-4　（比值判别法）设正项级数 $\sum_{n=1}^{\infty} u_n$ 满足 $\lim\limits_{n\to\infty}\frac{u_{n+1}}{u_n}=\rho$，则有以下判别法.

（1）若 $\rho<1$，则 $\sum_{n=1}^{\infty} u_n$ 收敛.

（2）若 $\rho>1$ $\left(或\lim\limits_{n\to\infty}\frac{u_{n+1}}{u_n}=\infty\right)$，则 $\sum_{n=1}^{\infty} u_n$ 发散.

（3）若 $\rho=1$，则 $\sum_{n=1}^{\infty} u_n$ 可能收敛也可能发散.

［例 5-6］判断下列级数的敛散性.

（1）$\sum_{n=1}^{\infty}\frac{3^n}{n2^n}$　（2）$\sum_{n=1}^{\infty} n\tan\frac{\pi}{3^n}$　（3）$\sum_{n=1}^{\infty}\frac{n^3}{5^n}$　（4）$\sum_{n=1}^{\infty}\frac{2^n n!}{n^n}$

解：（1）$\lim\limits_{n\to\infty}\dfrac{u_{n+1}}{u_n}=\lim\limits_{n\to\infty}\dfrac{\dfrac{3^{n+1}}{(n+1)2^{n+1}}}{\dfrac{3^n}{n2^n}}=\dfrac{3}{2}>1$，根据比值判别法，该级数发散.

（2）$\lim\limits_{n\to\infty}\dfrac{u_{n+1}}{u_n}=\lim\limits_{n\to\infty}\dfrac{(n+1)\tan\dfrac{\pi}{3^{n+1}}}{n\tan\dfrac{\pi}{3^n}}=\dfrac{1}{3}<1$，根据比值判别法，该级数收敛.

（3）$\lim\limits_{n\to\infty}\dfrac{u_{n+1}}{u_n}=\lim\limits_{n\to\infty}\dfrac{\dfrac{(n+1)^3}{5^{n+1}}}{\dfrac{n^3}{5^n}}=\dfrac{1}{5}<1$，根据比值判别法，该级数收敛.

（4）$\lim\limits_{n\to\infty}\dfrac{u_{n+1}}{u_n}=\lim\limits_{n\to\infty}\dfrac{\dfrac{2^{n+1}(n+1)!}{(n+1)^{n+1}}}{\dfrac{2^n n!}{n^n}}=\dfrac{2}{\mathrm{e}}<1$，根据比值判别法，该级数收敛.

5.2.2 交错级数及其敛散性

定义 5-5 若级数的各项是正负相间的，即

$$\sum_{n=1}^{\infty}(-1)^{n-1}u_n\text{，其中 }u_n>0\ (n=1,2,3\cdots)$$

则级数$\sum\limits_{n=1}^{\infty}(-1)^{n-1}u_n$称为**交错级数**.

关于交错级数的敛散性判定有以下重要定理.

定理 5-5 **（莱布尼茨定理）** 若交错级数$\sum\limits_{n=1}^{\infty}(-1)^{n-1}u_n$满足以下两点：

（1）$u_n\geqslant u_{n+1}$（$n=1,2,3\cdots$）.

（2）$\lim\limits_{n\to\infty}u_n=0$.

则$\sum\limits_{n=1}^{\infty}(-1)^{n-1}u_n$收敛.

[例 5-7] 判断交错级数$\sum\limits_{n=1}^{\infty}(-1)^{n-1}\dfrac{1}{n}$的敛散性.

解：此级数为交错级数，因为$\dfrac{1}{n}>\dfrac{1}{n+1}$且$\lim\limits_{n\to\infty}\dfrac{1}{n}=0$，所以根据莱布尼茨定理，级数$\sum\limits_{n=1}^{\infty}(-1)^{n-1}\dfrac{1}{n}$收敛.

5.2.3　绝对收敛与条件收敛

定义 5-6　若级数 $\sum_{n=1}^{\infty} u_n$ 的各项为任意实数，则级数 $\sum_{n=1}^{\infty} u_n$ 称为**任意项级数**.

定义 5-7　若级数 $\sum_{n=1}^{\infty} |u_n|$ 收敛，则称级数 $\sum_{n=1}^{\infty} u_n$ 绝对收敛；若级数 $\sum_{n=1}^{\infty} u_n$ 收敛，而级数 $\sum_{n=1}^{\infty} |u_n|$ 发散，则称级数 $\sum_{n=1}^{\infty} u_n$ **条件收敛**.

定理 5-6　若级数 $\sum_{n=1}^{\infty} u_n$ 绝对收敛，则级数 $\sum_{n=1}^{\infty} u_n$ 收敛. 反之则不一定成立.

［例 5-8］判断级数 $\sum_{n=1}^{\infty} \frac{\sin na}{n^2}$ 的敛散性，其中 a 为任意常数.

解：因为

$$\left|\frac{\sin na}{n^2}\right| \leqslant \frac{1}{n^2}$$

而级数 $\sum_{n=1}^{\infty} \frac{1}{n^2}$ 收敛，所以级数 $\left|\frac{\sin na}{n^2}\right|$ 也收敛，即 $\sum_{n=1}^{\infty} \frac{\sin na}{n^2}$ 绝对收敛，进而可知 $\sum_{n=1}^{\infty} \frac{\sin na}{n^2}$ 收敛.

思考题 5.2

若级数 $\sum_{n=1}^{\infty} |u_n|$ 发散，则级数 $\sum_{n=1}^{\infty} u_n$ 也发散吗？

练习题 5.2

1．用比较判别法判断下列级数的敛散性.

（1）$\sum_{n=1}^{\infty} \frac{1}{n(n+2)}$　（2）$\sum_{n=1}^{\infty} \frac{n+1}{n^2+1}$　（3）$\sum_{n=1}^{\infty} \frac{(n+1)\sqrt{n}}{2n^2(2n-1)}$　（4）$\sum_{n=1}^{\infty} \frac{1}{3^n+100}$

2．用比值判别法判断下列级数的敛散性.

（1）$\sum_{n=1}^{\infty} \frac{4^n}{n^2}$　（2）$\sum_{n=1}^{\infty} \frac{5n^3}{3^n}$　（3）$\sum_{n=1}^{\infty} \frac{10^n}{n!}$　（4）$\sum_{n=1}^{\infty} \sin\frac{\pi}{3^n}$

3．判断下列级数的敛散性，若收敛，说明其是绝对收敛还是条件收敛.

（1）$\sum_{n=1}^{\infty} (-1)^{n-1}\frac{1}{3^{n-1}}$　（2）$\sum_{n=0}^{\infty} \frac{\cos n\pi}{\sqrt{n}+1}$

（3）$\sum_{n=1}^{\infty} 1-\frac{1}{3!}+\frac{1}{5!}-\frac{1}{7!}+\cdots+(-1)^{n-1}\frac{1}{(2n-1)!}+\cdots$

4．有 A、B、C 共 3 个人按以下方法分 1 个苹果：先将苹果分成 4 份，每人各取 1 份；然后将剩下的 1 份又分成 4 份，每人又取 1 份，以此类推，直至无穷. 验证：最终每人分得苹果的 1/3.

5.3 幂级数

5.3.1 函数项级数及其敛散性

定义 5-8 设$u_n(x)$（$n=1,2,3,\cdots$）是定义在区间I内的函数，则称和式

$$u_1(x)+u_2(x)+\cdots+u_n(x)+\cdots$$

为定义在区间I内的**函数项级数**，简记为$\sum_{n=1}^{\infty}u_n(x)$，$x\in I$.

定义 5-9 对于$x=x_0\in I$，函数项级数$\sum_{n=1}^{\infty}u_n(x)$为一个常数项级数，即

$$\sum_{n=1}^{\infty}u_n(x_0)=u_1(x_0)+u_2(x_0)+\cdots+u_n(x_0)+\cdots$$

若级数$\sum_{n=1}^{\infty}u_n(x_0)$收敛，则称点$x=x_0$是$\sum_{n=1}^{\infty}u_n(x)$级数的**收敛点**；若级数$\sum_{n=1}^{\infty}u_n(x_0)$发散，则称点$x=x_0$是$\sum_{n=1}^{\infty}u_n(x)$级数的**发散点**. 所有收敛点的集合称为级数的**收敛域**；所有发散点的集合称为级数的**发散域**.

定义 5-10 在收敛域内，函数项级数$\sum_{n=1}^{\infty}u_n(x)$的和是$x$的函数$s(x)$，$s(x)$称为函数项级数$\sum_{n=1}^{\infty}u_n(x)$的**和函数**，即$s(x)=\sum_{n=1}^{\infty}u_n(x)$.

定义 5-11 函数项级数$\sum_{n=1}^{\infty}u_n(x)$的前$n$项的部分和记作$s_n(x)$，即

$$s_n(x)=u_1(x)+u_2(x)+\cdots+u_n(x)$$

在收敛域内有$\lim\limits_{n\to\infty}s_n(x)=s(x)$或$s_n(x)\to s(x)$，$(n\to\infty)$.

5.3.2 幂级数及其敛散性

在函数项级数中，较简单且常见的一类级数就是各项都是幂函数的函数项级数.

定义 5-12 形如

$$\sum_{n=0}^{\infty}a_nx^n=a_0+a_1x+a_2x^2+\cdots+a_nx^n+\cdots$$

的函数项级数称为**幂级数**，其中常数$a_0,a_1,a_2\cdots,a_n\cdots$叫作**幂级数的系数**.

定理 5-7 （**阿贝尔定理**）若级数$\sum_{n=0}^{\infty}a_nx^n$在$x=x_0$（$x_0\neq 0$）处收敛，则满足不等式$|x|<|x_0|$的一切$x$使该幂级数绝对收敛. 反之，若级数$\sum_{n=0}^{\infty}a_nx^n$在$x=x_0$处发散，则满足不等式$|x|>|x_0|$的一切$x$使该幂级数发散.

推论　若级数 $\sum_{n=0}^{\infty} a_n x^n$ 不是只在 $x=0$ 处收敛的，也不是在整个数轴上都收敛的，那么必存在一个唯一的正数 R：

（1）当 $|x|<R$ 时，幂级数绝对收敛.

（2）当 $|x|>R$ 时，幂级数发散.

（3）当 $x=R$ 或 $x=-R$ 时，幂级数可能收敛也可能发散.

定义 5-13　正数 R 通常叫作幂级数 $\sum_{n=0}^{\infty} a_n x^n$ 的收敛半径，开区间 $(-R,R)$ 叫作幂级数 $\sum_{n=0}^{\infty} a_n x^n$ 的**收敛区间**. 由幂级数 $\sum_{n=0}^{\infty} a_n x^n$ 在 $x=\pm R$ 处的敛散性就可以决定它的**收敛域**，幂级数 $\sum_{n=0}^{\infty} a_n x^n$ 的收敛域是 $(-R,R)$、$[-R,R)$、$(-R,R]$、$[-R,R]$ 之一.

规定：若幂级数 $\sum_{n=0}^{\infty} a_n x^n$ 只在 $x=0$ 处收敛，则规定收敛半径 $R=0$，若幂级数对一切 x 都收敛，则规定收敛半径 $R=+\infty$，这时收敛域为 $(-\infty,+\infty)$.

定理 5-8　对于幂级数 $\sum_{n=1}^{\infty} u_n(x)$，若 $\lim_{n\to\infty}\left|\frac{u_{n+1}(x)}{u_n(x)}\right|=\lambda(x)$，则不等式 $\lambda(x)<1$ 的解即为幂级数的收敛区间.

注意：当 $\lambda(x)=0$ 时，$R=+\infty$；当 $\lambda(x)=+\infty$ 时，$R=0$.

[例 5-9] 求幂级数 $\sum_{n=1}^{\infty}(-1)^{n-1}\frac{x^n}{2^n}$ 的收敛半径与收敛区间及收敛域.

解：因为 $\lim_{n\to\infty}\left|\dfrac{\frac{(-1)^n x^{n+1}}{2^{n+1}}}{\frac{(-1)^{n-1}x^n}{2^n}}\right|=\left|\frac{x}{2}\right|<1$，所以其收敛区间为 $(-2,2)$，收敛半径为 $R=2$.

当 $x=2$ 时，原式 $=\sum_{n=1}^{\infty}(-1)^{n-1}$，该级数发散.

当 $x=-2$ 时，原式 $=\sum_{n=1}^{\infty}(-1)^{n-1}(-1)^n=\sum_{n=1}^{\infty}(-1)^{2n-1}=\sum_{n=1}^{\infty}(-1)$，该级数发散，所以其收敛域为 $(-2,2)$.

5.3.3　幂级数的运算及其性质

设幂级数 $\sum_{n=0}^{\infty} a_n x^n$ 的收敛区间为 $(-R_1,R_1)$，和函数为 $s_1(x)$；幂级数 $\sum_{n=0}^{\infty} b_n x^n$ 的收敛区间为 $(-R_2,R_2)$，和函数为 $s_2(x)$，则有以下运算法则.

加法：$\sum_{n=0}^{\infty} a_n x^n+\sum_{n=0}^{\infty} b_n x^n=\sum_{n=0}^{\infty}(a_n+b_n)x^n=s_1(x)+s_2(x)$.

收敛区间为 $(-R_1,R_1)\cap(-R_2,R_2)$.

减法：$\sum_{n=0}^{\infty}a_nx^n-\sum_{n=0}^{\infty}b_nx^n=\sum_{n=0}^{\infty}(a_n-b_n)x^n=s_1(x)-s_2(x)$.

收敛区间为$(-R_1,R_1)\cap(-R_2,R_2)$.

乘法：$\left(\sum_{n=0}^{\infty}a_nx^n\right)\cdot\left(\sum_{n=0}^{\infty}b_nx^n\right)=s_1(x)s_2(x)$.

性质 1 幂级数$\sum_{n=0}^{\infty}a_nx^n$的和函数$s(x)$在其收敛域$I$内连续.

性质 2 幂级数$\sum_{n=0}^{\infty}a_nx^n$的和函数$s(x)$在其收敛域$I$内可积，并且有逐项积分公式

$$\int_0^x s(x)\,\mathrm{d}x=\int_0^x\left(\sum_{n=0}^{\infty}a_nx^n\right)\mathrm{d}x=\sum_{n=0}^{\infty}\int_0^x(a_nx^n)\,\mathrm{d}x=\sum_{n=0}^{\infty}\frac{a_n}{n+1}x^{n+1},\ x\in I$$

逐项积分后所得的幂级数和原级数有相同的收敛半径.

性质 3 幂级数$\sum_{n=0}^{\infty}a_nx^n$的和函数$s(x)$在其收敛区间$(-R,R)$内可导，并且有逐项求导公式

$$s'(x)=\left(\sum_{n=0}^{\infty}a_nx^n\right)'=\sum_{n=0}^{\infty}(a_nx^n)'=\sum_{n=0}^{\infty}na_nx^{n-1},\ x\in(-R,R)$$

逐项求导后所得的幂级数和原级数有相同的收敛半径.

［例 5-10］求幂级数$\sum_{n=1}^{\infty}\frac{x^{2n-1}}{2n-1}$的收敛区间与收敛半径，并求其和函数$S(x)$.

解：因为$\lim_{n\to\infty}\left|\frac{u_{n+1}}{u_n}\right|=\lim_{n\to\infty}\left|\frac{x^{2n+1}}{2n+1}\cdot\frac{2n-1}{x^{2n-1}}\right|=x^2<1$，所以其收敛区间为$(-1,1)$，收敛半径为$R=1$.

当$x=1$时，原式$=\sum_{n=1}^{\infty}\frac{1^{2n-1}}{2n-1}=\sum_{n=1}^{\infty}\frac{1}{2n-1}$，该级数发散.

当$x=-1$时，原式$=\sum_{n=1}^{\infty}\frac{(-1)^{2n-1}}{2n-1}=\sum_{n=1}^{\infty}\frac{-1}{2n-1}$，该级数发散，其收敛域为$(-1,1)$.

据题意

$$S(x)=\sum_{n=1}^{\infty}\frac{x^{2n-1}}{2n-1},\quad x\in(-1,1)$$

逐项求导，得

$$S'(x)=\sum_{n=1}^{\infty}x^{2n-2}=1+x^2+x^4+\cdots+x^{2n-2}+\cdots=\sum_{n=0}^{\infty}x^{2n}=\frac{1}{1-x^2}$$

所以有

$$S(x)=\sum_{n=1}^{\infty}\frac{x^{2n-1}}{2n-1}=\int_0^x S'(t)\mathrm{d}t$$

$$=\int_0^x\frac{1}{1-t^2}\,\mathrm{d}t=\frac{1}{2}\ln\left|\frac{1+t}{1-t}\right|_0^x=\frac{1}{2}\ln\left|\frac{1+x}{1-x}\right|=\frac{1}{2}\ln\frac{1+x}{1-x},\quad x\in(-1,1)$$

思考题 5.3

你能总结求和函数的步骤吗？

练习题 5.3

1．求下列幂级数的收敛半径．

（1）$\sum_{n=1}^{\infty}(-1)^n\frac{2^n}{\sqrt{n}}x^n$　（2）$\sum_{n=1}^{\infty}\frac{1}{n\cdot 3^n}x^n$　（3）$\sum_{n=1}^{\infty}n^n x^n$　（4）$\sum_{n=1}^{\infty}\frac{n^2}{n!}x^n$

2．求下列幂级数的收敛域．

（1）$\sum_{n=1}^{\infty}\frac{1}{3^n}x^{2n-1}$　（2）$\sum_{n=1}^{\infty}\frac{2^n}{n^2+1}x^n$　（3）$\sum_{n=1}^{\infty}\frac{n}{3^n}x^n$　（4）$\sum_{n=1}^{\infty}\frac{(x-2)^{2n}}{n4^n}$

3．求和函数．

（1）求 $\sum_{n=1}^{\infty}nx^{n-1}$ 的和函数．

（2）求 $\sum_{n=1}^{\infty}\frac{1}{n+1}x^n$ 的和函数．

知识拓展

5.4　傅里叶级数

【引例】已知某矩形波的波形函数 $f(x)$ 是周期为 2π 的周期函数，在 $[-\pi,\pi]$ 内的表达式为 $f(x)=\begin{cases}0 & -\pi\leqslant x<0\\ 1 & 0\leqslant x<\pi\end{cases}$，它是由哪些正弦波叠加而成的？你能将它展开成傅里叶级数吗？

19 世纪初，法国数学家、物理学家傅里叶发现，任何周期函数都可以用正弦函数和余弦函数构成的无穷级数来表示，傅里叶级数是一种特殊的三角级数．

5.4.1　以 2π 为周期的函数的傅里叶级数

定义 5-14　形如

$$\frac{a_0}{2}+\sum_{n=1}^{\infty}(a_n\cos nx+b_n\sin nx)$$

的级数称为函数 $f(x)$ 的**傅里叶级数**，其中

$$\begin{cases}a_n=\dfrac{1}{\pi}\int_{-\pi}^{\pi}f(x)\cos nx\mathrm{d}x\ (n=0,1,2,3\cdots)\\ b_n=\dfrac{1}{\pi}\int_{-\pi}^{\pi}f(x)\sin nx\mathrm{d}x\ (n=0,1,2,3\cdots)\end{cases}$$

称为函数 $f(x)$ 的**傅里叶系数**.

一个周期函数 $f(x)$ 满足什么条件就可以展开成傅里叶级数呢？下面的狄利克雷收敛定理给出了这个问题的答案.

定理 5-9 （**狄利克雷收敛定理**）设 $f(x)$ 是周期为 2π 的周期函数，且在 $[-\pi,\pi]$ 内按段光滑①，则在每一点 $x\in[-\pi,\pi]$，$f(x)$ 的傅里叶级数收敛于 $f(x)$ 在点 x 的左、右极限的算术平均值，即

$$\frac{a_0}{2}+\sum_{n=1}^{\infty}(a_n\cos nx+b_n\sin nx)=\frac{f(x^+)+f(x^-)}{2}$$

其中 a_0、a_n、b_n 为 $f(x)$ 的傅里叶系数.

［**例 5-11**］设 $f(x)$ 是周期为 2π 的周期函数，它在 $[-\pi,\pi)$ 内的表达式为

$$f(x)=\begin{cases}-1 & -\pi\leqslant x<0\\ 1 & 0\leqslant x<\pi\end{cases}$$

试将 $f(x)$ 展开成傅里叶级数.

解：该函数满足收敛定理的条件，它在点 $x=k\pi$（$k\in\mathbf{Z}$）处不连续，在其他点处连续，从而由狄利克雷收敛定理可知 $f(x)$ 的傅里叶级数收敛，并且当 $x=k\pi$ 时，级数收敛于

$$\frac{-1+1}{2}=\frac{1+(-1)}{2}=0$$

当 $x\neq k\pi$（$k\in\mathbf{Z}$）时，级数收敛于 $f(x)$.

又因为 $f(x)$ 为奇函数，所以计算傅里叶系数的过程如下.

$$a_0=\frac{1}{\pi}\int_{-\pi}^{\pi}f(x)\mathrm{d}x=0$$

$$a_n=\frac{1}{\pi}\int_{-\pi}^{\pi}f(x)\cos nx\mathrm{d}x=0\ (n=0,1,2\cdots)$$

$$\begin{aligned}b_n&=\frac{1}{\pi}\int_{-\pi}^{\pi}f(x)\sin nx\mathrm{d}x=\frac{2}{\pi}\int_0^{\pi}f(x)\sin nx\mathrm{d}x\\&=\frac{2}{\pi}\int_0^{\pi}\sin nx\mathrm{d}x=\frac{2}{n\pi}(1-\cos n\pi)\\&=\begin{cases}\dfrac{4}{n\pi} & n\text{为奇数}\\ 0 & n\text{为偶数}\end{cases}\end{aligned}$$

于是得到 $f(x)$ 的傅里叶级数为

$$f(x)=\frac{4}{\pi}\left(\sin x+\frac{1}{3}\sin 3x+\frac{1}{5}\sin 5x+\cdots+\frac{1}{2k-1}\sin(2k-1)x+\cdots\right)$$

① 若 $f(x)$ 在 $[a,b]$ 内至多有有限个左右极限不相等的间断点，且除有限个点外，其导数存在且连续，则称 $f(x)$ 在 $[a,b]$ 内按段光滑.

［例 5-12］设 $f(x)$ 是周期为 2π 的周期函数，它在 $[-\pi,\pi)$ 内的表达式为

$$f(x)=\begin{cases}0 & -\pi\leqslant x<0\\ x & 0\leqslant x<\pi\end{cases}$$

试将 $f(x)$ 展开成傅里叶级数.

解：该函数满足收敛定理的条件，它在点 $x=(2k+1)\pi$（$k\in\mathbf{Z}$）处不连续，在其他点处连续，从而由狄利克雷收敛定理可知 $f(x)$ 的傅里叶级数收敛，并且当 $x=(2k+1)\pi$（$k\in\mathbf{Z}$）时级数收敛于

$$\frac{1}{2}[f((2k+1)\pi^{+})+f((2k+1)\pi^{-})]=\frac{1}{2}(0+\pi)=\frac{\pi}{2}$$

当 $x\neq(2k+1)\pi$（$k\in\mathbf{Z}$）时级数收敛于 $f(x)$．计算傅里叶系数的过程如下.

$$a_0=\frac{1}{\pi}\int_{-\pi}^{\pi}f(x)\mathrm{d}x=\frac{1}{\pi}\int_0^{\pi}x\mathrm{d}x=\frac{\pi}{2}$$

$$\begin{aligned}a_n&=\frac{1}{\pi}\int_{-\pi}^{\pi}f(x)\cos nx\mathrm{d}x=\frac{1}{\pi}\int_0^{\pi}x\cos nx\mathrm{d}x\\&=\frac{1}{n^2\pi}(\cos n\pi-1)=\begin{cases}-\dfrac{2}{n^2\pi} & n\text{为奇数}\\ 0 & n\text{为偶数}\end{cases}\end{aligned}$$

$$\begin{aligned}b_n&=\frac{1}{\pi}\int_{-\pi}^{\pi}f(x)\sin nx\mathrm{d}x=\frac{1}{\pi}\int_0^{\pi}x\sin nx\mathrm{d}x\\&=-\frac{1}{n}\cos n\pi=\frac{(-1)^{n+1}}{n}\quad(n=1,2,3\cdots)\end{aligned}$$

于是得到 $f(x)$ 的傅里叶级数为

$$f(x)=\frac{\pi}{4}-\frac{2}{\pi}\left(\cos x+\frac{1}{9}\cos 3x+\frac{1}{25}\cos 5x+\cdots\right)+\left(\sin x-\frac{1}{2}\sin 2x+\frac{1}{3}\sin 3x+\cdots\right)$$

5.4.2　正弦级数和余弦级数

一般地，一个函数的傅里叶级数既含有正弦项，又含有余弦项，但也有一些函数的傅里叶级数只含有正弦项或余弦项．这种情况的出现与函数 $f(x)$ 的奇偶性有密切关系.

定理 5-10　设 $f(x)$ 是周期为 2π 的周期函数，在一个周期上可积，则有以下定理.

（1）当 $f(x)$ 为奇函数时，它的傅里叶系数为

$$\begin{cases}a_n=0\\ b_n=\dfrac{2}{\pi}\displaystyle\int_0^{\pi}f(x)\sin nx\mathrm{d}x\end{cases}(n=0,1,2\cdots)$$

（2）当 $f(x)$ 为偶函数时，它的傅里叶系数为

$$\begin{cases} a_n = \dfrac{2}{\pi}\displaystyle\int_0^{\pi} f(x)\cos nx\,\mathrm{d}x \\ b_n = 0 \end{cases} (n=0,1,2\cdots)$$

该定理说明，若 $f(x)$ 是奇函数，则它的傅里叶级数是只含有正弦项的正弦级数，即

$$\sum_{n=1}^{\infty} b_n \sin nx$$

若 $f(x)$ 是偶函数，则它的傅里叶级数是只含常数项和余弦项的余弦级数，即

$$\frac{a_0}{2}+\sum_{n=1}^{\infty} a_n \cos nx$$

［例 5-13］设 $f(x)$ 是周期为 2π 的周期函数，它在 $[-\pi,\pi)$ 内的表达式为 $f(x)=x$，试将 $f(x)$ 展开成傅里叶级数.

解：该函数满足收敛定理的条件，它在点 $x=(2k+1)\pi$（$k\in\mathbf{Z}$）处不连续，在其他点处连续，从而由狄利克雷收敛定理可知 $f(x)$ 的傅里叶级数收敛，并且当 $x=(2k+1)\pi$（$k\in\mathbf{Z}$）时级数收敛于

$$\frac{f(\pi-0)+f(-\pi+0)}{2}=\frac{\pi+(-\pi)}{2}=0$$

当 $x\neq(2k+1)\pi$（$k\in\mathbf{Z}$）时级数收敛于 $f(x)$.

若不计 $x=(2k+1)\pi$（$k\in\mathbf{Z}$），则 $f(x)$ 是周期为 2π 的奇函数，计算傅里叶系数的过程如下.

$$\begin{cases} a_n = 0 \\ b_n = \dfrac{2}{\pi}\displaystyle\int_0^{\pi} f(x)\sin nx\,\mathrm{d}x = \dfrac{2}{n}(-1)^{n-1} \end{cases} (n=0,1,2\cdots)$$

于是得到 $f(x)$ 的傅里叶级数为

$$f(x)=2\left(\sin x-\frac{1}{2}\sin 2x+\frac{1}{3}\sin 3x-\cdots+\frac{(-1)^{n-1}}{n}\sin nx+\cdots\right)[x\in R,\ x\neq(2k+1)\pi\ (k\in\mathbf{Z})]$$

5.4.3 以 $2l$ 为周期的函数的傅里叶级数

在实际问题中所遇到的周期函数，它们的周期不一定是 2π. 一般地，周期为 $2l$ 的函数 $f(x)$ 的傅里叶级数展开式为

$$f(x)=\frac{a_0}{2}+\sum_{n=1}^{\infty}\left(a_n\cos\frac{n\pi x}{l}+b_n\sin\frac{n\pi x}{l}\right)$$

其中，

$$\begin{cases} a_0 = \dfrac{1}{l}\displaystyle\int_{-l}^{l} f(x)\,\mathrm{d}x \\ a_n = \dfrac{1}{l}\displaystyle\int_{-l}^{l} f(x)\cos\dfrac{n\pi x}{l}\,\mathrm{d}x \quad (n=0,1,2\cdots) \\ b_n = \dfrac{1}{l}\displaystyle\int_{-l}^{l} f(x)\sin\dfrac{n\pi x}{l}\,\mathrm{d}x \end{cases}$$

当 $f(x)$ 为奇函数时，$f(x)$ 的傅里叶级数是正弦函数，因此有

$$f(x)=\sum_{n=1}^{\infty}b_n\sin\frac{n\pi x}{l}$$

其中，

$$b_n=\frac{2}{l}\int_0^l f(x)\sin\frac{n\pi x}{l}\mathrm{d}x\ (n=0,1,2\cdots)$$

当 $f(x)$ 为偶函数时，$f(x)$ 的傅里叶级数是余弦函数，因此有

$$f(x)=\frac{a_0}{2}+\sum_{n=1}^{\infty}a_n\cos\frac{n\pi x}{l}$$

其中，

$$a_0=\frac{2}{l}\int_0^l f(x)\mathrm{d}x$$

$$a_n=\frac{2}{l}\int_0^l f(x)\cos\frac{n\pi x}{l}\mathrm{d}x\ (n=0,1,2\cdots)$$

注意：若 x 是 $f(x)$ 的间断点，则根据收敛定理，应以算术平均值 $\dfrac{f(x-0)+f(x+0)}{2}$ 代替上述各式左端的 $f(x)$.

［例 5-14］设 $f(x)$ 是周期为 4 的周期函数，它在 $[-2,2)$ 内的表达式为

$$f(x)=\begin{cases}0 & -2\leqslant x<0\\ k & 0\leqslant x<2\ (k\text{为非零常数})\end{cases}$$

试将 $f(x)$ 展开成傅里叶级数.

解：这时 $l=2$，按公式有

$$a_0=\frac{1}{2}\int_{-2}^{0}0\mathrm{d}x+\frac{1}{2}\int_0^2 k\mathrm{d}x=k$$

$$a_n=\frac{1}{2}\int_{-2}^{0}0\mathrm{d}x+\frac{1}{2}\int_0^2 k\cos\frac{n\pi x}{2}\mathrm{d}x=0\ (n\neq 0)$$

$$b_n=\frac{1}{2}\int_0^2 k\sin\frac{n\pi x}{2}\mathrm{d}x=\left[-\frac{k}{n\pi}\cos\frac{n\pi x}{2}\right]_0^2=\frac{k}{n\pi}(1-\cos n\pi)=\begin{cases}\dfrac{k}{n\pi} & n=1,3,5\cdots\\ 0 & n=2,4,6\cdots\end{cases}$$

从而得

$$f(x)=\frac{k}{2}+\frac{2k}{\pi}\left(\sin\frac{\pi x}{2}+\frac{1}{3}\sin\frac{3\pi x}{2}+\frac{1}{5}\sin\frac{5\pi x}{2}+\cdots\right)\ (x\in R,\ x\neq 0,\pm 2,\pm 4\cdots)$$

思考题 5.4

你能将定义在区间 $[0,\pi]$ 内的函数 $f(x)$ 展开成正弦级数或余弦级数吗？

练习题 5.4

1．将下列周期为 2π 的函数 $f(x)$ 展开为傅里叶级数，其中函数 $f(x)$ 在区间 $[-\pi,\pi)$ 内的表达式为

（1）$f(x)=\begin{cases}1 & -\pi\leqslant x<0\\ 2 & 0\leqslant x<\pi\end{cases}$

（2）$f(x)=x$（$-\pi\leqslant x<\pi$）

2．设 $f(x)$ 是周期为 2 的周期函数，它在区间 $[-1,1)$ 内的表达式为

$$f(x)=x\ (-1\leqslant x<1)$$

将 $f(x)$ 展开为傅里叶级数.

3．设 $f(x)=x-1$（$0\leqslant x\leqslant 2$）展开成余弦级数.

数学实验

5.5 实验——用 MATLAB 求幂级数的和及泰勒级数展开式

在 MATLAB 中用 symsum 命令来求级数的和，其格式如下.

（1）symsum(s,v)表示求关于变量 v 的级数从第 0 项到第 v−1 项的和.

（2）symsum(s,v,a,b)表示求关于变量 v 的级数第 a 项到第 b 项的和.

（3）tayor(f,v,n)表示函数 f 自变量为 v 的级数到 n 阶的泰勒级数展开式.

［例 5-15］已知级数 $\sum_{n=1}^{\infty}k^2$.

（1）求它的前 k 项的和.

（2）求第 0 项到第 10 项的和.

解：（1）输入命令为

```
>> syms k
r=symsum(k^2)
```

输出结果为

```
r =
   k^3/3 - k^2/2 + k/6
```

（2）输入命令为

```
>> syms k
r=symsum(k^2,0,10)
```

输出结果为

```
r =
    385
```

[例 5-16] 求下列级数的和.

（1）$\sum_{n=1}^{\infty}\frac{1}{n(n+1)}$　　　　（2）$\sum_{n=1}^{\infty}\frac{x^n}{2^n n}$

解：（1）输入命令为

```
>> syms n
r=symsum(1/(n*(n+1)),n,1,inf)%若回答为 inf，则表示级数发散
```

输出结果为

```
r =
    1
```

（2）输入命令为

```
>> syms n
s=symsum(x^n/(n*2^n),n,1,inf)%若回答为 inf，则表示级数发散
```

输出结果为

```
s =
    -log(1 - x/2))  %log(x)表示 e 为底的自然对数
```

[例 5-17] 求函数 $y=\log(x+1)$ 的 6 阶麦克劳林级数.

解：输入命令为

```
>> syms x
s=taylor(log(x+1),'Order',7)  %求 y=log(x+1)的泰勒级数展开式
```

输出结果为

```
s =
    - x^6/6 + x^5/5 - x^4/4 + x^3/3 - x^2/2 + x
```

[例 5-18] 求函数 $f(x)=\sin x$ 在 $x=\frac{\pi}{2}$ 处的 4 阶泰勒级数.

解：输入命令为

```
>>  syms x
>> s=taylor(sin(x),x,pi/2,'Order',6)
```

输出结果为

```
s =
    (x - pi/2)^4/24 - (x - pi/2)^2/2 + 1
```

[例 5-19] 求函数 $f(x)=e^x$ 的泰勒级数展开式.

解：输入命令为

```
>>  syms x
    s=taylor(exp(x))  %默认泰勒级数展开式为前 6 项
```

输出结果为

```
s =
    x^5/120 + x^4/24 + x^3/6 + x^2/2 + x + 1
```

思考题 5.5

你能利用 help 命令查询 symsum、taylor 的用法吗？

练习题 5.5

1．利用 MATLAB 求下列级数的和．

（1）$\sum_{n=1}^{\infty}\frac{1}{4n^2-2n}$　　　　（2）$\sum_{n=1}^{\infty}nx^n$

2．利用 MATLAB 求下列函数的泰勒级数展开式．

（1）$f(x)=\frac{1}{x-2}$　　　　（2）$f(x)=\ln(1-x)$

知识应用

5.6 幂级数展开式的应用

5.6.1 泰勒公式与泰勒级数

泰勒公式：如果 $f(x)$ 在点 x_0 的某邻域内有 $n+1$ 阶导数，则在该邻域内 $f(x)$ 可表示为

$$f(x)=f(x_0)+f'(x_0)(x-x_0)+\frac{f''(x_0)}{2!}(x-x_0)^2+\cdots+\frac{f^{(n)}(x_0)}{n!}(x-x_0)^n+R_n(x)$$

其中 $R_n(x)=\frac{f^{(n+1)}(\xi)}{(n+1)!}(x-x_0)^{n+1}$（$\xi$ 介于 x 与 x_0 之间）．此式称为 $f(x)$ 在点 x_0 处的**泰勒公式**，$R_n(x)$ 称为 $f(x)$ 在点 x_0 处的**泰勒公式余项**．

泰勒级数：若 $f(x)$ 在点 x_0 的某邻域内具有任何阶导数，则当 $n\to\infty$ 时，$f(x)$ 在点 x_0 处的泰勒多项式为

$$P_n(x)=f(x_0)+f'(x_0)(x-x_0)+\frac{f''(x_0)}{2!}(x-x_0)^2+\cdots+\frac{f^{(n)}(x_0)}{n!}(x-x_0)^n+\cdots$$

这一幂级数称为函数 $f(x)$ 的**泰勒级数**．显然，当 $x=x_0$ 时，$f(x)$ 的泰勒级数收敛于 $f(x_0)$．

定理 5-11　设函数 $f(x)$ 在点 x_0 的某邻域 $U(x_0)$ 内具有任何阶导数，则 $f(x)$ 在该邻域内能展开成泰勒级数的充分必要条件是当 $n\to\infty$ 时 $f(x)$ 的泰勒公式中的余项 $R_n(x)$ 的极限为 0，即

$$\lim_{n\to\infty}R_n(x)=0,\quad x\in U(x_0)$$

麦克劳林级数：在泰勒级数中取 $x_0=0$，如果 $f(x)$ 在点 x_0 的某邻域内具有任何阶导数，则当 $n\to\infty$ 时，$f(x)$ 在点 x_0 的泰勒多项式为

$$P_n(x)=f(0)+f'(0)x+\frac{f''(0)}{2!}x^2+\cdots+\frac{f^{(n)}(0)}{n!}x^n+\cdots$$

此级数称为函数 $f(x)$ 的**麦克劳林级数**.

［例 5-20］将函数 $f(x)=\cos x$ 展开成 $\left(x+\frac{\pi}{6}\right)$ 的幂级数.

解：

$$\cos x=\cos\left(x+\frac{\pi}{6}-\frac{\pi}{6}\right)=\cos\left(x+\frac{\pi}{6}\right)\cos\frac{\pi}{6}+\sin\left(x+\frac{\pi}{6}\right)\sin\frac{\pi}{6}$$
$$=\frac{\sqrt{3}}{2}\cos\left(x+\frac{\pi}{6}\right)+\frac{1}{2}\sin\left(x+\frac{\pi}{6}\right)$$

$$\cos x=\sum_{n=0}^{\infty}(-1)^n\frac{x^{2n}}{(2n)!}，\quad x\in R$$

$$\sin x=\sum_{n=0}^{\infty}(-1)^n\frac{x^{2n+1}}{(2n+1)!}，\quad x\in R$$

所以有

$$f(x)=\cos x=\frac{\sqrt{3}}{2}\sum_{n=0}^{\infty}(-1)^n\frac{\left(x+\frac{\pi}{6}\right)^{2n}}{(2n)!}+\frac{1}{2}\sum_{n=0}^{\infty}(-1)^n\frac{\left(x+\frac{\pi}{6}\right)^{2n+1}}{(2n+1)!}，\quad x\in R$$

［例 5-21］将函数 $f(x)=e^x$ 展开成 $(x-3)$ 的幂级数.

解：

$$f(x)=e^x=e^{(x-3)+3}=e^{(x-3)}e^3$$

因为

$$e^x=\sum_{n=0}^{\infty}\frac{1}{n!}x^n，\ x\in(-\infty,+\infty)$$

所以

$$f(x)=e^{(x-3)}e^3=e^3\sum_{n=0}^{\infty}\frac{(x-3)^n}{n!}，\quad -\infty<x<+\infty$$

［例 5-22］将函数 $f(x)=\frac{3x}{2x^2+x-1}$ 展开成 x 的幂级数.

解：

$$f(x)=\frac{3x}{2x^2+x-1}=\frac{1}{1+x}-\frac{1}{1-2x}$$

因为

$$\frac{1}{1+x}=\sum_{n=0}^{\infty}(-1)^n x^n，\quad -1<x<1$$

$$\frac{1}{1-x}=\sum_{n=0}^{\infty}x^n\text{，}\quad -1<x<1$$

所以

$$\frac{1}{1-2x}=\sum_{n=0}^{\infty}(2x)^n\text{，}\quad -\frac{1}{2}<x<\frac{1}{2}$$

则

$$\begin{aligned}f(x)&=\frac{3x}{2x^2+x-1}=\frac{1}{1+x}-\frac{1}{1-2x}\\&=\sum_{n=0}^{\infty}(-1)^n x^n-\sum_{n=0}^{\infty}(2x)^n=\sum_{n=0}^{\infty}[(-1)^n-2^n]x^n\text{，}\quad -\frac{1}{2}<x<\frac{1}{2}\end{aligned}$$

必须熟记以下几个常用的麦克劳林展开式：

$$\frac{1}{1-x}=\sum_{n=0}^{\infty}x^n=1+x+x^2+x^3+\cdots+x^n+\cdots\text{，}\quad x\in(-1,1)$$

$$\mathrm{e}^x=\sum_{n=0}^{\infty}\frac{1}{n!}x^n=1+x+\frac{1}{2!}x^2+\frac{1}{3!}x^3+\cdots+\frac{1}{n!}x^n+\cdots\text{，}\quad x\in(-\infty,+\infty)$$

$$\sin x=\sum_{n=0}^{\infty}(-1)^n\frac{x^{2n+1}}{(2n+1)!}=x-\frac{x^3}{3!}+\cdots+(-1)^n\frac{x^{2n+1}}{(2n+1)!}+\cdots\text{，}\quad x\in(-\infty,+\infty)$$

$$\cos x=\sum_{n=0}^{\infty}(-1)^n\frac{x^{2n}}{(2n)!}=1-\frac{x^2}{2!}+\cdots+(-1)^n\frac{x^{2n}}{(2n)!}+\cdots\text{，}\quad x\in(-\infty,+\infty)$$

$$\ln(1+x)=\sum_{n=1}^{\infty}(-1)^{n-1}\frac{x^n}{n}=x-\frac{x^2}{2}+\frac{x^3}{3}+\cdots+(-1)^{n-1}\frac{x^n}{n}+\cdots\text{，}\quad x\in(-1,1]$$

思考题 5.6

你能利用幂级数求函数的高阶导数吗？

练习题 5.6

1．将函数 $f(x)=\sin^2 x$ 展开成 x 的幂级数.

2．将函数 $f(x)=\dfrac{1}{x^2+3x}$ 展开成 $x-1$ 的幂级数.

3．将函数 $f(x)=\dfrac{1}{x+1}$ 展开成 $x-1$ 的幂级数，并求出它的收敛区间.

4．将函数 $f(x)=\arctan x$ 展开成 x 的幂级数.

习题 A

一、选择题

1．设常数项级数 $\sum_{n=1}^{\infty} u_n$ 收敛，则下列级数（　　）也收敛．

A．$\sum_{n=1}^{\infty}(u_n + 0.1)$　　B．$\sum_{n=1}^{\infty}|u_n|$

C．$\sum_{n=1}^{\infty} v_n$，$v_n \leqslant u_n$　　D．$\sum_{n=1}^{9} 10^n + \sum_{n=10}^{\infty} u_n$

2．下列级数收敛的是（　　）．

A．$\sum_{n=1}^{\infty}\frac{1}{\sqrt{n}}$　　B．$\sum_{n=1}^{\infty}\frac{1}{\sqrt{n^3}}$　　C．$\sum_{n=1}^{\infty}\sqrt{\frac{n}{n+1}}$　　D．$\sum_{n=1}^{\infty}\sqrt[3]{n^2}$

3．设 $\{S_n\}$ 是级数 $\sum_{n=1}^{\infty} u_n$ 的部分和数列，若条件（　　）成立，则 $\sum_{n=1}^{\infty} u_n$ 收敛．

A．$\{S_n\}$ 有界　　B．$\{S_n\}$ 单调减小

C．$\lim\limits_{n\to\infty} u_n = 0$　　D．$\lim\limits_{n\to\infty} S_n = S$

4．下列命题中正确的是（　　）．

A．若级数 $\sum_{n=1}^{\infty} u_n$ 发散，则 $\lim\limits_{n\to\infty}\frac{u_{n+1}}{u_n} = r > 1$

B．若级数 $\sum_{n=1}^{\infty} u_n$ 发散，则 $\lim\limits_{n\to\infty} u_n \neq 0$

C．若级数 $\sum_{n=1}^{\infty} u_n$ 收敛，则级数 $\sum_{n=1}^{\infty}|u_n|$ 收敛

D．若级数 $\sum_{n=1}^{\infty} u_n$ 收敛，则数列 $S_{2n} = u_1 + u_2 + \cdots + u_{2n-1} + u_{2n}$ 收敛

5．设级数 $\sum_{n=1}^{\infty} u_n$ 和 $\sum_{n=1}^{\infty} v_n$ 都发散，则结论正确的是（　　）

A．$\sum_{n=1}^{\infty}(u_n + v_n)$ 必发散　　B．$\sum_{n=1}^{\infty} u_n v_n$ 必发散

C．$\sum_{n=1}^{\infty}(|u_n| + |v_n|)$ 必发散　　D．$\sum_{n=1}^{\infty}(u_n^2 + v_n^2)$ 必发散

6．级数（　　）是条件收敛的．

A．$\sum_{n=1}^{\infty}(-1)^n\frac{n}{n+1}$　　B．$\sum_{n=1}^{\infty}(-1)^n\sqrt{n}$

C．$\sum_{n=1}^{\infty}(-1)^n\frac{1}{n^2}$　　D．$\sum_{n=1}^{\infty}(-1)^n\frac{1}{\sqrt{n}}$

7．绝对收敛是级数收敛的（　　）

A．必要条件　　B．充分条件

C．充要条件　　D．无关条件

二、填空题

1．若常数项级数$\sum_{n=1}^{\infty}u_n$收敛，则$\lim_{n\to\infty}u_n=$__________.

2．设S_n是级数$\sum_{n=1}^{\infty}\frac{1}{3^n}$的前$n$项和，则$\lim_{n\to\infty}S_n=$__________.

3．幂级数$\sum_{n=0}^{\infty}(-x)^n$在$(-1,1)$内的和函数为__________.

4．已知幂级数$\sum_{n=0}^{\infty}\left(-\frac{4}{3}\right)a_nx^n$的收敛半径为 1，则幂级数$\sum_{n=0}^{\infty}a_nx^n$的收敛半径为__________.

5．若$\lim_{n\to\infty}\left|\frac{c_n}{c_{n+1}}\right|=L$，$0<L<+\infty$，则幂级数$\sum_{n=1}^{\infty}c_n(x-1)^n$的收敛区间为__________.

6．将$\ln(1+2x)$展开成x的幂级数，它的收敛域为__________.

7．幂级数$\sum_{n=1}^{\infty}\sqrt{n}x^n$的收敛域是__________.

8．幂级数$\sum_{n=1}^{\infty}\frac{1}{n^2}x^n$的收敛半径是__________.

9．设幂级数$\sum_{n=0}^{\infty}a_n(x-1)^n$在$x_1=3$处发散，在$x_2=-1$处收敛，则此幂级数的收敛半径是__________.

三、计算题

1．判断下列级数的敛散性.

（1）$\sum_{n=1}^{\infty}\frac{(-1)^n(\ln 2)^n}{(2)^n}$　　（2）$\sum_{n=1}^{\infty}\frac{5}{n^2+1}$

（3）$\sum_{n=1}^{\infty}\frac{2n-1}{n^4+10}$　　（4）$\sum_{n=1}^{\infty}\frac{1}{n\sqrt{n+4}}$

（5）$\sum_{n=1}^{\infty}\sin\frac{n\pi}{6}$　　（6）$\sum_{n=1}^{\infty}\sin\frac{\pi}{7^n}$

（7）$\sum_{n=1}^{\infty}\frac{n!}{n^n}$　　（8）$\sum_{n=1}^{\infty}\frac{(-1)^{n-1}}{3^n}$

2．将函数$f(x)=\frac{1}{x^2+4x+3}$展开成$x-1$的幂级数，并指出收敛域.

3．将函数$f(x)=\frac{1}{3+4x}$展开为$x+2$的幂级数，并求出收敛域.

4．求幂级数$\sum_{n=1}^{\infty}n(n+1)x^n$的收敛域及和函数.

5．求幂级数$\sum_{n=1}^{\infty}nx^{n-1}$的和函数.

6．求函数 $f(x)=\dfrac{1}{(1-x)^2}$ 的麦克劳林级数展开式.

习题 B

一、选择题

1．下列级数必收敛的是（　　）

A．$\sum\limits_{n=1}^{\infty}\sin\dfrac{n}{n+1}$　　B．$\sum\limits_{n=1}^{\infty}\dfrac{1}{3n}$

C．$\sum\limits_{n=1}^{\infty}\dfrac{n^2+1}{n^3+1}$　　D．$\sum\limits_{n=1}^{\infty}\left(\dfrac{1}{2^n}+\dfrac{1}{3^n}\right)$

2．下列级数中收敛的是（　　）

A．$\sum\limits_{n=1}^{\infty}\dfrac{n^n}{n!}$　　B．$\sum\limits_{n=1}^{\infty}\dfrac{3^n n!}{n^n}$　　C．$\sum\limits_{n=1}^{\infty}\dfrac{n+1}{n^2+2}$　　D．$\sum\limits_{n=1}^{\infty}\dfrac{n}{100+n}$

3．下列级数中发散的是（　　）

A．$\sum\limits_{n=1}^{\infty}\dfrac{(-1)^{n-1}}{n}$　　B．$\sum\limits_{n=1}^{\infty}(-1)^{n-1}\left(\dfrac{1}{n}+\dfrac{1}{n+1}\right)$

C．$\sum\limits_{n=1}^{\infty}\dfrac{(-1)^{n-1}}{\sqrt{n}}$　　D．$\sum\limits_{n=1}^{\infty}\left(-\dfrac{1}{n}\right)$

4．下列级数条件收敛的是（　　）

A．$\sum\limits_{n=1}^{\infty}(-1)^{n-1}\left(\dfrac{2}{3}\right)^n$　　B．$\sum\limits_{n=1}^{\infty}(-1)^{n-1}\dfrac{n}{\sqrt{2n^2+1}}$

C．$\sum\limits_{n=1}^{\infty}(-1)^{n-1}\dfrac{1}{\sqrt{2n^3+4}}$　　D．$\sum\limits_{n=1}^{\infty}\dfrac{(-1)^{n-1}}{\sqrt[3]{n^2}}$

5．幂级数 $\sum\limits_{n=1}^{\infty}\dfrac{(x+1)^n}{n\cdot 2^n}$ 的收敛域是（　　）

A．$[-3,1)$　　B．$(-3,1)$

C．$(-3,1]$　　D．$[-3,1]$

6．如果级数 $\sum\limits_{n=1}^{\infty}\dfrac{(2x-a)^n}{2n-1}$ 的收敛域为 $[3,4)$，则 $a=$（　　）

A．3　　B．4　　C．5　　D．7

7．若级数 $\sum\limits_{n=1}^{\infty}a_n^2$ 收敛，则级数 $\sum\limits_{n=1}^{\infty}a_n$（　　）

A．绝对收敛　　B．条件收敛

C．发散　　D．收敛性不能确定

8．若级数 $\sum\limits_{n=1}^{\infty}u_n$ 条件收敛，则级数 $\sum\limits_{n=1}^{\infty}|u_n|$（　　）

A．收敛　　B．发散

C．绝对收敛　　D．可能收敛也可能发散

9．下列各级数中，条件收敛的是（　　）

A．$\sum_{n=1}^{\infty}(-1)^{n-1}\frac{1}{\sqrt{n^3}}$　　B．$\sum_{n=1}^{\infty}(-1)^{n+1}\frac{2^{n^2}}{n!}$

C．$\sum_{n=1}^{\infty}(-1)^{n-1}\frac{1}{\sqrt{n}}$　　D．$\sum_{n=1}^{\infty}(-1)^{n+1}\frac{n}{3^n}$

10．若级数$\sum_{n=1}^{\infty}u_n$与$\sum_{n=1}^{\infty}v_n$都发散，则必有（　　）

A．$\sum_{n=1}^{\infty}(u_n+v_n)$发散　　B．$\sum_{n=1}^{\infty}(|u_n|+|v_n|)$发散

C．$\sum_{n=1}^{\infty}(u_n^2+v_n^2)$收敛　　D．$\sum_{n=1}^{\infty}(u_n+v_n)$收敛

11．下列各级数中，发散的是（　　）

A．$\sum_{n=1}^{\infty}\frac{(-1)^{n-1}}{n}$　　B．$\sum_{n=1}^{\infty}\left(\frac{2n}{3n+1}\right)^n$

C．$\sum_{n=1}^{\infty}\frac{4+(-1)^n}{3^n+n}$　　D．$\sum_{n=1}^{\infty}\frac{3^n}{n^4}$

二、填空题

1．设$u_n \geqslant \frac{1}{\sqrt{n}}\ (n=1,2,3\cdots)$，则级数$\sum_{n=1}^{\infty}\frac{u_n}{\sqrt{n}}$__________.

2．设$0 \leqslant u_n \leqslant \frac{1}{\sqrt[3]{n}}\ (n=1,2,3\cdots)$，则级数$\sum_{n=1}^{\infty}\frac{u_n}{n}$__________.

3．已知级数$\sum_{n=1}^{\infty}u_n$的前n项的部分和为$\frac{2n}{n+1}$，则$u_n=$__________.

4．已知级数$\sum_{n=1}^{\infty}\frac{1}{n^2}=\frac{\pi^2}{6}$，则级数$\sum_{n=1}^{\infty}(-1)^n\frac{1}{n^2}$的和为__________.

5．级数$\sum_{n=1}^{\infty}\frac{n^2}{n!}$的和$s=$________.

三、计算题

1．设正项数列$\{a_n\}$单调减小，且级数$\sum_{n=1}^{\infty}(-1)^n a_n$发散，试问级数$\sum_{n=1}^{\infty}\left(\frac{1}{a_n+1}\right)^n$是否收敛，并说明理由.

2．判别级数$\sum_{n=1}^{\infty}\frac{n\cos^2\frac{n\pi}{3}}{2^n}$的敛散性.

3．判别级数$\sum_{n=1}^{\infty}ne^{-n^2}$的敛散性.

4．判别级数$\sum_{n=1}^{\infty}\frac{1}{n(n+1)}$是否收敛？若收敛，试求其和.

5．判别级数$\sum_{n=2}^{\infty}\frac{1}{\sqrt{n}}\ln\frac{n+1}{n-1}$的敛散性.

6．讨论级数$\sum_{n=1}^{\infty}\frac{(-1)^n}{\sqrt{n}}\ln\left(1+\frac{1}{\sqrt{n}}\right)$的敛散性，在收敛的情况下，判断此级数是绝对收敛还是条件收敛.

7．判别级数$\sum_{n=1}^{\infty}\frac{(-1)^n}{n\ln\left(1+\frac{1}{n}\right)}$的敛散性，并说明理由.

8．设级数$\sum_{n=1}^{\infty}a_n$绝对收敛，试证：级数$\sum_{n=1}^{\infty}\frac{n^2+1}{n^2}a_n$也绝对收敛.

第6章 向量代数与空间解析几何

数学文化——解析几何的发明者笛卡儿和费马

解析几何的诞生是变量数学发展史中的一个里程碑．在解析几何中，人们首次将几何图形和代数式联系到一起，不但获得了简便的证明方法，还意识到数学的每个分支都是相通的．解析几何的诞生促使数学家们把目光转向变量和函数，为微积分的创立搭建了舞台．说到解析几何，许多人都会想到笛卡儿．笛卡儿成功地将当时完全分开的代数和几何联系到了一起．在笛卡儿的著作《几何》中，他向世人证明，几何问题可以归结为代数问题，也可以通过代数转换来发现、证明几何性质。笛卡儿引入了坐标系及线段的运算概念．他在数学方面的成就为后人对微积分的研究提供了坚实的基础，而后者又是现代数学的重要基石．此外，现在使用的许多数学符号都是由笛卡儿最先确定的，包括已知数 a,b,c 及未知数 x,y,z 等，还有指数的表示方法．他还发现了凸多面体的边、顶点、面之间的关系，后人称为欧拉-笛卡儿公式．微积分中常见的笛卡儿叶形线也是由他发现的．笛卡儿被后人尊称为**解析几何之父**．

笛卡儿

其实除了笛卡儿，还有一位数学家也为解析几何的诞生做出了巨大贡献，他就是**业余数学之王——费马**．

费马是法国数学家、物理学家，他一生从未受过专门的数学教育，对数学的研究只是他的业余爱好，但是他在很多数学领域中都取得了巨大的成就．除了在数论领域中提出费马大定理和费马小定理，他在古典概率论领域中的成就仅次于牛顿和莱布尼茨．而这里要说的是他在解析几何方面的成就．

费马

费马独立于笛卡儿发现了解析几何的基本原理．解析几何的诞生应该归功于笛卡儿和费马两个人，他们工作的出发点不同，但殊途同归．与笛卡儿不同，费马工作的出发点是恢复失传的阿波罗尼奥斯（古希腊几何学家）的著作《平面轨迹》，他用代数方法对书中关于轨迹的失传的证明进行补充，并对古希腊几何学，尤其是圆锥曲线论进行了总结和整理，进而对曲线进行了研究. 在研究的基础上，费马于 1630 年撰写了《平面与立体轨迹引论》. 在这本书中，他阐述了解析几何原理："只要在最后的方程中出现两个未知数，就有一条轨迹. 这两个未知数之一的末端描绘出一条直线或曲线，直线只有一种，而曲线的种类则有无限种可能，可以是圆、抛物线、椭圆等. "

不仅如此，费马在书中还提出并使用了坐标的概念，包括斜坐标和直角坐标，他所说的未知数其实就是变量，也就是今天所说的横坐标和纵坐标. 其实费马比笛卡儿发现解析几何的基本原理还要早 7 年，但他的这一成果迟迟没有出版，直至 1679 年，他的儿子才整理并出版了他的遗作，这时候费马已经去世 14 年了. 虽然关于谁才是解析几何的发明者，费马和笛卡儿之间也经历了一场旷日持久的斗争，但是他们两个人在解析几何上的研究最终促进了 17 世纪后期微积分的创立，两个人都对 17 世纪的数学做出了重大贡献.

基础理论知识

6.1　向量及其线性运算

【引例】 1 班和 2 班进行拔河比赛，最后 1 班取胜，试分析其取胜的原因.

拔河比赛取胜的主要原因是速度与力的大小和方向. 像速度和力这样既有大小又有方向的量有很多，而在数学中，把这种既有大小又有方向的量命名为向量. 这就是本节要重点讲述的内容.

6.1.1　向量的概念

客观世界中有这样一类量，它们既有大小，又有方向，如位移、速度、加速度、力、力矩等，这一类量叫作向量（或矢量）.

在数学中，常用一条有方向的线段，即有向线段来表示向量. 有向线段的长度表示向量的大小，有向线段的方向表示向量的方向. 以 A 为起点、B 为终点的有向线段所表示的向量记作 $\overrightarrow{AB}$ ，如图 6-1 所示. 有时也用一个黑体字母（在手写时，字母上面加箭头）来表示向量，如 $\vec{a}$ 、$\vec{r}$ 、$\vec{v}$ 、$\vec{F}$ 或 $\boldsymbol{a}$ 、$\boldsymbol{r}$ 、$\boldsymbol{v}$ 、$\boldsymbol{F}$ 等.

图 6-1

在实际问题中，有些向量与其起点有关（如质点运动的速度与该质点的位置有关，力与该力的作用点的位置有关），有些向量与其起点无关. 由于向量的共性是它们都有大小和方向，因此在数学上只研究与起点无关的向量，并称这种向量为自由向量（以下简称向量），即只考虑向量的大小和方向，而不论其起点在什么地方. 当遇到与起点有关的向量时，可在一般原则下进行特别处理.

由于只讨论自由向量，因此如果两个向量 $\vec{a}$ 和 $\vec{b}$ 的大小相等，且方向相同，就称向量 $\vec{a}$ 和 $\vec{b}$ 是相等的，记作 $\vec{a}=\vec{b}$. 这就是说，经过平移后能完全重合的向量是相等的.

向量的大小叫作向量的模. 向量 $\overrightarrow{AB}$ 、$\vec{a}$ 的模分别记作 $|\overrightarrow{AB}|$、$|\vec{a}|$.

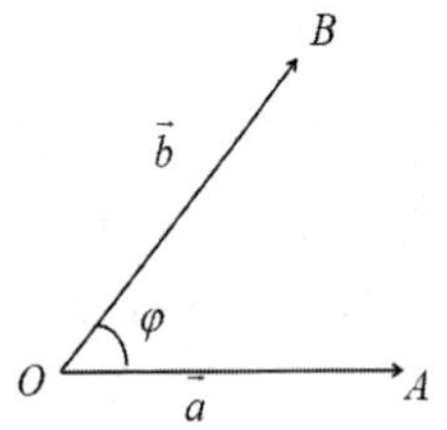

图 6-2

模等于 1 的向量叫作**单位向量**；模等于零的向量叫作**零向量**，记作 **0** 或 $\vec{0}$．零向量的起点和终点重合，它的方向可以是任意的．

设有两个非零向量 $\vec{a}$、$\vec{b}$，任取空间一点 O，$\overrightarrow{OA}=\boldsymbol{a}$，$\overrightarrow{OB}=\boldsymbol{b}$，规定不超过 π 的 $\angle AOB$（设 $\varphi=\angle AOB$，$0\leqslant\varphi\leqslant\pi$）称为向量 $\vec{a}$ 与 $\vec{b}$ 的夹角，如图 6-2 所示，记作 $(\widehat{\boldsymbol{a},\boldsymbol{b}})$ 或 $(\widehat{\boldsymbol{b},\boldsymbol{a}})$，即 $(\widehat{\boldsymbol{a},\boldsymbol{b}})=\varphi$．

若向量 $\vec{a}$ 与 $\vec{b}$ 中有一个是零向量，则规定它们之间的夹角可以在 0 到 π 之间任意取值．

如果 $(\widehat{\boldsymbol{a},\boldsymbol{b}})=0$ 或 π，就称向量 $\vec{a}$ 与 $\vec{b}$ 平行，记作 $\vec{a}\,//\,\vec{b}$．如果 $(\widehat{\boldsymbol{a},\boldsymbol{b}})=\dfrac{\pi}{2}$，就称向量 $\vec{a}$ 与 $\vec{b}$ 垂直，记作 $\vec{a}\perp\vec{b}$．由于零向量与另一向量的夹角可以在 0 到 π 之间任意取值，因此可以认为零向量与任何向量都平行，也可以认为零向量与任何向量都垂直．

当把两个平行向量的起点放在同一点时，它们的终点和公共起点应在一条直线上．因此，向量平行又称为向量共线．

类似地，还有向量共面的概念．设有 k（$k\geqslant 3$）个向量，当把它们的起点放在同一点时，若 k 个终点和公共起点在同一个平面上，则称这 k 个向量共面．

6.1.2 向量的线性运算

1．向量的加减法

向量的加法运算规定如下．

设有两个向量 $\vec{a}$ 与 $\vec{b}$，平移向量使 $\vec{b}$ 的起点与 $\vec{a}$ 的终点重合，此时从 $\vec{a}$ 的起点到 $\vec{b}$ 的终点的向量 $\vec{c}$ 称为向量 $\vec{a}$ 与 $\vec{b}$ 的和，如图 6-3 所示，记作 $\vec{a}+\vec{b}$，即 $\vec{c}=\vec{a}+\vec{b}$．

上述做出两向量之和的方法叫作向量加法的**三角形法则**．

力学上有求合力的平行四边形法则，类似地，数学中也有向量相加的**平行四边形法则**，即当向量 $\vec{a}$ 与 $\vec{b}$ 不平行时，平移向量使 $\vec{a}$ 与 $\vec{b}$ 的起点重合，以 $\vec{a}$、$\vec{b}$ 为邻边做平行四边形，从公共起点到对角的向量等于向量 $\vec{a}$ 与 $\vec{b}$ 的和 $\vec{a}+\vec{b}$，如图 6-4 所示．

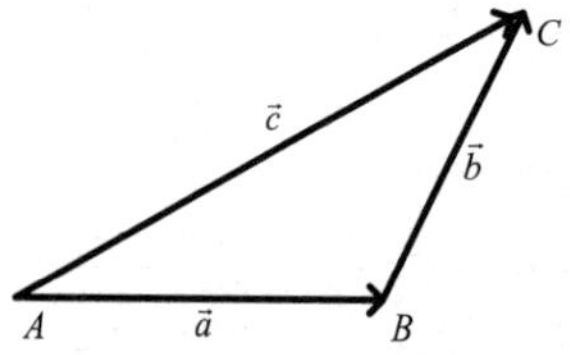

图 6-3

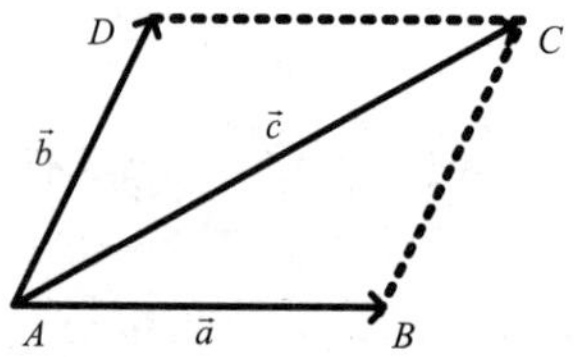

图 6-4

向量的加法符合以下运算规律．

（1）交换律：$\boldsymbol{a}+\boldsymbol{b}=\boldsymbol{b}+\boldsymbol{a}$．

（2）结合律：$(\boldsymbol{a}+\boldsymbol{b})+\boldsymbol{c}=\boldsymbol{a}+(\boldsymbol{b}+\boldsymbol{c})$．

这是因为，按向量加法的规定（三角形法则），从图 6-4 中可以看出：

$$\boldsymbol{a}+\boldsymbol{b}=\overrightarrow{AB}+\overrightarrow{BC}=\overrightarrow{AC}=\boldsymbol{c}$$

$$\boldsymbol{b}+\boldsymbol{a}=\overrightarrow{AD}+\overrightarrow{DC}=\overrightarrow{AC}=\boldsymbol{c}$$

符合交换律．又如图 6-5 所示，先做 $\boldsymbol{a}+\boldsymbol{b}$ 再加上 $\boldsymbol{c}$，即得和 $(\boldsymbol{a}+\boldsymbol{b})+\boldsymbol{c}$，若将 $\boldsymbol{a}$ 与 $\boldsymbol{b}+\boldsymbol{c}$ 相加，则得到同一个结果，符合结合律．

由于向量加法符合交换律与结合律，故 n 个向量 $\boldsymbol{a}_1,\boldsymbol{a}_2,\cdots,\boldsymbol{a}_n$（$n\geqslant 3$）相加可写成 $\boldsymbol{a}_1+\boldsymbol{a}_2+\cdots+\boldsymbol{a}_n$，并根据向量相加的三角形法则，可得 n 个向量相加的法则：先将前一个向量的终点作为下一个向量的起点，相继做向量 $\boldsymbol{a}_1,\boldsymbol{a}_2,\cdots,\boldsymbol{a}_n$，再将第一个向量的起点为起点，最后一个向量的终点为终点做一个向量，这个向量即为所求向量，如图 6-6 所示．

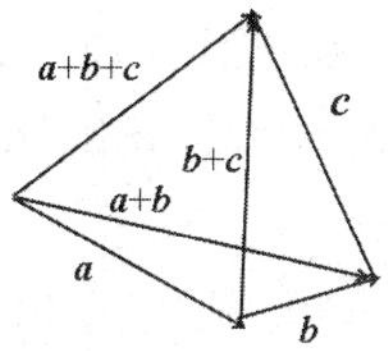

图 6-5

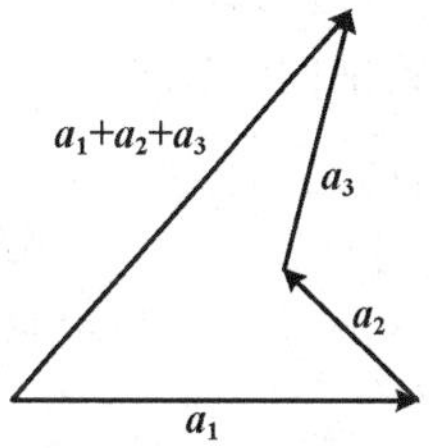

图 6-6

设 $\boldsymbol{a}$ 为一个向量，与 $\boldsymbol{a}$ 的模相等而方向相反的向量叫作 $\boldsymbol{a}$ 的负向量，记作 $-\boldsymbol{a}$．由此，规定两个向量 $\boldsymbol{b}$ 与 $\boldsymbol{a}$ 的差为

$$\boldsymbol{b}-\boldsymbol{a}=\boldsymbol{b}+(-\boldsymbol{a})$$

即把向量 $-\boldsymbol{a}$ 加到向量 $\boldsymbol{b}$ 上，便得 $\boldsymbol{b}$ 与 $\boldsymbol{a}$ 的差 $\boldsymbol{b}-\boldsymbol{a}$，如图 6-7（a）所示．

特别地，当 $\boldsymbol{b}=\boldsymbol{a}$ 时，有 $\boldsymbol{a}-\boldsymbol{a}=\boldsymbol{a}+(-\boldsymbol{a})=\boldsymbol{0}$．

显然，对于任意向量 $\overrightarrow{AB}$ 及点 O，有 $\overrightarrow{AB}=\overrightarrow{AO}+\overrightarrow{OB}=\overrightarrow{OB}-\overrightarrow{OA}$，若把向量 $\boldsymbol{a}$ 与 $\boldsymbol{b}$ 移到同一起点 O，则从 $\boldsymbol{a}$ 的终点 A 向 $\boldsymbol{b}$ 的终点 B 所引向量 $\overrightarrow{AB}$ 即为向量 $\boldsymbol{b}$ 与 $\boldsymbol{a}$ 的差 $\boldsymbol{b}-\boldsymbol{a}$，如图 6-7（b）所示．

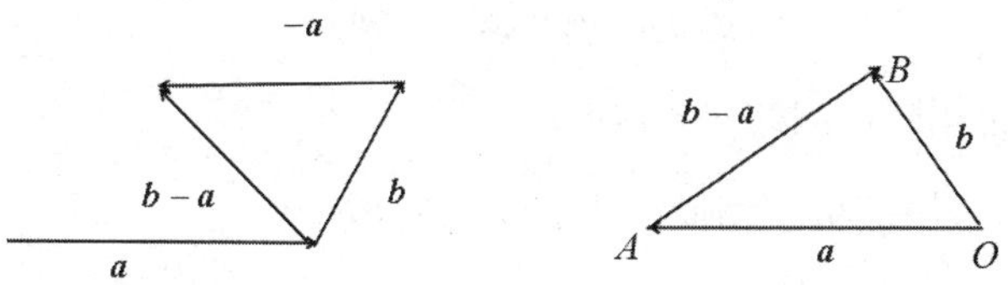

（a）　　（b）

图 6-7

由于三角形两边之和大于第三边，因此有

$$|\boldsymbol{a}+\boldsymbol{b}|\leqslant|\boldsymbol{a}|+|\boldsymbol{b}| \text{ 及 } |\boldsymbol{a}-\boldsymbol{b}|\leqslant|\boldsymbol{a}|+|\boldsymbol{b}|$$

其中等号在 $\boldsymbol{b}$ 与 $\boldsymbol{a}$ 同向或反向时都成立．

2．向量与数的乘法

向量$\boldsymbol{a}$与实数λ的乘积记作$\lambda\boldsymbol{a}$，规定$\lambda\boldsymbol{a}$是一个向量，它的模为

$$|\lambda\boldsymbol{a}|=|\lambda||\boldsymbol{a}|$$

它的方向：当$\lambda>0$时，与$\boldsymbol{a}$相同；当$\lambda<0$时，与$\boldsymbol{a}$相反．当$\lambda=0$时，$|\lambda\boldsymbol{a}|=0$，即$\lambda\boldsymbol{a}$为零向量，这时它的方向可以是任意的．

特别地，当$\lambda=\pm1$时，有$1\cdot\boldsymbol{a}=\boldsymbol{a}$，$(-1)\cdot\boldsymbol{a}=-\boldsymbol{a}$．

向量与数的乘积符合以下运算规律．

（1）结合律：$\lambda(\mu\boldsymbol{a})=\mu(\lambda\boldsymbol{a})=(\lambda\mu)\boldsymbol{a}$．

（2）分配律：$(\lambda+\mu)\boldsymbol{a}=\lambda\boldsymbol{a}+\mu\boldsymbol{a}$，$\lambda(\boldsymbol{a}+\boldsymbol{b})=\lambda\boldsymbol{a}+\lambda\boldsymbol{b}$．

这个规律同样可以按向量与数的乘积的规定来证明，这里不再赘述．

向量相加及数乘向量统称为向量的线性运算．

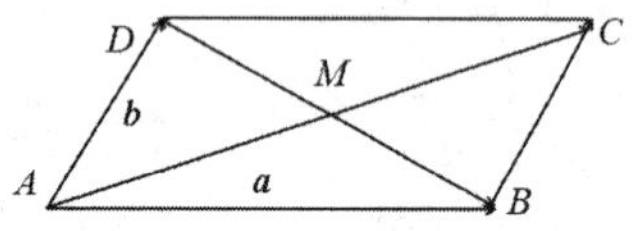

图 6-8

［例 6-1］如图 6-8 所示，在平行四边形$ABCD$中，设$\overrightarrow{AB}=\boldsymbol{a}$，$\overrightarrow{AD}=\boldsymbol{b}$．试用$\boldsymbol{a}$和$\boldsymbol{b}$表示向量$\overrightarrow{MA}$、$\overrightarrow{MB}$、$\overrightarrow{MC}$和$\overrightarrow{MD}$，$M$是平行四边形对角线的交点．

解： 由于平行四边形的对角线互相平分，因此$\boldsymbol{a}+\boldsymbol{b}=\overrightarrow{AC}=2\overrightarrow{AM}$，即$-(\boldsymbol{a}+\boldsymbol{b})=2\overrightarrow{MA}$，$\overrightarrow{MA}=-\frac{1}{2}(\boldsymbol{a}+\boldsymbol{b})$．

因为$\overrightarrow{MC}=-\overrightarrow{MA}$，所以$\overrightarrow{MC}=\frac{1}{2}(\boldsymbol{a}+\boldsymbol{b})$．

又因为$-\boldsymbol{a}+\boldsymbol{b}=\overrightarrow{BD}=2\overrightarrow{MD}$，所以$\overrightarrow{MD}=\frac{1}{2}(\boldsymbol{b}-\boldsymbol{a})$．

因为$\overrightarrow{MB}=-\overrightarrow{MD}$，所以$\overrightarrow{MB}=\frac{1}{2}(\boldsymbol{a}-\boldsymbol{b})$．

前面已经讲过，模为 1 的向量叫作单位向量．设$\boldsymbol{e}_{\mathrm{a}}$表示与非零向量$\boldsymbol{a}$同方向的单位向量，按照向量与数的乘积的规定，由于$|\boldsymbol{a}|>0$，因此$|\boldsymbol{a}|\boldsymbol{e}_{\mathrm{a}}$与$\boldsymbol{e}_{\mathrm{a}}$的方向相同，即$|\boldsymbol{a}|\boldsymbol{e}_{\mathrm{a}}$与$\boldsymbol{a}$的方向相同．又因为$|\boldsymbol{a}|\boldsymbol{e}_{\mathrm{a}}$的模为

$$|\boldsymbol{a}||\boldsymbol{e}_{\mathrm{a}}|=|\boldsymbol{a}|\cdot1=|\boldsymbol{a}|$$

即$|\boldsymbol{a}|\boldsymbol{e}_{\mathrm{a}}$与$\boldsymbol{a}$的方向也相同，因此$\boldsymbol{a}=|\boldsymbol{a}|\boldsymbol{e}_{\mathrm{a}}$．

规定当$\lambda\neq0$时，$\frac{\boldsymbol{a}}{\lambda}=\frac{1}{\lambda}\boldsymbol{a}$．由此，上式又可写成

$$\frac{\boldsymbol{a}}{|\boldsymbol{a}|}=\boldsymbol{e}_{\mathrm{a}}$$

这表示一个非零向量除以它的模的结果是一个与原向量同方向的单位向量．

由于向量$\lambda\boldsymbol{a}$与$\boldsymbol{a}$平行，因此常用向量与数的乘积来说明两个向量的平行的关系．

定理 6-1 设向量$\boldsymbol{a}\neq\boldsymbol{0}$，则向量$\boldsymbol{b}$平行于$\boldsymbol{a}$的充分必要条件是存在唯一的实数$\lambda$，使得$\boldsymbol{b}=\lambda\boldsymbol{a}$．

6.1.3　空间直角坐标系

平面中的点 M 和有序数对 (x,y) 存在一一对应的关系．同样，在右手空间直角坐标系（以下简称空间直角坐标系）中，空间中的点 M 也和有序数对 (x,y,z) 存在一一对应关系．

在空间取定一点 O 和三个互相垂直的单位向量 $\boldsymbol{i},\boldsymbol{j},\boldsymbol{k}$，就确定了三条以 O 为原点的互相垂直的数轴，依次记为 x 轴（横轴）、y 轴（纵轴）、z 轴（竖轴），统称为坐标轴．它们构成一个空间直角坐标系，称为 $Oxyz$ 坐标系．通常 x 轴和 y 轴在水平面上，而 z 轴则是铅垂线；它们的正向通常符合右手规则，即以右手握住 z 轴，当右手的四个手指从正向 x 轴以 $\frac{\pi}{2}$ 角度转向正向 y 轴时，大拇指所指的方向就是 z 轴的正向，如图 6-9（a）所示．

三条坐标轴中的任意两条可以确定一个平面，这样确定的三个平面统称为坐标面，x 轴及 y 轴所确定的坐标面叫作 xOy 面，另外两个由 y 轴及 z 轴和由 x 轴及 z 轴所确定的坐标面分别叫作 yOz 面和 zOx 面，三个坐标面把空间分成八个部分，每一部分叫作一个卦限．其中，在 xOy 面上方、yOz 面前方、zOx 面右方的卦限叫作第一卦限，第二、第三、第四卦限也都在 xOy 面的上方，沿第一卦限按逆时针方向确定．第五至第八卦限在 xOy 面下方，沿第一卦限之下的第五卦限，按逆时针方向确定，这八个卦限分别用字母Ⅰ、Ⅱ、Ⅲ、Ⅳ、Ⅴ、Ⅵ、Ⅶ、Ⅷ表示，如图 6-9（b）所示．

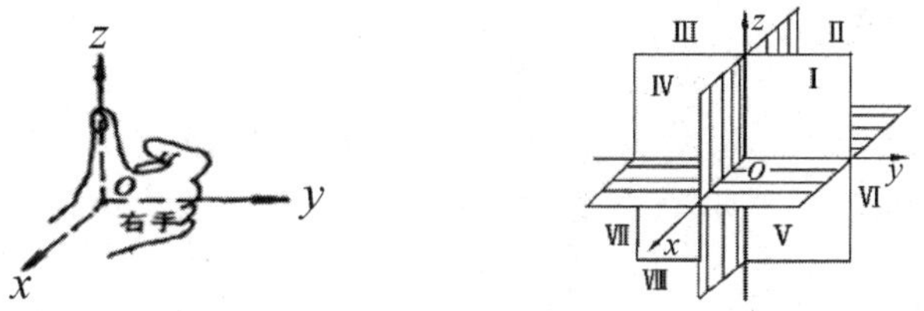

（a）　　　　（b）

图 6-9

设向量 $\boldsymbol{r}=(x,y,z)$，做 $\overrightarrow{OM}=\boldsymbol{r}$，如图 6-10 所示，则

$\boldsymbol{r}=\overrightarrow{OM}=\overrightarrow{OP}+\overrightarrow{OQ}+\overrightarrow{OR}=x\boldsymbol{i}+y\boldsymbol{i}+z\boldsymbol{k}$．

上式称为向量 $\boldsymbol{r}$ 的坐标分解式，$x\boldsymbol{i}$、$y\boldsymbol{j}$、$z\boldsymbol{k}$ 称为向量 $\boldsymbol{r}$ 沿三个坐标轴方向的分向量．

空间坐标系中点的坐标如下．

xOy 平面上点的坐标：$(x,y,0)$；xOz 平面上点的坐标：$(x,0,z)$；yOz 平面上点的坐标：$(0,y,z)$；x 轴上点的坐标：$(x,0,0)$；y 轴上点的坐标：$(0,y,0)$；z 轴上点的坐标：$(0,0,z)$．

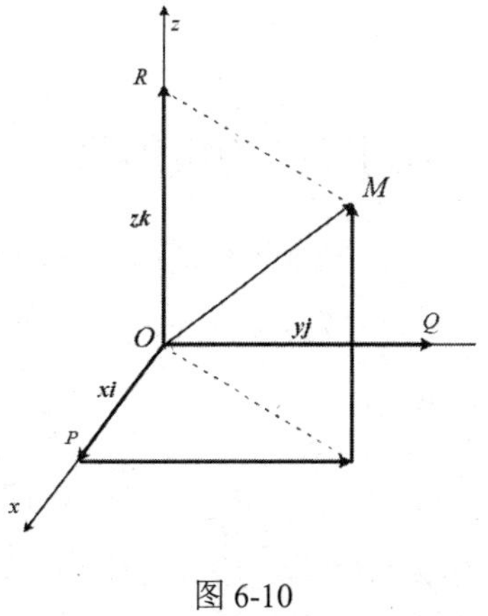

图 6-10

6.1.4　利用坐标作向量的线性运算

利用向量的坐标，可得向量的加法、减法及向量与数的乘法的运算．

设 $\boldsymbol{a}=(x_1,y_1,z_1)$，$\boldsymbol{b}=(x_2,y_2,z_2)$，即 $\boldsymbol{a}=x_1\boldsymbol{i}+y_1\boldsymbol{j}+z_1\boldsymbol{k}$，$\boldsymbol{b}=x_2\boldsymbol{i}+y_2\boldsymbol{j}+z_2\boldsymbol{k}$，利用向量加法的交换律与结合律及向量与数的乘法的结合律与分配律，有

$$\boldsymbol{a}+\boldsymbol{b}=(x_1+x_2)\boldsymbol{i}+(y_1+y_2)\boldsymbol{j}+(z_1+z_2)\boldsymbol{k}$$
$$\boldsymbol{a}-\boldsymbol{b}=(x_1-x_2)\boldsymbol{i}+(y_1-y_2)\boldsymbol{j}+(z_1-z_2)\boldsymbol{k}$$
$$\lambda\boldsymbol{a}=(\lambda x_1)\boldsymbol{i}+(\lambda y_1)\boldsymbol{j}+(\lambda z_1)\boldsymbol{k}\quad（\lambda\text{ 为实数}）$$

即

$$\boldsymbol{a}+\boldsymbol{b}=(x_1+x_2,y_1+y_2,z_1+z_2)$$
$$\boldsymbol{a}-\boldsymbol{b}=(x_1-x_2,y_1-y_2,z_1-z_2)$$
$$\lambda\boldsymbol{a}=(\lambda x_1,\lambda y_1,\lambda z_1)$$

由此可见，对向量进行加、减及与数相乘，只需要对向量的各个坐标分别进行相应的数量运算就行了.

由定理 6-1 可知，当向量 $\boldsymbol{a}\neq\boldsymbol{0}$ 时，向量 $\boldsymbol{b}//\boldsymbol{a}$ 相当于 $\boldsymbol{b}=\lambda\boldsymbol{a}$，坐标表达式为 $(x_2,y_2,z_2)=\lambda(x_1,y_1,z_1)$，这也就相当于向量 $\boldsymbol{b}$ 与 $\boldsymbol{a}$ 对应的坐标成比例，即

$$\frac{x_2}{x_1}=\frac{y_2}{y_1}=\frac{z_2}{z_1}$$

［例 6-2］求解以向量为元的线性方程组

$$\begin{cases}5\boldsymbol{x}-3\boldsymbol{y}=\boldsymbol{a}\\3\boldsymbol{x}-2\boldsymbol{y}=\boldsymbol{b}\end{cases}$$

其中 $\boldsymbol{a}=(2,1,2)$，$\boldsymbol{b}=(-1,1,-2)$.

解：同解以实数为元的线性方程组一样，可解得 $\boldsymbol{x}=2\boldsymbol{a}-3\boldsymbol{b}$，$\boldsymbol{y}=3\boldsymbol{a}-5\boldsymbol{b}$.

将 $\boldsymbol{a},\boldsymbol{b}$ 的坐标代入，即得

$$\boldsymbol{x}=2(2,1,2)-3(-1,1,-2)=(7,-1,10)$$
$$\boldsymbol{y}=3(2,1,2)-5(-1,1,-2)=(11,-2,16)$$

6.1.5 向量的模、方向角、投影

1．向量的模与两点间的距离公式

设向量 $\boldsymbol{r}=(x,y,z)$，做 $\overrightarrow{OM}=\boldsymbol{r}$，如图 6-10 所示，则 $\boldsymbol{r}=\overrightarrow{OM}=\overrightarrow{OP}+\overrightarrow{OQ}+\overrightarrow{OR}$，根据勾股定理可得

$$|\boldsymbol{r}|=|\overrightarrow{OM}|=\sqrt{|\overrightarrow{OP}|^2+|\overrightarrow{OQ}|^2+|\overrightarrow{OR}|^2}$$

由于 $\overrightarrow{OP}=x\boldsymbol{i}$，$\overrightarrow{OQ}=y\boldsymbol{j}$，$\overrightarrow{OR}=z\boldsymbol{k}$，因此有

$$|\overrightarrow{OP}|=|x|,\quad|\overrightarrow{OQ}|=|y|,\quad|\overrightarrow{OR}|=|z|$$

向量模的坐标表示式为

$$|\boldsymbol{r}|=\sqrt{x^2+y^2+z^2}$$

设有点 $A(x_1,y_1,z_1)$ 和 $B(x_2,y_2,z_2)$，则点 A 和点 B 间的距离 $|AB|$ 就是向量 $\overrightarrow{AB}$ 的模.

$$\overrightarrow{AB}=\overrightarrow{OB}-\overrightarrow{OA}=(x_2,y_2,z_2)-(x_1,y_1,z_1)=(x_2-x_1,y_2-y_1,z_2-z_1)$$

即得 A、B 两点间的距离为

$$|\overrightarrow{AB}|=\sqrt{(x_2-x_1)^2+(y_2-y_1)^2+(z_2-z_1)^2}$$

［例 6-3］求证以 $A(4,3,1)$、$B(7,1,2)$、$C(5,2,3)$ 三个点为顶点的三角形是等腰三角形.

解：因为

$$|\overrightarrow{AB}|^2=(7-4)^2+(1-3)^2+(2-1)^2=14$$

$$|\overrightarrow{BC}|^2=(5-7)^2+(2-1)^2+(3-2)^2=6$$

$$|\overrightarrow{CA}|^2=(4-5)^2+(3-2)^2+(1-3)^2=6$$

所以 $|\overrightarrow{BC}|=|\overrightarrow{CA}|$，即 $\triangle ABC$ 为等腰三角形.

［例 6-4］求平行于向量 $\boldsymbol{a}=(6,7,-6)$ 的单位向量.

解：向量 $\boldsymbol{a}$ 的单位向量为 $\dfrac{\boldsymbol{a}}{|\boldsymbol{a}|}$，故平行于向量 $\boldsymbol{a}$ 的单位向量为

$$\pm\frac{\boldsymbol{a}}{|\boldsymbol{a}|}=\pm\frac{1}{11}(6,7,-6)=\pm\left(\frac{6}{11},\frac{7}{11},\frac{-6}{11}\right)$$

其中 $|\boldsymbol{a}|=\sqrt{6^2+7^2+(-6)^2}=11$.

2．向量的方向角、方向余弦

非零向量 $\boldsymbol{r}$ 与三条坐标轴的夹角 α、β、γ 称为向量 $\boldsymbol{r}$ 的**方向角**．在图 6-11 中，设 $\overrightarrow{OM}=\boldsymbol{r}=(x,y,z)$，由于 x 是有向线段 $\overrightarrow{OP}$ 的模，$MP\perp OP$，故 $\cos\alpha=\dfrac{x}{|\overrightarrow{OM}|}=\dfrac{x}{|\boldsymbol{r}|}$，类似地，有 $\cos\beta=\dfrac{y}{|\boldsymbol{r}|}$, $\cos\gamma=\dfrac{z}{|\boldsymbol{r}|}$．故有

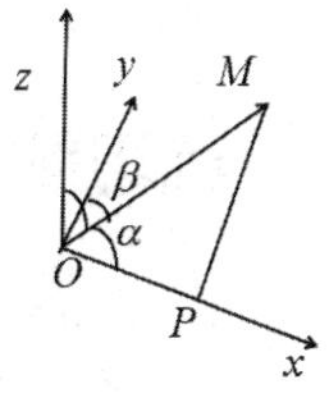

图 6-11

$$(\cos\alpha,\cos\beta,\cos\gamma)=\left(\frac{x}{|\boldsymbol{r}|},\frac{y}{|\boldsymbol{r}|},\frac{z}{|\boldsymbol{r}|}\right)=\frac{1}{|\boldsymbol{r}|}(x,y,z)=\frac{\boldsymbol{r}}{|\boldsymbol{r}|}=\boldsymbol{e}_r\ .$$

$\cos\alpha,\cos\beta,\cos\gamma$ 称为向量 $\boldsymbol{r}$ 的**方向余弦**．上式表明，以向量 $\boldsymbol{r}$ 的方向余弦为坐标的向量就是与 $\boldsymbol{r}$ 同方向的单位向量 $\boldsymbol{e}_r$．并由此可得 $\cos^2\alpha+\cos^2\beta+\cos^2\gamma=1$.

［例 6-5］已知两点 $A(2,2,\sqrt{2})$ 和 $B(1,3,0)$，计算向量 $\overrightarrow{AB}$ 的模、方向余弦和方向角.

解：

$$\overrightarrow{AB}=(1-2,3-2,0-\sqrt{2})=(-1,1,-\sqrt{2})$$

$$|\overrightarrow{AB}|=\sqrt{(-1)^2+1^2+(-\sqrt{2})^2}=\sqrt{1+1+2}=\sqrt{4}=2$$

$$\cos\alpha=-\frac{1}{2},\ \cos\beta=\frac{1}{2},\ \cos\gamma=-\frac{\sqrt{2}}{2}$$

$$\alpha=\frac{2\pi}{3},\ \beta=\frac{\pi}{3},\ \gamma=\frac{3\pi}{4}$$

3．向量在坐标轴上的投影

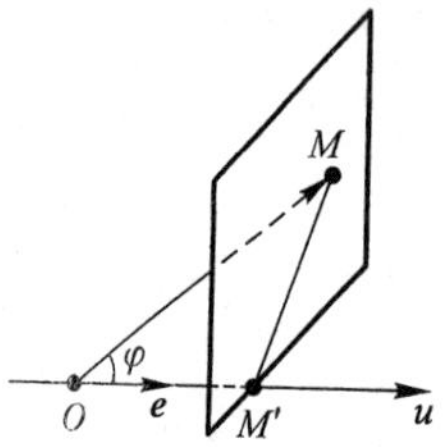

图 6-12

设点 O 及单位向量 $\boldsymbol{e}$ 确定 u 轴．对于向量 $\boldsymbol{r}$，做 $\overrightarrow{OM}=\boldsymbol{r}$，再过点 M 做与 u 轴垂直的平面交 u 轴于点 M'（点 M' 叫作点 M 在 u 轴上的投影），则向量 $\overrightarrow{OM'}$ 称为向量 $\boldsymbol{r}$ 在 u 轴上的分量，如图 6-12 所示．设 $\overrightarrow{OM'}=\lambda\boldsymbol{e}$，则数 λ 称为向量 $\boldsymbol{r}$ 在 u 轴上的**投影**，记作 $\mathrm{prj}_u\boldsymbol{r}$ 或 $\boldsymbol{r}_u$．

按此定义，向量 $\boldsymbol{r}=(x,y,z)$ 在直角坐标系 $Oxyz$ 中的坐标的值 x,y,z 就是 $\boldsymbol{r}$ 在三条坐标轴上的投影，即 $x=\mathrm{prj}_x\boldsymbol{r}$，$y=\mathrm{prj}_y\boldsymbol{r}$，$z=\mathrm{prj}_z\boldsymbol{r}$．

［例 6-6］设 $\boldsymbol{m}=3\boldsymbol{i}+5\boldsymbol{j}+8\boldsymbol{k}$，$\boldsymbol{n}=2\boldsymbol{i}-4\boldsymbol{j}-7\boldsymbol{k}$ 和 $\boldsymbol{p}=5\boldsymbol{i}+\boldsymbol{j}-4\boldsymbol{k}$．求向量 $\boldsymbol{a}=4\boldsymbol{m}+3\boldsymbol{n}-\boldsymbol{p}$ 在 x 轴上的投影．

解：

$$\begin{aligned}\boldsymbol{a}=4\boldsymbol{m}+3\boldsymbol{n}-\boldsymbol{p}&=4(3\boldsymbol{i}+5\boldsymbol{j}+8\boldsymbol{k})+3(2\boldsymbol{i}-4\boldsymbol{j}-7\boldsymbol{k})-(5\boldsymbol{i}+\boldsymbol{j}-4\boldsymbol{k})\\&=13\boldsymbol{i}+7\boldsymbol{j}+15\boldsymbol{k}\end{aligned}$$

$\boldsymbol{a}$ 在 x 轴上的投影为 13．

［例 6-7］求向量 $\boldsymbol{a}=(4,-3,4)$ 在向量 $\boldsymbol{b}=(2,2,1)$ 上的投影．

解：

$$\mathrm{prj}_{\boldsymbol{b}}\boldsymbol{a}=\frac{\boldsymbol{a}\cdot\boldsymbol{b}}{|\boldsymbol{b}|}=\frac{(4,-3,4)\cdot(2,2,1)}{\sqrt{2^2+2^2+1^2}}=\frac{6}{3}=2$$

思考题 6.1

投影是一个数值还是一个向量？

练习题 6.1

1．设 $\boldsymbol{u}=\boldsymbol{a}-\boldsymbol{b}+2\boldsymbol{c}$，$\boldsymbol{v}=-\boldsymbol{a}+3\boldsymbol{b}-\boldsymbol{c}$．试用 $\boldsymbol{a}$、$\boldsymbol{b}$、$\boldsymbol{c}$ 表示 $2\boldsymbol{u}-3\boldsymbol{v}$．

2．求平行于向量 $\boldsymbol{a}=(6,7,-6)$ 的单位向量．

6.2 数量积与向量积

【引例】 恒力所做的功．

设一物体在恒力 $\boldsymbol{F}$ 的作用下沿直线从点 M_1 移动到点 M_2，用 $\boldsymbol{s}$ 表示位移 $\overrightarrow{M_1M_2}$．根据物理学相关知识，力 $\boldsymbol{F}$ 所做的功为

$$W = |\boldsymbol{F}||\boldsymbol{s}|\cos\theta$$

其中θ为$\boldsymbol{F}$与$\boldsymbol{s}$的夹角，如图 6-13 所示.

6.2.1 两向量的数量积

从引例的问题可以看出，有时需要对两个向量$\boldsymbol{a}$和$\boldsymbol{b}$做这样的运算：运算的结果是一个数，它等于$|\boldsymbol{a}|$、$|\boldsymbol{b}|$及它们的夹角θ的余弦的乘积.

定义 6-1　两个向量$\boldsymbol{a}$与$\boldsymbol{b}$的模及其夹角余弦的乘积，称为向量$\boldsymbol{a}$与$\boldsymbol{b}$的**数量积或点积**，记作$\boldsymbol{a}\cdot\boldsymbol{b}$，如图 6-14 所示，即$\boldsymbol{a}\cdot\boldsymbol{b} = |\boldsymbol{a}||\boldsymbol{b}|\cos\theta$.

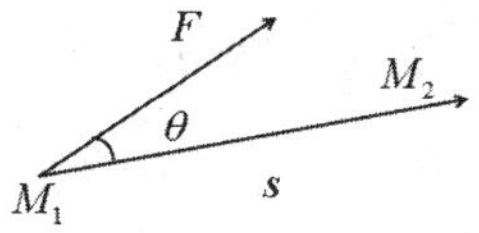

图 6-13

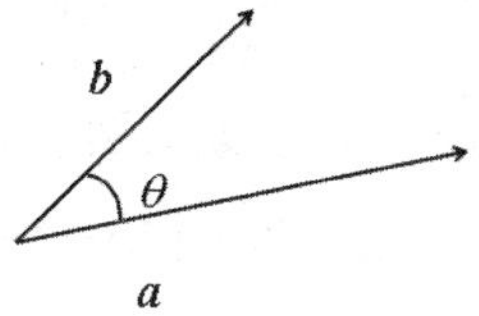

图 6-14

根据这个定义，上述问题中力所做的功W是力$\boldsymbol{F}$与位移$\boldsymbol{s}$的数量积，即

$$W = \boldsymbol{F}\cdot\boldsymbol{s}$$

由于$|\boldsymbol{b}|\cos\theta = |\boldsymbol{b}|\cos(\boldsymbol{a}\wedge\boldsymbol{b})$，是$\boldsymbol{a}\neq\boldsymbol{0}$时向量$\boldsymbol{b}$在向量$\boldsymbol{a}$的方向上的投影，用$\mathrm{prj}_a\boldsymbol{b}$来表示这个投影，便有$\boldsymbol{a}\cdot\boldsymbol{b} = |\boldsymbol{a}|\,\mathrm{prj}_a\boldsymbol{b}$.

同理，当$\boldsymbol{b}\neq\boldsymbol{0}$时有$\boldsymbol{a}\cdot\boldsymbol{b} = |\boldsymbol{b}|\,\mathrm{prj}_b\boldsymbol{a}$.

这就是说，两个向量的数量积等于其中一个向量的模和另一个向量在这个向量的方向上的投影的乘积.

由数量积的定义可以推得：

（1）$\boldsymbol{a}\cdot\boldsymbol{a} = |\boldsymbol{a}|^2$，即当夹角$\theta = 0$时，$\boldsymbol{a}\cdot\boldsymbol{a} = |\boldsymbol{a}|^2\cos 0 = |\boldsymbol{a}|^2$.

（2）对于两个非零向量$\boldsymbol{a}$、$\boldsymbol{b}$，如果$\boldsymbol{a}\cdot\boldsymbol{b} = 0$，那么$\boldsymbol{a}\perp\boldsymbol{b}$；反之如果$\boldsymbol{a}\perp\boldsymbol{b}$，那么$\boldsymbol{a}\cdot\boldsymbol{b} = 0$.

这是因为如果$\boldsymbol{a}\cdot\boldsymbol{b} = 0$，而$|\boldsymbol{b}|\neq\boldsymbol{0}$，$|\boldsymbol{a}|\neq\boldsymbol{0}$，所以$\cos\theta = 0$，从而$\theta = \dfrac{\pi}{2}$，即$\boldsymbol{a}\perp\boldsymbol{b}$；反之，如果$\boldsymbol{a}\perp\boldsymbol{b}$，那么$\theta = \dfrac{\pi}{2}$，$\cos\theta = 0$，于是$\boldsymbol{a}\cdot\boldsymbol{b} = |\boldsymbol{a}||\boldsymbol{b}|\cos\theta = 0$.

由于可以认为零向量与任何向量都垂直，因此上述结论可叙述为向量$\boldsymbol{a}\perp\boldsymbol{b}$的充分必要条件是$\boldsymbol{a}\cdot\boldsymbol{b} = 0$.

数量积符合下列运算规律.

（1）交换律：$\boldsymbol{a}\cdot\boldsymbol{b} = \boldsymbol{b}\cdot\boldsymbol{a}$.

证明：根据定义有

$$\boldsymbol{a}\cdot\boldsymbol{b} = |\boldsymbol{a}||\boldsymbol{b}|\cos(\boldsymbol{a}\wedge\boldsymbol{b}),\quad \boldsymbol{b}\cdot\boldsymbol{a} = |\boldsymbol{b}||\boldsymbol{a}|\cos(\boldsymbol{b}\wedge\boldsymbol{a})$$

而$|\boldsymbol{a}||\boldsymbol{b}| = |\boldsymbol{b}||\boldsymbol{a}|$且$\cos(\boldsymbol{a}\wedge\boldsymbol{b}) = \cos(\boldsymbol{b}\wedge\boldsymbol{a})$，所以$\boldsymbol{a}\cdot\boldsymbol{b} = \boldsymbol{b}\cdot\boldsymbol{a}$.

（2）分配律：$(\boldsymbol{a}+\boldsymbol{b})\cdot\boldsymbol{c}=\boldsymbol{a}\cdot\boldsymbol{c}+\boldsymbol{b}\cdot\boldsymbol{c}$.

证明：当$\boldsymbol{c}=\boldsymbol{0}$时，上式显然成立；当$\boldsymbol{c}\neq\boldsymbol{0}$时，有$(\boldsymbol{a}+\boldsymbol{b})\cdot\boldsymbol{c}=|\boldsymbol{c}|\operatorname{prj}_c(\boldsymbol{a}+\boldsymbol{b})$，根据投影性质，可得

$$\operatorname{prj}_c(\boldsymbol{a}+\boldsymbol{b})=\operatorname{prj}_c\boldsymbol{a}+\operatorname{prj}_c\boldsymbol{b}$$

所以有

$$(\boldsymbol{a}+\boldsymbol{b})\cdot\boldsymbol{c}=|\boldsymbol{c}|\operatorname{prj}_c(\boldsymbol{a}+\boldsymbol{b})=|\boldsymbol{c}|\operatorname{prj}_c\boldsymbol{a}+|\boldsymbol{c}|\operatorname{prj}_c\boldsymbol{b}=\boldsymbol{a}\cdot\boldsymbol{c}+\boldsymbol{b}\cdot\boldsymbol{c}$$

（3）数量积还符合以下结合律：

$$(\lambda\boldsymbol{a})\cdot\boldsymbol{b}=\lambda(\boldsymbol{a}\cdot\boldsymbol{b}),\ \lambda\text{为实数}$$

证明：当$\boldsymbol{b}=\boldsymbol{0}$时，上式显然成立；当$\boldsymbol{b}\neq\boldsymbol{0}$时，根据投影性质，可得

$$(\lambda\boldsymbol{a})\cdot\boldsymbol{b}=|\boldsymbol{b}|\operatorname{prj}_b(\lambda\boldsymbol{a})=|\boldsymbol{b}|\lambda\operatorname{prj}_b\boldsymbol{a}=\lambda|\boldsymbol{b}|\operatorname{prj}_b\boldsymbol{a}=\lambda(\boldsymbol{a}\cdot\boldsymbol{b})$$

由上述结合律，利用交换律，容易推得

$$(\lambda\boldsymbol{a})\cdot\boldsymbol{b}=\lambda(\boldsymbol{a}\cdot\boldsymbol{b}),\quad(\lambda\boldsymbol{a})\cdot(\mu\boldsymbol{b})=\lambda\mu(\boldsymbol{a}\cdot\boldsymbol{b})$$

这是因为

$$\boldsymbol{a}\cdot(\lambda\boldsymbol{b})=(\lambda\boldsymbol{b})\cdot\boldsymbol{a}=\lambda(\boldsymbol{a}\cdot\boldsymbol{b})=\lambda(\boldsymbol{b}\cdot\boldsymbol{a})$$
$$(\lambda\boldsymbol{a})\cdot(\mu\boldsymbol{b})=\lambda[\boldsymbol{a}\cdot(\mu\boldsymbol{b})]=\lambda[\mu(\boldsymbol{a}\cdot\boldsymbol{b})]=\lambda\mu(\boldsymbol{a}\cdot\boldsymbol{b})$$

下面来推导数量积的坐标表示式.

设$\boldsymbol{a}=x_1\boldsymbol{i}+y_1\boldsymbol{j}+z_1\boldsymbol{k}$，$\boldsymbol{b}=x_2\boldsymbol{i}+y_2\boldsymbol{j}+z_2\boldsymbol{k}$. 按数量积的运算规律可得

$$\begin{aligned}\boldsymbol{a}\cdot\boldsymbol{b}&=(x_1\boldsymbol{i}+y_1\boldsymbol{j}+z_1\boldsymbol{k})\cdot(x_2\boldsymbol{i}+y_2\boldsymbol{j}+z_2\boldsymbol{k})\\&=x_1\boldsymbol{i}\cdot(x_2\boldsymbol{i}+y_2\boldsymbol{j}+z_2\boldsymbol{k})+y_1\boldsymbol{j}\cdot(x_2\boldsymbol{i}+y_2\boldsymbol{j}+z_2\boldsymbol{k})+z_1\boldsymbol{k}\cdot(x_2\boldsymbol{i}+y_2\boldsymbol{j}+z_2\boldsymbol{k})\\&=x_1x_2\boldsymbol{i}\cdot\boldsymbol{i}+x_1y_2\boldsymbol{i}\cdot\boldsymbol{j}+x_1z_2\boldsymbol{i}\cdot\boldsymbol{k}+y_1x_2\boldsymbol{j}\cdot\boldsymbol{i}+y_1y_2\boldsymbol{j}\cdot\boldsymbol{j}+y_1z_2\boldsymbol{j}\cdot\boldsymbol{k}+z_1x_2\boldsymbol{k}\cdot\boldsymbol{i}+z_1y_2\boldsymbol{k}\cdot\boldsymbol{j}+z_1z_2\boldsymbol{k}\cdot\boldsymbol{k}\end{aligned}$$

因为$\boldsymbol{i}$、$\boldsymbol{j}$、$\boldsymbol{k}$互相垂直，所以$\boldsymbol{i}\cdot\boldsymbol{j}=\boldsymbol{j}\cdot\boldsymbol{k}=\boldsymbol{k}\cdot\boldsymbol{i}=0$，$\boldsymbol{j}\cdot\boldsymbol{i}=\boldsymbol{k}\cdot\boldsymbol{j}=\boldsymbol{i}\cdot\boldsymbol{k}=0$. 又因为$\boldsymbol{i}$、$\boldsymbol{j}$、$\boldsymbol{k}$的模均为1，所以$\boldsymbol{i}\cdot\boldsymbol{i}=\boldsymbol{j}\cdot\boldsymbol{j}=\boldsymbol{k}\cdot\boldsymbol{k}=1$. 因而得

$$\boldsymbol{a}\cdot\boldsymbol{b}=x_1x_2+y_1y_2+z_1z_2$$

这就是两个向量的数量积的坐标表示式.

因为$\boldsymbol{a}\cdot\boldsymbol{b}=|\boldsymbol{a}||\boldsymbol{b}|\cos\theta$，所以当$\boldsymbol{a}$和$\boldsymbol{b}$都不是零向量时，有

$$\cos\theta=\frac{\boldsymbol{a}\cdot\boldsymbol{b}}{|\boldsymbol{a}||\boldsymbol{b}|}$$

将数量积的坐标表示式及向量的模的坐标表示式代入上式，可得

$$\cos\theta=\frac{\boldsymbol{a}\cdot\boldsymbol{b}}{|\boldsymbol{a}||\boldsymbol{b}|}=\frac{x_1x_2+y_1y_2+z_1z_2}{\sqrt{x_1^2+y_1^2+z_1^2}\sqrt{x_2^2+y_2^2+z_2^2}}$$

这就是两个向量的夹角余弦的坐标表示式.

[例 6-8] 已知三点 $A(1,1,1)$、$B(2,2,1)$ 和 $C(2,1,2)$，求 $\angle BAC$．

解：做向量 $\overrightarrow{AB}$ 及 $\overrightarrow{AC}$，$\angle BAC$ 就是向量 $\overrightarrow{AB}$ 及 $\overrightarrow{AC}$ 的夹角．$\overrightarrow{AB}=(1,1,0)$，$\overrightarrow{AC}=(1,0,1)$，从而有

$$\overrightarrow{AB}\cdot\overrightarrow{AC}=1\times1+1\times0+0\times1=1$$

$$|\overrightarrow{AB}|=\sqrt{1^2+1^2+0^2}=\sqrt{2},\quad |\overrightarrow{AC}|=\sqrt{1^2+0^2+1^2}=\sqrt{2}$$

代入两个向量夹角余弦的表达式，得

$$\cos\angle BAC=\frac{\overrightarrow{AB}\cdot\overrightarrow{AC}}{|\overrightarrow{AB}||\overrightarrow{AC}|}=\frac{1}{\sqrt{2}\cdot\sqrt{2}}=\frac{1}{2}$$

由此得 $\angle BAC=\dfrac{\pi}{3}$．

6.2.2　两向量的向量积

在研究物体转动问题时，不但要考虑该物体所受的力，还要分析这些力所产生的力矩．下面就举一个简单的例子来说明表达力矩的方法．

设 O 为一根杠杆 L 的支点．有一个力 $\boldsymbol{F}$ 作用于这根杠杆上的 P 处．$\boldsymbol{F}$ 与 $\overrightarrow{OP}$ 的夹角为 θ，如图 6-15 所示．根据力学相关知识，力 $\boldsymbol{F}$ 对支点 O 的力矩是一个向量 $\boldsymbol{M}$，它的模为

$$|\boldsymbol{M}|=|OQ||\boldsymbol{F}|=|\overrightarrow{OP}||\boldsymbol{F}|\sin\theta$$

而 $\boldsymbol{M}$ 的方向垂直于 $\overrightarrow{OP}$ 与 $\boldsymbol{F}$ 所决定的平面，$\boldsymbol{M}$ 的指向是按右手定则从 $\overrightarrow{OP}$ 以不超过 π 的角转向 $\boldsymbol{F}$ 来确定的，即当右手的四个手指从 $\overrightarrow{OP}$ 以不超过 π 的角转向 $\boldsymbol{F}$ 握拳时，大拇指的指向就是 $\boldsymbol{M}$ 的指向，如图 6-16 所示．

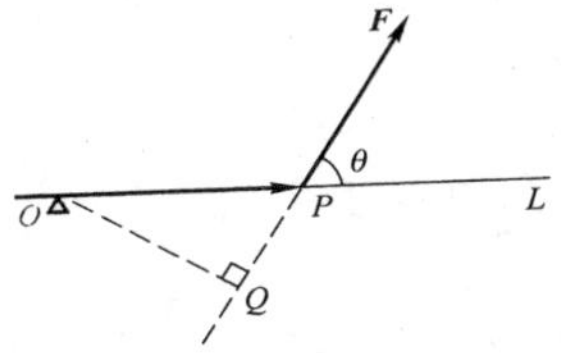

图 6-15

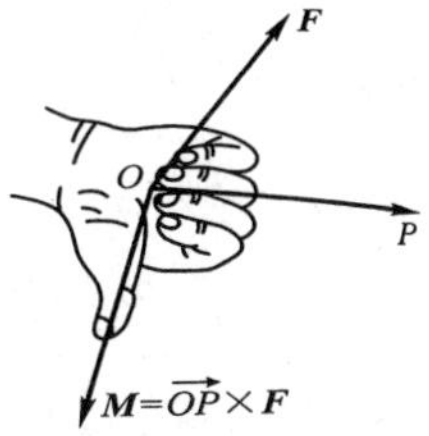

图 6-16

这种由两个已知向量按上面的规则来确定另一个向量的情况，在其他力学和物理问题中也会遇到，于是从中抽象出两个向量的向量积的概念．

定义 6-2　设向量 $\boldsymbol{c}$ 由两个向量 $\boldsymbol{a}$ 和 $\boldsymbol{b}$ 按下列方式定出：$\boldsymbol{c}$ 的模 $|\boldsymbol{c}|=|\boldsymbol{a}||\boldsymbol{b}|\sin\theta$，其中 θ 为 $\boldsymbol{a}$、$\boldsymbol{b}$ 间的夹角；$\boldsymbol{c}$ 的方向垂直于 $\boldsymbol{a}$ 和 $\boldsymbol{b}$ 所决定的平面（$\boldsymbol{c}$ 既垂直于 $\boldsymbol{a}$，又垂直于 $\boldsymbol{b}$），向量 $\boldsymbol{c}$ 的指向按右手定则从 $\boldsymbol{a}$ 转向 $\boldsymbol{b}$ 来确定，如图 6-16 所示，向量 $\boldsymbol{c}$ 叫作向量 $\boldsymbol{a}$ 和 $\boldsymbol{b}$ 的向**量积**，记作 $\boldsymbol{a}\times\boldsymbol{b}$，即

$$c = a \times b$$

按此定义，上面的力矩 $\boldsymbol{M}$ 等于 $\overrightarrow{OP}$ 与 $\boldsymbol{F}$ 的向量积，即 $\boldsymbol{M} = \overrightarrow{OP} \times \boldsymbol{F}$.

由向量积的定义可以推得：

（1） $\boldsymbol{a} \times \boldsymbol{a} = \boldsymbol{0}$ ，即当夹角 $\theta = 0$ 时，$|\boldsymbol{a} \times \boldsymbol{a}| = |\boldsymbol{a}|^2 \sin 0 = 0$.

（2）对于两个非零向量 $\boldsymbol{a}$ 、$\boldsymbol{b}$ ，如果 $\boldsymbol{a} \times \boldsymbol{b} = \boldsymbol{0}$ ，那么 $\boldsymbol{a} // \boldsymbol{b}$ ；反之，如果 $\boldsymbol{a} // \boldsymbol{b}$ ，那么 $\boldsymbol{a} \times \boldsymbol{b} = \boldsymbol{0}$.

这是因为如果 $\boldsymbol{a} \times \boldsymbol{b} = \boldsymbol{0}$ ，而 $|\boldsymbol{a}| \neq 0, \ |\boldsymbol{b}| \neq 0$ ，那么必有 $\sin\theta = 0$ ，即 $\theta = 0$ 或 π ，即 $\boldsymbol{a} // \boldsymbol{b}$ ；反之，如果 $\boldsymbol{a} // \boldsymbol{b}$ ，那么 $\theta = 0$ 或 π ，$\sin\theta = 0$ ，从而 $|\boldsymbol{a} \times \boldsymbol{b}| = 0$ ，即 $\boldsymbol{a} \times \boldsymbol{b} = \boldsymbol{0}$.

向量积符合下列运算规律.

（1） $\boldsymbol{b} \times \boldsymbol{a} = -\boldsymbol{a} \times \boldsymbol{b}$.

（2）分配律：$(\boldsymbol{a} + \boldsymbol{b}) \times \boldsymbol{c} = \boldsymbol{a} \times \boldsymbol{c} + \boldsymbol{b} \times \boldsymbol{c}$.

（3）向量积还符合以下结合律：

$$(\lambda \boldsymbol{a}) \times \boldsymbol{b} = \lambda(\boldsymbol{a} \times \boldsymbol{b}),\ \lambda \text{ 为实数}$$

这里不再证明这两个规律.

下面来推导向量积的坐标表示式.

设 $\boldsymbol{a} = x_1\boldsymbol{i} + y_1\boldsymbol{j} + z_1\boldsymbol{k}$，$\boldsymbol{b} = x_2\boldsymbol{i} + y_2\boldsymbol{j} + z_2\boldsymbol{k}$. 那么，按上述运算规律，得

$$\begin{aligned}
\boldsymbol{a} \times \boldsymbol{b} &= (x_1\boldsymbol{i} + y_1\boldsymbol{j} + z_1\boldsymbol{k}) \times (x_2\boldsymbol{i} + y_2\boldsymbol{j} + z_2\boldsymbol{k}) \\
&= x_1\boldsymbol{i} \times (x_2\boldsymbol{i} + y_2\boldsymbol{j} + z_2\boldsymbol{k}) + y_1\boldsymbol{j} \times (x_2\boldsymbol{i} + y_2\boldsymbol{j} + z_2\boldsymbol{k}) + z_1\boldsymbol{k} \times (x_2\boldsymbol{i} + y_2\boldsymbol{j} + z_2\boldsymbol{k}) \\
&= x_1x_2(\boldsymbol{i} \times \boldsymbol{i}) + x_1y_2(\boldsymbol{i} \times \boldsymbol{j}) + x_1z_2(\boldsymbol{i} \times \boldsymbol{k}) + y_1x_2(\boldsymbol{j} \times \boldsymbol{i}) + y_1y_2(\boldsymbol{j} \times \boldsymbol{j}) + y_1z_2(\boldsymbol{j} \times \boldsymbol{k}) + z_1x_2(\boldsymbol{k} \times \boldsymbol{i}) \\
&\quad + z_1y_2(\boldsymbol{k} \times \boldsymbol{j}) + z_1z_2(\boldsymbol{k} \times \boldsymbol{k})
\end{aligned}$$

因为

$$\boldsymbol{i} \times \boldsymbol{i} = \boldsymbol{j} \times \boldsymbol{j} = \boldsymbol{k} \times \boldsymbol{k} = \boldsymbol{0},\ \boldsymbol{i} \times \boldsymbol{j} = \boldsymbol{k},\ \boldsymbol{j} \times \boldsymbol{k} = \boldsymbol{i},\ \boldsymbol{k} \times \boldsymbol{i} = \boldsymbol{j},\ \boldsymbol{j} \times \boldsymbol{i} = -\boldsymbol{k}\text{、}\boldsymbol{k} \times \boldsymbol{j} = -\boldsymbol{i},\ \boldsymbol{i} \times \boldsymbol{k} = -\boldsymbol{j}$$

所以

$$\boldsymbol{a} \times \boldsymbol{b} = (y_1z_2 - z_1y_2)\boldsymbol{i} + (z_1x_2 - x_1z_2)\boldsymbol{j} + (x_1y_2 - y_1x_2)\boldsymbol{k}$$

为了帮助记忆，利用三阶行列式，上式可写成

$$\boldsymbol{a} \times \boldsymbol{b} = \begin{vmatrix} \boldsymbol{i} & \boldsymbol{j} & \boldsymbol{k} \\ x_1 & y_1 & z_1 \\ x_2 & y_2 & z_2 \end{vmatrix}$$

［例 6-9］设 $\boldsymbol{a} = (2,1,-1)$ ，$\boldsymbol{b} = (1,-1,2)$ ，计算 $\boldsymbol{a} \times \boldsymbol{b}$.

解：

$$\boldsymbol{a} \times \boldsymbol{b} = \begin{vmatrix} \boldsymbol{i} & \boldsymbol{j} & \boldsymbol{k} \\ 2 & 1 & -1 \\ 1 & -1 & 2 \end{vmatrix} = \boldsymbol{i} - 5\boldsymbol{j} - 3\boldsymbol{k}$$

［例 6-10］已知三角形 ABC 的顶点分别为是 $A(1,2,3)$、$B(3,4,5)$ 和 $C(2,4,7)$ ，求三角形 ABC 的面积.

解：根据向量积的定义，可知三角形 ABC 的面积为

$$S_{\triangle ABC}=\frac{1}{2}|\overrightarrow{AB}||\overrightarrow{AC}|\sin\angle A=\frac{1}{2}|\overrightarrow{AB}\times\overrightarrow{AC}|$$

由于 $\overrightarrow{AB}=(2,2,2)$，$\overrightarrow{AC}=(1,2,4)$，因此有

$$\overrightarrow{AB}\times\overrightarrow{AC}=\begin{vmatrix}\boldsymbol{i} & \boldsymbol{j} & \boldsymbol{k}\\ 2 & 2 & 2\\ 1 & 2 & 4\end{vmatrix}=4\boldsymbol{i}-6\boldsymbol{j}+2\boldsymbol{k}$$

于是 $S_{\triangle ABC}=\frac{1}{2}|4\boldsymbol{i}-6\boldsymbol{j}+2\boldsymbol{k}|=\frac{1}{2}\sqrt{4^2+(-6)^2+2^2}=\sqrt{14}$.

思考题 6.2

1．数量积是一个数还是一个向量？
2．向量积是一个数还是一个向量？

练习题 6.2

1．设 $\boldsymbol{a}=3\boldsymbol{i}-\boldsymbol{j}-2\boldsymbol{k}$，$\boldsymbol{b}=\boldsymbol{i}+2\boldsymbol{j}-\boldsymbol{k}$，求以下内容.
（1）$\boldsymbol{a}\cdot\boldsymbol{b}$ 及 $\boldsymbol{a}\times\boldsymbol{b}$　（2）$(-2\boldsymbol{a})\cdot 3\boldsymbol{b}$ 及 $\boldsymbol{a}\times 2\boldsymbol{b}$　（3）$\boldsymbol{a}$、$\boldsymbol{b}$ 的夹角的余弦
2．求向量 $\boldsymbol{a}=(4,-3,4)$ 在向量 $\boldsymbol{b}=(2,2,1)$ 上的投影.

6.3　平面及其方程

【引例】求到两个定点 $A(1,2,3)$ 和 $B(2,-1,4)$ 的等距离的点的轨迹方程.

解：设轨迹上的动点为 $M(x,y,z)$，则 $|AM|=|BM|$，即有

$$\sqrt{(x-1)^2+(y-2)^2+(z-3)^2}=\sqrt{(x-2)^2+(y+1)^2+(z-4)^2}$$

化简得 $2x-6y-2z-7=0$.

说明：动点轨迹为线段 AB 的垂直平分面. 显然在此平面上的点的坐标都满足此方程，不在此平面上的点的坐标都不满足此方程.

6.3.1　曲面方程与空间曲线方程的概念

因为平面与空间直线分别是曲面与空间曲线的特例，所以在讨论平面与空间直线之前，先引入有关曲面方程与空间曲线方程的概念.

和在平面解析几何中把平面曲线当作动点的轨迹一样，在空间解析几何中，任何曲面或曲线都看作点的几何轨迹，在这样的条件下，如果曲面 S（见图 6-17）与三元方程

$$F(x,y,z)=0 \tag{6-1}$$

有以下关系：

（1）曲面 S 上任意点的坐标都满足方程（6-1）.

（2）不在曲面 S 上的点的坐标都不满足方程（6-1）.

那么，方程（6-1）就叫作曲面 S 的方程，而曲面 S 就叫作方程（6-1）的图形.

空间曲线可以看作两个曲面 S_1、S_2 的交线．设

$$F(x,y,z)=0\text{，}\quad G(x,y,z)=0$$

分别是这两个曲面的方程，它们的交线为 C，如图 6-18 所示．曲线 C 上的任意点的坐标应同时满足这两个曲面的方程，即应满足方程组

$$\begin{cases} F(x,y,z)=0 \\ G(x,y,z)=0 \end{cases} \tag{6-2}$$

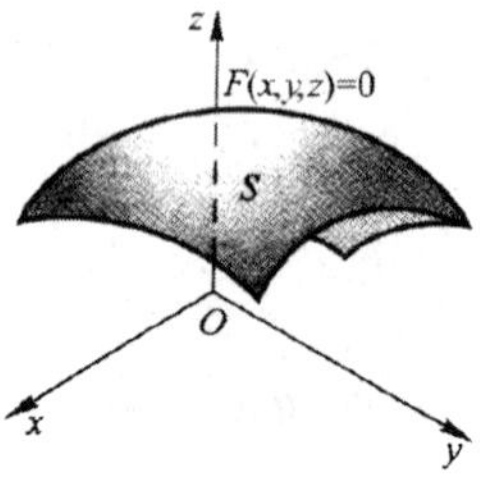

图 6-17

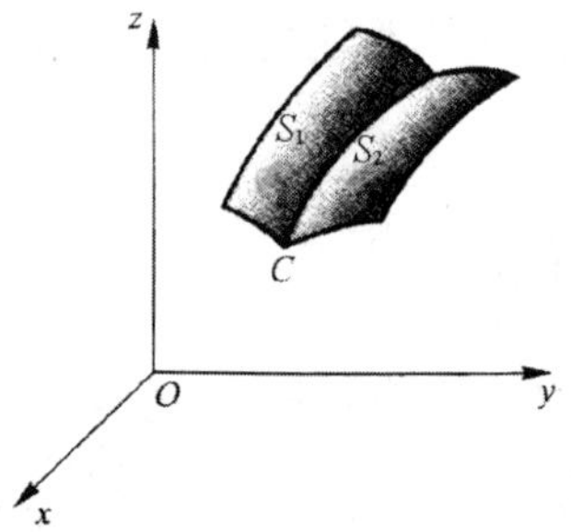

图 6-18

反过来，如果点 M 不在曲线 C 上，那么它不可能同时在两个曲面上，所以它的坐标不满足方程组（6-2）．因此，曲线 C 可以用方程组（6-2）来表示．方程组（6-2）就叫作空间曲线 C 的方程，而曲线 C 就叫作方程组（6-2）的图形.

本节和下一节将以向量为工具，在空间直角坐标系中讨论最简单的曲面和曲线——平面和直线.

6.3.2　平面的点法式方程

如果一个非零向量垂直于一个平面，这个向量就叫作该**平面的法线向量**（简称法向量）．平面上的任意一个向量均与该平面的法向量垂直.

因为过空间一点可以且只能做一个平面垂直于一条已知直线，所以当平面 Π 上的点 $M_0(x_0,y_0,z_0)$ 和它的一个法线向量 $\boldsymbol{n}=(A,B,C)$ 为已知时，平面 Π 的位置就可以完全确定．下面来建立平面 Π 的方程.

设 $M(x,y,z)$ 是平面 Π 上的任意一点，如图 6-19 所示，则向量 $\overrightarrow{M_0M}$ 必与平面 Π 的法线向量 $\boldsymbol{n}$ 垂直，即它们的数量积等于 0，有

$$\boldsymbol{n}\cdot\overrightarrow{M_0M}=0$$

因为 $\boldsymbol{n}=(A,B,C)$，$\overrightarrow{M_0M}=(x-x_0,y-y_0,z-z_0)$，所以有

$$A(x-x_0)+B(y-y_0)+C(z-z_0)=0 \tag{6-3}$$

这就是平面 Π 上任意一点 M 的坐标所满足的方程.

反过来，如果 $M(x,y,z)$ 不在平面 Π 上，那么向量 $\overrightarrow{M_0M}$ 与法线向量 $\boldsymbol{n}$ 不垂直，从而 $\boldsymbol{n}\cdot\overrightarrow{M_0M}\neq 0$，即不在平面 Π 上的点 M 的坐标不满足方程（6-3）.

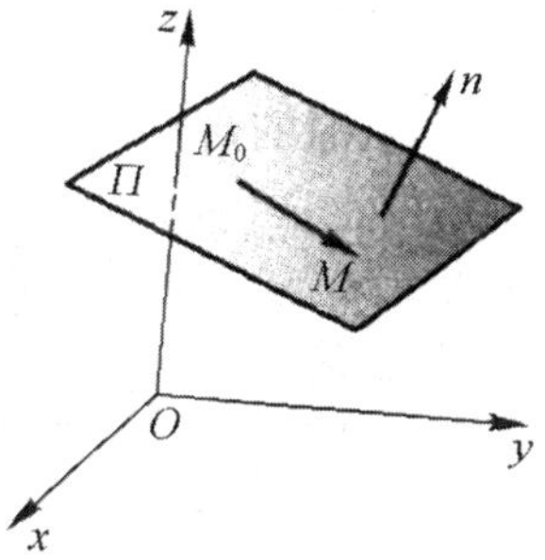

图 6-19

由此可知，平面 Π 上的任意一点坐标都满足方程（6-3）；不在平面 Π 上的点的坐标都不满足方程(6-3). 这样，方程(6-3)就是平面 Π 的方程，而平面 Π 就是方程（6-3）的图形. 因为方程(6-3)是由平面 Π 上的点 $M_0(x_0,y_0,z_0)$ 及它的一个法线向量 $\boldsymbol{n}=(A,B,C)$ 确定的，所以方程（6-3）叫作**平面的点法式方程**.

[例 6-11] 求过点 $(2,-3,0)$ 且以 $\boldsymbol{n}=(1,-2,3)$ 为法向量的平面的方程.

解：根据平面的点法式方程（6-3），得所求平面的方程为

$$(x-2)-2(y+3)+3z=0$$

即 $x-2y+3z-8=0$.

[例 6-12] 求过点 $M_1(2,-1,4)$、$M_2(-1,3,-2)$ 和 $M_3(0,2,3)$ 的平面方程.

解：先找出该平面的法向量 $\boldsymbol{n}$. 因为法向量 $\boldsymbol{n}$ 与向量 $\overrightarrow{M_1M_2}$ 和 $\overrightarrow{M_1M_3}$ 都垂直，而 $\overrightarrow{M_1M_2}=(-3,4,-6)$，$\overrightarrow{M_1M_3}=(-2,3,-1)$，所以可取它们的向量积为 $\boldsymbol{n}$，即

$$\boldsymbol{n}=\overrightarrow{M_1M_2}\times\overrightarrow{M_1M_3}=\begin{vmatrix}\boldsymbol{i}&\boldsymbol{j}&\boldsymbol{k}\\-3&4&-6\\-2&3&-1\end{vmatrix}=14\boldsymbol{i}+9\boldsymbol{j}-\boldsymbol{k}$$

根据平面的点法式方程（6-3），得所求平面的方程为

$$14(x-2)+9(y+1)-(z-4)=0$$

即 $14x+9y-z-15=0$.

6.3.3 平面的一般方程

因为平面的点法式方程（6-3）是 x、y 和 z 的一次方程，而任意一个平面都可以用它上面的一点，即它的法线向量来确定，所以任意一个平面都可以用三元一次方程来表示.

反过来，设有三元一次方程

$$Ax + By + Cz + D = 0 \tag{6-4}$$

任取满足该方程的一组数 x_0, y_0, z_0，即

$$Ax_0 + By_0 + Cz_0 + D = 0 \tag{6-5}$$

把上述两等式相减，得

$$A(x - x_0) + B(y - y_0) + C(z - z_0) = 0 \tag{6-6}$$

把它和平面的点法式方程（6-3）进行比较，可以知道方程（6-6）是通过点 $M_0(x_0, y_0, z_0)$ 且以 $\boldsymbol{n} = (A, B, C)$ 为法线向量的平面方程．但方程（6-4）与方程（6-6）同解，这是因为由方程（6-4）减去方程（6-5）即得方程（6-6），由方程（6-6）加上方程（6-5）就得方程（6-4）．由此可知，任意一个三元一次方程（6-4）的图形都是一个平面．方程（6-4）称为**平面的一般方程**，其中 x、y 和 z 的系数就是该平面的一个法线向量 $\boldsymbol{n}$ 的坐标，即 $\boldsymbol{n} = (A, B, C)$．

例如，方程 $3x - 4y + z - 9 = 0$ 表示一个平面，$\boldsymbol{n} = (3, -4, 1)$ 是该平面的一个法线向量．

对于一些特殊的三元一次方程，应该熟悉它们的图形的特点．

当 $D = 0$ 时，方程（6-4）为 $Ax + By + Cz = 0$，它表示一个通过原点的平面．

当 $A = 0$ 时，方程（6-4）为 $By + Cz + D = 0$，法线向量 $\boldsymbol{n} = (0, B, C)$ 垂直于 x 轴，该方程表示一个平行（或包含）于 x 轴的平面．

同样，方程 $Ax + Cz + D = 0$ 和 $Ax + By + D = 0$ 分别表示一个平行（或包含）于 y 轴和 z 轴的平面．

当 $A = B = 0$ 时，方程（6-4）为 $Cz + D = 0$ 或 $z = -\dfrac{D}{C}$，法线向量 $\boldsymbol{n} = (0, 0, C)$ 同时垂直于 x 轴和 y 轴，方程表示一个平行（或重合）于 xOy 面的平面．

同样，方程 $Ax + D = 0$ 和 $By + D = 0$ 分别表示一个平行（或重合）于 yOz 面和 xOz 面的平面．

［例 6-13］求通过 x 轴和点 $(4, -3, -1)$ 的平面的方程．

解：由于平面通过 x 轴，因此它的法线向量垂直于 x 轴，则法线向量在 x 轴上的投影为 0，即 $A = 0$；又因为平面通过 x 轴，所以它必通过原点，则 $D = 0$．因此可设该平面的方程为

$$By + Cz = 0$$

又因为该平面通过点 $(4, -3, -1)$，所以有

$$-3B - C = 0 \text{ 或 } C = -3B$$

以此代入所设方程并约去 B（$B \neq 0$），便得所求的平面方程为

$$y - 3z = 0$$

6.3.4 两平面的夹角

定义 6-3 两个平面的法线向量的夹角（通常指锐角或直角）称为**两个平面的夹角**．

设平面 Π_1 和 Π_2 的法线向量依次为 $\boldsymbol{n}_1=(A_1,B_1,C_1)$ 和 $\boldsymbol{n}_2=(A_2,B_2,C_2)$，对应的方程为平面 Π_1：$A_1x+B_1y+C_1z+D_1=0$，平面 Π_2：$A_2x+B_2y+C_2z+D_2=0$，则平面 Π_1 和 Π_2 的夹角 θ（见图 6-20）应该是 $(\boldsymbol{n}_1\wedge\boldsymbol{n}_2)$ 和 $(-\boldsymbol{n}_1\wedge\boldsymbol{n}_2)=\pi-(\boldsymbol{n}_1\wedge\boldsymbol{n}_2)$ 两者中的锐角或直角，因此，由

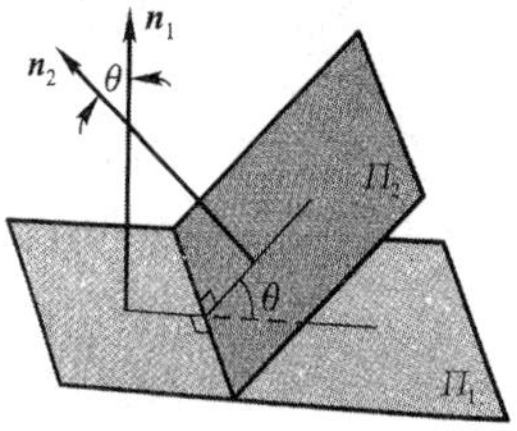

图 6-20

$$\cos\theta=\frac{|A_1A_2+B_1B_2+C_1C_2|}{\sqrt{A_1^2+B_1^2+C_1^2}\sqrt{A_2^2+B_2^2+C_2^2}} \tag{6-7}$$

来确定.

从两个向量垂直、平行的充分必要条件推得下列结论：

$$\text{平面}\ \Pi_1\ \text{和}\ \Pi_2\ \text{垂直} \Leftrightarrow \boldsymbol{n}_1\perp\boldsymbol{n}_2 \Leftrightarrow A_1A_2+B_1B_2+C_1C_2=0$$

$$\text{平面}\ \Pi_1\ \text{和}\ \Pi_2\ \text{平行} \Leftrightarrow n_1//n_2 \Leftrightarrow \frac{A_1}{A_2}=\frac{B_1}{B_2}=\frac{C_1}{C_2}$$

$$\text{平面}\ \Pi_1\ \text{和}\ \Pi_2\ \text{重合} \Leftrightarrow \frac{A_1}{A_2}=\frac{B_1}{B_2}=\frac{C_1}{C_2}=\frac{D_1}{D_2}$$

[例 6-14] 求两平面 $x-y+2z-6=0$ 和 $2x+y+z-5=0$ 的夹角.

解：由式（6-7）得

$$\cos\theta=\frac{|1\times2+(-1)\times1+2\times1|}{\sqrt{1^2+(-1)^2+2^2}\sqrt{2^2+1^2+1^2}}=\frac{1}{2}$$

因此，所求夹角 $\theta=\dfrac{\pi}{3}$.

[例 6-15] 一个平面通过两点 $M_1(1,1,1)$ 和 $M_2(0,1,-1)$ 且垂直于平面 $x+y+z=0$，求它的方程.

解：设所求平面的一个法线向量为 $\boldsymbol{n}=(A,B,C)$. 因为 $\overrightarrow{M_1M_2}=(-1,0,-2)$ 在所求平面上，它必与 $\boldsymbol{n}$ 垂直，所以有

$$-A-2C=0 \tag{6-8}$$

又因为所求的平面垂直于已知平面 $x+y+z=0$，所以有

$$A+B+C=0 \tag{6-9}$$

由式（6-8）、式（6-9）得到 $A=-2C$，$B=C$.

由平面的点法式方程可知，所求平面方程为 $A(x-1)+B(y-1)+C(z-1)=0$.

将 $A=-2C$，$B=C$ 代入上式，并约去 C（$C\neq0$），得

$$-2(x-1)+(y-1)+(z-1)=0$$

即

$$2x-y-z=0$$

这就是所求的平面方程.

6.3.5 点到平面的距离

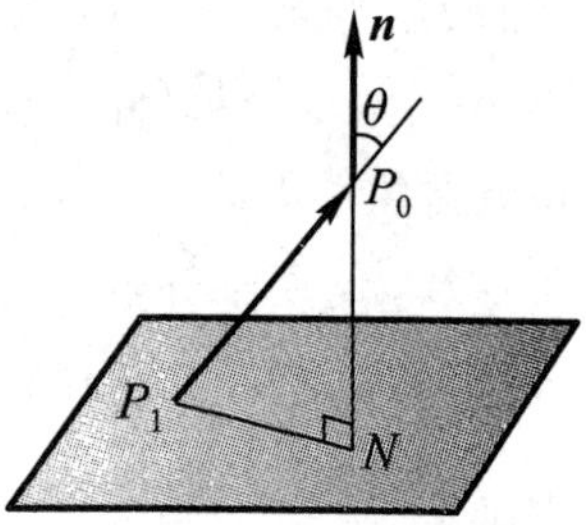

图 6-21

设 $P_0(x_0,y_0,z_0)$ 是平面 $Ax+By+Cz+D=0$ 外的一点，如图 6-21 所示，P_0 到该平面的距离为

$$P_0N=\frac{|Ax_0+By_0+Cz_0+D|}{\sqrt{A^2+B^2+C^2}}$$

证明： 在平面上任取 $P_1(x_1,y_1,z_1)$，并做一个法线向量 $\boldsymbol{n}$，考虑到 $\overrightarrow{P_1P_0}$ 与 $\boldsymbol{n}$ 的夹角 θ 也可能是钝角，得所求的距离为

$$d=|\overrightarrow{P_1P_0}||\cos\theta|=\frac{|\overrightarrow{P_1P_0}\cdot\boldsymbol{n}|}{|\boldsymbol{n}|}$$

而 $\boldsymbol{n}=(A,B,C)$，$\overrightarrow{P_1P_0}=(x_0-x_1,y_0-y_1,z_0-z_1)$，得

$$\begin{aligned}\frac{\overrightarrow{P_1P_0}\cdot\boldsymbol{n}}{|\boldsymbol{n}|}&=\frac{A(x_0-x_1)+B(y_0-y_1)+C(z_0-z_1)}{\sqrt{A^2+B^2+C^2}}\\&=\frac{Ax_0+By_0+Cz_0-(Ax_1+By_1+Cz_1)}{\sqrt{A^2+B^2+C^2}}\end{aligned}$$

因为 $Ax_1+By_1+Cz_1+D=0$，所以有

$$\frac{\overrightarrow{P_1P_0}\cdot\boldsymbol{n}}{|\boldsymbol{n}|}=\frac{Ax_0+By_0+Cz_0+D}{\sqrt{A^2+B^2+C^2}}$$

故 P_0 到该平面的距离为 $d=\dfrac{|Ax_0+By_0+Cz_0+D|}{\sqrt{A^2+B^2+C^2}}$.

思考题 6.3

平面的一般式方程可以写成点法式方程吗？

练习题 6.3

1．求过点 $(3,0,-1)$ 且与平面 $3x-7y+5z-12=0$ 平行的平面方程.
2．求过点 $M_1(1,1,-1)$、$M_2(-2,-2,2)$ 和 $M_3(1,-1,2)$ 的平面方程.

6.4 空间直线及其方程

【引例】已知两个平面的方程分别为 Π_1：$x+y+z+1=0$，Π_2：$2x-y+3z+4=0$，求这两个平面的交线的方程.

此问题就是一个已知两个平面方程，求交线（直线）的方程的问题．也就是本节所要讲的空间直线的一般方程的问题．

6.4.1　空间直线的一般方程

空间直线 L 可以看作两个平面 Π_1 和 Π_2 的交线，如图 6-22 所示．如果两个相交的平面 Π_1 和 Π_2 的方程分别为 Π_1：$A_1x+B_1y+C_1z+D_1=0$ 和 Π_2：$A_2x+B_2y+C_2z+D_2=0$，那么直线 L 上的任意一点的坐标应同时满足这两个平面的方程，即应满足方程组

$$\begin{cases} A_1x+B_1y+C_1z+D_1=0 \\ A_2x+B_2y+C_2z+D_2=0 \end{cases} \tag{6-10}$$

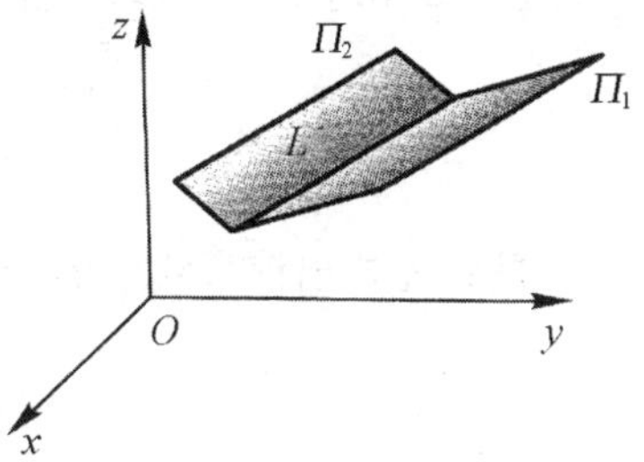

图 6-22

反过来，如果 M 不在直线 L 上，那么它不可能同时在平面 Π_1 和 Π_2 上，所以它的坐标不满足方程组（6-10）．因此，直线 L 可以用方程组（6-10）来表示．方程组（6-10）叫作**空间直线的一般方程**．

通过直线 L 的平面有无限多个，只要在这无限多个平面中任意选取两个，把它们的方程联立起来，所得的方程组就可以表示空间直线 L．

6.4.2　空间直线的点向式方程与参数方程

如果一个非零向量平行于一条已知直线，那么这个向量就叫作这条直线的**方向向量**．

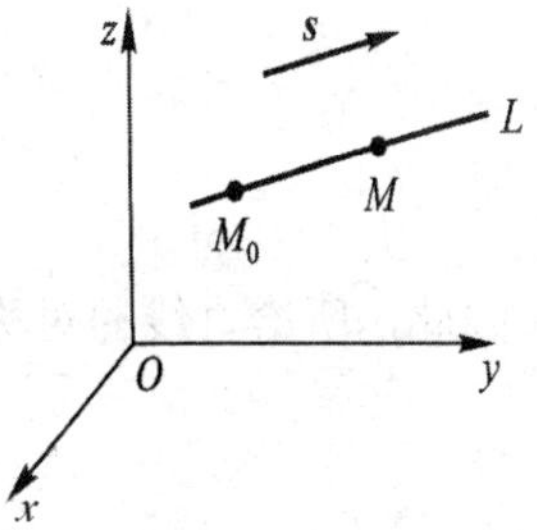

图 6-23

由于过空间一点可以且只能做一条直线平行于一条已知直线，因此当已知直线 L 上一个点 $M_0(x_0,y_0,z_0)$ 和它的一个方向向量 $\boldsymbol{s}=(m,n,p)$ 时，直线 L 的位置就完全确定了．下面来建立该直线的方程．

设点 $M(x,y,z)$ 是直线 L 上的任意一点，则向量 $\overrightarrow{M_0M}$ 与 L 的方向向量 $\boldsymbol{s}$ 平行，如图 6-23 所示．

两向量的对应坐标成比例，由于 $\overrightarrow{M_0M}=(x-x_0,y-y_0,z-z_0)$，$\boldsymbol{s}=(m,n,p)$，因此有

$$\frac{x-x_0}{m}=\frac{y-y_0}{n}=\frac{z-z_0}{p} \tag{6-11}$$

反过来，如果点 M 不在直线 L 上，那么由于 $\overrightarrow{M_0M}$ 与 $\boldsymbol{s}$ 不平行，这两个向量的对应坐标就不成比例．因此方程组（6-11）就是**直线 L 的方程**，叫作直线的**对称式方程或点向式方程**．

直线的任意一个方向向量 $\boldsymbol{s}$ 的坐标 m、n 和 p 叫作该直线的一组方向数，而向量 $\boldsymbol{s}$ 的方向余弦叫作该直线的方向余弦．例如，设

$$\frac{x-x_0}{m}=\frac{y-y_0}{n}=\frac{z-z_0}{p}=t$$

则有

$$\begin{cases}x=x_0+mt\\y=y_0+nt\\z=z_0+pt\end{cases} \tag{6-12}$$

方程组（6-12）就是**直线的参数方程**.

[例 6-16] 用对称式方程及参数方程表示直线

$$\begin{cases}x+y+z+1=0\\2x-y+3z+4=0\end{cases} \tag{6-13}$$

解：先找出该直线上的一点(x_0,y_0,z_0)．例如，可以取$x_0=1$，代入方程组（6-13），得

$$\begin{cases}y+z=-2\\y-3z=6\end{cases}$$

解这个二元一次方程组，得$y_0=0,z_0=-2$，即$(1,0,-2)$是该直线上的一点.

下面再找出该直线的方向向量$\boldsymbol{s}$．因为两个平面的交线与这两个平面的法线向量$\boldsymbol{n}_1=(1,1,1)$，$\boldsymbol{n}_2=(2,-1,3)$都垂直，所以可取

$$\boldsymbol{s}=\boldsymbol{n}_1\times\boldsymbol{n}_2=\begin{vmatrix}\boldsymbol{i}&\boldsymbol{j}&\boldsymbol{k}\\1&1&1\\2&-1&3\end{vmatrix}=4\boldsymbol{i}-\boldsymbol{j}-3\boldsymbol{k}$$

因此，所给直线的对称式方程为

$$\frac{x-1}{4}=\frac{y}{-1}=\frac{z+2}{-3}$$

令$\dfrac{x-1}{4}=\dfrac{y}{-1}=\dfrac{z+2}{-3}=t$，得所给直线的参数方程为

$$\begin{cases}x=1+4t\\y=-t\\z=-2-3t\end{cases}$$

6.4.3 两直线的夹角

两直线的方向向量的夹角（通常指锐角或直角）称为**两直线的夹角**．设直线L_1和L_2的方向向量依次为$\boldsymbol{s}_1=(m_1,n_1,p_1)$和$\boldsymbol{s}_2=(m_2,n_2,p_2)$，则直线$L_1$和$L_2$的夹角$\varphi$应是$(\boldsymbol{s}_1\wedge\boldsymbol{s}_2)$和$(-\boldsymbol{s}_1\wedge\boldsymbol{s}_2)=\pi-(\boldsymbol{s}_1\wedge\boldsymbol{s}_2)$两者中的锐角或直角，因此，$\cos\varphi=|\cos(\boldsymbol{s}_1\wedge\boldsymbol{s}_2)|$．根据两个向量夹角的余弦公式，直线$L_1$和$L_2$的夹角$\varphi$可由

$$\cos\varphi = \frac{|m_1m_2 + n_1n_2 + p_1p_2|}{\sqrt{m_1^2 + n_1^2 + p_1^2}\sqrt{m_2^2 + n_2^2 + p_2^2}} \tag{6-14}$$

来确定.

从两个向量垂直、平行的充分必要条件推得下列结论.

两条直线 L_1 和 L_2 互相垂直：$L_1 \perp L_2 \Leftrightarrow \boldsymbol{s}_1 \perp \boldsymbol{s}_2 \Leftrightarrow m_1m_2 + n_1n_2 + p_1p_2 = 0$

两条直线 L_1 和 L_2 互相平行：$L_1 // L_2 \Leftrightarrow \boldsymbol{s}_1 // \boldsymbol{s}_2 \Leftrightarrow \dfrac{m_1}{m_2} = \dfrac{n_1}{n_2} = \dfrac{p_1}{p_2}$

［例 6-17］求直线 L_1：$\dfrac{x-1}{1} = \dfrac{y}{-4} = \dfrac{z+3}{1}$ 和 L_2：$\dfrac{x}{2} = \dfrac{y+2}{-2} = \dfrac{z}{-1}$ 的夹角.

解：直线 L_1 和 L_2 的方向向量依次为 $\boldsymbol{s}_1 = (1,-4,1)$ 和 $\boldsymbol{s}_2 = (2,-2,-1)$，设直线 L_1 和 L_2 的夹角为 φ，则由公式（6-14）有

$$\cos\varphi = \frac{|1\times 2 + (-4)\times(-2) + 1\times(-1)|}{\sqrt{1^2 + (-4)^2 + 1^2}\sqrt{2^2 + (-2)^2 + (-1)^2}} = \frac{1}{\sqrt{2}}$$

所以 $\varphi = \dfrac{\pi}{4}$.

6.4.4　直线与平面的夹角

当直线与平面不垂直时，直线及其在平面上的投影直线的夹角 $\varphi\left(0 \leqslant \varphi < \dfrac{\pi}{2}\right)$ 称为**直线与平面的夹角**，如图 6-24 所示，当直线与平面垂直时，规定直线与平面的夹角为 $\dfrac{\pi}{2}$.

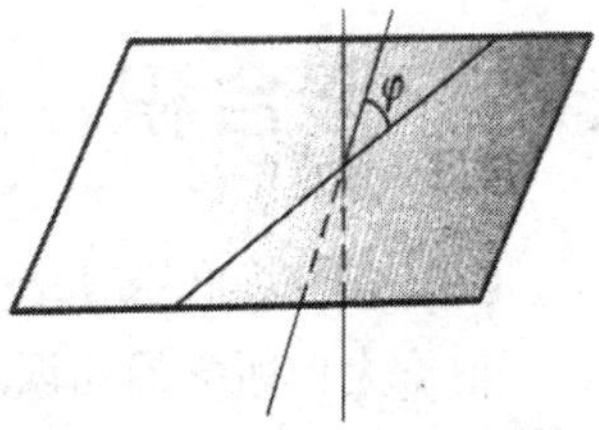

图 6-24

设直线的方向向量为 $\boldsymbol{s} = (m,n,p)$，平面的法线向量为 $\boldsymbol{n} = (A,B,C)$，直线与平面的夹角为 φ，那么 $\varphi = \left|\dfrac{\pi}{2} - (\boldsymbol{s} \wedge \boldsymbol{n})\right|$，因此 $\sin\varphi = |\cos(\boldsymbol{s} \wedge \boldsymbol{n})|$. 根据两个向量夹角的余弦坐标表示式，有

$$\sin\varphi = \frac{|Am + Bn + Cp|}{\sqrt{A^2 + B^2 + C^2}\sqrt{m^2 + n^2 + p^2}} \tag{6-15}$$

直线与平面的位置关系：设直线 L 过定点 $M(x,y,z)$，方向向量为 $\vec{s} = (m,n,p)$，平面 Π 的法向量为 $\vec{n} = (A,B,C)$ 则有

$$L \perp \Pi \Leftrightarrow \vec{s} // \vec{n} \Leftrightarrow \frac{m}{A} = \frac{n}{B} = \frac{p}{C} = \lambda$$

$$L // \Pi \Leftrightarrow \vec{s} \perp \vec{n} \Leftrightarrow mA + nB + pC = 0$$

$$L\text{在}\Pi\text{上}\Leftrightarrow \vec{s}\perp\vec{n}\text{且}M\text{在面}\Pi\text{上}$$

［例 6-18］求过点 $(1,-2,4)$ 且与平面 $2x-3y+z-4=0$ 垂直的直线方程.

解：因为所求直线垂直于已知平面，所以可以取已知平面的法线向量 $(2,-3,1)$ 作为所求直线的方向向量．由此可得所求直线的方程为

$$\frac{x-1}{2}=\frac{y+2}{-3}=\frac{z-4}{1}$$

思考题 6.4

直线方程的类型有几种？分别是什么？

练习题 6.4

1．求过点 $(4,-1,3)$ 且平行于直线 $\frac{x-3}{2}=\frac{y}{1}=\frac{z-1}{5}$ 的直线方程.

2．求过两点 $M_1(3,-2,1)$ 和 $M_2(-1,0,2)$ 的直线方程.

知识拓展

6.5 混合积、点到直线的距离、异面直线间的距离

【引例】以向量 $\boldsymbol{a},\boldsymbol{b},\boldsymbol{c}$ 为棱做平行六面体，其体积为？

根据之前所学的知识，平行六面体的体积等于底面积乘以高，也就是接下来要讲的混合积．$V_{\text{平行六面体}}=|(\boldsymbol{a}\times\boldsymbol{b})\cdot\boldsymbol{c}|=[\boldsymbol{abc}]$

6.5.1 向量的混合积

定义 6-4 设已知三个向量 $\boldsymbol{a}$、$\boldsymbol{b}$ 和 $\boldsymbol{c}$．先做两个向量 $\boldsymbol{a}$ 和 $\boldsymbol{b}$ 的向量积 $\boldsymbol{a}\times\boldsymbol{b}$，把所得到的向量与第三个向量 $\boldsymbol{c}$ 再做数量积 $(\boldsymbol{a}\times\boldsymbol{b})\cdot\boldsymbol{c}$，这样得到的数量叫作三个向量 $\boldsymbol{a}$、$\boldsymbol{b}$ 和 $\boldsymbol{c}$ 的混合积，记作 $[\boldsymbol{abc}]$.

下面来推出三个向量的混合积的坐标表示式.

设 $\boldsymbol{a}=(x_1,y_1,z_1)$，$\boldsymbol{b}=(x_2,y_2,z_2)$，$\boldsymbol{c}=(x_3,y_3,z_3)$，因为

$$\boldsymbol{a}\times\boldsymbol{b}=\begin{vmatrix}\boldsymbol{i} & \boldsymbol{j} & \boldsymbol{k}\\ x_1 & y_1 & z_1\\ x_2 & y_2 & z_2\end{vmatrix}=\begin{vmatrix}y_1 & z_1\\ y_2 & z_2\end{vmatrix}\boldsymbol{i}-\begin{vmatrix}x_1 & z_1\\ x_2 & z_2\end{vmatrix}\boldsymbol{j}+\begin{vmatrix}x_1 & y_1\\ x_2 & y_2\end{vmatrix}\boldsymbol{k}$$

根据两个向量的数量积的坐标表示式，便得

$$[\boldsymbol{abc}]=(\boldsymbol{a}\times\boldsymbol{b})\cdot\boldsymbol{c}=\begin{vmatrix}\boldsymbol{i}&\boldsymbol{j}&\boldsymbol{k}\\x_1&y_1&z_1\\x_2&y_2&z_2\end{vmatrix}=c_x\begin{vmatrix}y_1&z_1\\y_2&z_2\end{vmatrix}-c_y\begin{vmatrix}x_1&z_1\\x_2&z_2\end{vmatrix}+c_z\begin{vmatrix}x_1&y_1\\x_2&y_2\end{vmatrix}$$

$$=\begin{vmatrix}x_1&y_1&z_1\\x_2&y_2&z_2\\x_3&y_3&z_3\end{vmatrix}$$

向量的混合积有以下几何意义.

向量的混合积$[\boldsymbol{abc}]=(\boldsymbol{a}\times\boldsymbol{b})\cdot\boldsymbol{c}$是这样一个数：它的绝对值表示以向量$\boldsymbol{a}$、$\boldsymbol{b}$和$\boldsymbol{c}$为棱的平行六面体的体积．如果向量$\boldsymbol{a}$、$\boldsymbol{b}$和$\boldsymbol{c}$组成右手系（$\boldsymbol{c}$的指向按右手定则从$\boldsymbol{a}$转向$\boldsymbol{b}$来确定），那么混合积的符号是正的；如果$\boldsymbol{a}$、$\boldsymbol{b}$和$\boldsymbol{c}$组成左手系（$\boldsymbol{c}$的指向按左手定则从$\boldsymbol{a}$转向$\boldsymbol{b}$来确定），那么混合积的符号是负的.

设$\overrightarrow{OA}=\boldsymbol{a}$，$\overrightarrow{OB}=\boldsymbol{b}$，$\overrightarrow{OC}=\boldsymbol{c}$．根据向量积的定义，向量积$\boldsymbol{a}\times\boldsymbol{b}=\boldsymbol{f}$是一个向量，它的模在数值上等于以向量$\boldsymbol{a}$、$\boldsymbol{b}$为边所做的平行四边形$OADB$的面积，它的方向垂直于该平行四边形的平面，且当$\boldsymbol{a}$、$\boldsymbol{b}$和$\boldsymbol{c}$组成右手系时，向量$\boldsymbol{f}$与向量$\boldsymbol{c}$朝向该平面的同侧，如图 6-25 所示；当$\boldsymbol{a}$、$\boldsymbol{b}$和$\boldsymbol{c}$组成左手系时，向量$\boldsymbol{f}$与向量$\boldsymbol{c}$朝向该平面的异侧．所以，如果设$\boldsymbol{f}$与$\boldsymbol{c}$的夹角为$\alpha$，那么当$\boldsymbol{a}$、$\boldsymbol{b}$和$\boldsymbol{c}$组成右手系时，$\alpha$为锐角；当$\boldsymbol{a}$、$\boldsymbol{b}$和$\boldsymbol{c}$组成左手系时，$\alpha$为钝角．由于$[\boldsymbol{abc}]=(\boldsymbol{a}\times\boldsymbol{b})\cdot\boldsymbol{c}=|\boldsymbol{a}\times\boldsymbol{b}||\boldsymbol{c}|\cos\alpha$，因此当$\boldsymbol{a}$、$\boldsymbol{b}$和$\boldsymbol{c}$组成右手系时，$[\boldsymbol{abc}]$为正；当$\boldsymbol{a}$、$\boldsymbol{b}$和$\boldsymbol{c}$组成左手系时，$[\boldsymbol{abc}]$为负.

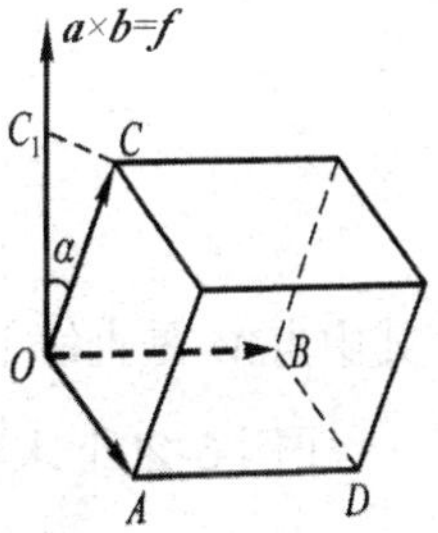

图 6-25

因为以向量$\boldsymbol{a}$、$\boldsymbol{b}$和$\boldsymbol{c}$为棱的平行六面体的底（平行四边形$OADB$）的面积S在数值上等于$|\boldsymbol{a}\times\boldsymbol{b}|$，它的高$h$等于向量$\boldsymbol{c}$在向量$\boldsymbol{f}$上的投影的绝对值，即

$$h=|\mathrm{prj}_f\boldsymbol{c}|=|\boldsymbol{c}||\cos\alpha|$$

所以平行六面体的体积为

$$V=Sh=|\boldsymbol{a}\times\boldsymbol{b}||\boldsymbol{c}||\cos\alpha|=|[\boldsymbol{abc}]|$$

由上述向量的混合积的几何意义可知，若混合积$[\boldsymbol{abc}]\neq 0$，则能以$\boldsymbol{a}$、$\boldsymbol{b}$和$\boldsymbol{c}$三个向量为棱构成平行六面体，从而$\boldsymbol{a}$、$\boldsymbol{b}$和$\boldsymbol{c}$三个向量不共面；反之，若$\boldsymbol{a}$、$\boldsymbol{b}$和$\boldsymbol{c}$三个向量不共面，则必能以$\boldsymbol{a}$、$\boldsymbol{b}$和$\boldsymbol{c}$为棱构成平行六面体，从而$[\boldsymbol{abc}]\neq 0$．于是有以下结论.

三个向量$\boldsymbol{a}$、$\boldsymbol{b}$和$\boldsymbol{c}$共面的充分必要条件是它们的混合积$[\boldsymbol{abc}]=0$，即

$$\begin{vmatrix}x_1&y_1&z_1\\x_2&y_2&z_2\\x_3&y_3&z_3\end{vmatrix}=0$$

［例 6-19］已知$A(1,2,0)$，$B(2,3,1)$，$C(4,2,2)$，$M(x,y,z)$四点共面，求点M的坐标所满足的关系式.

解：A、B、C、M四点共面相当于$\overrightarrow{AM}$、$\overrightarrow{AB}$、$\overrightarrow{AC}$三个向量共面，$\overrightarrow{AM}=(x-1,y-2,z)$，

$\overrightarrow{AB}=(1,1,1)$，$\overrightarrow{AC}=(3,0,2)$．根据三个向量共面的充分必要条件，有

$$\begin{vmatrix} x-1 & y-2 & z \\ 1 & 1 & 1 \\ 3 & 0 & 2 \end{vmatrix}=0$$

即 $2x+y-3z-4=0$．这就是点 M 的坐标所满足的关系式．

6.5.2　点到直线的距离

过已知点做垂直于已知直线的平面 Π，求出直线 L 与平面 Π 的交点 M 坐标，则 $|\overrightarrow{M_0M}|$ 就是点到直线的距离．该距离也可以由以下公式求出．

直线 L 外一点 $M_0(x_0,y_0,z_0)$ 到直线 L：$\dfrac{x-x_1}{m}=\dfrac{y-y_1}{n}=\dfrac{z-z_1}{p}$ 的距离为

$$d=\frac{|\overrightarrow{M_0M}\times \boldsymbol{s}|}{|\boldsymbol{s}|}$$

其中点 M 是直线上的点，向量 $\boldsymbol{s}$ 是直线的方向向量．

［例 6-20］求点 $P(-1,6,3)$ 到直线 L：$\dfrac{x}{1}=\dfrac{y-4}{-3}=\dfrac{z-3}{-2}$ 的距离 d．

解：利用点到直线的距离公式，直线上的点 $M(0,4,3)$，方向向量为 $\boldsymbol{s}=(1,-3,-2)$，则有

$$\overrightarrow{PM}=(1,-2,0)$$

$$\overrightarrow{PM}\times \boldsymbol{s}=\begin{vmatrix} \boldsymbol{i} & \boldsymbol{j} & \boldsymbol{k} \\ 1 & -2 & 0 \\ 1 & -3 & -2 \end{vmatrix}=-4\boldsymbol{i}+2\boldsymbol{j}-\boldsymbol{k}$$

$$d=\frac{|\overrightarrow{PM}\times \boldsymbol{s}|}{|\boldsymbol{s}|}=\frac{\sqrt{6}}{2}$$

6.5.3　两条异面直线的距离

空间中有两条异面直线 L_1：$\dfrac{x-x_1}{m_1}=\dfrac{y-y_1}{n_1}=\dfrac{z-z_1}{p_1}$，$L_2$：$\dfrac{x-x_2}{m_2}=\dfrac{y-y_2}{n_2}=\dfrac{z-z_2}{p_2}$，其中过两条直线上的点分别为 $M_1(x_1,y_1,z_1)$，$M_2(x_2,y_2,z_2)$，方向向量分别为 $\boldsymbol{s}_1=(m_1,n_1,p_1)$，$\boldsymbol{s}_2=(m_2,n_2,p_2)$，则两条直线间的距离为

$$d=\frac{|\overrightarrow{M_1M_2}\cdot(\boldsymbol{s}_1\times \boldsymbol{s}_2)|}{|\boldsymbol{s}_1\times \boldsymbol{s}_2|}$$

［例 6-21］求异面直线 L_1：$\dfrac{x+1}{0}=\dfrac{y-1}{1}=\dfrac{z-2}{3}$ 及 L_2：$\dfrac{x-1}{1}=\dfrac{y}{2}=\dfrac{z+1}{2}$ 之间的距离 d．

解：先求直线 L_1、L_2 公垂线的方向向量 $\boldsymbol{s}$，因为 $\boldsymbol{s}\perp L_1$，$\boldsymbol{s}\perp L_2$，故有

$$\boldsymbol{s}=\boldsymbol{s}_1\times\boldsymbol{s}_2=(4,-3,1)$$

在直线 L_1、L_2 上各取定点 $M_1(-1,1,2)$，$M_2(1,0,-1)$，则

$$d=\frac{|\overrightarrow{M_1M_2}\cdot(\boldsymbol{s}_1\times\boldsymbol{s}_2)|}{|\boldsymbol{s}_1\times\boldsymbol{s}_2|}=\frac{4\sqrt{26}}{13}$$

思考题 6.5

混合积是一个向量还是一个数值？

练习题 6.5

1．设 $\boldsymbol{a}=(-1,3,2)$，$\boldsymbol{b}=(2,-3,-4)$，$\boldsymbol{c}=(-3,12,6)$，证明：向量 $\boldsymbol{a}$、$\boldsymbol{b}$、$\boldsymbol{c}$ 共面，并用 $\boldsymbol{a}$ 和 $\boldsymbol{b}$ 表示 $\boldsymbol{c}$.

2．一条直线过点 $B(1,2,3)$，且与向量 $\boldsymbol{s}(6,6,7)$ 平行，求点 $A(3,2,4)$ 到该直线的距离.

3．求直线 L_1：$\dfrac{x}{2}=\dfrac{y+2}{-2}=\dfrac{z-1}{1}$ 与直线 L_2：$\dfrac{x-1}{4}=\dfrac{y-3}{2}=\dfrac{z+1}{-1}$ 之间的最短距离.

数学实验

6.6　实验——用 MATLAB 求数量积、向量积、夹角

MATLAB 提供了函数 dot 来求解两个向量的数量积，其调用格式为

```
c=dot(a,b)
```

参数说明：a、b 是已知向量，c 是返回的数量积.

输入命令为

```
>> syms x1 y1 z1 x2 y2 z2 real
>> A=[x1,y1,z1];B=[x2,y2,z2];
>> C=dot(A,B)
```

输出结果为

```
C =
    x1*x2 + y1*y2 + z1*z2
```

［例 6-22］已知 $\boldsymbol{a}=(1,2,3)$、$\boldsymbol{b}=(4,5,6)$，求 $\boldsymbol{c}=\boldsymbol{a}\cdot\boldsymbol{b}$.

输入命令为

```
>> a=[1,2,3];b=[4,5,6];
>> c=dot(a,b)
```

输出结果为

```
c =
    32
```

除此之外，MATLAB 还提供了函数 cross 来求解两个向量的向量积，其函数调用格式与 dot 类似，下面通过实例说明它的使用方法.

输入命令为

```
>> syms x1 y1 z1 x2 y2 z2 real
>> A=[x1,y1,z1];B=[x2,y2,z2];
>> C=cross(A,B)
```

输出结果为

```
C =
    [ y1*z2 - y2*z1, x2*z1 - x1*z2, x1*y2 - x2*y1]
```

[例 6-23] 已知 $\boldsymbol{a}=(1,2,3)$，$\boldsymbol{b}=(4,5,6)$，求 $\boldsymbol{c}=\boldsymbol{a}\times\boldsymbol{b}$.

输入命令为

```
>> a=[1,2,3];b=[4,5,6];
>>  c=cross(a,b)
```

输出结果为

```
c =
    -3     6    -3
```

除可以求数量积和向量积之外，MATLAB 还提供了求夹角的运算命令，下面通过实例说明它的使用方法.

[例 6-24] 已知直线 L_1：$\dfrac{x}{1}=\dfrac{y+2}{-4}=\dfrac{z-1}{1}$，$L_2$：$\dfrac{x-1}{2}=\dfrac{y-3}{-2}=\dfrac{z+1}{-1}$，求它们之间的夹角.

```
>> s1=[1,-4,1];s2=[2,-2,-1];
>>  phi1=abs(acos(dot(s1,s2)/norm(s1)/norm(s2)))

phi1 =

    0. 7854

>> phi2=subspace(s1(:),s2(:))

phi2 =

    0. 7854
```

[例 6-25] 已知直线 L：$\dfrac{x}{2}=\dfrac{y+2}{-3}=\dfrac{z-1}{4}$ 与平面 Π：$2x-3y+4z+10=0$，求它们之间的夹角.

```
>> s=[2,-3,4];n=[2,-3,4];
>> theta1=abs(asin(dot(s,n)/norm(s)/norm(n)))

theta1 =
```

```
   1. 5708

>>  thetal=asin(cos(subspace(s(:),n(:))))

thetal =

1. 5708
```

思考题 6.6

用 MATLAB 可以画出直线方程和平面方程对应的函数图形吗？

练习题 6.6

1．已知 $\boldsymbol{a}=(0,2,1)$，$\boldsymbol{b}=(1,2,0)$，求 $\boldsymbol{c}=\boldsymbol{a}\cdot\boldsymbol{b}$．

2．已知直线 L：$\dfrac{x}{1}=\dfrac{y+2}{-4}=\dfrac{z-1}{1}$，平面 Π：$2x-2y-z+7=0$，求它们之间的夹角。

知识应用

6.7　平面向量的应用

在生活中向量也有一些具体表现形式，有关的问题也可以充分利用向量求解．其解决方法主要是建立数学模型．可以用向量、三角、解析几何之间的特殊关系，将生活与数学知识之间进行沟通，将动静转换应用到解题过程之中．

6.7.1　平面向量在位移与速度上的应用

［例 6-26］以某市人民广场的中心为原点建立直角坐标系，x 轴指向东，y 轴指向北，一个单位表示实际路程 100m，某人步行从广场入口处 $A(2,0)$ 出发，始终沿一个方向匀速前进，6min 后路过少年宫 C，10min 后到达科技馆 $B(-3,5)$．

求：（1）此人的位移向量（说明此人位移的距离和方向）．

（2）此人行走的速度向量（用坐标表示）．

（3）少年宫 C 相对于广场中心所处的位置．

（供选用数据：$\tan 18°26'=\dfrac{1}{3}$）

分析：（1）$\overrightarrow{AB}$ 的坐标等于其终点的坐标减去其起点的坐标，代入 A、B 坐标可求．

（2）习惯上单位取 hm/h，故需要先将时间换成 h．而速度等于位移除以时间，由三角函数相关知识可求出坐标表示的速度向量．

（3）通过向量的坐标运算及三角函数公式求解．

解：（1）$\overrightarrow{AB}=(-3,5)-(2,0)=(-5,5)$，$|\overrightarrow{AB}|=\sqrt{(-5)^2+5^2}=5\sqrt{2}$，$\angle xOB=135°$．此人的位移为西北 $5\sqrt{2}$ hm.

（2）$t=10\text{min}=\dfrac{1}{6}\text{h}$，$|V|=\dfrac{|\overrightarrow{AB}|}{t}=30\sqrt{2}$，所以有

$$V_x=|V|\cos 135°=-30,\quad V_y=|V|\sin 135°=30$$

$$V=(-30,30)$$

（3）$\overrightarrow{AC}=\dfrac{3}{5}\overrightarrow{AB}$，$\overrightarrow{OC}=\overrightarrow{OA}+\dfrac{3}{5}\overrightarrow{AB}=(2,0)+\dfrac{3}{5}(-5,5)=(-1,3)$，$|\overrightarrow{OC}|=\sqrt{10}$．又因为 $\tan 18°26'=\dfrac{1}{3}$，$\tan\angle COy=\dfrac{1}{3}$，所以 $\angle COy=18°26'$．

所以少年宫 C 点相对于广场中心所处的位置为北偏西 $18°26'$，$\sqrt{10}$ hm.

6.7.2 平面向量在力的平衡上的应用

[例 6-27] 帆船是借助风帆推动船只在规定距离内竞速的一项水上运动．从 1896 年的第 1 届奥运会开始，帆船被列为正式比赛项目，帆船的最大动力来源是“伯努利效应”．如果一条帆船所受“伯努利效应”产生的力的效果可使其向北偏东 30°方向以速度 20km/h 行驶，而此时水的流向是正东，流速为 20km/h．若不考虑其他因素，求帆船的速度与方向．

分析：帆船在水中行驶受到两个因素影响：“伯努利效应”产生的力的效果使船向北偏东 30°方向行驶，速度是 20km/h；以及水的流向，方向是正东，流速为 20km/h．这两个速度的和就是帆船行驶的速度．根据题意，建立数学模型，运用向量的坐标运算来解决问题．

解：建立直角坐标系，如图 6-26 所示．

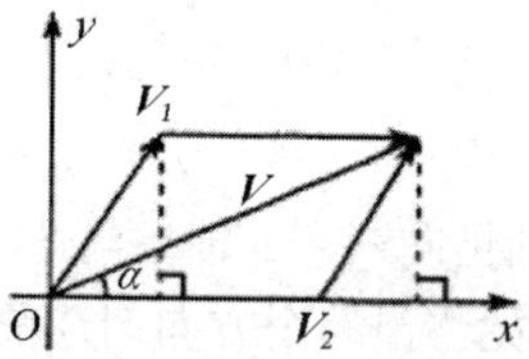

图 6-26

“伯努利效应”的速度为 $\boldsymbol{V}_1$，水的流速为 $\boldsymbol{V}_2$，帆船行驶的速度为 $\boldsymbol{V}$，则 $\boldsymbol{V}=\boldsymbol{V}_1+\boldsymbol{V}_2$．

由题意可得向量 $\boldsymbol{V}_1$ 的坐标为 $(20\cos 60°,20\sin 60°)$，即 $(10,10\sqrt{3})$，向量 $\boldsymbol{V}_2$ 的坐标为 $V_2(20,0)$．

则帆船行驶速度 $\boldsymbol{V}$ 的坐标为

$$\boldsymbol{V}=\boldsymbol{V}_1+\boldsymbol{V}_2=(10,10\sqrt{3})+(20,0)=(30,10\sqrt{3})$$

$$|\boldsymbol{V}|=\sqrt{30^2+(10\sqrt{3})^2}=20\sqrt{3}$$

$\tan\alpha=\dfrac{\sqrt{3}}{3}$，$\alpha$ 为锐角，则 $\alpha=30°$；帆船向北偏东 60° 方向行驶．

答：帆船向北偏东 60° 方向行驶，速度为 $20\sqrt{3}$ km/h.

6.7.3 平面向量的数量积在生活中的应用

[例 6-28] 某同学购买了 x 支 A 型笔，y 支 B 型笔，A 型笔的价格为 m 元，B 型笔的价格为 n 元，把购买 A、B 型笔的数量 x、y 构成数量向量 $\boldsymbol{a}=(\boldsymbol{x},\boldsymbol{y})$，把 A、B 型笔的价格 m、n 构成价格向量 $\boldsymbol{b}=(\boldsymbol{m},\boldsymbol{n})$，则向量 $\boldsymbol{a}$ 与 $\boldsymbol{b}$ 的数量积表示的意义是什么？

解析：此题根据购买 A、B 两种型号的笔的数量与价格构成了一个二元向量 $\boldsymbol{a}$、$\boldsymbol{b}$．根据向量的数量积的运算公式可得 $\boldsymbol{a}\cdot\boldsymbol{b}=xm+yn$．而 xm 表示购买 A 型笔所用的钱数；yn 表示购买 B 型笔所用的钱数．所以向量 $\boldsymbol{a}$ 与 $\boldsymbol{b}$ 的数量积表示的意义是购买两种型号的笔所用的总钱数．

向量在生活中应用时大多是与坐标平面整合出现的．这时的关键是先确定点的坐标，再确定向量的坐标，从而达到向量关系与坐标关系的互译，架起生活与向量之间的桥梁．把向量的基本思想应用到实际生活中，可以更加直观地通过向量视角观察生活，也可以让向量更好地为人们服务，解决更多的实际生活问题．

思考题 6.7

平面向量能够解决哪些问题？

练习题 6.7

已知力 F 与水平方向的夹角为 30°（斜向上），F 的大小为 50N，F 拉着一个重 80N 的木块在摩擦因数 $\mu=0.02$ 的水平平面上运动了 20m，则力 F、摩擦力 f 所做的功分别为多少？

习题 A

一、填空题

1．若 $\boldsymbol{a}=(2,1,-3)$，$\boldsymbol{a}\,//\,\boldsymbol{b}$，$\boldsymbol{a}\cdot\boldsymbol{b}=3$，则 $\boldsymbol{b}=$__________．

2．已知 $\boldsymbol{a}=3\boldsymbol{i}-\boldsymbol{j}-2\boldsymbol{k}$，$\boldsymbol{b}=\boldsymbol{i}+2\boldsymbol{j}-\boldsymbol{k}$，则 $\boldsymbol{a}$，$\boldsymbol{b}$ 的夹角余弦为__________．

3．已知 $\overrightarrow{OA}=\boldsymbol{i}+3\boldsymbol{k}$，$\overrightarrow{OB}=\boldsymbol{j}+3\boldsymbol{k}$，则 $\triangle OAB$ 的面积 $S=$__________．

4．向量 $\boldsymbol{a}=(4,-3,4)$ 在向量 $b=(2,2,1)$ 上的投影 $\mathrm{prj}_b\boldsymbol{a}=$________．

5．已知点 $A(3,2,-1)$，$B(7,-2,3)$，在线段 AB 上有一个点 M，满足 $\overrightarrow{AM}=2\overrightarrow{MB}$，则点 M 的坐标为__________．

6．$\boldsymbol{a}=2\boldsymbol{i}-\boldsymbol{j}+2\boldsymbol{k}$，$\boldsymbol{x}$ 与 $\boldsymbol{a}$ 共线，且 $\boldsymbol{a}\cdot\boldsymbol{x}=-18$，则 $\boldsymbol{x}=$__________．

二、选择题

1．$\boldsymbol{a}$、$\boldsymbol{b}$ 为非零向量，则 $\boldsymbol{a}\perp\boldsymbol{b}$ 的充要条件是（　　）

A．$\boldsymbol{a}=\lambda\boldsymbol{b}$（$\lambda>0$）　　B．$\boldsymbol{a}\times\boldsymbol{b}=0$

C．$\boldsymbol{a}\cdot\boldsymbol{b}=0$　　D．$\mathrm{prj}_b\boldsymbol{a}=1$

2．设$\boldsymbol{a}$、$\boldsymbol{b}$、$\boldsymbol{c}$都是单位向量，且满足$\boldsymbol{a}+\boldsymbol{b}+\boldsymbol{c}=0$，则$\boldsymbol{a}\cdot\boldsymbol{b}+\boldsymbol{b}\cdot\boldsymbol{c}+\boldsymbol{c}\cdot\boldsymbol{a}=$（　　）

A．0　　B．3　　C．$\dfrac{1}{3}$　　D．$-\dfrac{3}{2}$

3．设$\boldsymbol{a}$、$\boldsymbol{b}$、$\boldsymbol{c}$为非零向量，则$(\boldsymbol{a}\times\boldsymbol{b})\times\boldsymbol{c}=$（　　）

A．$(\boldsymbol{a}\times\boldsymbol{b})\times\boldsymbol{c}$　　B．$(\boldsymbol{b}\times\boldsymbol{a})\times\boldsymbol{c}$　　C．$\boldsymbol{c}\times(\boldsymbol{a}\times\boldsymbol{b})$　　D．$\boldsymbol{c}\times(\boldsymbol{b}\times\boldsymbol{a})$

4．下列结论正确的是（　　）

A．若$\boldsymbol{a}\cdot\boldsymbol{b}=0$，则$\boldsymbol{a}=0$，$\boldsymbol{b}=0$

B．若$\boldsymbol{a}\cdot\boldsymbol{b}=\boldsymbol{a}\cdot\boldsymbol{c}$，则$\boldsymbol{b}=\boldsymbol{c}$

C．$\boldsymbol{a}$、$\boldsymbol{b}$、$\boldsymbol{c}$均为非零向量，且$\boldsymbol{a}=\boldsymbol{b}\times\boldsymbol{c}$，$\boldsymbol{b}=\boldsymbol{c}\times\boldsymbol{a}$，$\boldsymbol{c}=\boldsymbol{a}\times\boldsymbol{b}$，则$\boldsymbol{a}$、$\boldsymbol{b}$、$\boldsymbol{c}$互相垂直

D．若$\boldsymbol{a}^0$、$\boldsymbol{b}^0$均为单位向量，则$\boldsymbol{a}^0\times\boldsymbol{b}^0$亦为单位向量

5．下列选项正确的是（　　）

A．$|\boldsymbol{a}|\boldsymbol{a}=\boldsymbol{a}^2$　　B．$\boldsymbol{a}(\boldsymbol{b}\cdot\boldsymbol{b})=\boldsymbol{a}\boldsymbol{b}^2$

C．$(\boldsymbol{a}\cdot\boldsymbol{b})^2=\boldsymbol{a}^2\boldsymbol{b}^2$　　D．$\boldsymbol{a}\times\boldsymbol{b}=-\boldsymbol{b}\times\boldsymbol{a}$

三、计算题

1．设$2\boldsymbol{a}+5\boldsymbol{b}$与$\boldsymbol{a}-\boldsymbol{b}$垂直，$2\boldsymbol{a}+3\boldsymbol{b}$与$\boldsymbol{a}-5\boldsymbol{b}$垂直，求向量$\boldsymbol{a}$与$\boldsymbol{b}$的夹角。

2．已知$|\boldsymbol{p}|=2$，$|\boldsymbol{q}|=3$，向量$\boldsymbol{p}$和$\boldsymbol{q}$的夹角为$\dfrac{\pi}{3}$，求以向量$3\boldsymbol{p}-4\boldsymbol{q}$和向量$\boldsymbol{p}+2\boldsymbol{q}$为邻边的平行四边形的周长。

3．已知$\boldsymbol{a}=2\boldsymbol{i}-3\boldsymbol{j}+\boldsymbol{k}$，$\boldsymbol{b}=\boldsymbol{i}-\boldsymbol{j}+3\boldsymbol{k}$，$\boldsymbol{c}=\boldsymbol{i}-2\boldsymbol{j}$，求$\dfrac{1}{(\boldsymbol{a}\times\boldsymbol{b})\cdot\boldsymbol{c}}[(\boldsymbol{a}\cdot\boldsymbol{b})\boldsymbol{c}-(\boldsymbol{a}\cdot\boldsymbol{c})b]$.

习题B

一、填空题

1．过x轴和点$M(1,-2,1)$的平面方程为______________.

2．平行于x轴，且过点$M_1(4,0,-2)$及$M_2(5,1,7)$的平面方程为______________.

3．过点$M_0(1,-2,3)$且平行于yOz坐标面的平面方程为______________.

4．与由点$M_1(1,-1,2)$、$M_2(3,3,1)$、$M_3(3,1,3)$决定的平面垂直的单位向量$\boldsymbol{a}_0=$____.

5．过点$M_0(0,2,4)$且与平面Π_1：$x+2z=1$，Π_2：$y-3z=2$平行的直线方程为__________________.

6．直线$\dfrac{x-7}{5}=\dfrac{y-4}{1}=\dfrac{z-5}{4}$与平面$3x-y+2z=5$的交点为____________.

7．过点$M_0(3,1,-2)$和直线L：$\dfrac{x-4}{5}=\dfrac{y+3}{2}=\dfrac{z}{1}$的平面方程为______________.

8．由点$P(1,2,3)$向直线L：$\dfrac{x-4}{2}=\dfrac{y+5}{-2}=\dfrac{z-1}{1}$引垂线，则垂足坐标为____________.

9．点$M_0(1,2,3)$到直线L：$\dfrac{x}{1}=\dfrac{y-4}{-3}=\dfrac{z-3}{-2}$的距离为____________.

10．直线 L_1：$\frac{x-1}{1}=\frac{y}{-4}=\frac{z+3}{1}$ 与 L_2：$\frac{x}{2}=\frac{y+3}{-2}=\frac{z}{-1}$ 之间的夹角 $\theta=$__________.

11．点 $M_0(1,2,1)$ 到平面 $x+2y+2z-10=0$ 的距离为__________.

12．两个平行平面 $x-2y-2z-12=0$ 和 $x-2y-2z-6=0$ 间的距离为__________.

二、选择题

1．直线 $\frac{x-1}{3}=\frac{y+1}{-1}=\frac{z-2}{1}$ 与平面 $x+2y-z+3=0$ 的位置关系是（　　）

A．互相垂直　　B．互相平行但直线不在平面上

C．直线在平面上　　D．斜交

2．直线 $\begin{cases}x=1-t\\y=3+t\\z=1-2t\end{cases}$ 和直线 $\frac{x-2}{1}=\frac{y-3}{-1}=\frac{z-4}{2}$ 的关系是（　　）

A．平行但不重合　　B．重合

C．垂直不相交　　D．垂直相交

3．若直线 $\frac{x-1}{1}=\frac{y+3}{n}=\frac{z-2}{3}$ 与平面 $3x-4y+3z+1=0$ 平行，则常数 n 等于（　　）

A．2　　B．3　　C．4　　D．5

4．平面 $2x-3y+z+8=0$ 和 $4x-6y-3z-7=0$ 的位置关系为（　　）

A．平行但不重合　　B．相交但不垂直

C．垂直　　D．重合

5．直线 l_1：$\begin{cases}x=t\\y=2t+1\\z=-t-2\end{cases}$ 与直线 l_2：$\frac{x-1}{4}=\frac{y-4}{17}=\frac{z+2}{5}$ 的位置关系为（　　）

A．相交但不垂直　　B．平行

C．垂直　　D．异面

6．与直线 L：$\frac{x+3}{-2}=\frac{y+4}{-7}=\frac{z-1}{3}$ 平行的平面是（　　）

A．$4x-2y-2z=3$　　B．$2x-4y+5z=2$

C．$3x-2y+5z=4$　　D．$8x-3y+2z=1$

三、计算题

1．求过点 $(-1,2,3)$，垂直于直线 $\frac{x}{4}=\frac{y}{5}=\frac{z}{6}$，且与平面 $7x+8y+9z+10=0$ 平行的直线方程.

2．求过直线 L：$\frac{x-2}{5}=\frac{y+1}{2}=\frac{z-2}{4}$ 且垂直于平面 Π：$x+4y-3z+7=0$ 的平面方程.

3．试求过点 $M_1(2,-3,4)$ 且和直线 $\frac{x+2}{1}=\frac{y-3}{-1}=\frac{z+1}{1}$、$\frac{x+4}{2}=\frac{y-0}{1}=\frac{z-4}{3}$ 垂直的直线方程。

4．设平面Π过点$A(2,0,0)$，$B(0,3,0)$，$C(0,0,5)$，求过点$P(1,2,1)$且与平面Π垂直的直线方程。

5．试求过点$M_0(4,-3,1)$且与两直线L_1：$\frac{x}{6}=\frac{y}{2}=\frac{z}{-3}$、$L_2$：$\begin{cases}4x-5y+19=0\\2y-4z+10=0\end{cases}$都平行的平面方程.

6．求过点$M(2,1,3)$且与直线$\frac{x+1}{3}=\frac{y-1}{2}=\frac{z}{-1}$垂直的直线方程.

7．一条直线过点$M_0(2,-1,3)$且与直线L：$\frac{x-1}{2}=\frac{y}{-1}=\frac{z+2}{1}$相交，又平行于已知平面$\Pi$：$3x-2y+z+5=0$，求此直线方程.

8．一条直线过直线$\frac{x-3}{2}=\frac{y+1}{-1}=\frac{z-1}{5}$与平面$3x-4y+2z-1=0$的交点，且过点$M(3,-3,0)$，求此直线方程.

附录 A　初等数学常用公式和相关预备知识

一、乘法公式

1．$(a+b)^2=a^2+2ab+b^2$

2．$(a\pm b)^3=a^3\pm 3a^2b+3ab^2\pm b^3$

3．$(a+b)(a-b)=a^2-b^2$

4．$(a\pm b)(a^2\mp ab+b^2)=a^3\pm b^3$

5．$(a+b)^n=c_n^0a^nb^0+c_n^1a^{n-1}b^1+c_n^2a^{n-2}b^2+\cdots+c_n^ka^{n-k}b^k+\cdots+c_n^na^0b^n$

二、一元二次方程

1．一般形式：$ax^2+bx+c=0$（$a\neq 0$）

2．根的判别式：$\Delta=b^2-4ac$

（1）当$\Delta>0$时，方程有两个不等的实根．

（2）当$\Delta=0$时，方程有两个相等的实根．

（3）当$\Delta<0$时，方程无实数根（有两个共轭复数根）．

3．求根公式：$x_{1,2}=\dfrac{-b\pm\sqrt{b^2-4ac}}{2a}$

4．根与系数的关系：$x_1+x_2=-\dfrac{b}{a}$，$x_1\cdot x_2=\dfrac{c}{a}$

三、不等式与不等式组

1．一元一次不等式的解集

（1）若$ax+b>0$，且$a>0$，则$x>-\dfrac{b}{a}$．

（2）若$ax+b>0$，且$a<0$，则$x<-\dfrac{b}{a}$．

2．一元一次不等式组的解集

设$a<b$，则

（1）$\begin{cases}x>a\\x>b\end{cases}\Rightarrow x>b$．

（2）$\begin{cases}x<a\\x<b\end{cases}\Rightarrow x<a$．

（3）$\begin{cases}x>a\\x<b\end{cases}\Rightarrow a<x<b$．

（4）$\begin{cases}x<a\\x>b\end{cases}\Rightarrow$ 空集．

3．一元二次不等式的解集

设x_1、x_2是一元二次方程$ax^2+bx+c=0$（$a\neq 0$）的根，且$x_1<x_2$，其根的判别式$\Delta=b^2-4ac$，解集如表 A-1 所示．

表 A-1

类　型	Δ>0	Δ=0	Δ<0
$ax^2+bx+c>0$ （$a>0$）	$x<x_1$ 或 $x>x_2$	$x\neq-\dfrac{b}{2a}$	$x\in\mathbf{R}$
$ax^2+bx+c<0$ （$a>0$）	$x_1<x<x_2$	空集	空集

四、指数与对数

1．指数

1）定义

（1）正整数指数幂：$a^n=\overbrace{a\cdot a\cdots a}^{n个}(n\in\mathbf{N}^*)$．

（2）零指数幂：$a^0=1(a\neq0)$．

（3）负整数幂：$a^{-n}=\dfrac{1}{a^n}(a>0，n\in\mathbf{N}^*)$．

（4）有理指数幂：$a^{\frac{n}{m}}=\sqrt[m]{a^n}(a>0，m，n\in\mathbf{N}^*，m>1)$．

2）幂的运算法则

（1）$a^m\cdot a^n=a^{m+n}$（$a>0，m，n\in\mathbf{R}$）．

（2）$(a^m)^n=a^{m\cdot n}$（$a>0，m，n\in\mathbf{R}$）．

（3）$(a\cdot b)^n=a^n\cdot b^n$（$a>0，b>0，n\in\mathbf{R}$）．

2．对数

1）定义

如果$a^b=N(a>0，且a\neq1)$，那么，b称为以a为底N的对数，记为$\log_a N=b$．其中，a称为底数，N称为真数．以 10 为底的对数叫作常用对数，以 e≈2.718 28…
为底的对数叫作自然对数，记为$\log_e N$，或简记为$\ln N$.

2）性质

（1）$N>0$.

（2）$\log_a 1=0$．

（3）$\log_a a=1$．

（4）$a^{\log_a N}=N$．

3）运算法则

（1）$\log_a(M\cdot N)=\log_a M+\log_a N(M>0，N>0)$．

（2）$\log_a\dfrac{M}{N}=\log_a M-\log_a N(M>0，N>0)$．

（3）$\log_a M^n=n\log_a M(M>0)$．

（4）$\log_a\sqrt[n]{M}=\dfrac{1}{n}\log_a M(M>0)$．

（5）$\log_a N=\dfrac{\log_b N}{\log_b a}(N>0)$．

五、等差数列与等比数列

等差数列与等比数列的性质如表 A-2 所示.

表 A-2

性　质	等 差 数 列	等 比 数 列
定义	从第 2 项起，每一项与其前一项之差都等于同一个常数	从第 2 项起，每一项与其前一项之比都等于同一个常数
一般形式	$a_1, a_1+d, a_1+2d\cdots$（d 为公差）	$a_1, a_1q, a_1q^2\cdots$（q 为公比）
通项公式	$a_n = a_1+(n-1)d$	$a_n = a_1q^{n-1}$
前 n 项和公式	$S_n=\frac{n(a_1+a_n)}{2}$ 或 $S_n = na_1+\frac{n(n-1)}{2}d$	$S_n=\frac{a_1(1+q^n)}{1-q}$ 或 $S_n=\frac{a_1-a_nq}{1-q}$
中项公式	a 与 b 的等差中项 $A=\frac{a+b}{2}$	a 与 b 的等比中项 $G=\pm\sqrt{ab}$

有以下几个特殊的公式.

$$1+2+3+\cdots+n=\frac{n(n+1)}{2}$$

$$\frac{1}{2}+\frac{1}{2^2}+\frac{1}{2^3}+\cdots+\frac{1}{2^n}=1$$

拆项公式：$$\frac{1}{n(n+1)}=\frac{1}{n}-\frac{1}{n+1};\quad \frac{1}{n(n+k)}=\frac{1}{k}\cdot(\frac{1}{n}-\frac{1}{n+k})$$

六、排列与组合

1．排列

$$p_n^m = n(n-1)(n-2)\cdots(n-m+1)$$

特殊地，有

$$p_n^n = n!$$

规定

$$p_n^m=\frac{n!}{(n-m)!}$$

2．组合

$$c_n^m=\frac{p_n^m}{p_m^m}=\frac{n(n-1)\cdots(n-m+1)}{m!}=\frac{n!}{m!(n-m)!}$$

式中，n、$m\in\mathbf{N}$，且$m\leqslant n$．规定 $c_n^0=1$．

1）$c_n^m=c_n^{n-m}$

2）$c_n^m+c_n^{m-1}=c_{n+1}^m$

七、点与直线

1．平面上两点间的距离

设平面直角坐标系内两点 $P_1(x_1, y_1)$、$P_2(x_2, y_2)$，则两点间的距离为

$$|P_1P_2| = \sqrt{(x_1 - x_2)^2 + (y_1 - y_2)^2}$$

2．直线方程

1）直线的斜率 $k = \tan\alpha$ （$0° \leqslant \alpha < 180°$）

如果 $P_1(x_1, y_1)$ 、$P_2(x_2, y_2)$ 是直线上的两个点，那么该直线的斜率为

$$k = \frac{y_2 - y_1}{x_2 - x_1}(x_2 \neq x_1)$$

2）直线的几种形式

（1）点斜式．已知直线过点 $P_0(x_0, y_0)$，且斜率为 k，则该直线方程为

$$y - y_0 = k(x - x_0)$$

（2）斜截式．已知直线的斜率为 k，且在 y 轴上的截距为 b，则该直线方程为

$$y = kx + b$$

（3）一般式．平面内任意一条直线的方程都是关于 x 和 y 的一次方程，其一般形式为

$$Ax + By + C = 0（A，B不全为0）$$

3）几种特殊的直线方程

（1）平行于 x 轴的直线方程：$y = b(b \neq 0)$．

（2）平行于 y 轴的直线方程：$x = a(a \neq 0)$．

（3）x 轴：$y = 0$．

（4）y 轴：$x = 0$．

3．点到直线的距离

平面内一点 $P_0(x_0, y_0)$ 到直线 $Ax + By + C = 0$ 的距离为

$$d = \frac{|Ax_0 + By_0 + C|}{\sqrt{A^2 + B^2}}$$

4．两条直线的位置关系

设两条直线方程为

$$l_1：y = k_1x + b_1 或 A_1x + B_1y + C_1 = 0$$
$$l_2：y = k_2x + b_2 或 A_2x + B_2y + C_2 = 0$$

1）两条直线平行的充要条件

$$k_1 = k_2且b_1 \neq b_2或\frac{A_1}{A_2} = \frac{B_1}{B_2} \neq \frac{C_1}{C_2}$$

2）两条直线垂直的充要条件

$$k_1 \cdot k_2 = -1 \text{或} A_1A_2 + B_1B_2 = 0$$

八、三角函数

1．角度与弧度的换算

$$360° = 2\pi\text{弧度}，\quad 180° = \pi\text{弧度}$$

$$1° = \frac{\pi}{180} \approx 0.017453\text{弧度}$$

$$1\text{弧度} = \left(\frac{180}{\pi}\right)^{\circ} \approx 57°17'44.8''$$

2．特殊角的三角函数值

特殊角的三角函数值如表 A-3 所示.

表 A-3

α	0	$\frac{\pi}{6}$	$\frac{\pi}{4}$	$\frac{\pi}{3}$	$\frac{\pi}{2}$
$\sin\alpha$	0	$\frac{1}{2}$	$\frac{\sqrt{2}}{2}$	$\frac{\sqrt{3}}{2}$	1
$\cos\alpha$	1	$\frac{\sqrt{3}}{2}$	$\frac{\sqrt{2}}{2}$	$\frac{1}{2}$	0
$\tan\alpha$	0	$\frac{\sqrt{3}}{3}$	1	$\sqrt{3}$	不存在
coαt	不存在	$\sqrt{3}$	1	$\frac{\sqrt{3}}{3}$	0

3．同角三角函数间的关系

1）平方关系

$$\sin^2 x + \cos^2 x = 1，\quad 1 + \tan^2 x = \sec^2 x，\quad 1 + \cot^2 x = \csc^2 x$$

2）商的关系

$$\tan x = \frac{\sin x}{\cos x}，\quad \cot x = \frac{\cos x}{\sin x}$$

3）倒数关系

$$\cot x = \frac{1}{\tan x}，\quad \sec x = \frac{1}{\cos x}，\quad \csc x = \frac{1}{\sin x}$$

4．三角公式

1）加法定理

$$\sin(x \pm y) = \sin x \cos y \pm \cos x \sin y$$

$$\cos(x \pm y) = \cos x \cos y \mp \sin x \sin y$$

$$\tan(x \pm y) = \frac{\tan x \pm \tan y}{1 - \tan x \tan y}$$

2）倍角公式

$$\sin 2x = 2\sin x\cos x$$

$$\cos 2x = \cos^2 x - \sin^2 x = 2\cos^2 x - 1 = 1 - 2\sin^2 x$$

$$\tan 2x = \frac{2\tan x}{1-\tan^2 x}$$

3）半角公式

$$\sin^2\frac{x}{2} = \frac{1-\cos x}{2}$$

$$\cos^2\frac{x}{2} = \frac{1+\cos x}{2}$$

$$\tan\frac{x}{2} = \pm\sqrt{\frac{1-\cos x}{1+\cos x}} = \frac{1-\cos x}{\sin x} = \frac{\sin x}{1+\cos x}$$

4）积化和差公式

$$\sin x\cos y = \frac{1}{2}[\sin(x+y) + \sin(x-y)]$$

$$\cos x\sin y = \frac{1}{2}[\sin(x+y) - \sin(x-y)]$$

$$\cos x\cos y = \frac{1}{2}[\cos(x+y) + \cos(x-y)]$$

$$\sin x\sin y = -\frac{1}{2}[\cos(x+y) - \cos(x-y)]$$

5）和差化积公式

$$\sin x + \sin y = 2\sin\frac{x+y}{2}\cos\frac{x-y}{2}$$

$$\sin x - \sin y = 2\cos\frac{x+y}{2}\sin\frac{x-y}{2}$$

$$\cos x + \cos y = 2\cos\frac{x+y}{2}\cos\frac{x-y}{2}$$

$$\cos x - \cos y = -2\sin\frac{x+y}{2}\sin\frac{x-y}{2}$$

6）万能公式

$$\sin x = \frac{2\tan\frac{x}{2}}{1+\tan^2\frac{x}{2}},\quad \cos x = \frac{1-\tan^2\frac{x}{2}}{1+\tan^2\frac{x}{2}},\quad \tan x = \frac{2\tan\frac{x}{2}}{1-\tan^2\frac{x}{2}}$$

7）负角公式

$$\sin(-x) = -\sin x,\quad \cos(-x) = \cos x,\quad \tan(-x) = -\tan x$$

$\arcsin(-x)=-\arcsin x$, $\arccos(-x)=\pi-\arccos x$, $\arctan(-x)=-\arctan x$

九、三角形的边角关系

1．直角三角形

设在$\triangle ABC$中，$\angle C=90°$，三条边分别是a、b、c，面积为S，则有以下关系.

（1）$\angle A+\angle B=90°$.

（2）$a^2+b^2=c^2$(勾股定理).

（3）$\sin A=\frac{a}{c}$，$\cos A=\frac{b}{c}$，$\tan A=\frac{a}{b}$.

（4）$S=\frac{1}{2}ab$.

2．斜三角形

设在$\triangle ABC$中，三条边分别是a、b、c，面积为S，外接圆半径为R，则有以下关系.

（1）$\angle A+\angle B+\angle C=180°$.

（2）$\frac{a}{\sin A}=\frac{b}{\sin B}=\frac{c}{\sin C}=2R$(正弦定理).

（3）$a^2=b^2+c^2-2bc\cos A$

$b^2=a^2+c^2-2ac\cos B$ （余弦定理）.

$c^2=a^2+b^2-2ab\cos C$

（4）$S=\frac{1}{2}ab\sin C$.

十、圆、球及其他旋转体

1．圆

周长：$C=2\pi r$(r为半径)

面积：$S=\pi r^2$

2．球

表面积：$S=4\pi r^2$

体积：$V=\frac{4}{3}\pi r^3$

3．圆柱

侧面积：$S_{侧}=2\pi rh$(h为圆柱的高)

全面积：$S_{全}=2\pi r(r+h)$

体积：$V=\pi r^2 h$

4．圆锥

侧面积：$S_{侧}=\pi rl$(l为圆锥的母线长)

全面积：$S_{全}=\pi r(r+l)$

体积：$V=\frac{1}{3}\pi r^2 h$

附录 B　基本初等函数的图像和性质

名称	解析式	定义域和值域	图像	特性
幂函数	$y=x^{\alpha}(\alpha\in\mathbf{R})$	依 α 的不同而不同，但在 $(0, +\infty)$ 内都有定义	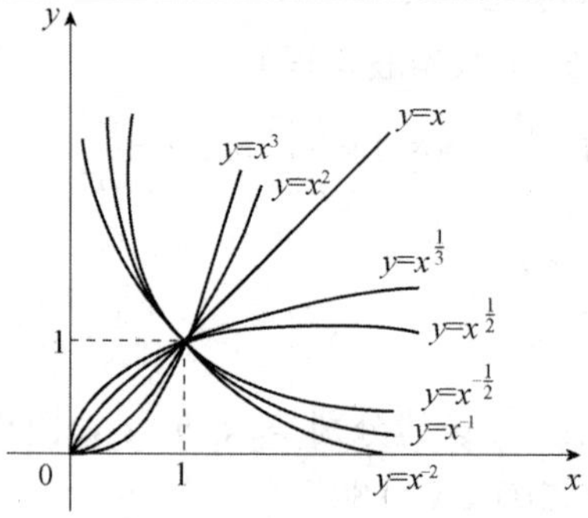	在第一象限内，经过点(1,1)，当 α>0 时，y 为增函数；当 α<0 时，y 为减函数
指数函数	$y=a^{x}$ $(a>0,\ a\neq1)$	$x\in(-\infty,\ +\infty)$ $y\in(0,\ +\infty)$	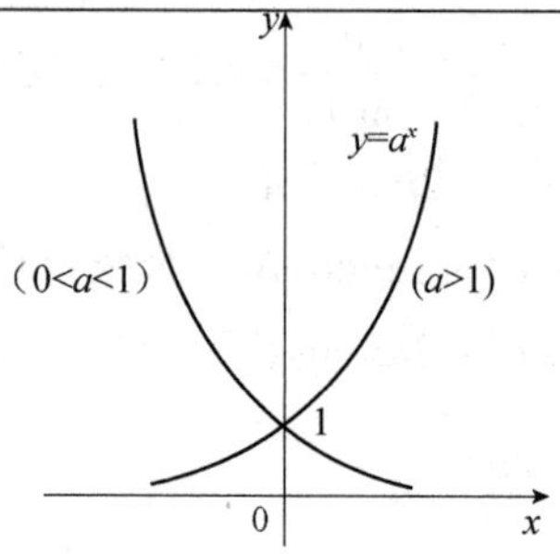	图像在 x 轴的上方，都经过点(0,1)，当 $0<\alpha<1$ 时，y 为减函数；当 $\alpha>1$ 时，y 为增函数
对数函数	$y=\log_{a}x$ $(a>0,\ a\neq1)$	$x\in(0,\ +\infty)$ $y\in(-\infty,\ +\infty)$	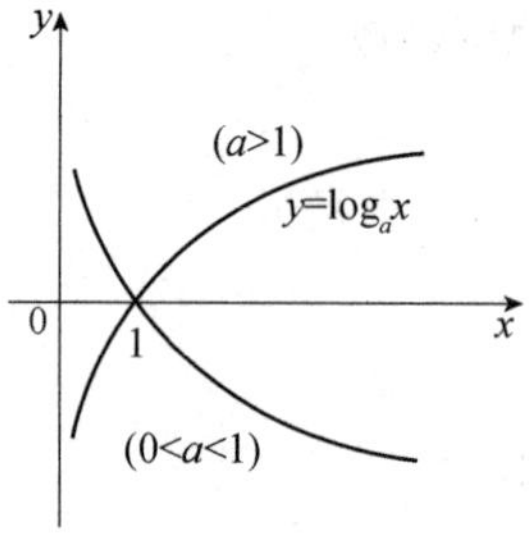	图像在 y 轴的右方，经过点(1,0)，当 $0<\alpha<1$ 时，y 为减函数；当 $\alpha>1$ 时，y 为增函数
三角函数	$y=\sin x$	$x\in(-\infty,\ +\infty)$ $y\in[-1,\ 1]$	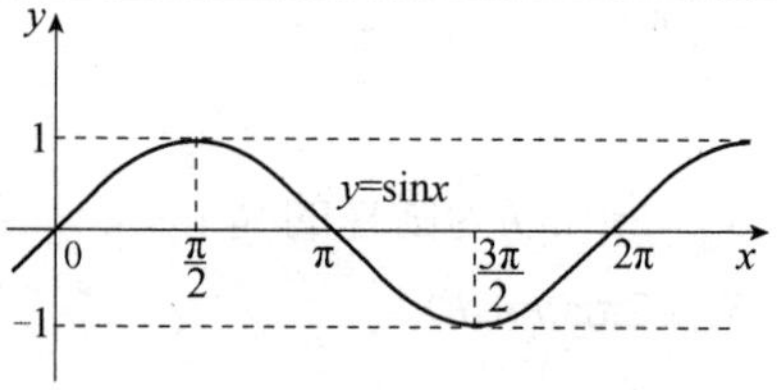	奇函数，周期为 2π，图像在两直线 y=-1 和 y=1 之间
	$y=\cos x$	$x\in(-\infty,\ +\infty)$ $y\in[-1,\ 1]$	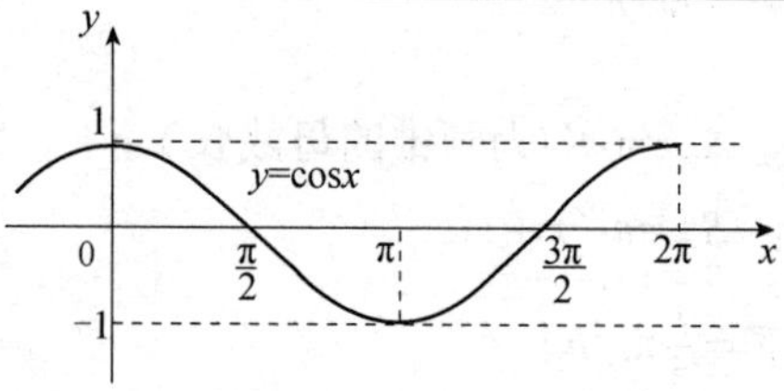	偶函数，周期为 2π，图像在两直线 $y=-1$ 和 $y=1$ 之间

续表

名称	解析式	定义域和值域	图像	特性
三角函数	$y=\tan x$	$x\neq k\pi+\frac{\pi}{2}$（$k\in\mathbf{Z}$） $y\in(-\infty,\ +\infty)$	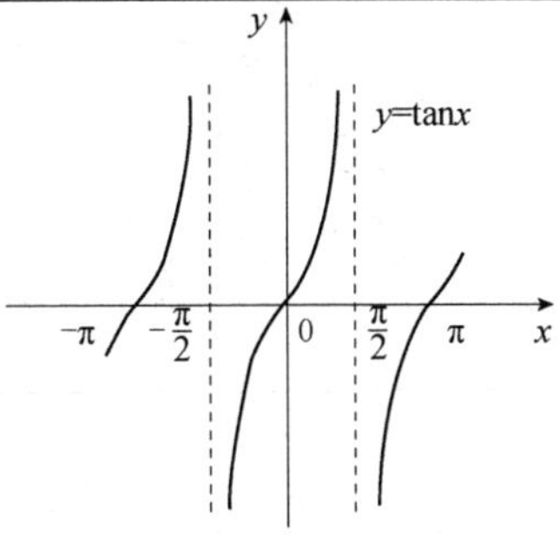	奇函数，周期为π，在$\left(-\frac{\pi}{2},\ \frac{\pi}{2}\right)$内单调增大
	$y=\cot x$	$x\neq k\pi$（$k\in\mathbf{Z}$） $y\in(-\infty,\ +\infty)$	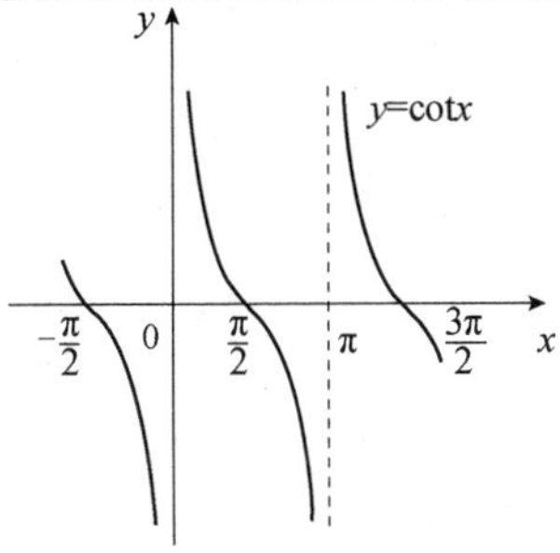	奇函数，周期为π，在$(0,\pi)$内单调减小
反三角函数	$y=\arcsin x$	$x\in[-1,\ 1]$ $y\in\left[-\frac{\pi}{2},\ \frac{\pi}{2}\right]$	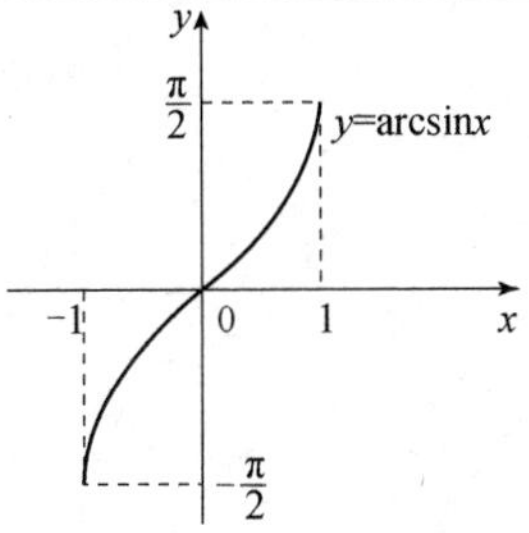	奇函数，单调增大，有界
	$y=\arccos x$	$x\in[-1,\ 1]$ $y\in[0,\ \pi]$	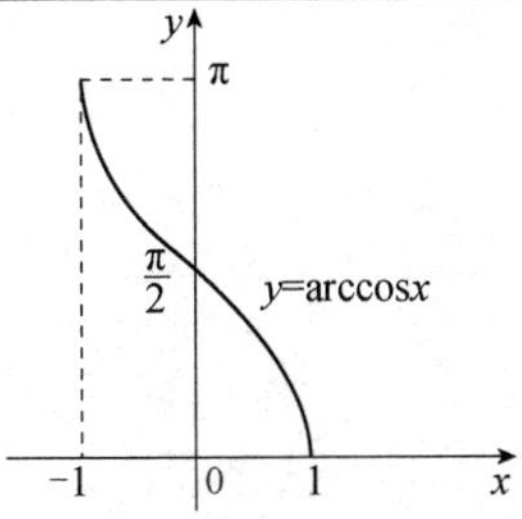	单调减小，有界
	$y=\arctan x$	$x\in(-\infty,\ +\infty)$ $y\in\left(-\frac{\pi}{2},\ \frac{\pi}{2}\right)$	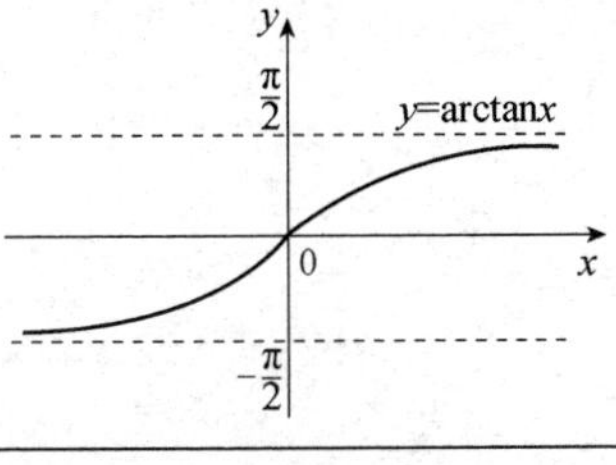	奇函数，单调增大，有界

续表

名称	解析式	定义域和值域	图像	特性
反三角函数	$y=\operatorname{arc}\cot x$	$x\in=(-\infty,+\infty)$ $y\in(0,\pi)$	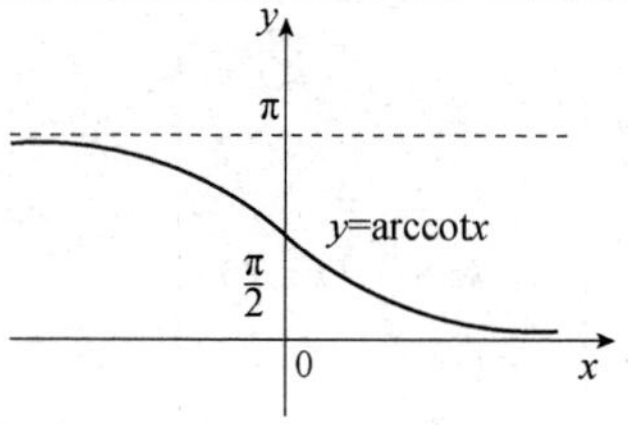	单调减小，有界

附录C　参考答案

第1章习题答案

思考题 1.1

1．不是

2．对

3．不可以，如 $y=\arcsin u$ 和 $u=x^2+2$

4．略

练习题 1.1

1． $f(x)=(x-1)^3$

2．(0,1)

3． $f(-1)=-3$， $f(0)=1$， $f(1)=3$，图像略

4．（1）奇函数　（2）偶函数　（3）奇函数

5．（1） $y=u^2$，$u=\cos v$，$v=x-1$

（2） $y=\lg u$，$u=\sin v$，$v=x+1$

6．设长方形另一边长为 y （cm）， $y=\sqrt{50^2-x^2}$ ，则 $A=xy=x\sqrt{50^2-x^2}$ （cm^2），定义域为 $0<x<50$，即(0,50)

思考题 1.2

不一定

练习题 1.2

1．（1）不存在　（2）极限为2　（3）极限为0　（4）不存在

2．（1）不存在　（2）不存在

3．（1）极限为5　（2）极限为4

4．（1）左极限=右极限=1，所以 $\lim\limits_{x\to 0}f(x)=1$

（2）左极限=−1，右极限=1，所以 $\lim\limits_{x\to 0}f(x)$ 不存在

思考题 1.3

1．不一定　2．可以

练习题 1.3

1．（1） ∞　（2）0　（3） ∞

2．（1）（2）为无穷大，（3）（4）为无穷小

思考题 1.4

不对

练习题 1.4

1.（1）$-\dfrac{1}{2}$　（2）6　（3）$\dfrac{1}{2}$　（4）$\sqrt{5}$

2.（1）$\dfrac{3}{4}$　（2）$\dfrac{3}{5}$　（3）$\dfrac{1}{2}$　（4）e^3　（5）e^{-2}　（6）e^{-1}

3. 1

思考题 1.5

1. 一定

2. 对

练习题 1.5

1.（1）$\lim\limits_{x\to 0^-} f(x)=-1$，$\lim\limits_{x\to 0^+} f(x)=1$，不连续　（2）$\lim\limits_{x\to 0^-} f(x)=\lim\limits_{x\to 0^+} f(x)=1$，连续

2. $(-1,1)$

3.（1）0　（2）0　（3）1

思考题 1.6

不对

练习题 1.6

1.（1）高阶　（2）低阶

2.（1）$\dfrac{3}{2}$　（2）0

3.（1）$x=2$，无穷间断点；$x=-3$，可去间断点

（2）$x=0$，无穷间断点

4. 设 $f(x)=x^3+x-1$，则 $f(x)$ 在[0，1]内是连续的，且 $f(0)=-1<0$，$f(1)=1>0$，故在区间(0,1)内至少存在一点 ξ，使 $f(\xi)=0$，即方程 $x^3+x-1=0$ 在区间(0,1)内至少存在一个根

5. 由于 $\lim\limits_{x\to\infty}\ln\dfrac{x^2}{2}$ 不存在，因此函数曲线没有水平渐近线．由于 $\lim\limits_{x\to 0}\ln\dfrac{x^2}{2}=-\infty$，因此函数曲线有垂直渐近线 $x=0$

6. 因为 $\lim\limits_{x\to\infty} y=\infty$，所以 y 无水平渐近线，又因为 $\lim\limits_{x\to 1} y=+\infty$，所以 $x=1$ 为 y 的垂直渐近线，而 $\lim\limits_{x\to\infty}\dfrac{y}{x}=\lim\limits_{x\to\infty}\dfrac{x^2}{(x-1)^2}=1$，$\lim\limits_{x\to\infty}(y-x)=\lim\limits_{x\to\infty}\left[\dfrac{x^3}{(x-1)^2}-x\right]=2$，故 $y=x+2$ 为 y 的斜渐近线

思考题 1.7

能

练习题 1.7

1.（1）输入命令为

```
sin(3*pi/5)+log(21)/log(3)-0. 23^4+452^(1/3)-sqrt(43)
```

输出结果为

```
ans =
     2. 4261
```

（2）输入命令为

```
4*cos(4*pi/7)+3*(2. 1^8)/sqrt(645)-log(2)
```

输出结果为

```
ans =
     43. 0950
```

（3）输入命令为

```
syms  x  y
x=[1 2 3 4 5];
y=sin(x)+2*x
```

输出结果为

```
y =
   2. 8415    4. 9093    6. 1411    7. 2432    9. 0411
```

2.（1）输入命令为

```
syms x y
x=-1:0. 01:1;
x=x+eps;
y=x. *sin(1. /x);
plot(x,y,'R')
```

（2）输入命令为

```
x=-3:0. 1:3;
y1=x. ^2;
y2=x. ^3;
plot(x,y1,x,y2)
```

3.（1）输入命令为

```
syms x
limit((exp(2*x)-1)/x)
```

输出结果为

```
ans =
     2
```

（2）输入命令为

```
limit(((2*x+3)/(2*x-1))^(x+1),x,inf)
```

输出结果为

```
ans =
     exp(2)
```

（3）输入命令为

```
limit((1/x)^tan(x),x,0,'right')
```

输出结果：

```
ans =
     1
```

（4）输入命令为

```
syms  x  m  n
limit(sin(m*x)/tan(n*x))
```

输出结果为

```
ans =
      m/n
```

思考题 1.8

略

练习题 1.8

1. $\lim\limits_{n\to\infty} l(n)=\lim\limits_{n\to\infty} 2nR\sin\left(\dfrac{\pi}{n}\right)=\lim\limits_{n\to\infty} 2\pi R$，$\dfrac{\sin\left(\frac{\pi}{n}\right)}{\frac{\pi}{n}}=2\pi R$

2. 略

3. $A_0 e^{kt}$（生长函数，k 为生长率）

4. 略（可自行搜索答案）

习题 A

1. $y=\ln u$，$u=v^2$，$v=\sin x$

2. 设圆柱底面半径为 r，则由题意得圆柱高为 $H=\sqrt{3}(R-r)$，圆柱体积 $V=\pi r^2 H=\sqrt{3}\pi(R-r)r^2$，$0\leqslant r\leqslant R$

3.（1）0　（2）1　（3）$\dfrac{2}{3}$　（4）e^2　（5）e^2　（6）0　（7）2　（8）1

4. $2x$

5. $x=1$ 处连续，$x=-1$ 处不连续

6. 输入命令为

```
syms  x
limit(log(1+2*x))
```

输出结果为

```
ans =
      0
```

7. 同阶（等价）

8. 约 74.01 万元

9. 设 $f(x)=e^x-x-2$，则 $f(x)$ 在[0,2]内是连续的，且 $f(0)=-1<0$，$f(2)=e^2-4>0$，故在区间(0,2)内至少存在一点 ξ，使 $f(\xi)=0$，即方程 $e^x-2=x$ 在区间(0,2)内至少有一个根

10. 水平渐近线 $y=1$，垂直渐近线 $x=1$

习题 B

1.（1）1　（2）1　（3）e^2　（4）e　（5）1　（6）$-\sin a$　（7）1　（8）1

2. $a=4$，$b=4$

3.（1）$b=1$，a为任意实数　（2）$b=1$，$a=2$

4．连续区间：$(-\infty,-1)\cup(-1,1)\cup(1,+\infty)$， $x=1$ 是无穷间断点， $x=-1$ 是可去间断点

5．输入命令为

```
syms x
limit(exp(1/x)+1,x,inf)
```

输出结果为

```
ans =
     2
```

6．以时间 t 为横坐标，以沿上山路线从山下宾馆到山顶的路程 s 为纵坐标．设第一天早上 8 时的路程为 0，山下到山顶的总路程为 d，第一天的行程设为 $s=f(t)$，则 $f(8)=0$，$f(17)=d$；第二天的行程设为 $s=g(t)$，则 $g(8)=d, g(17)=0$

设 $h(t)=f(t)-g(t)$，由于 $f(t)$、$g(t)$ 在区间[8,17]内分别连续，因此 $h(t)$ 在区间[8,17]内连续．又因为 $h(8)=f(8)-g(8)=-d<0$，$h(17)=f(17)-g(17)=d>0$，所以由推论（根的存在定理）可知，在区间[8,17]内至少存在一点 t_0，使 $h(t_0)=0$，即 $f(t_0)=g(t_0)$

这说明在早上 8 时至下午 5 时之间存在某一时间 $t=t_0$，使得路程相等，即小明在两天中同一时刻经过途中的同一地点

7．没有水平渐近线，垂直渐近线为 $x=-\dfrac{1}{2}$，斜渐近线为 $y=\dfrac{x}{2}-\dfrac{1}{4}$

第 2 章习题答案

思考题 2.1

不可导

练习题 2.1

1．B

2．$f'_+(0)=\lim\limits_{x\to 0^+}\dfrac{f(x)-f(0)}{x-0}=\lim\limits_{x\to 0^+}\dfrac{x^2}{x}=0$，$f'_-(0)=\lim\limits_{x\to 0^-}\dfrac{f(x)-f(0)}{x-0}=\lim\limits_{x\to 0^-}\dfrac{-x}{x}=-1$，故 $f'(0)$ 不存在

3．$\dfrac{1}{12}$

4．$a=2$

5．$2f'(a)$

6．切线方程：$y=-x+3$；法线方程：$y=x+1$

思考题 2.2

$$
\begin{aligned}
[u(x)\pm v(x)]' &= \lim_{h\to 0}\frac{[u(x+h)\pm v(x+h)]-[u(x)\pm v(x)]}{h} \\
&= \lim_{h\to 0}\left[\frac{u(x+h)-u(x)}{h}\pm\frac{v(x+h)-v(x)}{h}\right] \\
&= u'(x)\pm v'(x)
\end{aligned}
$$

练习题 2.2

1.（1） $y' = \cos x - 2^x \ln 2 + 7e^x$

（2） $y' = \frac{1}{x}\tan x + \ln x \cdot \sec^2 x$

（3） $y' = \frac{1}{2}x^{-\frac{1}{2}} - x^{-\frac{3}{2}} - 3$

（4） $y' = \frac{3}{2}x^{\frac{1}{2}} - \frac{1}{2}x^{-\frac{1}{2}} - \frac{1}{2}x^{-\frac{3}{2}}$

（5） $y' = \frac{-x\sin x - 2\cos x}{x^3}$

（6） $y' = \frac{(1-\ln x)'(1+\ln x) - (1-\ln x)(1+\ln x)'}{(1+\ln x)^2} = \frac{-\frac{1}{x}(1+\ln x) - \frac{1}{x}(1-\ln x)}{(1+\ln x)^2} = \frac{-2}{x(1+\ln x)^2}$

2. $f'\left(\frac{\pi}{2}\right) = \frac{2}{\pi} - 5$； $f'(\pi) = \frac{1}{\pi} - 8$

思考题 2.3

分段函数求导分段求，分段点处用导数存在的充分必要条件

练习题 2.3

1.（1） $y' = 30(3x+1)^9$

（2） $y' = e^{x^2}(x^2)' = 2xe^{x^2}$

（3） $y' = \frac{3}{2}x^{\frac{1}{2}} + 2^x(\ln 2)\sin 2^x$

（4） $y' = -2\sin(2x+5)$

（5） $y' = e^{\sin\frac{1}{x}}(\sin\frac{1}{x})' = e^{\sin\frac{1}{x}}\cos\frac{1}{x}(\frac{1}{x})' = -\frac{1}{x^2}e^{\sin\frac{1}{x}}\cos\frac{1}{x}$

（6） $y' = \frac{2x}{x^2+1}$

2. 将方程 $x - y + \frac{1}{2}\sin y = 0$ 两边对 x 求导数，有 $1 - y' + \frac{1}{2}\cos y y' = 0$，得 $y' = \frac{dy}{dx} = \frac{2}{2-\cos y}$

3. $y = x$

4. $y' = \frac{\sqrt{x+2}(3-x)^4}{(x+1)^5}\cdot\left(\frac{1}{2}\cdot\frac{1}{x+2} - \frac{4}{3-x} - \frac{5}{x+1}\right)$

5. $y' = (2x+1)^{\sin x}\cdot\left[\cos x \cdot \ln(2x+1) + \sin x \cdot \frac{2}{2x+1}\right]$

思考题 2.4

使用莱布尼兹公式：

$$(u\cdot v)^{(n)} = C_n^0 u^{(n)}v^{(0)} + C_n^1 u^{(n-1)}v' + \cdots + C_n^r u^{(n-r)}v^{(r)} + \cdots + C_n^{n-1}u'v^{(n-1)} + C_n^n u^{(0)}v^{(n)}$$

练习题 2.4

1. $f^{(n)}(x) = a_n \cdot n!$

2. $y''(0) = 2$

3. $y^{(6)} = 2^2 \cdot 3^3 \cdot 6!$

4. $f''(\pi) = 0$

5. $y^{(n)} = 3^n \cdot e^{3x}$

思考题 2.5

1. 不对

2. 对

练习题 2.5

1.（1）$(2x\sin x + x^2\cos x)\mathrm{d}x$

（2）$\mathrm{d}y = -\mathrm{e}^{\cos x}\sin x\mathrm{d}x$

（3）$\mathrm{d}y = \left(\dfrac{-\sin x}{\cos x} - \dfrac{2x}{x^2-1}\right)\mathrm{d}x = \left(-\tan x - \dfrac{2x}{x^2-1}\right)\mathrm{d}x$

（4）函数变形为 $y - x = x^x$ 两边取对数，有 $\ln(y-x) = x\ln x$，两边对 x 求微分，得

$$\frac{\mathrm{d}y - \mathrm{d}x}{y - x} = \ln x\mathrm{d}x + \mathrm{d}x$$

所以

$$\mathrm{d}y = [x^x(\ln x + 1) + 1]\mathrm{d}x$$

2.（1）$\mathrm{d}(2x + C) = 2\mathrm{d}x$　　（2）$\mathrm{d}(\sin x + C) = \cos x\mathrm{d}x$

（3）$\mathrm{d}(\ln(1+x) + C) = \dfrac{1}{1+x}\mathrm{d}x$　　（4）$\mathrm{d}\left(-\dfrac{1}{2}\mathrm{e}^{-2x} + C\right) = \mathrm{e}^{-2x}\mathrm{d}x$

（5）$\mathrm{d}(2\sqrt{x} + C) = \dfrac{1}{\sqrt{x}}\mathrm{d}x$　　（6）$\mathrm{d}\left(\dfrac{1}{3}\tan 3x + C\right) = \sec^2 3x\mathrm{d}x$

3.（1）1.01　　（2）0.5151

思考题 2.6

二阶导数为 0 的点及二阶导数不存在的点

练习题 2.6

1. $\xi = \dfrac{1}{\ln 2} - 1$

2. 证：令 $f(x) = \ln(1+x) - x,\ x > 0$，因为 $f'(x) = \dfrac{1}{1+x} - 1 = \dfrac{-x}{1+x}$，所以当 $x > 0$ 时，$f'(x) < 0$，即 $f(x)$ 在 $(0,+\infty)$ 单调递减，得 $f(x) > f(0) = 0$，得证

3.（1）$\dfrac{\mathrm{d}y}{\mathrm{d}x} = -\dfrac{1}{t}$，$\dfrac{\mathrm{d}^2y}{\mathrm{d}x^2} = \dfrac{1}{t^3}$　　（2）$\dfrac{\mathrm{d}y}{\mathrm{d}x} = -\dfrac{2}{3}\mathrm{e}^{2t}$，$\dfrac{\mathrm{d}^2y}{\mathrm{d}x^2} = \dfrac{4}{9}\mathrm{e}^{3t}$

4.（1）凸区间为 $\left(-\infty, \dfrac{5}{3}\right)$；凹区间为 $\left(\dfrac{5}{3}, +\infty\right)$；拐点为 $\left(\dfrac{5}{3}, \dfrac{20}{27}\right)$

（2）凸区间为 $(-\infty,-1)$ 和 $(1,+\infty)$；凹区间为 $(-1,1)$；拐点为 $(-1,\ln 2)$和$(1,\ln 2)$

5. 证：因为 $f(1) = f(2) = f(3) = f(4)$；$f(x)$ 分别在区间 $(1,2)$、$(2,3)$、$(3,4)$ 用罗尔中值定理，即证 $f'(x)$ 在区间 $(1,2)$、$(2,3)$、$(3,4)$ 分别有一个零点

6. 证：令 $f(t) = \ln(1+t),\ t \in [0,x]$，从而 $f(t)$ 在闭区间 $[0,x]$ 内连续，在开区间 $(0,x)$ 内可导，由拉格朗日中值定理可知：至少存在一个点 $\xi \in (0,x)$ 使得，$f(x) - f(0) = f'(\xi)(x-0),\ \xi \in (0,x)$，由于 $f(0) = 0,\ f'(t) = \dfrac{1}{1+t}$，因此上式即为 $\ln(1+x) = \dfrac{x}{1+\xi}$，又因为 $0 < \xi < x$，有 $\dfrac{x}{1+x} < \dfrac{x}{1+\xi} < x$，即 $\dfrac{x}{1+x} < \ln(1+x) < x$

思考题 2.7

可以的

练习题 2.7

1.（1） $\exp(x)*(\cos(x)-\sin(x))$ （2） $\log(x)/(x*\mathrm{sqrt}(1+(\log(x)\char`\^2)))$

（3） $-2-42*x$ （4） $(\sin(x)\char`\^2)+x*\sin(2*x)$

思考题 2.8

极大（小）值是局部邻域内的，最大（小）值是整体区间内的

练习题 2.8

1．D　　2．A　　3．$(-1,+\infty)$　　4．$x=1$

5．函数的定义域为 $(-\infty,+\infty)$．

$y'=x^3-3x^2=x^2(x-3)$，令 $y'=0$，驻点为 $x_1=0,x_2=3$，列表：

x	$(-\infty,0)$	0	$(0,3)$	3	$(3,+\infty)$
y'	−	0	−	0	+
y	↓		↓	极小	↑

由上表可知，单调减区间为 $(-\infty,3)$，单调增区间为 $(3,+\infty)$，极小值为 $y(3)=-\dfrac{27}{4}$

此题也可以用二阶导数来判别：

$y''=3x^2-6x$，$y''|_{x=0}=0$，不能确定 $x=0$ 处是否取极值，$y''|_{x=3}=9>0$，得 $y(3)=-\dfrac{27}{4}$ 是极小值

6．证明：令 $f(x)=\mathrm{e}^x-\mathrm{e}x$，易知 $f(x)$ 在 $(-\infty,+\infty)$ 内连续，且 $f(1)=0$，$f'(x)=\mathrm{e}^x-\mathrm{e}$

当 $x<1$ 时，$f'(x)=\mathrm{e}^x-\mathrm{e}<0$，可知 $f(x)$ 为 $(-\infty,1]$ 内的严格单调减小函数，即 $f(x)>f(1)=0$

当 $x>1$ 时，$f'(x)=\mathrm{e}^x-\mathrm{e}>0$，可知 $f(x)$ 为 $[1,+\infty)$ 上的严格单调增大函数，即 $f(x)>f(1)=0$

故对任意 $x\neq1$，有 $f(x)>0$，即 $\mathrm{e}^x-\mathrm{e}x>0$，所以 $\mathrm{e}^x>\mathrm{e}x$

7.（1）2　（2）0　（3）$\dfrac{1}{2}$　（4）0　（5）e^a　（6）1

8．解：（1）定义域为 $(-\infty,1)\cup(1,+\infty)$，当 $x\neq1$ 时，$y'=\dfrac{x^2(x-3)}{(x-1)^3}$，令 $y'=0$，得 $x=0$，$x=3$，划分定义域并列表：

x	$(-\infty,0)$	0	$(0,1)$	$(1,3)$	3	$(3,+\infty)$
y'	+	0	+	−	0	+
y	↑	不取极值	↑	↓	极小值	↑

所以，单调增区间为 $(-\infty,1)$ 和 $(3,+\infty)$；单调减区间为(1,3)，极小值为 $f(3)=\dfrac{27}{4}$

（2）$y''=\dfrac{6x}{(x-1)^4}$，当 $x>0$ 且 $x\neq1$ 时，$y''>0$；当 $x<0$ 时，$y''<0$，所以凹区间为(0,1)和 $(1,+\infty)$；凸区间为 $(-\infty,0)$；拐点为(0,0)

（3）设有斜渐近线 $y=ax+b$，则

$$a=\lim_{x\to\infty}\frac{f(x)}{x}=\lim_{x\to\infty}\frac{x^2}{(x-1)^2}=1$$

$$b=\lim_{x\to\infty}\left[f(x)-ax\right]=\lim_{x\to\infty}\left[\frac{x^3}{(x-1)^2}-x\right]=\lim_{x\to\infty}\frac{2x^2-x}{(x-1)^2}=2$$

所以斜渐近线方程为 $y=x+2$，又因为

$$\lim_{x\to1}f(x)=\lim_{x\to1}\frac{x^3}{(x-1)^2}=\infty$$

所以有垂直渐近线 $x=1$

9.（1）成本函数 $C(q)=60q+2000$，因为 $q=1000-10p$，即 $p=100-\frac{1}{10}q$，所以收入函数 $R(q)=p\times q=\left(100-\frac{1}{10}q\right)q=100q-\frac{1}{10}q^2$

（2）因为利润函数 $L(q)=R(q)-C(q)=100q-\frac{1}{10}q^2-(60q+2000)=40q-\frac{1}{10}q^2-2000$，且 $L'(q)=(40q-\frac{1}{10}q^2-2000=40-0.2q$，令 $L'(q)=0$，即 $40-0.2q=0$，得 $q=200$，$\because L''(q)=-0.2<0$，$\therefore q=200$ 是极大值点，它是 $L(q)$ 在其定义域内的唯一驻点

所以，$q=200$ 是利润函数 $L(q)$ 的最大值点，即当产量为 200t 时利润最大

10．总收益为 120，平均收益为 4，边际收益为−2

11．10%～13.3%

习题 A

一、判断题

1．× 2．√ 3．× 4．× 5．× 6．×

二、填空题

1．0 2．$n!$ 3．$ex^{e-1}+e^x+\frac{1}{x}$ 4．$\cos\left(e^x+1\right)e^x dx$ 5．$\left(2x+x^2\ln2\right)2^x$

6．$\frac{3}{5}$ 7．$\frac{3}{2}$ 8．18 9．$5A$ 10．$y-3x+2=0$

11．$y'=\frac{e^y}{1-xe^y}$ 12．$\frac{e^{\sin y}}{1-xe^{\sin y}\cos y}$ 13．$dy=-\frac{2+e^y}{\cos y+xe^y}dx$

14．$-\frac{1}{e}dx$ 15．$\frac{2t}{\left(3+t^2\right)\left(2-\sin t\right)}$ 16．1 17．$-\sec^3 t$

18．$2+\frac{2}{t}-\frac{1}{t^2}-\frac{1}{t^3}$

三、选择题

1．A 2．D 3．B 4．B 5．D 6．D 7．B 8．C 9．D

10．B 11．A 12．A 13．A 14．C 15．C

四、计算题

1．（1）$y'=-6\cos3x\sin3x=-3\sin6x$

（2） $y'=\ln\left(x+\sqrt{1+x^2}\right)+\dfrac{x}{x+\sqrt{1+x^2}}\left(1+\dfrac{x}{\sqrt{1+x^2}}\right)$

（3） $y'=\dfrac{1}{x+\sqrt{x^2-a^2}}\left(1+\dfrac{x}{\sqrt{x^2-a^2}}\right)$

（4） $y'=2x\arctan x-\dfrac{1}{2}\sin x+1$

2． $y''=[-2f'(x^2)-4x^2f''(x^2)]\sin[f(x^2)]-4x^2[f'(x^2)]^2\cos[f(x^2)]$

3． $f''(0)=12$　　4． $\dfrac{y^2-x^2}{y^3}$　　5． $y'=\dfrac{2}{2-\cos y}$

6．（1） $\mathrm{d}y=\dfrac{\sin\frac{1}{x}-x}{x^2}\mathrm{d}x$　　（2） $\mathrm{d}y=\dfrac{1}{2x\ln\sqrt{x}}\mathrm{d}x$

（3） $\mathrm{d}y=\mathrm{e}^{(1-3x)}[-3\cos x-\sin x]\mathrm{d}x$　　（4） $\mathrm{d}y=-2\sin 2x\mathrm{e}^{\cos 2x}\mathrm{d}x$

（5） $\mathrm{d}y=\left(3x^2\cos x-x^3\sin x-\sin\mathrm{e}^{\cos x}\right)\mathrm{d}x$　　（6） $\mathrm{d}y=\dfrac{2\mathrm{e}^{2x}x-\mathrm{e}^{2x}}{x^2}\mathrm{d}x$

7．解：当 $x<0$ 时，$f'(x)=-\dfrac{1}{(2x-1)^2}$；当 $x>0$ 时，$f'(x)=-\dfrac{1}{1+x}$

$f_-'(0)=\lim\limits_{x\to0^-}\dfrac{f(x)-f(0)}{x-0}=\lim\limits_{x\to0^-}\dfrac{\frac{x}{2x-1}}{x}=-1$， $f_+'(0)=\lim\limits_{x\to0^+}\dfrac{f(x)-f(0)}{x-0}=\lim\limits_{x\to0^+}\dfrac{\ln(1+x)}{x}=1$，

$f'(0)$ 不存在

$$f'(x)=\begin{cases}-\dfrac{1}{(2x-1)^2} & x<0\\ \text{不存在} & x=0\\ \dfrac{1}{1+x} & x>0\end{cases}$$

8．解：$\because (x^n)^{(n)}=n!$ $\therefore (x^3)^{(4)}=0$

$\because [\ln(ax+b)]^{(n)}=\dfrac{(-1)^{n-1}(n-1)!}{(ax+b)^n}a^n$

$\therefore [\ln(x+5)]^{(4)}=\dfrac{(-1)^3 3!}{(x+5)^4}$

$\therefore f^{(4)}(x)=(x^3)^{(4)}+[\ln(x+5)]^{(-4)}=\dfrac{(-1)^3 3!}{(x+5)^4}$ $\therefore f^{(4)}(-3)=-\dfrac{3}{8}$

9．解：$f(x)=(1+\sin x)^x$

两边取对数：$\ln f(x)=\ln(1+\sin x)^x=x\ln(1+\sin x)$

方程两边对 x 求导：$\dfrac{f'(x)}{f(x)}=\ln(1+\sin x)+\dfrac{x\cos}{1+\sin x}$

$f'(x)=\left[\ln(1+\sin x)+\dfrac{x\cos}{1+\sin x}\right](1+\sin x)^x$

$\therefore f'(\pi)=-\pi$，$\therefore \mathrm{d}y|_{x=\pi}=-\pi\mathrm{d}x$

10．解：$f(x)$ 在 $x=0$ 处连续，则有

$\lim\limits_{x\to 0^-} f(x)=\lim\limits_{x\to 0^-}(2x+b)=b=f(0)$，　$\lim\limits_{x\to 0^+} f(x)=\lim\limits_{x\to 0^+}(1+ax)=0=f(0)$ $\therefore b=0$

$f(x)$ 在 $x=0$ 处可导，则有

$$f_-'(0)=\lim_{x\to 0^-}\frac{f(x)-f(0)}{x-0}=\lim_{x\to 0^-}\frac{2x+b-b}{x}=\lim_{x\to 0^-}\frac{2x}{x}=2$$

$$f_+'(0)=\lim_{x\to 0^+}\frac{f(x)-f(0)}{x-0}=\lim_{x\to 0^+}\frac{\ln(1+ax)}{x}=\lim_{x\to 0^-}\frac{ax}{x}=a$$

∴当 a=2，b=0 时，$f(x)$ 在 $x=0$ 处可导

11．函数在 $(-\infty,1)$ 和 $(2,+\infty)$ 上单调递增，在(1,2)上单调递减，$f_{极小值}=f(2)=\frac{1}{3}$，$f_{极大值}=f(1)=\frac{2}{3}$

五、应用题

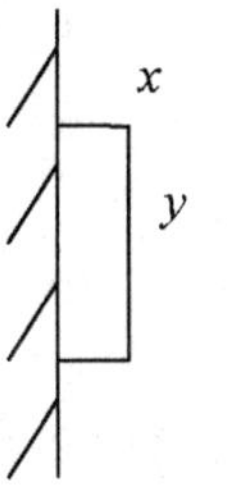

1．如右图，设一条边长为 x m，另一条边长为 y m，则由题意得 $2x+y=20$，设面积为 s，$s=xy=x(20-2x)=-2x^2+20x$，$s'(x)=-4x+20$，当 x=5 时，$s'(x)=0$ 为唯一驻点，所以一条边长为 5m，另一条边长为 10m 的长方形小屋的面积最大

2．证：令 $F(x)=xf(x)$，$x\in[0,1]$，$\because f(x)$ 在[0,1]内可导，$\therefore F(x)$ 在[0,1]内可导，又 $\because f(1)=0$ $\therefore F(0)=0$，$F(1)=f(1)=0$

由罗尔中值定理可知，至少存在一点 $\xi\in(0,1)$，使得 $F'(\xi)=0$，即 $\xi f'(\xi)+f(\xi)=0$

习题 B

一、选择题

1．D　2．D　3．B　4．D　5．D　6．D　7．A　8．A　9．D
10．C　11．A　12．C　13．A　14．B　15．D　16．C　17．D　18．A
19．B　20．C

二、填空

1．$\frac{4x}{1+4x^4}$　2．$\frac{x}{\sqrt{1+x^2}}$　3．$\frac{1}{x}-\frac{1}{x^2}-\mathrm{e}x^{\mathrm{e}-1}$　4．0　5．$(-1,1)$

6．$\frac{3}{2}$　7．$-\frac{1}{2}$　8．24　9．$2f'(x)$　10．$x^{\frac{1}{x}}\left(\frac{1-\ln x}{x^2}\right)$

三、计算题

1．$y=-x+2$

2．（1）$y'=\frac{\cot\sqrt{x}}{2\sqrt{x}}$　　（2）$y'=-2\sin x\cos x\mathrm{e}^{\cos^2 x}$

（3）$y'=(1+x^3)^{\cos x}\left[\frac{3x^2\cos x}{1+x^3}-\sin x\ln(1+x^3)\right]$　　（4）$y'=\mathrm{e}^x\ln x+\frac{\mathrm{e}^x}{x^2}$

3．解：两边取对数得：$\ln y=4\ln(2x+3)+\frac{1}{2}\ln(x-6)-\frac{1}{3}\ln(x+1)$

对上述等式两边求导得 $\frac{y'}{y}=\frac{8}{2x+3}+\frac{1}{2(x-6)}-\frac{1}{3(x+1)}$

故 $dy=\dfrac{(2x+3)^4\sqrt{x-6}}{\sqrt[3]{x+1}}\left[\dfrac{8}{2x+3}+\dfrac{1}{2(x-6)}-\dfrac{1}{3(x+1)}\right]dx$

4．解：假设 $f(x)$ 在 $x=0$ 可导，则有

$f(x)$ 在 $x=0$ 连续，故 $\lim\limits_{x\to0^-}f(x)=\lim\limits_{x\to0^+}f(x)$，即 $a=0$

故 $f(x)=\begin{cases}x^2 & x\leqslant0\\0 & x>0\end{cases}$，此时 $f_-'(0)=\lim\limits_{x\to0^-}\dfrac{f(x)-f(0)}{x-0}=\lim\limits_{x\to0^+}\dfrac{x^2}{x}=0$

$f_+'(0)=\lim\limits_{x\to0^+}\dfrac{f(x)-f(0)}{x-0}=\lim\limits_{x\to0^-}\dfrac{0}{x}=0$

故 $f(x)$ 在 $x=0$ 可导，$\therefore a=0$

5．$dy=-\dfrac{e^y}{\cos y+xe^y}dx$

6．$f(x)_{最大}=1$，$f(x)_{最小}=-26$

7.（1）1　　（2）$\dfrac{1}{2}$

8．解：定义域为 $\left(-\infty,\dfrac{3}{2}\right)\cup\left(\dfrac{3}{2},+\infty\right)$，$y=-\dfrac{(2x+3)x+8}{2x-3}=x+\dfrac{8}{2x+3}$

（1）$y'=1-\dfrac{16}{(2x-3)^2}=\dfrac{(2x+1)(2x-7)}{(2x-3)^2}$，令 $y'=0$，得驻点 $x=-\dfrac{1}{2}$，$x=\dfrac{7}{2}$，列表：

x	$(-\infty,-\frac{1}{2})$	$-\frac{1}{2}$	$(-\frac{1}{2},\frac{3}{2})$	$\left(\frac{3}{2},\frac{7}{2}\right)$	$\frac{7}{2}$	$\left(\frac{7}{2},+\infty\right)$
y'	+	0	−	−	0	+
y	↑	极大值	↓	↓	极小值	↑

$\therefore$ 单增区间：$\left(-\infty,-\dfrac{1}{2}\right)$，$\left(\dfrac{7}{2},+\infty\right)$；单减区间：$\left(-\dfrac{1}{2},\dfrac{3}{2}\right)$，$\left(\dfrac{3}{2},\dfrac{7}{2}\right)$

（2）$y''=\dfrac{64}{(2x-3)^3}$

当 $x<\dfrac{3}{2}$ 时，$y''<0$，凸区间为 $\left(-\infty,\dfrac{3}{2}\right)$，当 $x>\dfrac{3}{2}$ 时，$y''>0$，凹区间为 $\left(\dfrac{3}{2},+\infty\right)$

9．解：定义域为 $(-\infty,+\infty)$，$f'(x)=\dfrac{1}{\sqrt{2\pi}}\cdot e^{-\frac{x^2}{2}}\cdot(-x)=-\dfrac{1}{\sqrt{2\pi}}xe^{-\frac{x^2}{2}}$

令 $f'(x)=0$，所以 $x=0$（驻点）

当 $x<0$ 时，$f'(x)>0$，$f'(x)$ 在 $(-\infty,0)$ 内单调递增；当 $x>0$ 时，$f'(x)<0$，$f(x)$ 在 $(0,+\infty)$ 上单调递减，所以 $f(x)$ 在 $x=0$ 处取得极大值 $\dfrac{1}{\sqrt{2\pi}}$

又因 $f''(x)=-\dfrac{1}{\sqrt{2\pi}}e^{-\frac{x^2}{2}}+\dfrac{1}{\sqrt{2\pi}}x^2e^{-\frac{x^2}{2}}=\dfrac{1}{\sqrt{2\pi}}e^{-\frac{x^2}{2}}(x^2-1)$

令 $f''(x)=0$，$x_1=-1$，$x2=1$，划分定义域并列表：

x	$(-\infty,-1)$	-1	$(-1,1)$	1	$(1,+\infty)$
y''	+	0	−	0	+
y	凹	拐点	凸	拐点	凹

所以拐点为$\left(-1,-\frac{1}{\sqrt{2\pi}}\mathrm{e}^{-\frac{1}{2}}\right)$和$\left(1,\frac{1}{\sqrt{2\pi}}\mathrm{e}^{-\frac{1}{2}}\right)$

凹区间为$(-\infty,-1)$和$(1,+\infty)$，凸区间为$(-1,1)$

$\lim\limits_{x\to\infty}f(x)=\lim\limits_{x\to\infty}\frac{1}{\sqrt{2\pi}}\mathrm{e}^{-\frac{x^2}{2}}=0$，即水平渐近线为$y=0$

10．解：令$f(x)=\ln x-ax$，$x\in(0,+\infty)$，则$f'(x)=\frac{1}{x}-a=\frac{1-ax}{x}$，令$f'(x)=0$得$x=\frac{1}{a}$

当$0<x<\frac{1}{a}$时，$f'(x)>0$；当$x>\frac{1}{a}$时，$f'(x)<0$

又因当$x=\frac{1}{a}$时，$f\left(\frac{1}{a}\right)=\ln\frac{1}{a}-1=-\ln a-1$

$\lim\limits_{x\to0^+}f(x)=\lim\limits_{x\to0^+}[\ln x-ax]=-\infty$，$\lim\limits_{x\to+\infty}f(x)=\lim\limits_{x\to+\infty}[\ln x-ax]=\lim\limits_{x\to+\infty}\ln\frac{x}{\mathrm{e}^{ax}}=-\infty$

所以由零点定理结合单调性可知，当$0<a<\frac{1}{\mathrm{e}}$时，$f\left(\frac{1}{a}\right)>0$，方程$\ln x=ax$（$a>0$）有两个实根；当$a>\frac{1}{\mathrm{e}}$时，$f\left(\frac{1}{a}\right)<0$，方程$\ln x=ax$（$a>0$）无实根；当$a=\frac{1}{\mathrm{e}}$时，$f\left(\frac{1}{a}\right)=0$，方程$\ln x=ax$（$a>0$）仅有一个实根

四、应用题

1．解：设利润为$f(x)$，则$f(x)=r(x)-c(x)=60x-(2x^3-12x^2+30x+21)$（$x\geqslant0$）

则$f'(x)=-(6x^2-24x-30)$，令$f'(x)=0$，得$x_1=-1$（舍去），$x_2=5$

当$0\leqslant x<5$时，$f'(x)>0$；当$x>5$时，$f'(x)<0$

当$x=5$时，$f(x)$取符极大值，且为最大值，∴生产 5 千件产品时，取得的利润最大

2．证明：∵$f(x)$在$[0,2]$内可导，∴$f(x)$在$[0,2]$内连续，

∵$f(1)=1>0$，$f(2)=-1<0$，

∴由零点定理得$\exists c_1\in(1,2)$，使得$f(c_1)=0$，∴$f(0)=f(c_1)=0$

∵$f(x)$在$[0,c_1]$内可导，∴由罗尔中值定理可得$\exists c_2\in(0,c_1)$，使得$f'(c_2)=0$

令$F(x)=x\cdot\mathrm{e}^{2x}f'(x)$，则$F(0)=0,F(c_2)=0$

∴$F(0)=F(c_2)$，又$F(x)$在$[0,c_2]$内连续，在$[0,c_2]$内可导

∴由罗尔中值定理可得$\exists\xi\in(0,c_2)\subset(0,2)$，使得$F'\xi=0$，$F'\xi=2\xi f'(\xi)+\xi f''(\xi)=0$

3．证明：(1) ∵$f(x)$在$[a,b]$内连续，在(a,b)内二阶可导

∴将$f(x)$在区间$[a,c]$和$[c,b]$内分别应用拉格朗日中值定理，可知至少存在一点$\xi_1\in(a,c)$，$\xi_2\in(c,b)$，使得$f'(\xi_1)=\frac{f(c)-f(a)}{c-a}$，$f'(\xi_2)=\frac{f(b)-f(c)}{b-c}$

由于$(a,f(a))$，$(b,f(b))$，$(c,f(c))$在同一条直线上，可得$f'(\xi_1)=f'(\xi_2)$

（2）因为 $f(x)$ 在 (a,b) 内二阶可导，所以将 $f'(x)$ 在 $[\xi_1,\xi_2]\subset[a,b]$ 内应用罗尔中值定理可知，至少存在一点 $\xi\in(\xi_1,\xi_2)$，使得 $F''(\xi)=0$

第3章习题答案

思考题 3.1

对

练习题 3.1

1.（1）$\sin x+\cos x+c$ ，$\sin x-\cos x+c$

（2）$x^2\mathrm{e}^x$

（3）$\mathrm{e}^{-x}+c$ ，$-\mathrm{e}^{-x}+c$ ，$x+c$

2.（1）D （2）B （3）C （4）B （5）C （6）C

3.（1）$3x+\dfrac{1}{4}x^4-\dfrac{1}{2x^2}+\dfrac{3^x}{\ln 3}+c$ （2）$-\cos x+2\arcsin x+c$

（3）$\dfrac{8}{5}x^{\frac{5}{2}}-8x^{\frac{3}{2}}+18x^{\frac{1}{2}}+c$ （4）$\dfrac{2}{3}x^3-2x+2\arctan x+c$

（5）$-\dfrac{1}{x}-\arctan x+c$ （6）$\dfrac{2}{3}x^{\frac{3}{2}}-3x+c$

（7）$\dfrac{1}{2}(x-\sin x)+c$ （8）$\dfrac{1}{2}(x+\tan x)+c$

4. $y=\ln x+1$

思考题 3.2

略

练习题 3.2

1.（1）$\dfrac{1}{102}(2x+1)^{51}+c$ （2）$-\dfrac{1}{4x+6}+c$

（3）$\dfrac{1}{2}\sqrt{4x+3}+c$ （4）$\dfrac{1}{4}\cos(5-4x)+c$

（5）$\dfrac{1}{2}\ln(x^2+4)+c$ （6）$\dfrac{1}{2}\ln\left|x^2-4x-5\right|+c$

（7）$\ln(\mathrm{e}^x+1)+c$ （8）$\dfrac{1}{12}(4x^2-1)^{\frac{3}{2}}+c$

（9）$\dfrac{1}{3}(\ln x)^3+c$ （10）$\ln\left|\ln x\right|+c$

（11）$\sin \mathrm{e}^x+c$ （12）$2\mathrm{e}^{\sqrt{x}}+c$

（13）$\dfrac{1}{12}\ln\left|\dfrac{3+2x}{3-2x}\right|+c$ （14）$\cos\dfrac{1}{x}+c$

（15）$-\frac{1}{4}\cos^4 x+c$　　（16）$\frac{1}{2}\sin x^2+c$

（17）$\sqrt{x^2-9}-3\arccos\frac{3}{|x|}+C$　　（18）$\arcsin x-\frac{x}{1+\sqrt{1-x^2}}+C$

（19）$4\ln|x-3|-3\ln|x-2|+C$　　（20）$\ln|x-1|+\frac{1}{x-1}-\ln|x+1|+C$

2.（1）$\frac{1}{4}x\sin 4x+\frac{1}{16}\cos 4x+c$　　（2）$x^2\sin x+2x\cos x-2\sin x+c$

（3）xe^x-e^x+c　　（4）$-\frac{1}{4}xe^{-4x}-\frac{1}{16}e^{-4x}+c$

（5）$x^2e^x-2xe^x+2e^x+c$　　（6）$-x^2\cos x+2x\sin x+2\cos x+c$

（7）$\frac{1}{3}x^3\ln x-\frac{1}{9}x^3+c$　　（8）$x\ln(x^2+1)-2(x-\arctan x)+c$

（9）$2\sqrt{x}\sin\sqrt{x}+2\cos\sqrt{x}+c$　　（10）$\frac{1}{5}e^x(\cos 2x+2\sin 2x)+c$

3. $\cos x-\frac{2\sin x}{x}+c$

思考题 3.3

不对

练习题 3.3

1.（1）$\int_0^1 x\mathrm{d}x$　（2）0　（3）0

2.（1）对　（2）错　（3）对　（4）对

3.（1）$\frac{\pi}{2}$　（2）$\frac{3}{2}$　（3）0　（..4）0

4.（1）错　（2）错　（3）对　（4）对

5. [1,2]

6. 0，$x=0$

思考题 3.4

定积分的换元积分法应注意积分区间的变化

练习题 3.4

1.（1）0　（2）e^2-e

2. $\frac{11}{6}$

3.（1）-2　（2）$1-\frac{\pi}{4}$　（3）$\pi-\frac{4}{3}$

（4）$2\ln 2$　（5）$\frac{\pi}{16}$　（6）$\frac{1}{6}$

（7）$2\left(\sqrt{3}-\dfrac{\pi}{3}\right)$　　（8）$2(2-\ln 3)$　　（9）1

（10）1　　（11）1　　（12）$\dfrac{8}{3}$

思考题 3.5

略

练习题 3.5

1.（1）$\sqrt{1+x^2}$　　（2）$\int_0^{x^2}\sin t\mathrm{d}t+2x^2\sin x^2$

（3）$2\ln(2x)-\ln x$　　（4）$-x^2\mathrm{e}^{-x^2}$

2.（1）$\dfrac{9}{2}$　　（2）$\dfrac{1}{2}$

3.（1）1　　（2）发散　　（3）1　　（4）发散

思考题 3.6

略

练习题 3.6

1.（1）输入命令为

```
int('-2*x/(1+x^2)^2')
```

输出结果为

```
ans = 1/(1+x^2)
```

（2）输入命令为

```
int('x/(1+z^2)','z')
```

输出结果为

```
ans = atan(z)*x
```

（3）输入命令为

```
int('x*log(1+x)',0,1)
```

输出结果为

```
ans = 1/4
```

（4）输入命令为

```
int('2*x','sin(t)','log(t)')
```

输出结果为

```
ans = log(t)^2-sin(t)^2
```

2. 输入命令为

```
syms x
   f=(x^2+1)/(x^2-2*x+2)^2;
   g=cos(x)/(sin(x)+cos(x));
   h=exp(-x^2);
   I=int(f)
```

```
J=int (g, 0, pi/2)
K=int (h, 0, inf)
```

输出结果为

```
I =1/4* (2*x-6) / (x^2-2*x+2) +3/2*atan (x-1)
J =1/4*pi
K =1/2*pi^ (1/2)
```

思考题 3.7

略

练习题 3.7

1.（1）$\sqrt{3}\pi$ （2）$\frac{5}{3}$ （3）$2-\frac{2}{e}$ （4）$e+\frac{1}{e}-2$

（5）$\frac{\pi}{2}\left(e^2+e^{-2}-2\right)$ （6）$\frac{2}{5}\pi$

2.（1）$\frac{1}{\ln 2}-\frac{1}{2}$ （2）$\frac{4}{3}$ （3）$\frac{4}{3}$ （4）$\frac{\pi}{2}\left(e^2+1\right)$

（5）$\frac{62}{15}\pi$ （6）2π （7）$2\pi^2$

3. $C(x)=\frac{2}{3}x^3-20x^2+1163x+4000$，产量为30时的总成本为$C(30)=38890$

4. $\frac{1}{\ln 2}$

习题A

一、填空题

1. $\ln|x+1|+C$ 2. $e^x-\sin x$ 3. $\frac{1}{6}x^6+C$ 4. $\frac{1}{x}$

5. $3x^2$ 6. 0 7. 0

二、选择题

1. C 2. D 3. A 4. B 5. D 6. B 7. A 8. B

三、计算与应用题

1. $2\sqrt{e^x+1}+C$

2. $\frac{1}{2}\ln(2e^x+1)+C$

3. $x^3-x+\arctan x+C$

4. $\frac{1}{3}xe^{3x}-\frac{1}{9}e^{3x}+C$

5. $-\frac{\sqrt{(1+x^2)^3}}{3x^3}+\frac{\sqrt{1+x^2}}{x}+C$

6. $\frac{1}{2}x^2\ln x-\frac{1}{4}x^2+C$

7. $\frac{1}{12}x^3-\frac{25}{16}x+\frac{125}{32}\arctan\frac{2x}{5}+C$

8. $\frac{8}{3}$

9. $2\ln 2$

10. 4

11. $\frac{9}{2}$

12. 280（万元）

习题 B

一、填空题

1. $-e^{-x}f\left(e^{-x}\right)-f\left(x\right)$　2. $\frac{\pi}{12}$　3. $-\frac{1}{2}$　4. 0

5. $\frac{2}{\pi}$　6. 2　7. 0　8. $2-\frac{2}{e}$

二、选择题

1. B　2. A　3. B　4. B　5. D　6. A　7. C　8. C

三、综合题

1. $f\left(x\right)=4x^3-\frac{3}{2}x^2$　2. $f\left(x\right)=0$ 在 $\left(0,1\right)$ 有且仅有一个实根

3. 2　4. $a^2f\left(a\right)$

5.（1）1　（2）$\frac{1}{2}\pi(e^2+1)$　6. $\frac{16}{3}$

7. $V_x=\frac{44}{15}\pi$，$V_y=\pi\left(\frac{4}{3}\sqrt{2}-\frac{7}{6}\right)$　8. 当 $t=\frac{1}{4}$ 时 S_1+S_2 最小

9.（1）r=8（km）　（2）$\frac{512000\pi}{3}\approx 536165$（人）

第 4 章习题答案

思考题 4.1

1. 不一定
2. 是的

练习题 4.1

1.（1）一阶　（2）二阶　（3）一阶　（4）二阶

2.（1）是　（2）是　（3）不是　（4）是

3.（1）$y^2-x^2=25$　（2）$y=-\cos x$

4. $y'=x^2$

思考题 4.2

略

练习题 4.2

1.（1）$y=e^{cx}$　（2）$\arcsin y=\arcsin x+C$　（3）$\tan x\tan y=C$

（4）$(e^x+1)(e^y-1)=C$　（5）$\sin x\sin y=C$　（6）$(x-4)y^4=Cx$

2.（1）$y+\sqrt{y^2-x^2}=Cx^2$　（2）$\ln\frac{y}{x}=Cx+1$　（3）$x+2ye^{\frac{x}{y}}=C$

3.（1）$2e^y=e^{2x}+1$　（2）$\ln y=\csc x-\cot x$　（3）$e^x+1=2\sqrt{2}\cos y$

4.（1）$y^3 = y^2 - x^2$　　（2）$\arctan\frac{y}{x} + \ln\left(x^2 + y^2\right) = \frac{\pi}{4} + \ln 2$

思考题 4.3

略

练习题 4.3

1.（1）$y = \mathrm{e}^{-x}(x + C)$　　（2）$\rho = \frac{2}{3} + C\mathrm{e}^{-3\theta}$　　（3）$y = (x + C)\mathrm{e}^{-\sin x}$

（4）$y = C\cos x - 2\cos^2 x$　　（5）$y = \frac{1}{x^2 - 1}(\sin x + C)$　　（6）$y = 2 + C\mathrm{e}^{-x^2}$

（7）$x = \frac{1}{2}y^2 + Cy^3$　　（8）$2x\ln y = \ln^2 y + C$

2.（1）$y = x\sec x$　　（2）$y = \frac{1}{x}(\pi - 1 - \cos x)$

（3）$y\sin x + 5\mathrm{e}^{\cos x} = 1$　　（4）$2y = x^3 - x^3\mathrm{e}^{\frac{1}{x^2} - 1}$

思考题 4.4

略

练习题 4.4

1.（1）$y = C_1\mathrm{e}^{x} + C_2\mathrm{e}^{-2x}$　　（2）$y = C_1 + C_2\mathrm{e}^{4x}$

（3）$y = C_1\cos x + C_2\sin x$　　（4）$y = \mathrm{e}^{-3x}(C_1\cos 2x + C_2\sin 2x)$

（5）$x = (C_1 + C_2 t)\mathrm{e}^{\frac{5}{2}t}$　　（6）$y = \mathrm{e}^{2x}(C_1\cos x + C_2\sin x)$

2.（1）$y = C_1\mathrm{e}^{\frac{x}{2}} + C_2\mathrm{e}^{-x} + \mathrm{e}^{x}$　　（2）$y = C_1\cos ax + C_2\sin ax + \frac{1}{1 + a^2}\mathrm{e}^{x}$

（3）$y = C_1 + C_2\mathrm{e}^{-\frac{5}{2}x} + \frac{1}{3}x^3 - \frac{3}{5}x^2 + \frac{7}{25}x$　　（4）$y = C_1\mathrm{e}^{-x} + C_2\mathrm{e}^{-2x} + \left(\frac{3}{2}x^2 - 3x\right)\mathrm{e}^{-x}$

（5）$y = C_1\mathrm{e}^{-x} + C_2\mathrm{e}^{-4x} - \frac{x}{2} + \frac{11}{8}$　　（6）$y = (C_1 + C_2 x)\mathrm{e}^{3x} + x^2\left(\frac{1}{6}x + \frac{1}{2}\right)\mathrm{e}^{3x}$

思考题 4.5

MATLAB 系统默认的自变量是 t，所以遇到自变量为 t 的，都可以省略，但遇到其他变量，必须在命令后面指出变量.

练习题 4.5

1．dsolve（'Dy=1/（x+y）'，'x'）

2．dsolve（'Dy+3*y=8'，'y（0）=2'，'x'）

ans =

　　8/3-2/3*exp（-3*x）

3．dsolve（'D2y+4*Dy+29*y=0'，'y（0）=0，Dy（0）=15'，'x'）

ans =

3*exp（-2*x）*sin（5*x）

4．[X，Y]=dsolve（'Dx+5*x+y=exp（t），Dy-x-3*y=exp（2*t）'，'t'）

X=simple（x）%将 x 简化

Y=simple（y）

思考题 4.6

略

练习题 4.6

1．这是一个动力学问题，设 t 时雨点运动速度为 $v(t)$，这时雨点的质量为 (m_0-mt)，由牛顿第二定律得

$$(m_0-mt)\frac{\mathrm{d}v}{\mathrm{d}t}=(m_0-mt)g-kv \quad v(0)=0$$

这是一个一阶线性方程，其通解为

$$v=\mathrm{e}^{-\int\frac{k}{m_0-mt}\mathrm{d}t}(C+\int g\mathrm{e}^{\int\frac{k}{m_0-mt}\mathrm{d}t}\mathrm{d}t)$$

$$=-\frac{g}{m-k}(m_0-mt)+C(m_0-mt)^{\frac{k}{m}}$$

由 $v(0)=0$，得

$$C=\frac{g}{m-k}m_0^{\frac{m-k}{m}}$$

故

$$v=\frac{g}{m-k}(m_0-mt)+\frac{g}{m-k}m_0^{\frac{m-k}{m}}(m_0-mt)^{\frac{k}{m}}$$

2.（1）根据题意，设 a 为比例常数，则有

$$\frac{\mathrm{d}G}{\mathrm{d}t}=k-aG$$

解此方程，得

$$G(t)=\frac{k}{a}+C\mathrm{e}^{-at}$$

$G(0)$ 表示最初血液中葡萄糖的含量，所以有

$$G(0)=\frac{k}{a}+C$$

即

$$C=G(0)-\frac{k}{a}$$

这样便得到 $$G(t)=\frac{k}{a}+(G(0)-\frac{k}{a})\mathrm{e}^{-at}$$

（2）当 $t\to+\infty$ 时，$\mathrm{e}^{-at}\to 0$，所以

$$G(t) \to \frac{k}{a}$$

故血液中葡萄糖的平衡含量为$\frac{k}{a}$.

3．设t时刻的细菌数为$q(t)$，由题意建立微分方程$\frac{\mathrm{d}q}{\mathrm{d}t} = kq,\ k > 0$.

求解方程得$q = c\mathrm{e}^{kt}$，再设$t = 0$时，细菌数为q_0，求得方程的解为$q = q_0\mathrm{e}^{kt}$.

（1）由$q(4) = 2q_0$即$q_0\mathrm{e}^{4k} = 2q_0$得$k = \frac{\ln 2}{4}$，则有

$$q(12) = q_0\mathrm{e}^{12k} = q_0\mathrm{e}^{12\frac{\ln 2}{4}} = 8q_0$$

（2）由条件知

$$q(3) = q_0\mathrm{e}^{3k} = 10^4, \qquad q(5) = q_0\mathrm{e}^{5k} = 4\times 10^4$$

比较两式得$k = \frac{\ln 4}{2}$，再由

$$q(3) = q_0\mathrm{e}^{3k} = q_0\mathrm{e}^{3\frac{\ln 4}{2}} = 8q_0 = 10^4$$

得

$$q_0 = 1.25\times 10^3$$

习题A

一、选择题

1．A　2．B　3．A　4．B　5．C　6．A　7．C　8．A　9．A　10．C

二、填空题

1．2　2．$y = C\mathrm{e}^{-x}$　3．$y = C\mathrm{e}^{-\frac{2}{x}}$　4．$(\mathrm{e}^x + C)\mathrm{e}^x + 1 = 0$

5．$y = C\mathrm{e}^{-\int P(x)\mathrm{d}x} + \mathrm{e}^{-\int P(x)\mathrm{d}x}\int Q(x)\mathrm{e}^{\int P(x)\mathrm{d}x}\mathrm{d}x$

三、计算题

1．（1）$x^2 - y^2 = C$　（2）$y = \mathrm{e}^{C\mathrm{e}^x}$　（3）$\mathrm{e}^y - \mathrm{e}^x = C$

（4）$\sin y\cos x \pm \mathrm{e}^{C_1} = C, C \neq 0$

2．（1）$y = 1$　（2）$y = \frac{1}{\ln\left|x^2 - 1\right| + 1}$

（3）$y = (x-2)^3$和$y = 0$　（4）$\frac{x}{y} = -\mathrm{e}^{-2}\mathrm{e}^{\frac{1}{x}-\frac{1}{y}}$

3．（1）$x(y - x) = Cy, y = 0$　（2）$\sin\frac{y}{x} = Cx$

（3）$\ln\left(1 + \frac{y}{x}\right) = Cx$　（4）$\arcsin\frac{y}{x} = \ln Cx, y = \pm x$

4．（1）$y = C\mathrm{e}^{-x^2} + 2$　（2）$y = (x-2)(x^2 - 4x + C)$

（3）$\rho = Ce^{-3\theta} + \frac{2}{3}, 3\rho = Ce^{-3\theta} + 2$　　（4）$y = e^{x^2}(\sin x + C)$

5.（1）$y = 4e^{x} + 2e^{3x}$　　（2）$y = 2e^{-\frac{1}{2}x} + xe^{-\frac{1}{2}x}$

6.（1）$y = C_1 e^{x} + C_2 e^{2x} + x\left(\frac{1}{2}x - 1\right)e^{2x}$　　（2）$y = C_1 \cos x + C_2 \sin x + x + \frac{1}{2}e^{x}$

（3）$y = C_1 \cos x + C_2 \sin x - 2x\cos x$　　（4）$y = C_1 \cos x + C_2 \sin x - \frac{1}{3}x\cos 2x + \frac{4}{9}\sin 2x$

7．2400s

习题 B

一、选择题

1．D　　2．C

二、填空题

1．微分方程中出现的导数的最高阶数

2．微分方程的解中含有任何常数，且任意常数的个数与微分方程的阶数相同

3．$y'' - 3y' + 2y = 0$

4．$\frac{y_1(x)}{y_2(x)} \neq$ 常数

三、计算题

1.（1）$x(ax^2 + bx + c)$　　（2）$ax^2 e^{3x}$　　（3）$(ax + b)e^{-x}$

（4）$xe^{-x}(a\cos 2x + b\sin 2x)$　　（5）$a\cos 2x + b\sin 2x$

2.（1）$y = x + \frac{C}{\ln x}$　　（2）$x = e^{-y}(y^2 + C)$

（3）$y = C_1 \cos 2x + C_2 \sin 2x - \frac{x}{8}\cos 2x$

3.（1）$\frac{1}{2x}(1 + \ln^2 x)$　　（2）$y = e^{2x} + (-x^2 - x + 1)e^{x}$

4．$y = -\frac{m^2 g}{\lambda^2} + \frac{m^2 g}{\lambda^2} e^{\frac{\lambda}{m}t} - \frac{mg}{\lambda}t$

第 5 章习题答案

思考题 5.1

不一定，有些级数虽然通项趋于 0，但仍然是发散的，如调和级数 $\sum_{n=1}^{\infty}\frac{1}{n}$，即 $\lim_{n\to\infty}\frac{1}{n} = 0$，但该级数是发散的

练习题 5.1

1.（1）收敛　　（2）发散　　（3）收敛　　（4）发散

2.（1）收敛　　（2）发散　　（3）收敛　　（4）发散

3．（1）收敛　　（2）发散　　（3）发散　　（4）发散

思考题 5.2

不一定.

练习题 5.2

1．（1）收敛　　（2）发散　　（3）收敛　　（4）收敛

2．（1）发散　　（2）发散　　（3）收敛　　（4）收敛

3．（1）绝对收敛　　（2）条件收敛　（3）绝对收敛

4．略.

思考题 5.3

略.

练习题 5.3

1．（1）$R=\frac{1}{2}$　　（2）$R=3$　　（3）$R=0$　　（4）$R=+\infty$

2．（1）$[-\sqrt{3},\sqrt{3}]$　　（2）$\left[-\frac{1}{2},\frac{1}{2}\right]$　（3）$(-3,3)$　　（4）$(0,4)$

3．（1）$s(x)=\frac{1}{(1-x)^2}, x\in(-1,1)$

（2）$s(x)=-x\ln|1-x|, x\in[-1,1)$

思考题 5.4

略.

练习题 5.4

1．（1）$f(x)=\frac{3}{2}+\frac{2}{\pi}\left[\sin x+\frac{1}{3}\sin 3x+\cdots+\frac{1}{2k-1}\sin(2k-1)x+\cdots\right]$ $(-\infty<x<+\infty$，$x\neq 0,\pm\pi,\pm 2\pi\cdots)$

（2）$f(x)=2\sum_{n=1}^{\infty}\frac{(-1)^{n-1}}{n}\sin nx$ $(-\infty<x<+\infty$，$x\neq 0,\pm\pi,\pm 2\pi\cdots)$

2．$f(x)=\frac{4}{\pi}\left(\sin\pi x+\frac{1}{3}\sin 3\pi x+\frac{1}{5}\sin 5\pi x+\cdots\right)$　$(-\infty<x<+\infty$，$x\neq 2k+1$，$k\in\mathbf{Z})$

3．$f(x)=\frac{4}{\pi^2}\sum_{n=1}^{\infty}\frac{(-1)^n-1}{n}\cos\frac{n\pi x}{2}$，$x\in[0,2]$

思考题 5.5

略.

练习题 5.5

1．略.

2．略.

思考题 5.6

略.

练习题 5.6

1. $\sin^2 x=\frac{1-\cos 2x}{2}=\frac{1}{2}-\frac{1}{2}\sum_{n=0}^{\infty}(-1)^n\frac{2^{2n}x^{2n}}{(2n)!}$，$x\in(-\infty,+\infty)$

2. $f(x)=\frac{1}{x(x+3)}=\frac{1}{3}\left(\frac{1}{x}-\frac{1}{x+3}\right)=\frac{1}{3}\left(\frac{1}{1+x-1}-\frac{1}{4}\frac{1}{1+\frac{x-1}{4}}\right)$

$$=\frac{1}{3}\left[\sum_{n=0}^{\infty}(-1)^n(x-1)^n-\frac{1}{4}\sum_{n=0}^{\infty}\frac{(-1)^n}{4^n}(x-1)^n\right],\ x\in(0,2)$$

3. $f(x)=\frac{1}{x+1}=\frac{1}{2+x-1}=\frac{1}{2}\frac{1}{1+\frac{x-1}{2}}=\frac{1}{2}\sum_{n=0}^{\infty}\frac{(-1)^n}{2^n}(x-1)^n$

$$=\sum_{n=0}^{\infty}\frac{(-1)^n}{2^{n+1}}(x-1)^n,\ x\in(-1,3)$$

4. $\because f'(x)=\frac{1}{1+x^2}$ 且 $\frac{1}{1+x}=\sum_{n=0}^{\infty}(-1)^n x^n$，$x\in(-1,1)$

$\therefore\ f(x)=\int_0^x\sum_{n=0}^{\infty}(-1)^n t^{2n}dt=\sum_{n=0}^{\infty}(-1)^n\frac{1}{2n+1}t^{2n+1}\Big|_0^x=\sum_{n=0}^{\infty}(-1)^n\frac{1}{2n+1}x^{2n+1}$，$x\in[-1,1]$

习题 A

一、选择题

1. C　2. B　3. D　4. D　5. C　6. D　7. B

二、填空题

1. 0　2. $\frac{1}{2}$　3. $\frac{1}{1+x}$　4. 1　5. $(1-L,1+L)$

6. $\left(-\frac{1}{2},\frac{1}{2}\right]$　7. $(-1,1)$　8. $R=1$　9. $R=2$

三、计算题

1.（1）收敛　（2）收敛　（3）收敛　（4）收敛　（5）发散　（6）收敛
（7）收敛　（8）收敛

2. 解：$f(x)=\frac{1}{x^2+4x+3}=\frac{1}{(x+1)(x+3)}=\frac{1}{2}\left[\frac{1}{x+1}-\frac{1}{x+3}\right]$

因为 $\frac{1}{1-x}=\sum_{n=0}^{\infty}x^n$，$x\in(-1,1)$

所以

$$\frac{1}{1+x}=\frac{1}{2+(x-1)}=\frac{1}{2}\cdot\frac{1}{1+\frac{x-1}{2}}=\frac{1}{2}\sum_{n=0}^{\infty}(-1)^n\cdot\left(\frac{x-1}{2}\right)^n=\sum_{n=0}^{\infty}\frac{(-1)^n(x-1)^n}{2^{n+1}},\ \left|\frac{x-1}{2}\right|<1$$

$$\frac{1}{x+3}=\frac{1}{4+(x-1)}=\frac{1}{4}\cdot\frac{1}{1+\frac{x-1}{4}}=\frac{1}{4}\sum_{n=0}^{\infty}(-1)^n\cdot\left(\frac{x-1}{4}\right)^n=\sum_{n=0}^{\infty}(-1)^n\cdot\frac{(x-1)^n}{4^{n+1}}，\quad\left|\frac{x-1}{4}\right|<1$$

$$f(x)=\sum_{n=0}^{\infty}\frac{(-1)^n(x-1)^n}{2^{n+2}}-\sum_{n=0}^{\infty}(-1)^n\cdot\frac{(x-1)^n}{2^{2n+3}}=\sum_{n=0}^{\infty}\left[\frac{1}{2^{n+2}}-\frac{1}{2^{2n+3}}\right](-1)^n\cdot(x-1)^n，\quad x\in(-1,3)$$

因此$\sum\limits_{n=0}^{\infty}\left(\frac{1}{2^{n+2}}-\frac{1}{2^{2n+3}}\right)(-1)^n(x-1)^n$，收敛域为$x\in(-1,3)$

3．解：$f(x)=\frac{1}{3+4x}=\frac{1}{4(x+2)-5}=-\frac{1}{5}\cdot\frac{1}{1-\frac{4}{5}(x+2)}$，又∵ $\frac{1}{1-x}=\sum\limits_{n=0}^{\infty}x^n$，$x\in(-1,1)$

$$\therefore f(x)=-\frac{1}{5}\sum_{n=0}^{\infty}\left[\frac{4}{5}(x+2)\right]^n=-\sum_{n=0}^{\infty}\frac{4^n}{5^{n+1}}(x+2)^n，\quad -1<\frac{4}{5}(x+2)<1$$

$$\therefore f(x)=-\sum_{n=0}^{\infty}\frac{4^n}{5^{n+1}}(x+2)^n，\quad x\in\left(-\frac{13}{4},-\frac{3}{4}\right)$$

4．解：∵ $\lim\limits_{n\to\infty}\frac{a_{n+1}}{a_n}=\lim\limits_{n\to\infty}\frac{(n+1)(n+2)}{n(n+1)}=1$，当$x=\pm1$时，$\sum\limits_{n=1}^{\infty}n(n+1)$和$\sum\limits_{n=1}^{\infty}(-1)^n n(n+1)$

∴ $\sum\limits_{n=1}^{\infty}n(n+1)x^n$的收敛区间为$x\in(-1,1)$，又因两级数都发散，故幂级数$\sum\limits_{n=1}^{\infty}n(n+1)x^n$的收敛域为$x\in(-1,1)$

令$S(x)=\sum\limits_{n=1}^{\infty}n(n+1)x^n$，逐项积分得$\int_0^x S(t)\mathrm{d}t=\sum\limits_{n=1}^{\infty}nx^{n+1}=x^2\cdot\sum\limits_{n=1}^{\infty}nx^{n-1}$

再令$g(x)=\sum\limits_{n=1}^{\infty}nx^{n-1}$，逐项积分得$\int_0^x g(t)\mathrm{d}t=\sum\limits_{n=1}^{\infty}x^n=\frac{x}{1-x}$，$x\in(1,1)$

再由逐项可导，求得$g(x)=\left(\frac{x}{1-x}\right)'=\frac{1}{(1-x)^2}$，故$\int_0^x S(t)\mathrm{d}t=x^2\cdot g(x)=\frac{x^2}{(1-x)^2}$

再逐项可导，求得$S(x)=\left[\frac{x^2}{(1-x)^2}\right]'=\frac{2x}{(1-x)^3}$，$x\in(-1,1)$

5．解：∵ $\lim\limits_{n\to\infty}\frac{a_{n+1}}{a_n}=\lim\limits_{n\to\infty}\frac{n+1}{n}=1$

∴幂级数$\sum\limits_{n=1}^{\infty}nx^{n-1}$的收敛区间为$x\in(-1,1)$，又∵当$x=\pm1$时$\sum\limits_{n=1}^{\infty}n$和$\sum\limits_{n=1}^{\infty}(-1)^{n-1}n$都发散

∴幂级数$\sum\limits_{n=1}^{\infty}nx^{n-1}$的收敛域为$x\in(-1,1)$

令$S(x)=\sum\limits_{n=1}^{\infty}nx^{n-1}$，逐项积分得$\int_0^x S(t)\mathrm{d}t=\sum\limits_{n=1}^{\infty}x^n=\frac{x}{1-x}$，$x\in(-1,1)$

再由逐项可导得$S(x)=\left(\frac{x}{1-x}\right)'=\frac{1}{(1-x)^2}$，$x\in(-1,1)$

6．解：$\because \dfrac{1}{1-x}=\sum\limits_{n=0}^{\infty}x^n$，$x\in(-1,1)$，$\therefore \left(\dfrac{1}{1-x}\right)'=\dfrac{1}{(1-x)^2}=\sum\limits_{n=1}^{\infty}nx^{n-1}$，$x\in(-1,1)$

即 $f(x)=\dfrac{1}{(1-x)^2}=\sum\limits_{n=1}^{\infty}nx^{n-1}$，$x\in(-1,1)$

习题 B

一、选择题

1．D　2．A　3．D　4．D　5．A　6．D　7．D　8．B　9．C　10．B　11．D

二、填空题

1．发散　2.收敛　3．$\dfrac{2}{n(n+1)}$　4．$-\dfrac{\pi^2}{12}$　5．2e

三、计算题

1．因为正项数列$\{a_n\}$单调减小，所以数列$\{a_n\}$有下界 0，由单调有界准则可知:

$\lim\limits_{n\to\infty}a_n=a$（$a\geqslant 0$），又因$\sum\limits_{n=1}^{\infty}(-1)^n a_n$发散，$\therefore$　$a>0$（因为若$\lim\limits_{n\to\infty}a_n=0$，与$\sum\limits_{n=1}^{\infty}(-1)^n a_n$收敛矛盾）$\therefore$ $0<\dfrac{1}{a_n+1}\leqslant\dfrac{1}{a+1}<1$，$\sum\limits_{n=1}^{\infty}(\dfrac{1}{a+1})^n$收敛，由比较判别法知，级数$\sum\limits_{n=1}^{\infty}(\dfrac{1}{a_n+1})^n$收敛

2．$\because \dfrac{n\cos^2\dfrac{n\pi}{3}}{2^n}\leqslant\dfrac{n}{2^n}$且$\lim\limits_{n\to\infty}\dfrac{n+1}{2^{n+1}}\cdot\dfrac{2^n}{n}=\lim\limits_{n\to\infty}\dfrac{n+1}{2n}=\dfrac{1}{2}<1$，由比值判别法知，级数$\sum\limits_{n=1}^{\infty}\dfrac{n}{2^n}$收敛，由比较判别法知，级数$\dfrac{n\cos^2\dfrac{n\pi}{3}}{2^n}$收敛

3．$\lim\limits_{x\to\infty}\dfrac{u_{n+1}}{u_n}+=\lim\limits_{x\to\infty}\dfrac{n+1}{e^{(n+1)^2}}\cdot\dfrac{e^{n^2}}{n}=\lim\limits_{x\to\infty}\dfrac{n+1}{n}\cdot\dfrac{1}{e^{2n+1}}=0<1$

$\therefore$由此值判别法知，$\sum\limits_{n=1}^{\infty}ne^{-n^2}$收敛

4．$\lim\limits_{x\to\infty}\left[\dfrac{1}{1\times2}+\dfrac{1}{2\times3}+\cdots+\dfrac{1}{n(n+1)}\right]=\lim\limits_{x\to\infty}\left[1-\dfrac{1}{2}+\dfrac{1}{2}-\dfrac{1}{3}+\cdots+\dfrac{1}{n}-\dfrac{1}{n+1}\right]=\lim\limits_{x\to\infty}\left(1-\dfrac{1}{n+1}\right)=1$，

所以级数$\sum\limits_{n=1}^{\infty}\dfrac{1}{n(n+1)}$收敛，且和为 1

5．$\because \dfrac{1}{\sqrt{n}}\ln\dfrac{n+1}{n-1}=\dfrac{1}{\sqrt{n}}\ln\left(\dfrac{n-1+2}{n-1}\right)=\dfrac{1}{\sqrt{n}}\ln\left(1+\dfrac{2}{n-1}\right)$

且$\lim\limits_{n\to\infty}\dfrac{\dfrac{1}{\sqrt{n}}\ln\left(1+\dfrac{2}{n-1}\right)}{\dfrac{1}{n^{\frac{3}{2}}}}=\lim\limits_{n\to\infty}n\ln\left(1+\dfrac{2}{n-1}\right)=\lim\limits_{n\to\infty}\dfrac{2n}{n-1}=2$

又$\because \sum\limits_{n=2}^{\infty}\dfrac{1}{n^{\frac{3}{2}}}$收敛，$\therefore$由比较判别法极限形式知，级数$\sum\limits_{n=2}^{\infty}\dfrac{1}{\sqrt{n}}\ln\dfrac{n+1}{n-1}$收敛

6．解：对于正项级数$\sum_{n=1}^{\infty}\frac{1}{\sqrt{n}}\ln\left(1+\frac{1}{\sqrt{n}}\right)$，由于$\lim_{n\to\infty}\frac{\frac{1}{\sqrt{n}}\ln\left(1+\frac{1}{\sqrt{n}}\right)}{\frac{1}{n}}=\lim_{n\to\infty}\frac{\frac{1}{\sqrt{n}}\cdot\frac{1}{\sqrt{n}}}{\frac{1}{n}}=1$且$\sum_{n=1}^{\infty}\frac{1}{n}$发散，所以由比较判别法极限形式知，$\sum_{n=1}^{\infty}\frac{1}{\sqrt{n}}\ln\left(1+\frac{1}{\sqrt{n}}\right)$发散.

又∵ $\lim_{n\to\infty}\frac{1}{\sqrt{n}}\ln\left(1+\frac{1}{\sqrt{n}}\right)=\lim_{n\to\infty}\frac{1}{\sqrt{n}}\cdot\frac{1}{\sqrt{n}}=0$

且由对数函数增性可知，$\frac{1}{\sqrt{n}}\ln\left(1+\frac{1}{\sqrt{n}}\right)>\frac{1}{\sqrt{n+1}}\ln\left(1+\frac{1}{\sqrt{n+1}}\right)$

即数列$\left\{\frac{1}{\sqrt{n}}\ln\left(1+\frac{1}{\sqrt{n}}\right)\right\}$单调递减，所以由莱布尼茨判别法知：

交错级数$\sum_{n=1}^{\infty}\frac{(-1)^n}{\sqrt{n}}\ln\left(1+\frac{1}{\sqrt{n}}\right)$收敛，因此，级数$\sum_{n=1}^{\infty}\frac{(-1)^n}{\sqrt{n}}\ln\left(1+\frac{1}{\sqrt{n}}\right)$为条件收敛

7．解：∵ $\lim_{n\to\infty}\frac{1}{n\ln\left(1+\frac{1}{n}\right)}=\lim_{x\to\infty}\frac{1}{n\cdot\frac{1}{n}}=1\neq 0$

∴ $\lim_{n\to\infty}\frac{1}{n\ln\left(1+\frac{1}{n}\right)}\neq 0$，由级数收敛的必要条件可知，$\sum_{n=1}^{\infty}\frac{(-1)^n}{n\ln\left(1+\frac{1}{n}\right)}$发散

8．证明：∵ $0<\frac{n^2+1}{n^2}\leqslant 2$，∴ $\left|\frac{n^2+1}{n^2}a_n\right|\leqslant 2|a_n|$，

又∵ $\sum_{n=1}^{\infty}a_n$ 绝对收敛，∴ $\sum_{n=1}^{\infty}|a_n|$收敛，$\sum_{n=1}^{\infty}2|a_n|$收敛

由比较判别法知，级数$\sum_{n=1}^{\infty}\left|\frac{n^2+1}{n^2}a_n\right|$收敛，级数$\sum_{n=1}^{\infty}\frac{n^2+1}{n^2}a_n$ 绝对收敛

第6章习题答案

思考题 6.1

数量

练习题 6.1

1．$2\boldsymbol{u}-3\boldsymbol{v}=5\boldsymbol{a}-11\boldsymbol{b}+7\boldsymbol{c}$

2．$\pm\left(\frac{6}{11},\frac{7}{11},-\frac{6}{11}\right)$

思考题 6.2

1．数

2．向量

练习题 6.2

1．(1) 3，$5\boldsymbol{i}+\boldsymbol{j}+7\boldsymbol{k}$　　(2) −18，$10\boldsymbol{i}+2\boldsymbol{j}+14\boldsymbol{k}$　　(3) $\dfrac{\sqrt{21}}{14}$

2．2

思考题 6.3

可以

练习题 6.3

1．$3x-7y+5z-4=0$

2．$x-3y-2z=0$

思考题 6.4

3 种，分别是一般式方程、点向式方程、参数式方程

练习题 6.4

1．$\dfrac{x-4}{2}=\dfrac{y+1}{1}=\dfrac{z-3}{5}$

2．$\dfrac{x-3}{-4}=\dfrac{y+2}{2}=\dfrac{z-1}{1}$

思考题 6.5

数值

练习题 6.5

1．$\boldsymbol{c}=5\boldsymbol{a}+\boldsymbol{b}$　　2．$\dfrac{2\sqrt{61}}{11}$　　3．$\dfrac{1}{\sqrt{5}}$

思考题 6.6

能，MATLAB 有画图的功能

练习题 6.6

1．4　　2．0．7854

思考题 6.7

向量的应用很广泛，不仅可以解决代数方面的问题、几何方面的问题，还可以解决物理方面的问题

练习题 6.7

$500\sqrt{3}$ J，−22J

习题 A

一、填空题

1．$\boldsymbol{b}=\left(\dfrac{3}{7},\dfrac{3}{14},-\dfrac{9}{14}\right)$　　2．$\sqrt{\dfrac{3}{28}}$　　3．$\dfrac{\sqrt{19}}{2}$

4．2　　5．$M\left(\frac{13}{7},\frac{-2}{3},\frac{5}{3}\right)$　　6．$x=4\boldsymbol{i}-2\boldsymbol{i}+4\boldsymbol{k}$

二、选择题

1．C　2．D　3．D　4．C　5．B

三、计算题

1．$\frac{2}{3}\pi$

2．以$3\boldsymbol{p}-4\boldsymbol{q}$和$\boldsymbol{p}+2\boldsymbol{q}$为邻边的平行四边形的周长为

$$2|3\boldsymbol{p}-4\boldsymbol{q}|+2|\boldsymbol{p}+2\boldsymbol{q}|=2\sqrt{108}+2\sqrt{52}=12\sqrt{3}+4\sqrt{3}$$

3．$\frac{1}{(\boldsymbol{a}\times\boldsymbol{b})\cdot\boldsymbol{c}}[(\boldsymbol{a}\cdot\boldsymbol{b})\boldsymbol{c}-(\boldsymbol{a}\cdot\boldsymbol{c})\boldsymbol{b}]=(0,-4,-12)$

习题B

一、填空题

1．$y+2z=0$　　2．$9y-z-2=0$　　3．$x=1$

4．$\boldsymbol{n}^0=\left(\frac{3}{\sqrt{17}},\frac{-2}{\sqrt{17}},\frac{-2}{\sqrt{17}}\right)$　　5．$\frac{x}{-2},\frac{y-2}{3},\frac{z-4}{1}$　　6．(2,3,1)

7．$8x-9y-22z-59=0$　　8．$(0,-1,-1)$　　9．$\frac{\sqrt{6}}{2}$

10．$\theta=\frac{\pi}{4}$　　11．$d=1$　　12．2

二、选择题

1．C　2．A　3．B　4．B　5．A　6．A

三、计算题

1．$\frac{x+1}{-1}=\frac{y-2}{2}=\frac{z-3}{1}$　　2．$22x-19y-18z-27=0$

3．$\frac{x-2}{-4}=\frac{y+3}{-1}=\frac{z-4}{3}$　　4．$\frac{x-1}{15}=\frac{y-2}{10}=\frac{z-1}{6}$

5．$16x-27y+14z-159=0$　　6．$\frac{x-2}{-11}=\frac{y-1}{6}=\frac{z-3}{-24}$

7．$\frac{x-2}{11}=\frac{y+1}{-1}=\frac{z-3}{-35}$　　8．$\frac{x-3}{-14}=\frac{y+3}{27}=\frac{z}{-25}$

参考文献

[1] 陈申宝．计算机应用数学[M]．杭州：浙江大学出版社，2012．
[2] 陈申宝．高职应用数学[M]．北京：电子工业出版社，2017．
[3] 杨凤翔．高职应用数学[M]．北京：高等教育出版社，2014．
[4] 沈跃云，马怀远．应用高等数学[M]．2 版．北京：高等教育出版社，2015．
[5] 边文莉，马萍．高等数学应用基础[M]．2 版．北京：高等教育出版社，2011．
[6] 陈笑缘，刘莹．经济数学[M]．2 版．北京：高等教育出版社，2014．
[7] 顾静相．经济数学基础[M]．5 版．北京：高等教育出版社，2019．
[8] 颜文勇．数学建模[M]．北京：高等教育出版社，2011．
[9] 陈笑缘，张国勇．数学建模[M]．北京：中国财政经济出版社，2011．
[10] 朱建国．计算机应用数学[M]．北京：高等教育出版社，2008．
[11] 侯风波．高等数学[M]．3 版．北京：高等教育出版社，2010．
[12] 康永强．应用数学与数学文化[M]．北京：高等教育出版社，2011．
[13] 刘红．高等数学与实验[M]．北京：高等教育出版社，2008．
[14] 艾立新，高文杰．应用数学与实验[M]．北京：高等教育出版社，2008．
[15] 王培麟．计算机应用数学[M]．2 版．北京：机械工业出版社，2010．
[16] 高世贵．计算机数学基础[M]．北京：机械工业出版社，2011．
[17] 周宗谷，谭和平．经济数学[M]．北京：科学技术文献出版社，2014．
[18] 吴赣昌．微积分（经管类）（上册）[M]．4 版．北京：中国人民大学出版社，2011．
[19] 张新德，陈玫伊．高等数学基础[M]．杭州：浙江大学出版社，2021．
[20] 余胜威．MATLAB 数学建模经典案例实战[M]．北京：清华大学出版社，2015．
[21] 占海明．基于 MATLAB 的高等数学问题求解[M]．北京：清华大学出版社，2013．
[22] 张志涌．精通 MATLAB R2011a[M]．北京：北京航空航天大学出版社，2011．

反侵权盗版声明